高等职业教育计算机类课程
MOOC+SPOC 系列教材

国家职业教育信息安全技术应用专业
教学资源库配套教材

计算机网络基础项目化教程（第2版）

主　编／蒋建峰　杜梓平

副主编／张运嵩　张　娴

中国教育出版传媒集团

高等教育出版社·北京

内容简介

本书为国家职业教育信息安全技术应用专业教学资源库"计算机网络基础"课程配套教材。

本书全面介绍了计算机网络的基础知识和实践技能，并结合华为 1+X 认证、新华三网络工程师认证（H3CNE）等认证体系内容，以开源仿真模拟器为主要实践工具，选取典型的工作任务组织教学内容。全书共 10 个单元，分为 20 个典型工作任务和 22 个项目实训，主要内容包括：探索计算机网络，网络体系结构与分层模型，物理层与传输介质，数据通信基础，IP 网络地址与协议，IP 编址与子网划分，局域网技术，传输层协议与端口，应用层服务与协议，配置网络操作系统。

本书以培养学生的基本网络素养和实际应用技能为目标，从识网、组网、建网、管网和用网等方面循序渐进地开展教学。针对高职学生的认知特点及专业建设要求，本书遵循"学生主体，教师主导"的教学理念，通过引入网络工程师工作中的实际案例，让学生在"做中学、学中做"，激发其学习兴趣并系统提升其对知识和技术的综合运用能力。

本书配有教学视频、PPT 课件、课程标准、授课计划、实验案例以及习题答案等丰富的数字化教学资源。与本书配套的数字课程"计算机网络基础"在"智慧职教"平台（www.icve.com.cn）上线，学习者可登录平台进行在线学习，授课教师可调用本课程构建符合自身教学特色的 SPOC 课程，详见"智慧职教"服务指南。授课教师也可登录"高等教育出版社产品信息检索系统"（xuanshu.hep.com.cn）搜索并下载本书配套教学资源，首次使用本系统的用户，请先进行注册并完成教师资格认证。

本书适合作为高等职业院校计算机网络技术专业的教学用书，也可作为网络工程技术人员的自学参考书。

图书在版编目（CIP）数据

计算机网络基础项目化教程 / 蒋建峰，杜梓平主编.
2 版. --北京：高等教育出版社，2024. 12. -- ISBN
978-7-04-063243-9

Ⅰ. TP393

中国国家版本馆 CIP 数据核字第 202459R2H6 号

Jisuanji Wangluo Jichu Xiangmuhua Jiaocheng

| 策划编辑 | 刘子峰 | 责任编辑 | 刘子峰 | 封面设计 | 赵 阳 | 版式设计 | 杨 树 |
| 责任绘图 | 裴一丹 | 责任校对 | 胡美萍 | 责任印制 | 沈心怡 | | |

出版发行	高等教育出版社	网　　址	http://www.hep.edu.cn
社　　址	北京市西城区德外大街 4 号		http://www.hep.com.cn
邮政编码	100120	网上订购	http://www.hepmall.com.cn
印　　刷	涿州市星河印刷有限公司		http://www.hepmall.com
开　　本	787 mm×1092 mm　1/16		http://www.hepmall.cn
印　　张	18	版　　次	2019 年 6 月第 1 版
字　　数	510 千字		2024 年 12 月第 2 版
购书热线	010-58581118	印　　次	2024 年 12 月第 1 次印刷
咨询电话	400-810-0598	定　　价	49.50 元

本书如有缺页、倒页、脱页等质量问题，请到所购图书销售部门联系调换
版权所有　侵权必究
物 料 号　63243-00

▥ "智慧职教" 服务指南

"智慧职教"（www.icve.com.cn）是由高等教育出版社建设和运营的职业教育数字教学资源共建共享平台和在线课程教学服务平台，与教材配套课程相关的部分包括资源库平台、职教云平台和 App 等。用户通过平台注册，登录即可使用该平台。

● 资源库平台：为学习者提供本教材配套课程及资源的浏览服务。

登录"智慧职教"平台，在首页搜索框中搜索"计算机网络基础"，找到对应作者主持的课程，加入课程参加学习，即可浏览课程资源。

● 职教云平台：帮助任课教师对本教材配套课程进行引用、修改，再发布为个性化课程（SPOC）。

1. 登录职教云平台，在首页单击"新增课程"按钮，根据提示设置要构建的个性化课程的基本信息。

2. 进入课程编辑页面设置教学班级后，在"教学管理"的"教学设计"中"导入"教材配套课程，可根据教学需要进行修改，再发布为个性化课程。

● App：帮助任课教师和学生基于新构建的个性化课程开展线上线下混合式、智能化教与学。

1．在应用市场搜索"智慧职教 icve" App，下载安装。

2．登录 App，任课教师指导学生加入个性化课程，并利用 App 提供的各类功能，开展课前、课中、课后的教学互动，构建智慧课堂。

"智慧职教"使用帮助及常见问题解答请访问 help.icve.com.cn。

前言

一、编写背景

网络，作为信息传输最为重要的载体之一，对人们的工作和生活产生着重要影响。随着信息技术的飞速发展，多种网络通过不同通信介质不断融合，网络容量呈指数级增长，并拓展应用于其他技术领域，催生出更多新产业与新业态，成为推动经济发展的重要基石。例如，在工业互联网领域，网络技术实现设备之间的互联互通，提高生产效率；在智慧城市领域，网络技术实现城市管理的智能化、精细化；在数字经济领域，网络技术推动数据的跨界流动和应用，释放数据价值。

计算机网络知识涵盖网络与数字通信的基本原理和相关技术。本书采用任务驱动的教学方法，每个单元围绕一个基本任务展开知识讲解，通过对任务过程的详细描述，使学生能够熟练地掌握相关技术。内容安排以基础性和实践性为重点，在讲述计算机网络基本工作原理的同时，注重对学生实践技能的培养。

二、教材结构

本书的编写过程基于工作过程的模块化思路，从学生认知规律的角度将教学内容分为 10 个教学单元，包括探索计算机网络、网络体系结构与分层模型、物理层与传输介质、数据通信基础、IP 网络地址与协议、IP 编址与子网划分、局域网技术、传输层协议与端口、应用层服务与协议、配置网络操作系统。

单元 1：探索计算机网络，主要介绍计算机网络技术的发展与趋势，网络的基本概念、定义、分类和通信基础知识，以及当前主流网络厂商的仿真模拟器及使用方法。

单元 2：网络体系结构与分层模型，详细介绍 OSI 参考模型与 TCP/IP 模型，并对两个模型进行了比较。

单元 3：物理层与传输介质，主要介绍 OSI 参考模型中物理层的概念和功能，以及当前网络设备互联所需要的有线和无线传输介质。

单元 4：数据通信基础，详细介绍数据通信的基本原理，以太网 MAC 编址以及以太网、广域网数据帧封装的格式。

单元 5：IP 网络地址与协议，重点介绍二进制与十进制数值之间的转换方法，IP 地址相关的概念，IPv4、IPv6 地址的编址结构，通过项目实践需要理解并掌握 ping、tracert、arp 等基本的网络命令。

单元 6：IP 编址与子网划分，主要介绍 IPv4 地址的特点、子网掩码的作用、IPv6 地址前缀，需要掌握变长子网掩码 VLSM 的用途和无类别域间路由 CIDR 的用法。

单元 7：局域网技术，主要介绍局域网的基本概念、以太网 IEEE 802 标准、以太网介质访问控制技术和以太网的常用网络设备，最后介绍无线局域网的构建标准及配置方法。

单元 8：传输层协议与端口，介绍传输层两个重要的协议 TCP 和 UDP，以及传输层协议对应应用层服务所使用的端口号。

单元 9：应用层服务与协议，主要介绍应用层协议与应用程序的交互过程，需要掌握常见的 Internet 服务，包括 DNS 的基本知识和应用、HTTP 和 FTP 服务的工作原理、DHCP 服务的原理和配置。

单元 10：配置网络操作系统，主要介绍如何访问 IOS 来配置网络设备，需要掌握 IOS 的命令结构与基本配置命令。

各单元首先通过"引例描述"引导出单元的教学核心内容，明确本单元教学任务；单元任务则包括"任务陈述""知识准备""任务实施""任务拓展"和"项目实训"5个环节。

① 任务陈述：讨论明确的任务目标，展示任务效果，引导学生对相关知识产生兴趣。

② 知识准备：详细介绍任务知识点的概念及原理，围绕实例展开描述，让学生在实践中掌握相关内容。

③ 任务实施：通过综合知识的应用提升学生系统运用所学知识的能力。

④ 任务拓展：拓展知识的深度和广度，提高学生对知识点中技巧的应用。

⑤ 项目实训：通过项目实施的模仿，提升学生的知识运用熟练度，在"学、仿、做"中达到理论和实践的统一。

本书对应的"计算机网络基础"课程思维导图如图0-1所示。

计算机网络
基础课程概述

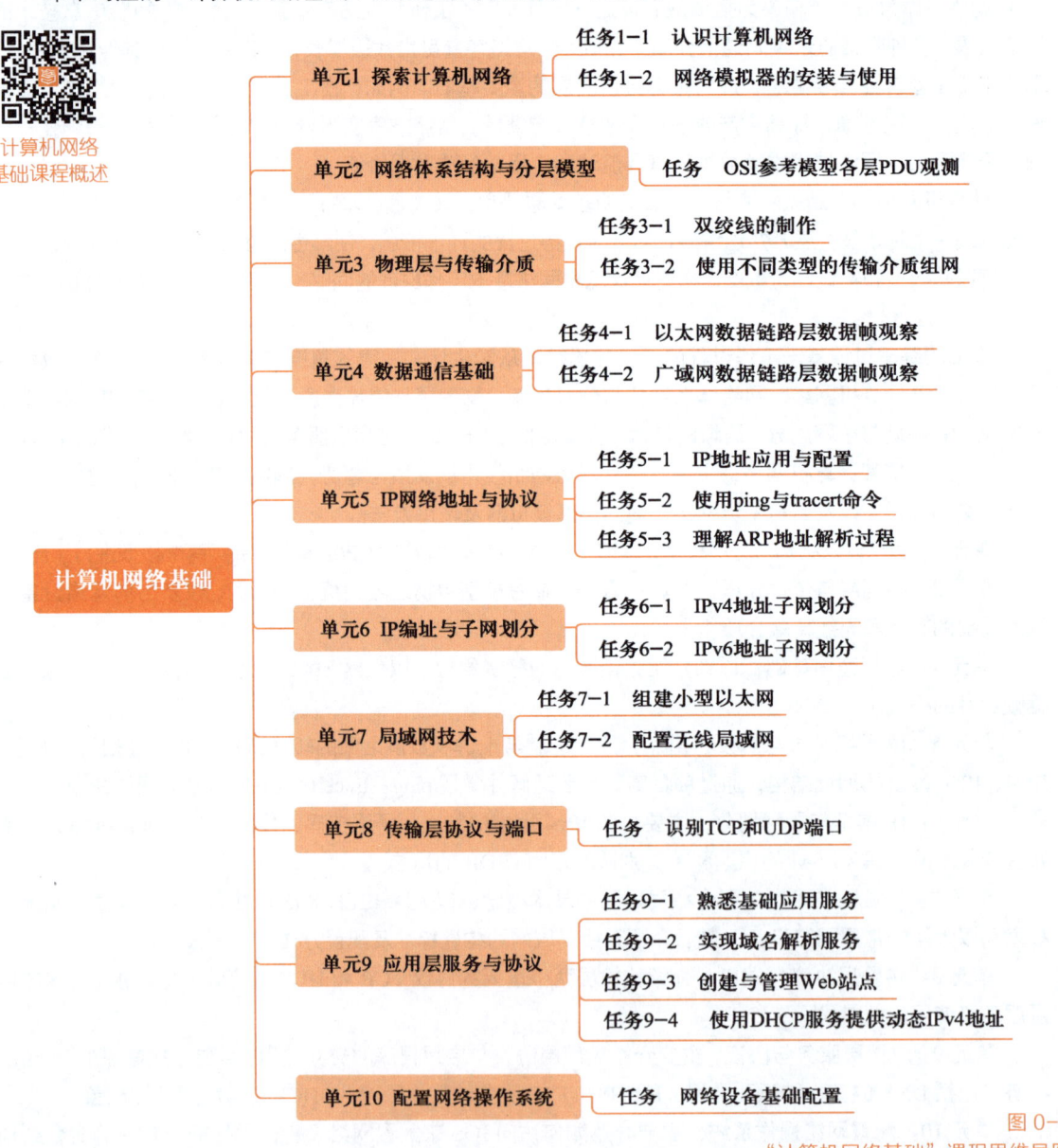

图 0-1
"计算机网络基础"课程思维导图

三、教材特色

本书结合专业教学标准要求和高职院校"计算机网络基础"课程建设需求，以典型的工作任务为载体，以满足高素质技能人才培养为目标，并突出"岗课赛证"融通特色，将课堂教学内容和相关职业资格认证、技能大赛任务等内容进行整合，力求体现符合现代职业教育特色的课程教学改革成果。

1. 贯彻落实立德树人根本任务，积极推进党的二十大精神进教材、进课堂、进头脑工作。通过在任务中介绍我国网络安全法律法规、科学家与大国工匠精神、网络相关民族品牌及重要科技科研创新成果等案例，根植创新驱动发展与科技强国理念，塑造严谨的工程规范意识和工作态度，提升团队合作能力与大国工匠精神，引导学生成为新时代的高素质技能人才。

2. 内容与高等职业教育专科计算机网络技术专业教学标准要求相一致，并结合华为 1+X 认证、新华三网络工程师认证（H3CNE）等认证体系进行设计。在理论与技能的教学过程中充分结合网络仿真模拟器的使用，使得学生对网络协议的原理理解更为简单、直观，对技能的掌握更加容易。

3. 书中所有任务、案例均源自企业基于工作过程的真实项目，同时融入全国职业院校技能大赛"网络系统管理""网络建设与运维""工业互联网智能控制与维护"和"信息安全管理与评估"等赛项内容，教学内容体现示范性与实用性。"岗课赛证"融通与本书内容对应关系见表 0-1。

表 0-1 "岗课赛证"融通与本书内容对应关系

行业	岗位群	职业资格证书	对应竞赛	模块	任务	知识与技能
互联网和相关服务	① 网络技术支持 ② 网络系统运维 ③ 网络系统集成 ④ 智能互联网络设备安装与调试 ⑤ 通信工程技术支持 ⑥ 智能制造网络搭建与维护 ⑦ 网络产品服务与营销 ⑧ 网络设备配置与安全	① 网络系统建设与运维 ② 网络安全运维 ③ 网络管理员 ④ 无线网络规划与实施 ⑤ 网络系统规划与部署 ⑥ WPS办公应用 ⑦ 通信工程师	网络系统管理	网络构建	基础网络配置	设备名称，接口，远程登录，密码登录信息配置，DHCP，无线网络配置
					服务部署	Windows 基础配置	IP 地址，DNS、Web、HTTP、FTP 等服务配置
			网络建设与运维	网络理论测试	计算机应用，网络信息安全，网站建设与管理，现代通信技术应用	计算机网络组成，数据通信，Web，HTTP，IIS
				网络建设与调试	网络工程，交换配置，路由调试，无线部署	网络互联，网络设备配置，无线网络规划，无线网络配置
				服务搭建与运维	Windows 云服务，计算机操作系统安装与管理	DNS，HTTP，DHCP，FTP 等
			云计算应用	私有云	私有云服务搭建	IP 地址设置，主机名设置，Web、FTP、DNS 等常用服务安装与配置
软件和信息技术服务业			5G 组网与运维	5G 公共网络规划部署与开通	5G 网络设备 IP 地址规划	IP 地址规划，网络设备部署，数据通信
			物联网应用开发	物联网方案设计与升级改造	物联网设备配置	网络设备连接，IP 地址配置，网络连接布线，无线路由器设定配置

续表

行业	岗位群	职业资格证书	对应竞赛	模块	任务	知识与技能
软件和信息技术服务业	① 网络技术支持 ② 网络系统运维 ③ 网络系统集成 ④ 智能互联网络设备安装与调试 ⑤ 通信工程技术支持 ⑥ 智能制造网络搭建与维护 ⑦ 网络产品服务与营销 ⑧ 网络设备配置与安全	① 网络系统建设与运维 ② 网络安全运维 ③ 网络管理员 ④ 无线网络规划与实施 ⑤ 网络系统规划与部署 ⑥ WPS办公应用 ⑦ 通信工程师	工业互联网集成应用	工业互联网设备安装与调试	设备安装与调试	网络设备安装，网络设备调试，IP 地址
			工业互联网智能控制与维护	工业网络智能控制与维护系统设计、仿真和物理系统安装、组网参数配置	网络架构方案设计，网络拓扑图绘制，IP 地址表编写，工业网络物理系统安装，网络设备参数设置	拓扑结构，IP 地址，物理层介质，网络设备，设备配置，网线，路由器，交换机
			信息安全管理与评估	网络平台搭建与设备安全防护	网络规划，网络基础，访问控制	VLSM，CIDR，路由协议，VLAN，应用层代理，URL 过滤等
			华为 ICT 网络技术大赛	网络实践	数据通信，网络安全，WLAN	数据通信，网络安全，路由协议，IPv4，IPv6，无线网络

四、使用指导

本书建议授课 48 或 64 学时，教学单元与课时安排见表 0-2。

表 0-2 教学单元与课时安排

单元	单元名称	48 学时	64 学时
单元 1	探索计算机网络	4	4
单元 2	网络体系结构与分层模型	4	6
单元 3	物理层与传输介质	4	8
单元 4	数据通信基础	4	6
单元 5	IP 网络地址与协议	8	10
单元 6	IP 编址与子网划分	4	6
单元 7	局域网技术	4	6
单元 8	传输层协议与端口	4	4
单元 9	应用层服务与协议	6	8
单元 10	配置网络操作系统	6	6

智慧职教
数字课程

智慧职教
MOOC 课程

本书为国家职业教育信息安全技术应用专业教学资源库"计算机网络基础"课程配套教材，各类教学资源完善，对应的数字课程及 MOOC 课程在"智慧职教"（www.icve.com.cn）上线，可使用的教学资源见表 0-3。

表 0-3 课程教学资源一览表

序号	资源名称	资源类型	数量
1	课程标准	Word 文档	1
2	电子教程	Word 文档	1
3	PPT 课件	PPT 文档	10
4	微课视频	MP4	84
5	动画视频	MP4	14
6	仿真实验	PKT/PKA	80
7	电子习题库	Web 页面	350

五、致谢

本书由蒋建峰、杜梓平担任主编，张运嵩、张娴担任副主编，参加编写工作的还有华为技术有限公司的马强等。全书由蒋建峰负责统稿。

由于编者水平有限，书中难免存在不妥之处，敬请广大读者批评指正。

编 者

2024 年 9 月

目录

目录

目录

单元 *1*
探索计算机网络

🔍 学习目标

【知识目标】

- 了解网络发展的历程与未来发展趋势。
- 了解计算机网络的基本定义。
- 理解计算机网络的类型、组成和拓扑结构。
- 了解当前主流园区网络架构。
- 了解当前主流的网络模拟器软件。
- 掌握各类网络模拟器的安装与使用。

【技能目标】

- 能够使用计算机网络技术帮助学习与工作。
- 能够使用 Visio 软件绘制网络拓扑结构图。
- 熟练使用各类网络模拟器。
- 能够使用模拟器搭建园区网络架构。

【素养目标】

- 培养端正的学习态度和刻苦钻研的职业精神。
- 明确国产前沿技术的重要性，激发科技报国情怀和使命担当。
- 坚定做有理想、有志向的新时代大国工匠。

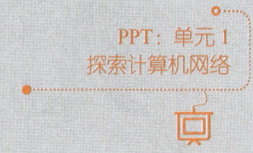

PPT：单元 1
探索计算机网络

📕 单元导读

本单元主要介绍计算机网络技术的发展历程、计算机网络相关概念、园区网络技术以及各类网络模拟器的使用方法。本单元学习内容和高等职业教育专科计算机网络技术专业教学标准的对应关系见表1-1。

表 1-1　本单元学习内容和专业教学标准的对应关系

| 高等职业教育专科计算机网络技术专业教学标准 | | | | 运用计算机网络知识和技能 | |
行业	岗位群	职业资格证书	对应竞赛	知识点	技能点
互联网和相关服务	① 网络技术支持 ② 网络系统运维 ③ 网络系统集成	① 网络系统建设与运维 ② 网络安全运维 ③ 网络管理员 ④ 无线网络规划与实施 ⑤ 网络系统规划与部署 ⑥ WPS 办公应用	① 网络系统管理 ② 网络建设与运维 ③ 工业互联网智能控制与维护 ④ 华为 ICT 网络技术大赛	① 网络发展的历程 ② 未来的发展趋势 ③ 计算机网络的基本定义 ④ 计算机网络的类型、组成和拓扑结构 ⑤ 主流园区网络架构 ⑥ 主流的网络模拟器软件 ⑦ 网络模拟器的安装与使用	① 使用计算机网络技术帮助学习与工作 ② 使用 Visio 软件绘制网络拓扑结构图 ③ 使用各类网络模拟器 ④ 使用模拟器搭建园区网络架构
软件和信息技术服务业					

✏️ 引例描述

开学季，Svist 学院迎来了新同学。网络专业的新生小陈觉得随着互联网的飞速发展，如今的网络相比于过去已经发生了天翻地覆的变化，在学习、工作和生活等方面都离不开网络的支撑。小陈迫切地想要知道到底什么是计算机网络，计算机网络有哪些特点，应当如何组建计算机网络，以及当前大型企业或者校园的网络架构又是什么样子的呢？于是她去请教了网络专业的蒋老师，如图1-1所示。

蒋老师告诉她，网络知识的学习是一个循序渐进的过程，首先要求她从下面3个方面去入手。

拓展阅读
园区网络
案例

学习网络知识是一个系统工程，需要循序渐进，先了解一些概念吧。

什么是计算机网络？怎样才能快速学习网络知识呢？

图 1-1
单元情境

1）了解网络发展的历程和未来发展趋势。

2）理解网络相关的基本概念。

3）学会网络模拟器的使用方法，能够使用它来搭建园区网络。

任务 1-1　认知计算机网络

任务陈述

本书的第一个任务，首先要了解网络的发展历程和未来发展趋势，从而延伸到网络相关的基本概念。其中，需要掌握几个核心知识点：网络的定义，网络的组成，网络的分类，网络的主要性能指标，以及网络的功能和应用。此外，需要熟悉当前企业园区网络的主要架构，并能够使用 Visio 软件绘制园区网络拓扑结构图。

知识准备

● 1.1　计算机网络的发展

网络技术这一如今已深度融入人们日常生活的科技力量，其发展历程可谓波澜壮阔。从互联网的初步设想到移动互联网的全面崛起，每一个阶段都凝聚着无数科技先驱的智慧与汗水，见证着人类对于沟通与连接的无限渴望。计算机网络是计算机技术与现代通信技术紧密结合的产物，实现了远程通信、远程信息处理和资源共享。经过几十年的发展，计算机网络至今已经历了四代，成为具有统一体系结构的庞大系统。

1.1.1　计算机网络的产生

1946 年世界上第一台电子数字计算机（ENIAC，如图 1-2 所示）的研制成功及其后计算机技术的迅速普及与发展，使得人类开始走向信息时代。早在 20 世纪 60 年代，互联网的雏形——ARPAnet 便悄然诞生，其最初的建立只是为了连接几台不同地点的计算机以进行简单的数据传输。ARPAnet 的出现打破了计算机孤立存在的状态，实现了计算机之间的远程通信，为后来的互联网发展提供了宝贵的经验与启示。

微课 1-1
计算机网络的
产生与发展

图 1-2
世界上第一台电子数字
计算机（ENIAC）

20 世纪 80 年代，TCP/IP 的制定成为互联网发展史上的又一重要里程碑。这一协议规定了计算机之间通信的标准和方式，使得不同厂商、不同操作系统的计算机都能够互相通信、共享资源。TCP/IP 的确立为互联网的大规模应用和商业化奠定了基础，也为后来的万维网、电子邮件等互联网服务提供了强大的支持。

进入 20 世纪 90 年代，万维网（WWW）的普及使得互联网开始为人们熟知。通过浏览器，人们可以便捷地访问各种网站，获取丰富的信息和资源。万维网的出现极大地推动了互联网的商业化进程，各种在线购物、在线支付等新型商业模式应运而生。此外，搜索引擎的诞生进一步提高了人们获取信息的效率，使得互联网成为真正意义上的信息海洋。

随着互联网应用的不断深入，人们对于网络的各种性能要求也越来越高。到了 21 世纪，宽带接入的逐步普及使得互联网传输速率得到了质的提升。从最初的拨号上网到如今的光纤入户，宽带技术的快速发展为互联网的全面普及提供了强有力的保障。在这一时期，各种网络应用如雨后春笋般涌现，网络视频、网络游戏等新型娱乐方式成为人们休闲娱乐的重要选择；社交网络的出现使得人们可以随时随地与朋友保持联系、分享生活。

到了 21 世纪 10 年代，移动互联网的兴起成为网络技术发展史上的又一重大转折点。随着智能手机的普及和移动网络的覆盖，人们可以随时随地接入互联网，享受各种便捷的服务。移动互联网的出现彻底改变了人们的生活方式，使得互联网从固定的桌面设备延伸到了移动的终端设备。

回顾网络技术的发展历程，从互联网的雏形出现到移动互联网的兴起，每一个阶段都见证了科技的巨大进步和人类社会的深刻变革。计算机网络技术正以不可阻挡的势头迅猛发展，并将各领域的技术相融合。此外，移动互联网也推动了物联网、大数据、人工智能等新一代信息技术的发展和应用，为未来的智能社会奠定了坚实的基础。近些年，随着我国国民经济的快速发展以及信息技术应用创新的全力推进，计算机网络技术相关产业获得了良好的发展机遇，我国也成为全球计算机网络设备制造行业的核心市场之一。

1.1.2　我国网络技术发展历程

1987 年 9 月 20 日，我国第一封电子邮件"越过长城，通向世界"的发出标志着中国互联网时代的开始。

1994 年 4 月 20 日，中关村地区教育与科研示范网络（NCFC）工程连入 Internet 的 64 KB 国际专线开通，实现了与 Internet 的全功能连接。

2003 年，中国下一代互联网示范工程（CNGI）启动，目标是建成世界上最大的纯 IPv6 互联网。

2013 年，"宽带中国"战略及实施方案正式出台，旨在加快宽带网络基础设施建设，推进网络提速降费。

在我国 30 多年的互联网发展历程中，也涌现出一大批知名企业，如百度、腾讯、阿里、京东、新浪、网易、字节跳动等。这些互联网企业在我国互联网产业的发展中都扮演了重要的角色，不仅推动了相关技术的发展，也影响着人们的生活方式，使互联网成为当今社会不可或缺的一部分。

1.1.3　计算机网络演变过程

计算机网络的演变过程可概括为以下 3 个阶段。

1）具有远程（Remote）通信功能的单机系统，该阶段已具备了计算机网络（Computer Network）的雏形。

2）具有远程通信功能的多机系统，该阶段的计算机网络属于面向终端的计算机通信网。

3）以资源共享（Resource Sharing）为目的的计算机网络，该阶段也是如今真正意义上的计算机网络。

1.1.4　网络未来的发展趋势

日常工作中常用的计算机只是信息网络中最普通的终端设备，如今越来越多的新技术产品都可以利用运营商提供的网络服务。原来由普通手机、平板设备、PDA 等提供的功能，现在都可以融合到一台智能手机中，通过它可以不间断地进行工作、学习或者休闲娱乐。

在社交媒体领域，由网络技术所支持的微信、微博、抖音等社交平台如今已成为人们工作及生活中的常备应用。它们不仅仅是信息传播的媒介，更是人们交流思想、分享生活的重要场所。在这里，人们可以随时关注朋友的动态、了解最新的资讯甚至参与到各种话题的讨论中。这些新媒介极大地丰富了人们的精神世界，也拉近了人与人之间的距离。

在经济活动方面，网络技术的运用彻底改变了人们的消费习惯。淘宝、京东、拼多多等电商平台的崛起到如今各种直播电商平台的流行，使得人们可以足不出户就购买到所需的商品。在线购物不仅节省了消费者的时间，还提供了更多选择。各种优惠活动、比价工具的出现，也让人们在购物的同时享受到了更多实惠。

教育领域同样受到了网络技术的深刻影响。传统的教育模式往往受到地域和时间限制，而中国大学MOOC、网易云课堂、学堂在线等各类在线教育平台的出现，则使学生可以随时随地接受优质的教育资源。无论是城市还是农村，无论是白天还是夜晚，只要有网络，广大学生就能享受到平等的教育机会。在线教育不仅提高了教育资源的可获得性和区域平衡性，还为学生和教师提供了更加广阔的学习空间。如图 1-3 所示，如今越来越多的学生开始使用移动设备提供的服务进行在线学习。

拓展阅读
5G+工业互联网案例

随着技术的不断发展和创新，未来网络的发展必将继续改变人们的生活方式和社会经济模式。多种网络通过多种不同的通信介质融合到单个网络平台中，网络容量成指数级增长，从而形成未来复杂信息网络的主要形式。同时，网络技术将与更多领域深度融合，催生出更多的新业态、新产业。例如，在工业互联网领域，网络技术将实现设备之间的互联互通，提高生产效率；在智慧城市领域，网络技术将实现城市管理的智能化、精细化；在数字经济领域，网络技术将推动数据的跨界流动和应用，释放数据价值。

图 1-3
在线学习

计算机网络从 20 世纪 90 年代至今的发展趋势变化如图 1-4 所示。

① 移动用户数量不断增加，具备网络功能的设备急剧增加。

② 在线协作的服务范围将不断扩大。

③ 人工智能发展迅速，通过机器学习、语音识别、自然语言处理等智能化技术手段大幅提高生产效率，同时在医疗、金融、安全等领域广泛应用。

④ 形成万物互联的网络，通过无线传感、智能互联对物体进行联网，实现物品之间的互相通信和数据共享；未来物联网将成为智能家居、智慧交通、智能工业等领域的核心技术。

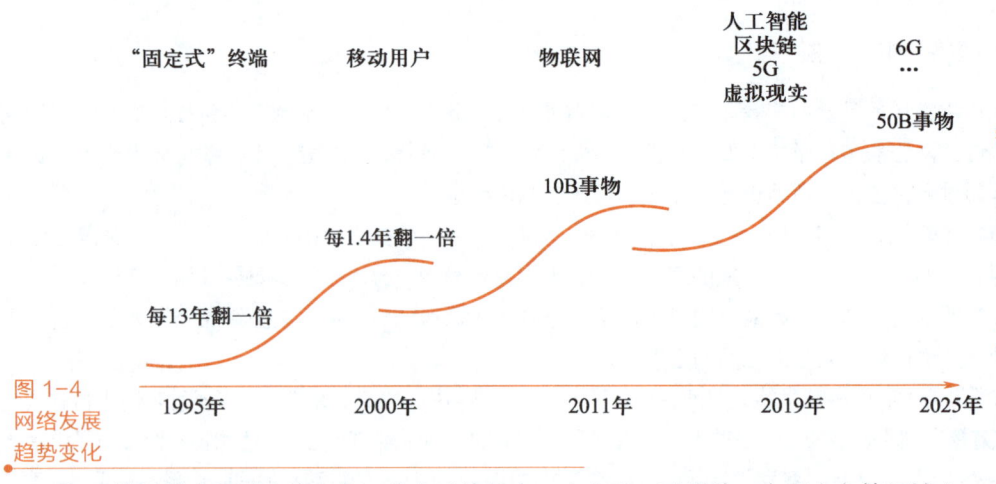

图 1-4 网络发展趋势变化

拓展阅读
智能家居案例

拓展阅读
万物互联案例

拓展阅读
虚拟现实案例

拓展阅读
自动驾驶案例

⑤ 区块链技术通过去中心化、分布式等特点，在金融、融媒体、电子商务等领域广泛应用。

⑥ 虚拟现实（VR）、增强现实（AR）、混合现实（MR）、扩展现实（XR）将持续增强人们在虚拟世界中的沉浸式体验。

⑦ 5G、6G 网络提供更高的带宽和更好的网络体验，更好地改变人们的生活方式和经济模式，推动工业自动化、自动驾驶等新领域的变革发展。

根据 2023 年中国移动互联网年度报告，截至当年 12 月，中国移动互联网用户规模达到 12.27 亿人，全年维持 2%的增速，如图 1-5 所示。

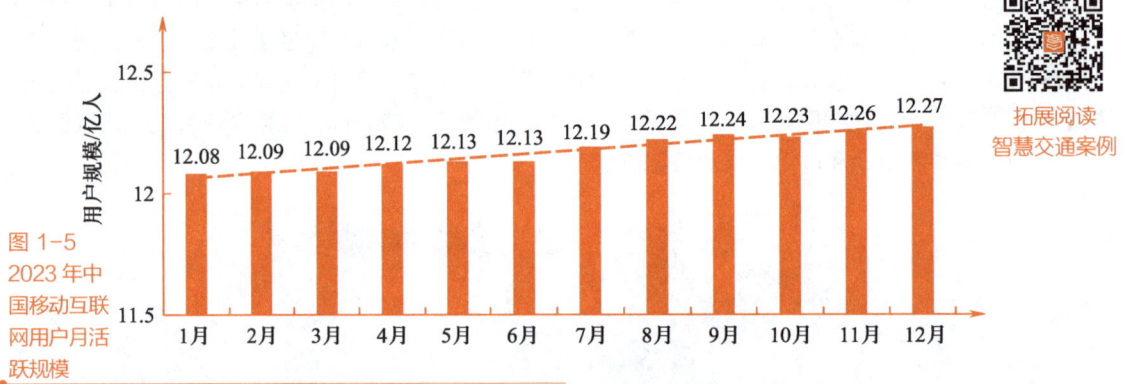

图 1-5 2023 年中国移动互联网用户月活跃规模

拓展阅读
智慧交通案例

下面介绍一些移动互联网技术在人们日常工作生活中具体应用的例子。

1）视频通话。由于移动互联网具备更高的网络传输速率和更低的延迟，支持通过手机、平板等设备进行更加流畅的视频通话，这为人们便捷高效地远程交流提供了可能，也大大拓宽了人们的社交生活圈。

2）移动办公。随着云计算、大数据等技术的不断进步，移动互联网可以支持用户随时随地访问云存储、使用在线办公软件等，方便人们以更加灵活的方式进行工作。

3）智能家居。移动互联网无论是在信号覆盖面积还是设备连接数量上都具备更大的优势，这为智能家居、智能家电等领域的高效运行提供了基础。

4）无人驾驶和智能交通。在移动互联网技术的支持下，无人驾驶车辆可以接收更准确的信号指令，实现更流畅的行驶；此外，在交通安全管理、道路信息采集等方面也可以进行更多创新和改善。

1.1.5　人工智能在网络中的应用

随着科技的日新月异，人工智能正逐步渗透到网络管理的方方面面，其强大的智能化能力为网络的运行和维护注入了新的活力。在网络安全领域，人工智能的加入为防范和应对网络攻击提供了更加智能和高效的手段。在网络优化方面，人工智能则以其独特的算法和学习能力，助力网络更流畅、更稳定地服务于亿万用户。

从智能流量控制到自动故障排查再到预测性网络维护，人工智能技术的每一次突破都在推动着网络智能化水平的大幅提升。这种深度融合与创新，不仅展现了人工智能与网络技术的相互促进作用，更揭示了未来网络发展的新趋势和新方向。采用人工智能技术，根据网络的实际状况实时调整优化策略，确保网络始终处于最佳状态。这种智能化的网络管理方式，不仅提高了网络的整体性能，也大大降低了运营成本和维护难度。

可以说，人工智能与网络技术的融合，是一场前所未有的变革。未来，随着人工智能技术的不断发展和完善，网络也将会变得更加智能、高效与更加安全，并为人们的生活带来更多的便利和惊喜。

1.1.6　网络对未来的影响

1.　对社会生活的影响

网络技术的迅猛发展，为当今人们的社会生活带来了前所未有的新鲜体验。通过网络提供的展示自我、分享生活的平台，人们可以轻松地结识新朋友、加入兴趣小组、参与热门话题的讨论，甚至可以跨越国界与世界各地的人们建立联系。网络技术的革新也在悄然改变着获取信息的方式。在过去，人们主要通过报纸、杂志、电视和广播等传统媒体来获取信息。如今，随着网络技术的飞速发展，搜索引擎和新闻聚合平台已经成为获取信息的主要工具。此外，前面介绍过的在线购物、在线支付、在线教育等新型服务模式已经渗透到人们生活的方方面面。

2.　对经济发展的影响

网络的影响并不止步于电子商务的繁荣，它也正在悄然改变着传统产业的命运。在网络的推动下，传统产业正经历着一场深刻的转型升级。通过引入智能化、自动化等尖端技术，制造业、物流业等传统行业正在实现生产效率质的飞跃，同时也在不断地优化成本结构，以适应日益激烈的市场竞争。这种变革不仅提升了传统行业的竞争力，也为整个社会带来了更为广泛的经济效益。

3.　对科技发展的影响

网络在未来的发展中将对科技产生巨大的影响，推动人工智能、云计算、物联网等技术的广泛应用和发展。这些新技术的应用将极大地改变人们的生活方式和工作方式，带来更加智能、便捷的生活体验。网络科技的发展也将为社会创造更多的商业机遇和价值。

1.1.7　网络未来发展的挑战与机遇

在这个数字化、信息化的时代，网络技术的迅猛发展同样带来了一系列棘手的问题，其中网络安全、隐私保护以及数据管理等尤为引人关注。

网络攻击、黑客入侵、数据泄露等事件屡见不鲜，不仅给个人和企业带来了巨大的经济损失，更对国家安全和社会稳定构成了严重威胁。在大数据时代，个人信息和数据的价值日益凸显，而如何保障用户的隐私权益、防止数据被滥用和泄露，则成为网络发展中必须面对的挑战。

拓展阅读
网络安全案例

在这个充满挑战与机遇的时代，需要以更加开放、包容的心态来面对网络的未来发展。既要正视网络安全、隐私保护等挑战，加强技术研发和法规制定，为网络的安全稳定提供有力保障；也要充分抓住网络技术发展所带来的机遇，积极推动人工智能、物联网、区块链等技术的应用和创新，为网络的未来发展注入新的动力，达到科技与社会的和谐共生。

• 1.2 计算机网络的基本概念

1.2.1 计算机网络的定义

微课 1-2
计算机网络的基本概念

计算机网络是指将地理位置不同的具有独立功能的多台计算机及其外部设备，利用通信设备和线路连接起来，并通过网络通信协议、网络操作系统和网络管理软件等进行控制以实现资源共享和信息传递的计算机系统。

从定义中可以看出，现代计算机网络有以下几个特点。

1）实现资源共享是计算机网络的主要目的，这里所说的资源包括计算机硬件资源、计算机软件资源和数据文档等。

2）被连接的各台计算机自成一个完整的系统，即网络中所包括的各种类型计算机都必须有自己的 CPU、内存等完善的硬件系统。

3）外部设备不能直接联网，只能通过一台计算机控制成为网上资源。

4）计算机之间的互联通过通信设备及通信线路实现，其通信方式多样化，通信线路介质多样化。

5）计算机有完善的网络软件支持。

6）计算机之间的通信必须遵循统一的标准，即通信协议。

1.2.2 计算机网络的组成

微课 1-3
计算机网络的组成

1. 计算机网络的逻辑组成

如图 1-6 所示为典型的计算机网络系统。从计算机网络的组成角度来分，一个完整的计算机网络在逻辑上由资源子网和通信子网构成。

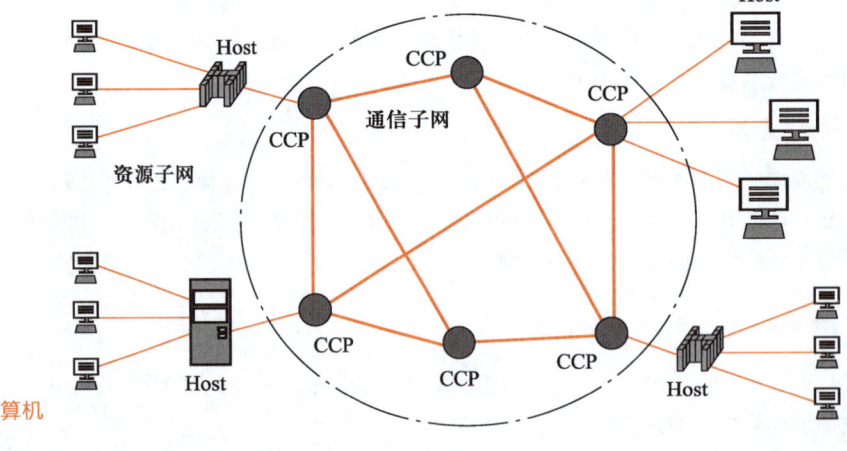

图 1-6
典型的计算机网络示例

（1）资源子网

资源子网由主机、用户终端、网络外部设备、各种软件与硬件资源组成。资源子网主要负责网络数据处理业务，并向用户提供各种网络资源。

1）主机是资源子网中最主要的组成部分，可以是各种类型的计算机，通过以太网链路连接到通信子网。主机中除了装有网络操作系统外，还有各种应用软件、配置的数据库以及各种文档数据。

2）用户终端可以是简单的输入/输出设备，也可以是现在流行的各种移动终端设备，通常可以通过一些方式，如 Wi-Fi、蓝牙等连入网络。

3）网络操作系统是建立在各主机操作系统之上的一个操作系统，用于实现用户在不同的主机系统之间通信及软硬件资源的共享，并向用户提供统一的接口以便使用网络。

4）网络数据库是建立在操作系统之上的系统软件，一般情况下会把它安装在服务器终端以便存储大规模的数据文档。主机可以通过网络访问数据库中的数据与服务，以便实现网络数据库的共享。

（2）通信子网

通信子网主要由网络节点和通信链路组成，其中网络节点也称为转接节点或者中间节点。通信子网的作用是控制信息的传输和在端节点之间转发信息。

1）网络节点一般指通信控制处理机，如交换机、路由器等。它们用于完成数据中转的任务，主要负责数据的接收、存储、校验和转发。

2）通信链路是传输信息的信道，可以是电话线、同轴电缆或者光缆，也可以是无线传输介质，如无线电、卫星或微波等。

3）其他通信设备有信号转换器，即可以对信号进行变换以适应不同传输媒体要求的设备，如调制解调器就是把计算机中的数字信号转换成可以在电话线中传输的模拟信号。

2. 计算机网络的软件组成

网络软件是实现网络功能所不可缺少的软件环境。为了协调网络系统资源，需要通过软件工具对其进行全面的管理、调度与分配，并且采取一定的保密措施保证数据的安全性与合法性等。网络软件多种多样，目前常用的软件包括以下几种。

① 网络操作系统：最主要的网络软件，负责管理网络中各种软硬件资源，如 Linux 和 Windows Server 等。

② 网络通信软件：实现网络中节点间的通信。

③ 网络协议和协议软件：通过协议程序实现网络中数据的交换，如 TCP/IP。

④ 网络管理软件：用来对网络资源进行管理和维护。

⑤ 网络应用软件：为用户提供应用服务，解决实际问题。

3. 计算机网络的硬件

网络硬件的选择对网络运行起着决定性作用，也是计算机网络系统的基础架构。要构成一个计算机网络系统，首先要将计算机及其相关的硬件设备与网络中的其他计算机系统连接起来。计算机网络硬件系统包括计算机、终端、集线器、中继器、路由器、网桥、交换机等。在硬件系统中，还要了解以下几个概念。

① 节点（node）：指网络中的计算机设备，可以分为转接节点和访问节点两类。转接节点的作用是支持网络的连接性能，通过所连接的链路实现信息的转接，通常有集线器、交换机和路由器等。访问节点也简称为端点（End Point），除了具有连接作用外，还可起信息发送端和接收端的作用，一般包括计算机或终端设备。

② 线路（line）：在两个节点间承载信息流的信道称为线路，可以采用电话线、双绞线、光缆等有线信道，也可以是无线电信道。

③ 链路（link）：指从发信点到收信点的一串节点和线路。链路通信是指端到端的通信，由通信设备和传输介质组成。

1.2.3　计算机网络的分类

微课 1-4
计算机网络的分类

1. 按网络作用范围划分

计算机网络按地理作用范围可以分为广域网、局域网和城域网 3 种。

（1）广域网（WAN）

分布范围可达数百至数千千米，可以覆盖一个国家或者几个洲，形成国际性的远程网络。

（2）局域网（LAN）

将小范围区域内的各种设备连接在一起的网络，其范围局限在一个办公室、一幢大楼或一个校园内，用于连接个人计算机、工作站和各类外围设备以实现资源共享和信息交换。其特点是覆盖范围有限，提供高数据传输速率、低误码率的高质量数据传输环境。

（3）城域网（MAN）

介于广域网和局域网之间的一种高速网络，一般为满足几十千米范围内各单位的多个局域网的连接需求。

2. 按通信传播方式划分

计算机网络按通信传播方式可以分为广播方式、组播方式和点对点方式 3 种。

（1）广播方式

所有计算机都共享一个公共的信道，当一台计算机利用信道发送数据时，其他所有的计算机都会收到这个数据。由于发送的数据中有目的地地址和源地址，如果接收到该数据的计算机的地址与目的地地址相同则接受，否则会丢弃数据。

（2）组播方式

所有的计算机被划分成不同的组，同一个组中的计算机发送数据，该组中的其他成员能够收到数据，其他组的成员则不能收到数据。

（3）点对点方式

每条物理线路连接一对计算机，如果源节点与目的节点之间没有直接相连的线路，那么源节点发送的数据就要通过中间节点接收、存储再转发，直至传输到目的节点。

3. 按拓扑结构分类

网络拓扑是指网络形状，即网络在物理上的联通性表示。"拓扑"一词来自离散数学中的图论。网络的拓扑结构主要有星形拓扑、树形拓扑、总线型拓扑、环形拓扑和网状拓扑。

（1）星形拓扑

网络中各节点以中央节点为中心，与中央节点以点对点方式连接，节点之间的数据通信要通过中央节点，如图 1-7 所示。

星形拓扑的特点：结构简单，管理方便，可扩充性强，组网容易。中心节点成为全网可靠性的关键。

（2）树形拓扑

树形拓扑又称为拓展星形拓扑，即中央星形拓扑上的节点又是另一个星形拓扑的中心节点，如图 1-8 所示。

树形拓扑的特点：减少了链路与设备的投资，在具有星形拓扑优点的同时，更富于层次，从而可隔离某些网络流量。

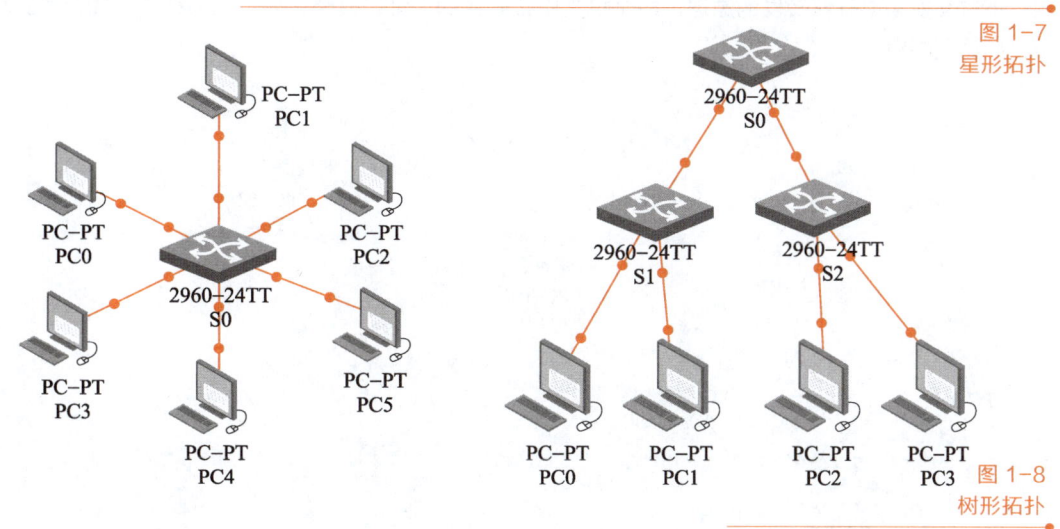

图 1-7
星形拓扑

图 1-8
树形拓扑

（3）总线型拓扑

总线型拓扑中所有节点直接连到一条物理链路上，除此之外节点间不存在任何其他连接，如图 1-9 所示。

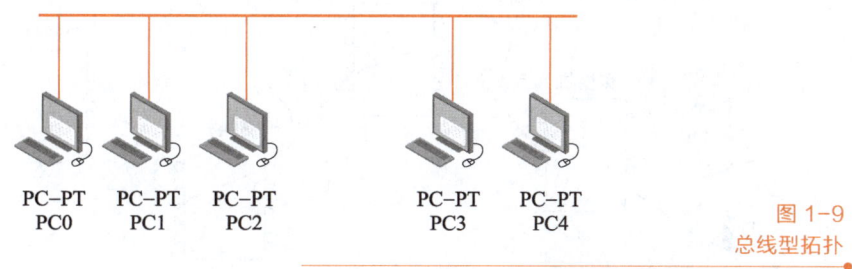

图 1-9
总线型拓扑

总线型拓扑的特点：每一个节点可以收到来自其他任何节点所发送的信息，简单、易于实现，但可靠性和灵活性差，且传输延时不确定。

（4）环形拓扑

环形拓扑中节点与链路构成了一个闭环，每个节点只与相邻的两个节点相连，如图 1-10 所示。

环形拓扑的特点：每个节点必须将信息转发给下一个相邻的节点，简单、易于实现，传输延时确定，但维护与管理复杂。

（5）网状拓扑

网状拓扑又称无规则型拓扑，其节点间的连接是任意的，即不存在规律，如图 1-11 所示。

网状拓扑的特点：数据的传输有赖于所采用的网络设备，多条链路提供了冗余连接，结构复杂。

4. 按照网络交换方式分类

计算机网络按照交换方式可以分为电路交换、报文交换和分组交换 3 种。

（1）电路交换

电路交换（Circuit Switching）类似于传统的电话交换方式，用户在通信之前必须先建立一条物理信道，并且在通信过程中始终占用该信道，直到通信结束释放，如图 1-12 所示。

（2）报文交换

采用报文交换（Message Switching）方式传输数据的时候，每次要发送一个完整的报文，长度无限制。报文交换采取存储转发的原理，每个报文中含有目的地址，每个中间节点为报文选择合适的路径，最终到达目的地。

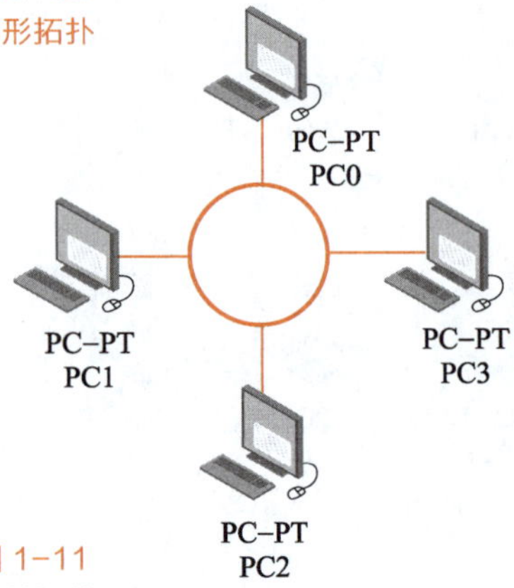

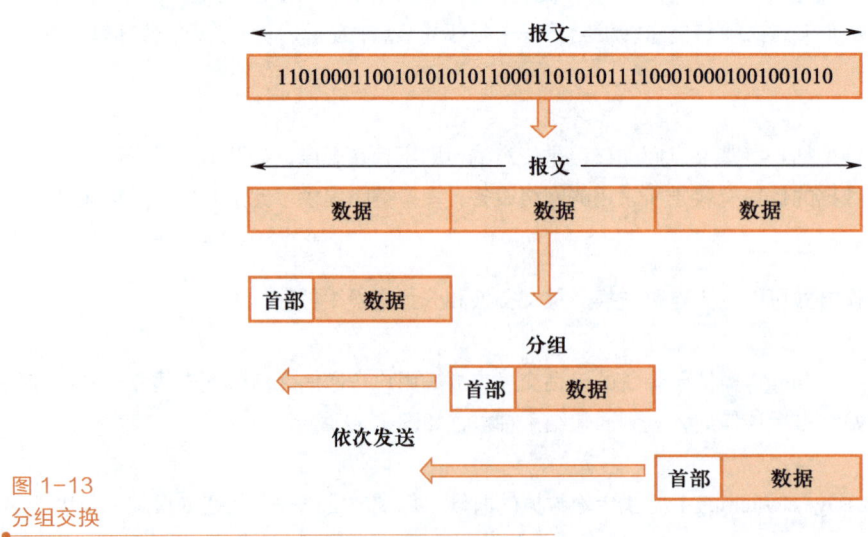

图 1-10
环形拓扑

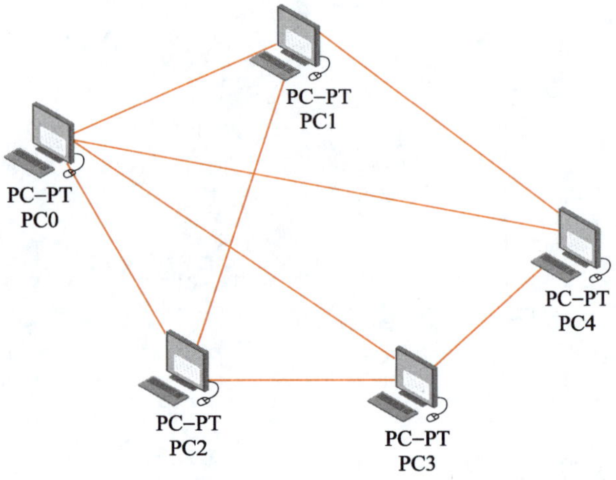

图 1-11
网状拓扑

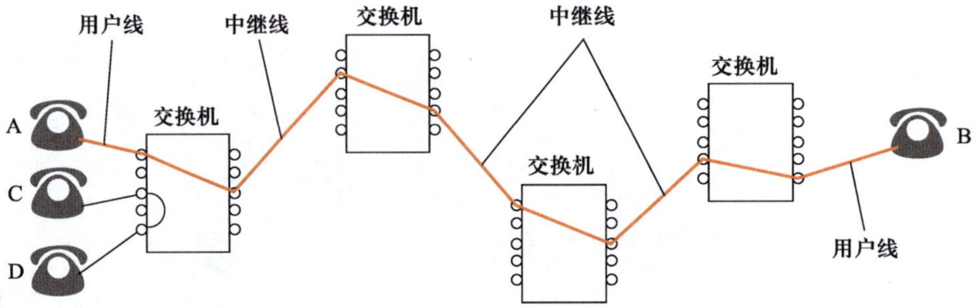

图 1-12
电路交换

（3）分组交换

采用分组交换（Packet Switching）方式发送数据时，发送端先将数据划分为一个个等长的单位（分组），并在每个单位前面添加上首部构成分组，再依次把各分组发送到接收端，其过程如图 1-13 所示。

图 1-13
分组交换

网络的分类还可以按照其他的一些标准划分，如按照通信介质可以分为有线与无线网络；按照使用者可以分为公用与专用网络；按照控制方式可以分为集中式与分布式网络等。

1.3　园区网络介绍

园区网络是指在特定区域内，通过一定的通信技术和设备，实现园区内各种设备和系统的互联互通，以支持园区内各种应用和服务的网络系统。园区网络是智慧园区的核心基础设施，能够为园区提供全面的信息化、智能化服务。

微课 1-5
园区网络介绍

1.3.1　传统园区网络架构

在当今的企业网络中，目录结构通常采用层次化的设计，网络拓扑通常采用星形、树形、网状或混合型结构，这种设计方式使得网络更加易于管理和扩展。常见的目录结构包括域、组织、部门和用户层级。通过域控制器，可以对用户和资源进行集中管理，提高安全性。

园区网络的架构通常包括核心层、汇聚层和接入层 3 个层次，其网络拓扑架构如图 1-14 所示。其中，核心层负责高速数据传输；汇聚层负责将接入层的数据汇总并传输到核心层；接入层则负责将各种终端设备接入网络。在架构设计中，还需要考虑网络的冗余性、可扩展性和灵活性。

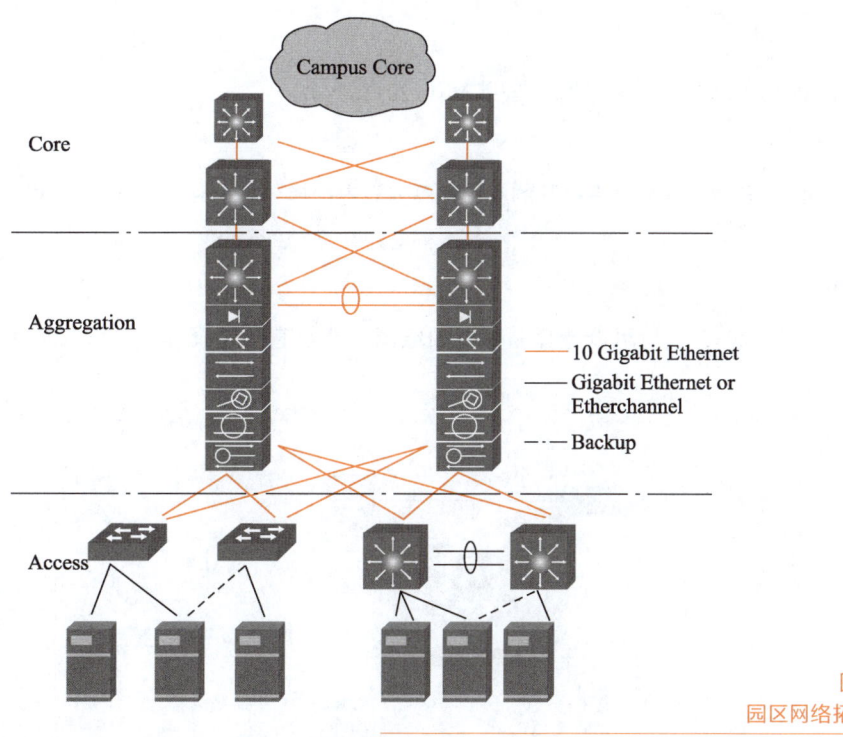

图 1-14
园区网络拓扑架构

园区网络协议是实现园区内设备互联互通的关键因素。目前常用的园区网络协议包括 TCP/IP、HTTP、FTP 等。选择合适的园区网络协议可以提高园区网络的可靠性和安全性。

园区网络安全是园区网络建设的重要组成部分。在网络安全方面，需要采取一系列措施，如防火墙、入侵检测、数据加密等，以保护园区网络免受攻击和数据泄露。同时，还需要制定严格的安全管理制度，提高园区网络安全意识。

1.3.2　SDN 网络架构

在传统的 IP 网络中，每台设备都是独立收集网络信息、独立计算，并且只关心自己的数据发送路径。这种网络架构的弊端是缺乏统一管理，网络协议实现复杂、运维难度较大、网络新业务升级较慢。软件定义网络（Software Defined Network，SDN）是一种将网络控制功能与转发功能分离，从而实现控制可编程的新网络架构。这种架构将控制层从网络设备转移到外部计算设备，使得底层的基础设施对于应用和网络服务而言是透明的、抽象的，网络可被视为一个逻辑的或虚拟的实体。

SDN 的主要特点如下。

① 分离控制层和数据转发层：将网络的控制层和数据转发层分离，控制层统一管理整个网络。

② 逻辑集中化：通过软件实现对网络的统一管理和配置，在控制层实现网络的逻辑集中化。

③ 程序化接口：SDN 定义了控制层与转发层之间的标准接口，使得网络设备更易于编程。

④ 应用驱动：SDN 的设计初衷就是为了满足特定网络应用需求。

在 SDN 中，网络设备变成了简单的转发器，具体的路由控制和管理由集中的控制器实现，这使得网络管理和部署变得更简单、更有效率。

任务实施

在 Windows 10 以上的操作系统中安装 Visio 2013。

1.　启动 Visio 2013

单击系统"开始"按钮，在打开的应用程序列表中选择"Microsoft Office 2013"→"Visio 2013"，启动软件。

2.　熟悉 Visio 2013 操作界面

打开 Visio 2013 之后可以选择新建空白绘图，或者直接选择新建"详细网络图"，如图 1-15 所示。

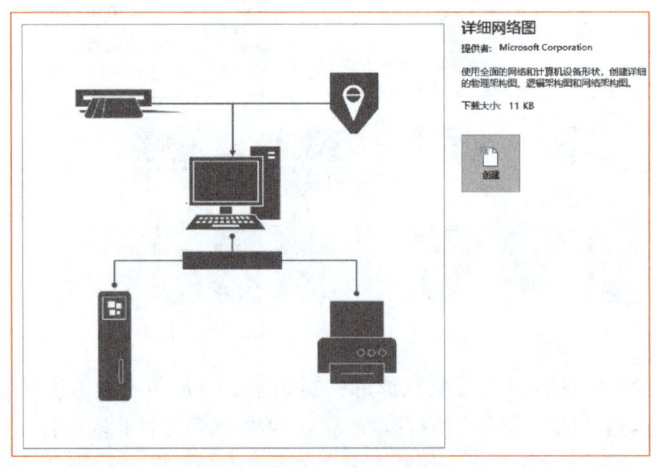

图 1-15
详细网络图

如果选择新建空白页面，需要在左侧形状选项卡下面选择"更多形状"→"网络"→"详细网络图"菜单，打开模具菜单，按照如图 1-16 所示绘制园区网络拓扑结构图。

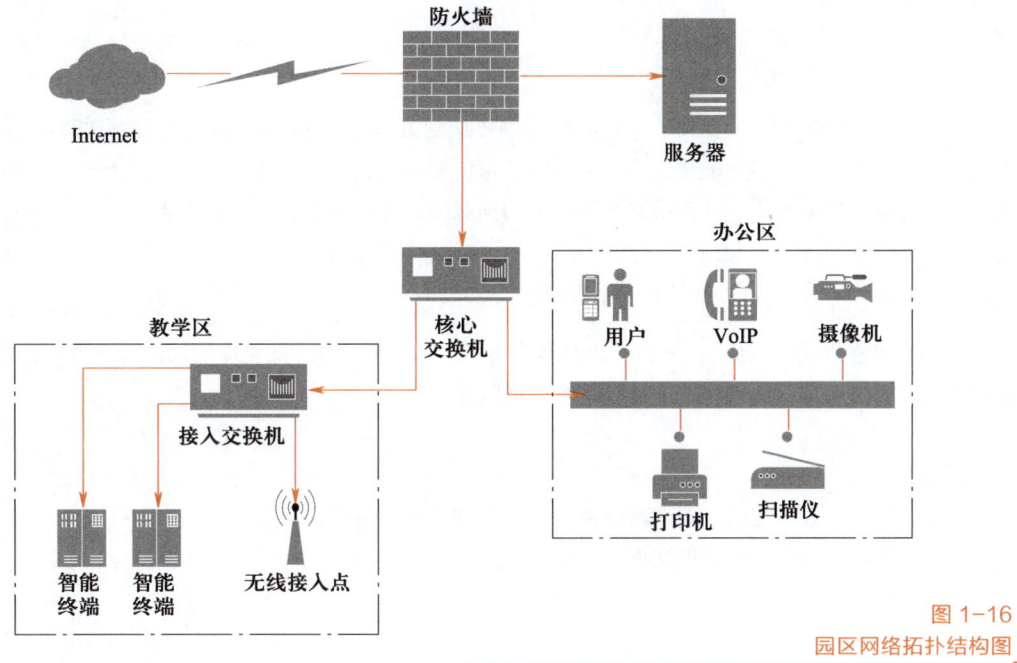

图 1-16
园区网络拓扑结构图

 任务拓展

计算机网络主要包括以下几个性能指标。

1. 带宽

网络带宽是指网络在单位时间内能传输的数据量。和高速公路车道越多，其通行能力就越强类似，网络带宽不仅是网络数据传输能力的重要参数指标，也是互联网用户选择接入网络服务提供商的重要参考因素。

在通信线路上传输信号时，数字信息流的基本单位是 bit（位），时间是 s（秒），因此 bit/s 是描述带宽的单位。例如，最早的 56K 调制解调器利用电话线拨号上网，其带宽是 56 Kbit/s；电信 ADSL 宽带的速度在 512 Kbit/s 至 10 Mbit/s 之间；而目前常见的标准以太网的带宽可以达到 10 Mbit/s，意味着每秒钟能传输 10 Mbit 的数据。

2. 吞吐量

吞吐量是指在规定时间、空间及数据在网络中所走的路径（网络路径）的前提下，下载文件时实际获得的带宽值。由于多方面的原因，吞吐量实际上往往要比传输介质所标称的最大带宽小得多。

影响网络中带宽和吞吐量的主要因素有以下几个：

① 网络设备类型。

② 网络拓扑结构。

③ 用户的数量。

④ 传输的数据类型。

⑤ 客户机/服务器模式。

⑥ 故障率。

3. 时延

时延是指一个报文或分组从一个网络的一端传送到另一端所需要的时间,包括发送时延、传播时延、处理时延以及排队时延。一般情况下,发送时延与传播时延是主要考虑的因素。对于报文长度较大的情况,发送时延是主要矛盾;而在报文长度较小的情况下,传播时延则是主要矛盾。

 ## 项目实训　认识校园网络

校园网是在学校范围内,为学校广大学生和教师提供资源共享、信息交流和协同工作的计算机网络。校园网是一个具有交互功能和专业性很强的局域网络。

【实训目的】

- 认识组建校园网络的主要网络设备,熟悉各种设备的特点和用途。
- 研究校园网络,了解校园网络的逻辑拓扑结构。

【实训内容】

- 了解校园网络的组成。
- 掌握各种类型设备的用途。
- 画出校园网络的拓扑结构。

任务 1-2　网络模拟器的安装与使用

 ## 任务陈述

初学者在学习网络知识时,有必要使用网络模拟器来辅助学习。它是一种非常基础的基于图形界面的模拟软件。用户可以在软件的图形用户界面上直接使用拖曳的方法建立网络拓扑,也可以展示数据包在网络中传输的详细处理过程,观察网络实时运行情况,还可以学习相关配置、锻炼故障排查等能力。

 ## 知识准备

1.4　网络模拟器

1.4.1　eNSP

德育小课堂
民族品牌——华为

华为 eNSP 是一款免费、可扩展、图形化操作的网络仿真工具和平台,主要对企业网路由器、交换机进行软件仿真,完美呈现真实设备场景,支持大型网络模拟。学习者可以在没有真实设备的情况下模拟演练,学习网络技术。eNSP 的工作界面如图 1-17 所示。

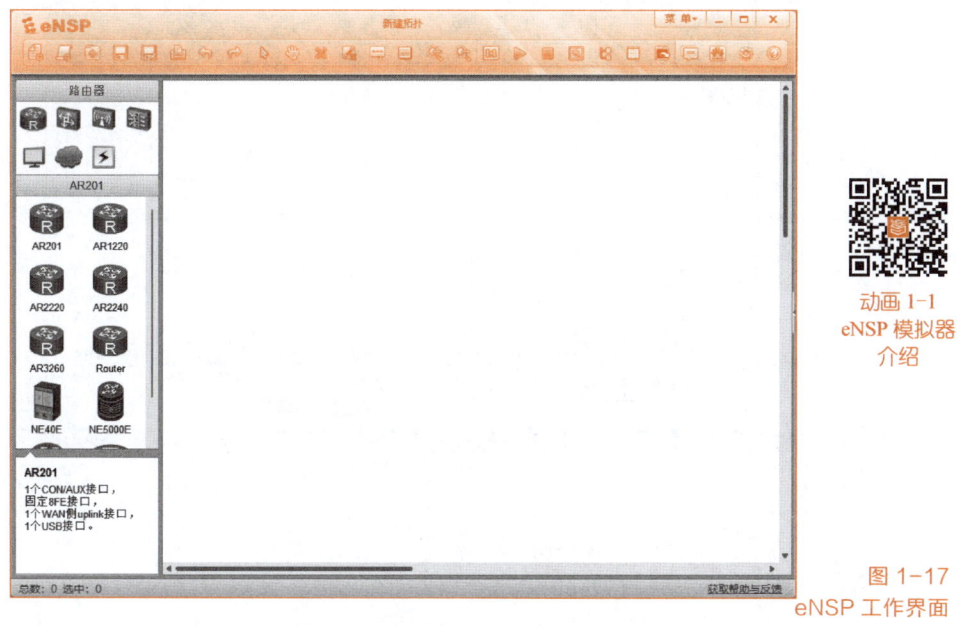

动画 1-1
eNSP 模拟器
介绍

图 1-17
eNSP 工作界面

1.4.2　HCL

新华三 HCL 模拟器也称为华三云实验室，是一款功能强大的图形化网络设备模拟软件，可以模拟路由器、交换机、防火墙等网络设备。HCL 的工作界面如图 1-18 所示。

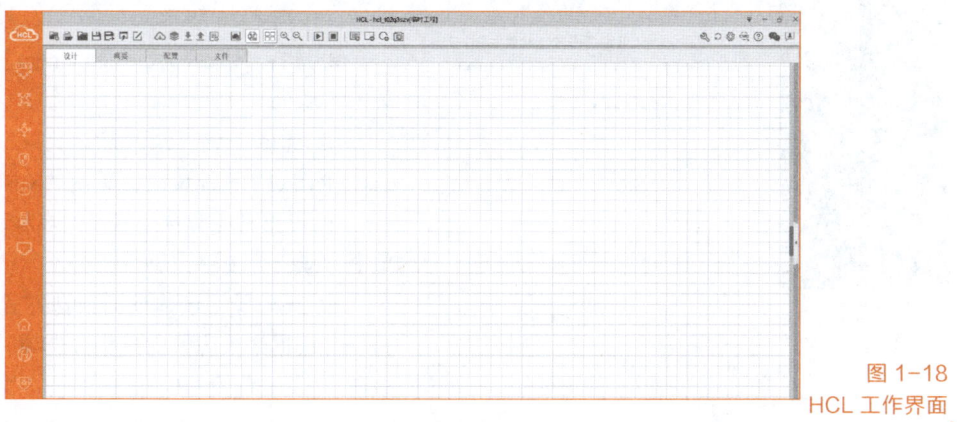

图 1-18
HCL 工作界面

1.4.3　Packet Tracer

Packet Tracer（PT）是一款辅助学习工具，专为学习网络课程的初学者进行设计、配置、排除网络故障等操作提供网络模拟环境。PT 作为一款功能强大的网络仿真程序，支持学生进行网络实验和测试，有利于教学和复杂的技术概念的学习。同时，它可以弥补物理设备在课堂教学时的缺陷，突破数量的限制来创建网络，配置网络和网络故障排除，其 6.0 或者 7.0 以上版本的界面如图 1-19 所示。

微课 1-6
网络模拟器
Packet Tracer

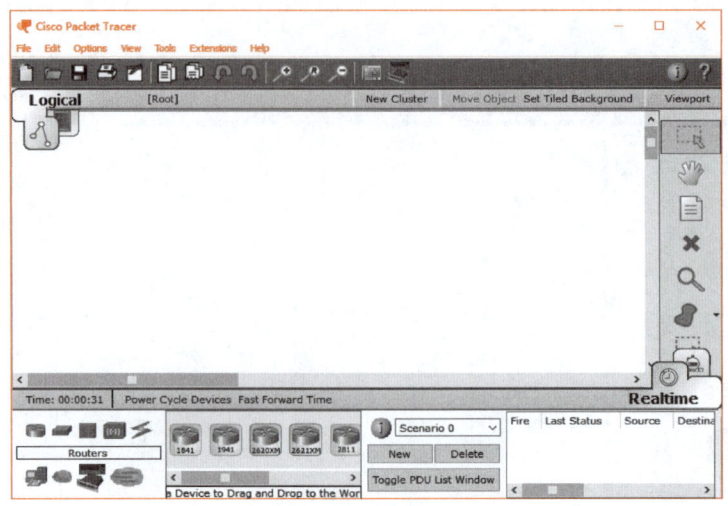

图 1-19
Packet Tracer
工作界面

操作视频 1-1
网络模拟器操作

任务实施

用户可以在 Packet Tracer 的图形界面上直接使用单击和拖曳的方法建立网络拓扑，进行设备配置、网络故障排除等工作，并且其可以提供数据包在网络中流动的详细处理过程，方便学习者观察网络的实时运行情况。

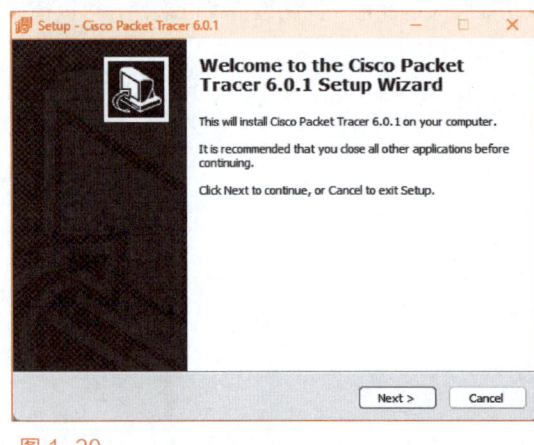

图 1-20
Packet Tracer 安装界面

1. 安装软件

① 双击 Packet Tracer 安装包文件，单击"Next"按钮，如图 1-20 所示。

② 选择"I accept the agreement"单选按钮，再单击"Next"按钮。

③ 选择安装目录，默认为 C:\Program Files\Cisco Packet Tracer 6.0.1，单击"Next"按钮。

④ 设置开始菜单中目录的名称，此步可忽略，单击"Next"按钮。

⑤ 选择是否创建桌面快捷方式和快捷启动按钮，可根据个人习惯勾选相应选项，单击"Next"按钮。

⑥ 单击"Install"按钮开始安装 Packet Tracer。

⑦ 安装结束后弹出提示框，提示关闭所有浏览器或重启计算机，单击"确定"按钮。

⑧ 单击"Finish"按钮（如勾选"Launch Cisco Packet Tracer"复选框则表示单击"Finish"后立即运行 Packet Tracer）。

⑨ 首次运行 Packet Tracer 时可能会弹出提示框，提示 Packet Tracer 会将用户文件存放在 C:/Document and Setting/Administrator/Cisco Packet Tracer 6.0.1 文件夹中，单击"确定"按钮即可。

⑩ 进入 Packet Tracer 工作界面，如图 1-19 所示。

2. Packet Tracer 使用方法

Packet Tracer 工作界面非常简洁，中间白色的部分是工作区，上方是菜单栏和工具栏，下方是网络设备、计算机、连接栏，右侧是选择设备工具栏。

在设备工具栏内先找到要添加的设备大类→网络设备，然后从该类别的设备中寻找想要添加的设备。在设备列表中选择交换机，然后选择具体型号，再拖曳到工作区中，如图 1-21 所示。

单击设备可以查看其前面板，具有模块及配置功能，如图 1-22 所示。

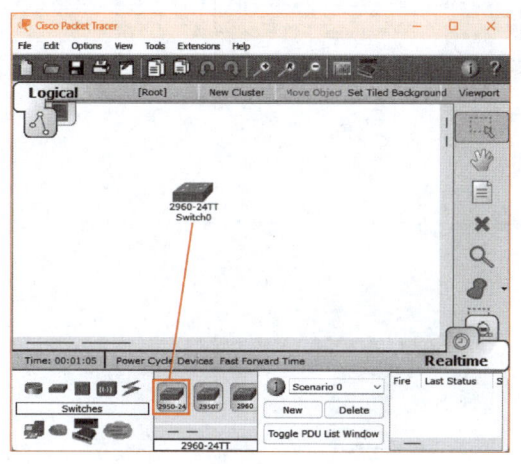

图 1-21
拖曳交换机到工作区

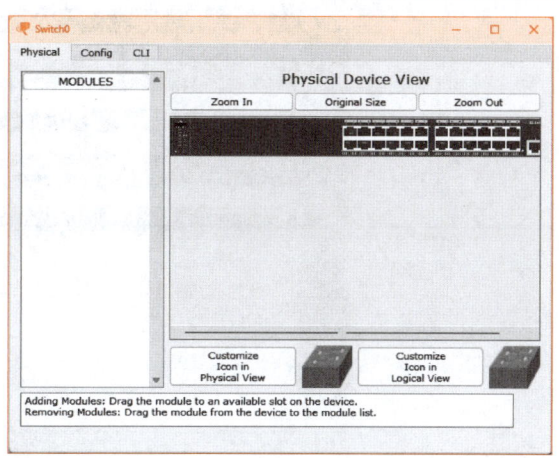

图 1-22
查看设备前面板

Packet Tracer 提供了很多种连接线，每一种连接线都代表一种连接方式，包括控制台连接、双绞线直通线缆、双绞线交叉线缆、光缆、电话线、串行 DCE 及串行 DTE、同轴电缆等。如果不能确定应该使用哪种连接线，可以使用自动连接，让软件自动选择相应的连接方式，如图 1-23 所示。

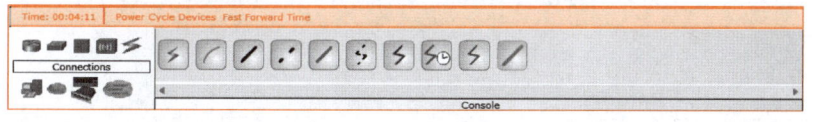

图 1-23
连接线缆

在 Packet Tracer 中把网络环境搭建好后，就可以模拟真实的网络环境进行实验了，如图 1-24 所示是一个搭建好的局域网拓扑。

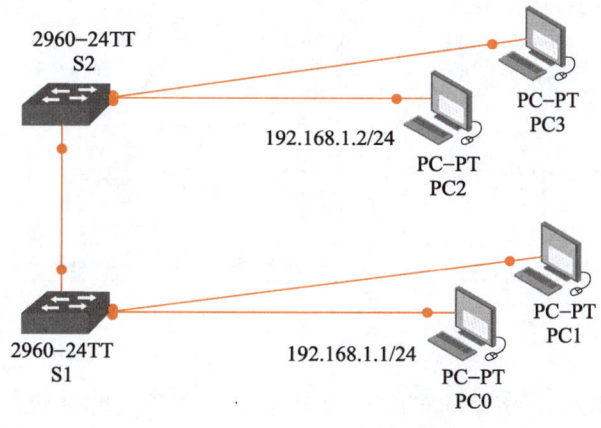

图 1-24
局域网实验拓扑

19

　　此时看到的是网络设备的逻辑拓扑，可以通过模拟器左上角的选项卡，查看设备的物理拓扑，如图 1-25 所示。

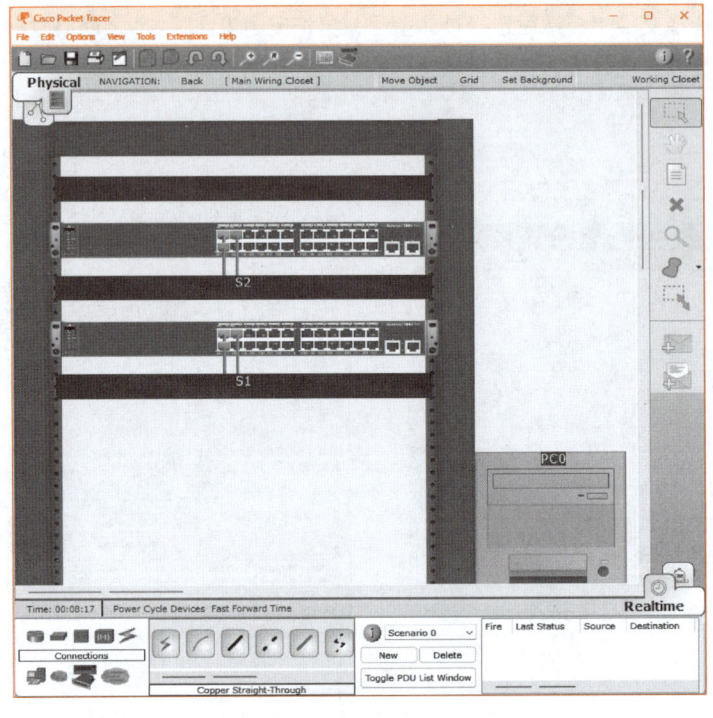

图 1-25
查看设备的物理
拓扑

　　在物理拓扑的视图下，单击"NAVIGATION"菜单，能够看到局域网所在城市的物理路径导航，如图 1-26 所示。

　　给拓扑中的 PC 设定 IP 地址。单击 PC 图标，选择"IP Configuration"项，如图 1-27 所示。

图 1-26
查看物理路径

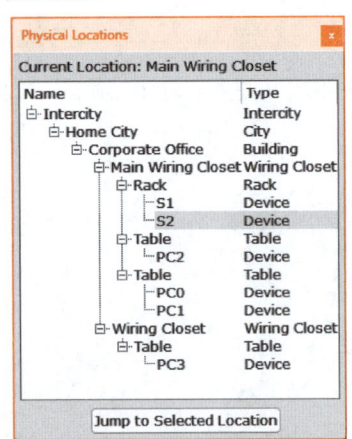

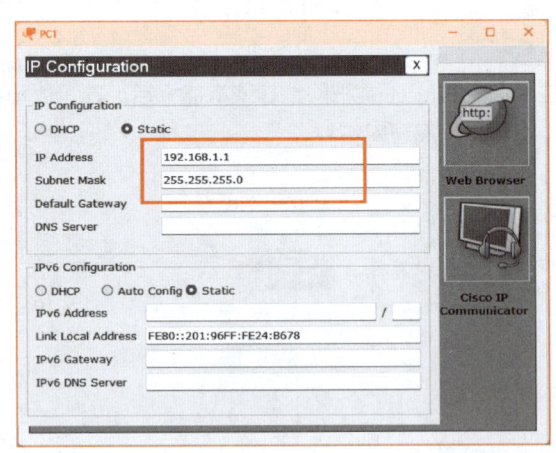

图 1-27
主机 IP 地址配置

　　在右侧的工具栏里有网络设备之间发送数据包功能按钮，如图 1-28 所示。

　　模拟器中有简单数据包和复杂数据包两种测试数据包格式。复杂数据包可以设定数据包的发送接口、生存时间、服务类型、数据包大小等参数；简单数据包只有固定的格式，只能选择源和目的地地址。单击发送简单数据包信封图样的按钮，然后再单击源终端设备与目的终端设备即可发送数据包。

利用 Packet Tracer 还可以在设备通信时查看数据包的传输以及封装情况。把模拟器切换到模拟模式（Simulation），在右侧工具栏的下方有一个"Simulation"选项卡，单击后会出现模拟面板（Simulation Panel），如图 1-29 所示。

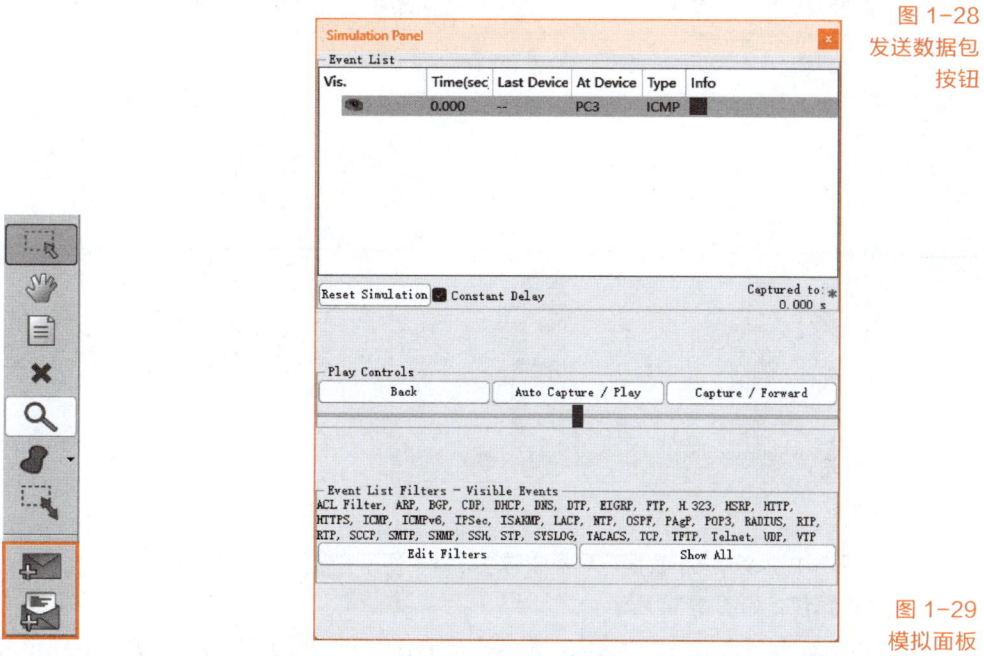

图 1-28
发送数据包
按钮

图 1-29
模拟面板

在模拟模式中可以通过生动的 Flash 动画来表现数据包的传输过程，方便用户清楚地看到数据包的传输路线。单击"Capture/Forward"按钮，即可查看数据包的传输情况，如图 1-30 所示。

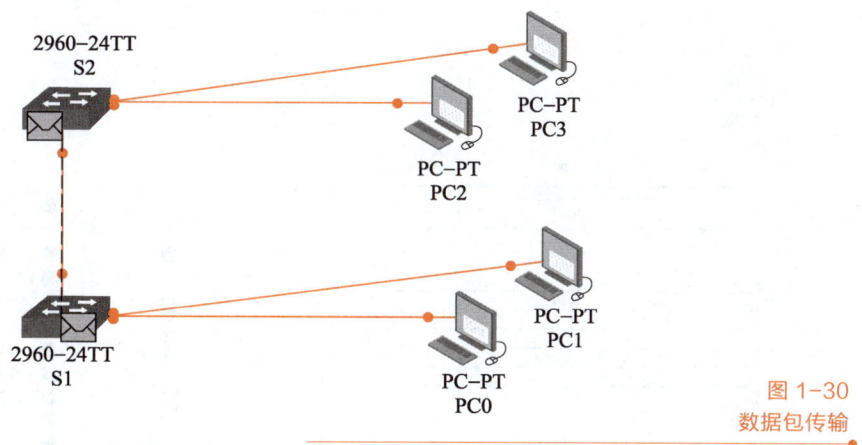

图 1-30
数据包传输

在拓扑图中会看到一个信封样子的数据包，以动画的形式传输。而在模拟面板的事件列表（Event List）中，可以看到所有数据包的传输过程，如图 1-31 所示。

其中各参数的含义如下。

① Vis.：表示图中运动的数据包。

② Time（sec）：表示数据包传输所用时间。

③ Last Device：数据包经过的上一个设备。

④ At Device：数据包现在所在设备。

⑤ Type：数据包的类型。

⑥ Info：表示数据包的颜色。

单击模拟面板中 Info 菜单下面的彩色正方形或者单击工作区中动态数据包信封图标，可以查看数据封装情况，如图 1-32 和图 1-33 所示。

图 1-31
数据包列表

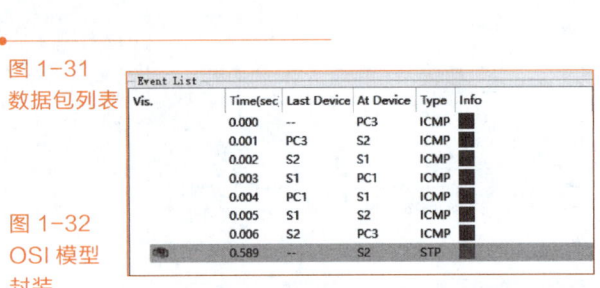

图 1-32
OSI 模型
封装

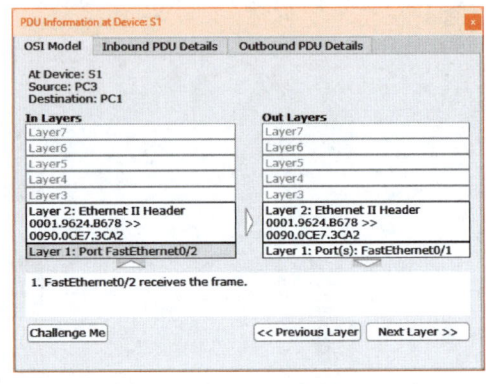

计算机网络中协议众多，数据包种类也较多。为了便于查看目标数据包，可以通过"Edit ACL Filters"按钮来过滤数据包，如图 1-34 所示。

Packet Tracer 网络模拟器功能强大，是网络初学者非常有用的辅助学习工具，其他相关功能会在以后单元中逐步讲解。

图 1-33
各层数据封装

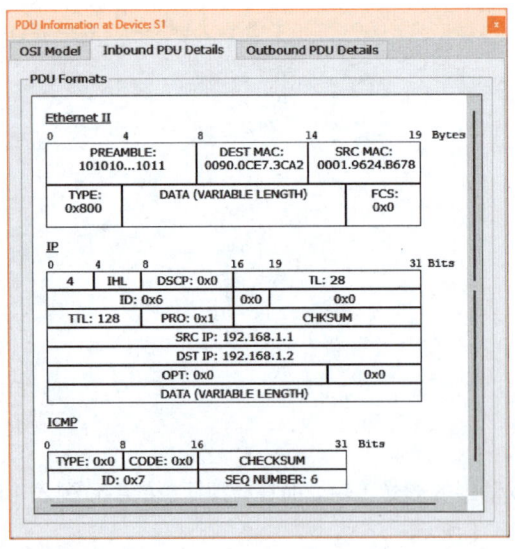

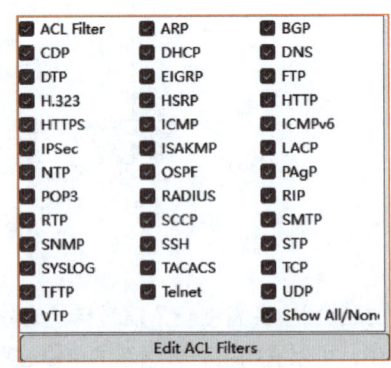

图 1-34
过滤数据包

任务拓展

锐捷 EVE 模拟器也是一款功能强大的网络设备模拟器，可以模拟多种网络设备、拓扑和场景。它为用户提供了一个真实的网络环境，可以用于学习、测试和开发网络应用程序。这款模拟器支持二层特性，如链路聚合、LACP 基础、静态 LACP、生成树和 VLAN。同时，它也支持三层特性，包括 IPv4 路由基础、IPv6 路由基础、静态路由、静态黑洞路由、等价路由等，以及 RIP、OSPF、IS-IS、BGP4、策略路由（PBR v4、PBR v6）和路由策略（Routing Policy）。此外，结合 Wireshark 等网络协议分析工具，还可以捕获 EVE 模拟器中的网络流量，并进行进一步的分析和研究，帮助用户更好地理解网络性能和协议交互情况。

 项目实训　安装 eNSP 和 HCL

【实训目的】

- 认识华为 eNSP 和新华三 HCL 模拟器，熟悉各种模拟器的特点和用途。

【实训内容】

- 安装 eNSP。
- 安装 HCL。

 单元小结

计算机网络特别是 Internet 的出现改变了人们的工作、学习和生活方式。它虽然出现的时间不长，但发展极快，相关技术也经历了一个从简单到复杂的演变过程。网络没有大小限制，可以是两台计算机组成的简易网络，也可以是连接数百万台设备的超级网络。Internet 是现有的最大网络。

网络的基础架构是支持网络的平台，它为通信提供了稳定、可靠的通道。网络基础架构由终端设备、中间设备和网络介质等网络组件构成。

文本：参考答案

 单元练习

一、选择题

1. 下列属于点对点网络优点的是（　　）。
   A. 集中管理　　　B. 配置起来复杂　　　C. 可扩展性强　　　D. 组建和维护费用低
2. 下列设备中不属于通信子网的是（　　）。
   A. 交换机　　　B. 路由器　　　　C. 主机　　　　D. 调制解调器
3. 下列设备中属于网络终端设备的是（　　）。
   A. 交换机　　　B. 路由器　　　　C. IP 电话　　　D. 无线接入点
4. 组建计算机网络的目的是实现联网计算机系统的（　　）。
   A. 硬件共享　　　B. 软件共享　　　C. 数据共享　　　D. 资源共享
5. 一座大楼内的计算机网络系统属于（　　）。
   A. WLAN　　　B. LAN　　　　C. WAN　　　　D. MAN

6. 下列关于计算机网络拓扑结构的叙述中，正确的是（　　）。

    A. 网络拓扑结构是指网络节点间的分布形式

    B. 目前局域网中最普遍采用的拓扑是总线型拓扑

    C. 树形拓扑结构的线路复杂，网络管理也较难

    D. 树形拓扑结构的缺点是，当需要增加新的工作站时成本较高

7. 计算机网络中可以共享的资源包括（　　）。

    A. 硬件、软件、数据、通信信道　　　B. 主机、外设、软件、通信信道

    C. 硬件、程序、数据、通信信道　　　D. 主机、程序、数据、通信信道

8. 最早的计算机网络是由（　　）组成系统。

    A. 计算机—通信线路—计算机　　　B. 计算机—计算机

    C. 终端—通信线路—终端　　　D. 计算机—通信线路—终端

9. 家庭网络目前主要通过（　　）方式接入 Internet。

    A. 电话拨号　　　B. 卫星　　　C. 光纤入户　　　D. 蜂窝

10. 世界上第一台电子数字计算机的名字是（　　）。

    A. Intel　　　B. ENIAC　　　C. ARPAnet　　　D. HCL

11. 下列不属于未来网络发展所面临挑战的是（　　）。

    A. 网络安全风险增加　　　B. 网络速度持续提升

    C. 网络结构不断优化　　　D. 人工智能改变生活

12. 华为公司提供的网络模拟器的名称是（　　）。

    A. EVE　　　B. HCL　　　C. eNSP　　　D. Packet Tracer

二、填空题

1. 计算机网络按照网络拓扑结构可以分为＿＿＿、＿＿＿、＿＿＿、＿＿＿和＿＿＿。

2. 计算机网络系统的逻辑结构包括＿＿＿和＿＿＿两部分。

3. 计算机网络软件主要包括＿＿＿、＿＿＿、＿＿＿和＿＿＿等几种类型。

4. 计算机网络的交换方式可以分为＿＿＿、＿＿＿和＿＿＿。

5. 目前常见的标准以太网的数据传输速率为＿＿＿。

三、简答题

1. 什么是计算机网络？计算机网络是如何定义的？

2. 计算机网络由几部分组成？每个部分有什么功能？

3. 什么是计算机网络的拓扑结构？计算机网络的常见拓扑结构有哪些，各有什么特点？

单元 **2**

网络体系结构与分层模型

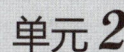

学习目标

【知识目标】

● 理解网络体系和分层模型的概念。

● 掌握 OSI 参考模型。

● 掌握 TCP/IP 体系结构。

● 理解协议数据单元和数据封装。

【技能目标】

● 能够在仿真模拟器中观察数据包封装过程。

● 掌握使用仿真模拟器查看协议数据单元的方法。

【素养目标】

● 培养沟通能力，提升运用知识分析问题和解决问题的能力。

● 培养克服困难、勇往直前的自我革新精神。

PPT：单元 2
网络体系结构与分层模型

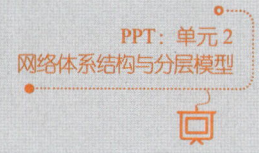

单元导读

本单元主要介绍网络体系结构和分层模型，其中 OSI 参考模型又称为七层模型，每层都有独立的功能和作用，每层传输数据的单位称为协议数据单元（Protocol Data Unit，PDU）；TCP/IP 模型总共有四层，和 OSI 参考模型既有区别又有关联。本单元学习内容和高等职业教育专科计算机网络技术专业教学标准的对应关系见表 2-1。

表 2-1　本单元学习内容和专业教学标准的对应关系

高等职业教育专科计算机网络技术专业教学标准				运用计算机网络知识和技能	
行业	岗位群	职业资格证书	对应竞赛	知识点	技能点
互联网和相关服务 软件和信息技术服务业	① 网络技术支持 ② 网络系统运维 ③ 网络系统集成	① 网络系统建设与运维 ② 网络安全运维 ③ 网络系统规划与部署 ④ WPS 办公应用	① 网络系统管理 ② 网络建设与运维 ③ 工业互联网智能控制与维护 ④ 华为 ICT 网络技术大赛	① 网络体系结构 ② 网络分层模型 ③ OSI 参考模型 ④ TCP/IP 体系结构 ⑤ 协议数据单元 ⑥ 数据封装和解封装	① 绘制 OSI 参考模型和 TCP/IP 模型 ② 使用模拟器观察数据包封装 ③ 使用模拟器查看协议数据单元 ④ 协议数据单元格式

引例描述

Svist 学院网络专业的小陈同学学习计算机网络技术已经有一个月了，对网络有了初步的认识，可是却发现很难把学到的零散概念连贯起来，于是她又去请教网络专业的蒋老师，如图 2-1 所示。

拓展阅读
网络分层模型案例

图 2-1
单元情境

蒋老师获知了她的烦恼后告诉小陈同学，她目前所遇到的问题是大多数计算机网络初学者都会经历的问题。要想快速有效地解决这些问题，可以从以下几个方面着手：

第一，把计算机网络进行分解。通过网络体系结构与协议这一章的学习，掌握计算机网络的分层模型。

第二，通过在网络模拟器中实施简单的实验，观察网络各层协议数据单元的具体结构，理解数据封装与解封装的过程，加深对网络体系结构的认识。

小陈同学听了蒋老师的指导后感觉茅塞顿开，迫不及待地进入了计算机网络体系结构的知识世界……

任务　OSI 参考模型各层 PDU 观测

任务陈述

在计算机网络的众多概念中，分层次的网络体系结构是最基本、最重要，同时也是最抽象的概念之一。理解计算机网络的层次结构模型，有助于从整体上把握计算机网络的全貌，也可以促进初学者在具体的网络环境中深入学习。

本任务将详细讲述两种分层次的网络体系结构，即开放系统互联参考模型（Open Systems Interconnection Reference Model，OSI/RM）以及传输控制协议/互联网协议（Transmission Control Protocol/Internet Protocol，TCP/IP），介绍两种模型各自的分层方式及相互关系。本任务将通过网络模拟器中的实验来跟踪观察 OSI 参考模型各层的协议数据单元的封装情况。

知识准备

2.1　使用分层模型

计算机网络为人们提供了丰富的功能，但其本身却是一个非常复杂的系统。通常人们会将一个复杂的系统划分为若干个容易理解和处理的子系统，通过分析和设计各个子系统，最终实现整个系统的功能。这种解决问题的思路就是常说的"分而治之"，而"分层"就是这种思想在计算机网络设计中的具体应用。在计算机领域，通常使用分层模型来描述网络通信的复杂过程。

微课 2-1
使用分层模型

2.1.1　分层体系结构

分层的网络体系结构是指将计算机网络通信过程抽象成若干有明确定义且易于管理的层，每层的功能及其提供的服务是明确的。每层都会使用下面一层提供的服务，并且向上面一层提供特定的服务，而各层之间是相互独立的。计算机网络体系结构通常即指网络的层次结构及其协议的集合。使用层次结构有很多好处，例如：

① 把网络通信过程分解为若干容易解决的子问题，降低了整个系统的复杂度，易于实现和维护。

② 有助于协议的开发，各层可以选择最合适的技术来实现其功能，并通过层间接口向上层提供服务。

③ 每层独立，不需要了解上下层的具体内容，只需要通过层间接口了解其提供的服务。只要层间接口保持不变，那么任何一层变化时上下各层不会受到影响。

④ 有利于竞争，即可以使用不同厂商的产品。

接下来，开始逐步分析计算机网络的分层体系结构。

2.1.2　可扩展的体系结构

可扩展的网络体系结构是指在核心没有变化的情况下进行扩展。Internet 就是一个很好的可扩展的网络体系的例子。在过去的十几年中，虽然 Internet 规模增长迅速，但它的核心没有变化，还是由路由器互联的私有和公有网络。正是由于 Internet 建立在分层的体系结构之上，它才能够灵活地扩展并满足人们日益增长的多样化的网络需求。

如图 2-2 所示是一个分层的网络结构，低层之间的流量不通过上层，这样上层可更有效地工作并提供高流量网络。低层结构的改变，如添加新的网络服务提供商（ISP），不会影响上层工作。虽然 Internet 是很多独立管理的网络的集合，但每个网络管理员对网络的管理都必须遵守共同的标准，这样网络才能更好地扩展并实现网络之间的互联。如果不遵守这样的标准，网络在接入 Internet 时就会遇到问题。

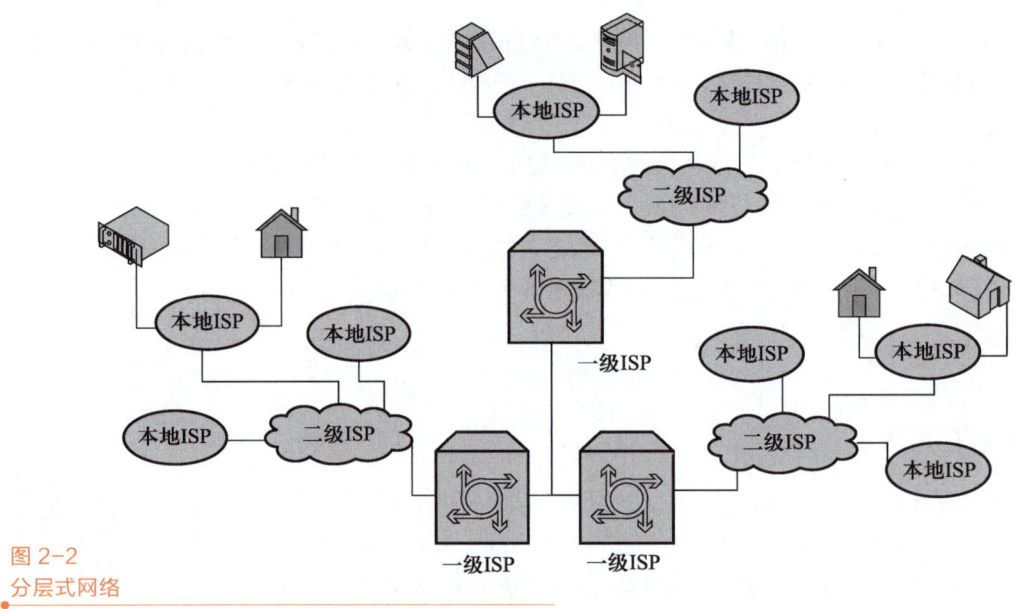

图 2-2
分层式网络

•2.2　OSI 参考模型

微课 2-2
OSI 参考模型

开放系统互联参考模型（简称 OSI/RM 或 OSI 参考模型）是国际标准化组织（ISO）于 1984 年为了解决网络之间的兼容性问题，实现网络设备间的相互通信而提出的标准框架。ISO 的目标是使世界范围内的计算机都能够按照统一的标准进行通信，因此该模型名称中的"开放"一词特别强调标准不能被一家厂商垄断。

2.2.1　OSI 参考模型的结构

OSI 参考模型采用层次结构，将整个网络的通信功能划分成 7 个层次，如图 2-3 所示，由下而上分别是物理层（Physical Layer）、数据链路层（Data Link Layer）、网络层（Network Layer）、传输层（Transport Layer）、会话层（Session Layer）、表示层（Presentation Layer）和应用层（Application Layer），每层都负责完成某些特定的通信任务。

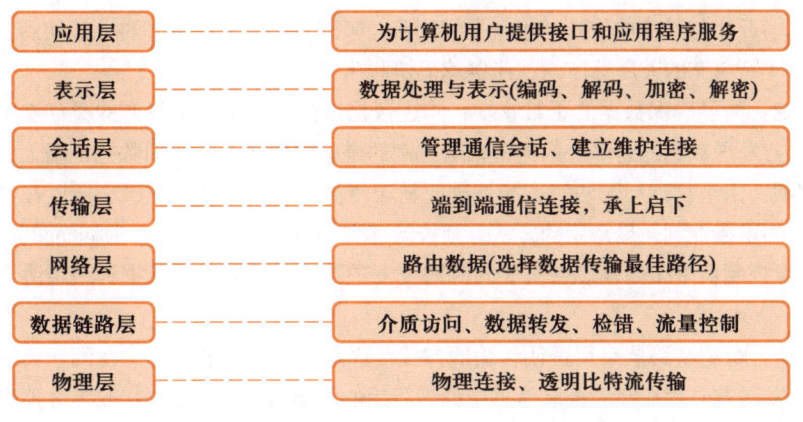

图 2-3
OSI 参考模型

1. 物理层

物理层处于 OSI 参考模型的最底层，其功能是利用物理传输介质为上一层提供物理连接，在终端设备之间传送比特流，即由 0 和 1 组成的数据流。物理层协议定义了通信传输介质的物理特性，主要体现在以下几个方面。

① 机械特性：说明连接材质、引线的数目和排列方式，以及电缆接头的几何尺寸等。

② 电气特性：规定了物理连接上导线的电压、电流范围等电气连接及有关电路的特性。

③ 功能特性：规定了某一条线上某一个电压表示何种意义。

④ 规程特性：说明不同功能的各种事件的出现顺序。

物理层传输的是无意义的比特流，它不能理解比特流的具体意义。常见的物理层传输介质有同轴电缆、双绞线、光纤、电磁波等。

2. 数据链路层

数据链路层简称链路层，其提供在某一特定介质或链路上进行数据交换的方式，从而保证两节点间实现可靠的数据通信，如图 2-4 所示。数据链路层协议与实际的链路传输介质密切相关，不同的传输介质适用于不同的数据链路层协议。

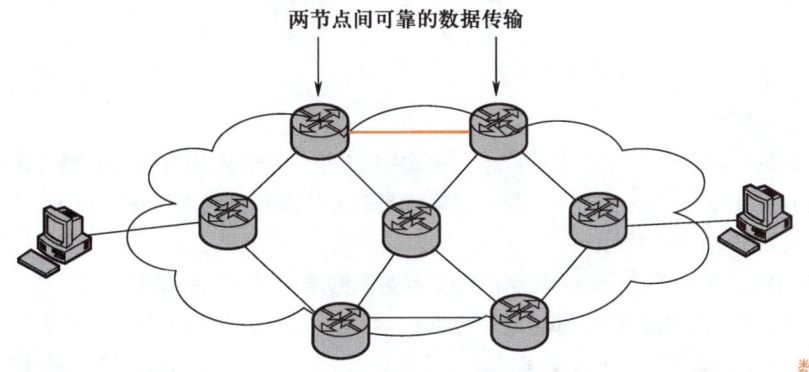

图 2-4
数据链路层功能

数据链路层关注的主要问题是拓扑结构、物理地址、数据帧的有序传输和流量控制等，其主要功能如下。

① 链路管理：当网络双方需要通信时，必须先建立一条数据链路，在保证链路安全的条件下进行传输，即在通信过程中维持数据链路状态并在通信结束后释放数据链路。

② 帧同步：在数据链路层，数据以帧（Frame）为单位进行传送。发送方需要将比特流编组成帧，

接收方需要识别帧开始与结束的位置，也就是帧同步。帧同步的方式有很多种，如使用字符填充的首尾定界符法、使用比特填充的首尾标志法、违例编码法和字节计数法。

③ 流量控制：为了确保数据的正常收发，防止数据过快发送引起接收方的缓存溢出及网络拥塞，就必须控制发送方发送数据的速率。数据链路层控制的是相邻两个节点之间数据链路上的流量。

④ 差错控制：由于物理层无法辨别和处理比特流传输时可能出现的错误，所以在数据链路层需要进行以帧为单位的差错控制，最常用的方法有帧校验序列 FCS（Frame Check Sequence）。

⑤ 传输资源控制：多个终端设备可能同时需要发送数据，此时需要数据链路层协调各设备对资源的使用。

⑥ 透明传输：数据链路层采用透明传输的方式传送网络层下达的数据。在同一链路上为了支持多种网络层协议，发送方必须在帧的控制信息中标识所用的网络层协议，这样接收方才能把数据帧交付给正确的上层网络层协议。

⑦ 寻址：数据链路层协议应该能标识介质上的所有节点，而且能够找到目的节点，以便将数据发送到正确的目的地。

3. 网络层

网络层是 OSI 参考模型中的第三层，建立在数据链路层所提供的两个节点间的数据帧传送功能上。在网络层，数据的传送单位是数据包（Packet），该层的任务就是选择合适的路径并转发数据包，使其能够从发送方到达接收方，如图 2-5 所示。

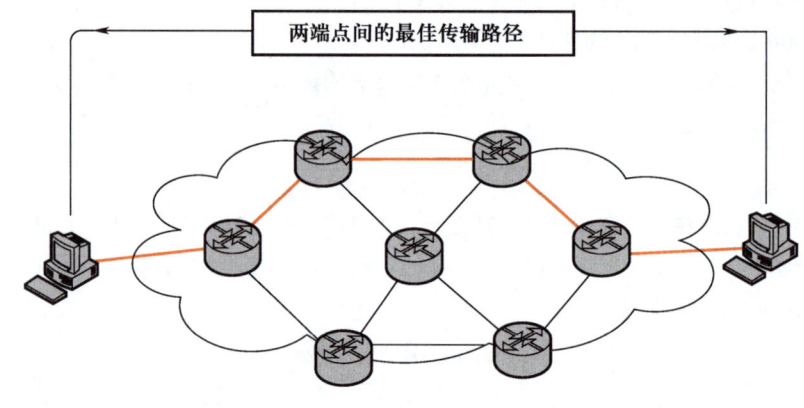

图 2-5
网络层功能

网络层的主要功能如下。

① 编址：网络层为每个网络节点分配一个网络地址，地址的分配为网络层的路由转发提供了基础。

② 路由选择和中继：网络层的一个重要功能就是确定从源到目的地传送数据应该如何选择路由。实现网络层路由选择的设备是路由器。

③ 组包和拆包：在发送方，当传输层的报文到达网络层时被分为多个数据块，在这些数据块的头部和尾部加上一些相关控制信息后，即组成了数据包。数据包的头部包含源节点和目标节点的网络地址。在接收方，当数据从数据链路层到达网络层时，要将数据链路层的包头和包尾等控制信息去掉（拆包），然后组合成报文并送给传输层。

④ 流量控制：流量控制的作用是控制阻塞，避免死锁。网络的吞吐量（单位时间内通过网络接口或信道的实际数据量）与通信子网负荷（通信子网中正在传输的数据包数量）有着密切的关系。为防止出现阻塞和死锁，需要进行流量控制，通常可采用滑动窗口、预约缓冲区、许可证和分组丢弃 4 种方法。

4. 传输层

传输层位于 OSI 参考模型的第四层，是最重要和最关键的一层，负责整体的数据传输和数据控制，其主要任务是为会话层提供无差错的传输链路，保证两台设备间传递的信息正确无误。传输层传送的数据单元是段（Segment）。

传输层主要包括以下功能：

① 为端到端连接提供可靠的传输服务。
② 为端到端连接提供差错控制、重传等管理服务。
③ 执行流量控制。

5. 会话层

会话层如同它的名字一样，具有建立、管理和终止会话的功能。例如，某个用户登录到远程系统并与之交换信息，会话层会管理这一进程，控制哪一方有权发送信息，哪一方必须接收信息。另外，会话层也进行差错恢复的处理。

6. 表示层

表示层负责一个系统应用层发出的信息能被另一个系统的应用层理解，它主要关注传输信息的语义和语法。表示层按照双方约定的格式对数据进行编码和解码，从而保证使用相同表示层协议的各方能够正确地识别和理解信息。

表示层还负责数据的加密和压缩。如果有人非法截获数据，通过数据加密可以减少数据泄露的风险。如果传输的成本太高，则可以通过压缩技术减少数据量，降低传输费用。

7. 应用层

应用层是 OSI 参考模型中最靠近用户的一层，它直接与用户和应用程序打交道，这些应用程序包括字处理程序、电子表格处理程序、图片处理程序等。应用程序负责对软件提供网络服务，这里的网络服务指文件传输、文件管理、电子邮件收发等。

2.2.2 协议数据单元

微课 2-3
协议数据单元

数据为了能正确地从一台主机传递到另一台主机，都会含有控制信息，当传送到下层时，控制信息被加入到数据中，完成封装过程。封装是指网络节点将要传送的数据用特定的协议打包后传送，多数是在原有数据之前加上封装头来实现的，有些协议还需要在数据之后加上封装尾。在 OSI 参考模型中，发送方的每一层都对上一层数据进行封装，以保证数据能够正确传送到目的地。在接收方，每一层都对本层的封装数据进行解封装并传送给上层。解封装是指去掉多余的信息，只将原始的数据发送给目标应用程序。如图 2-6 所示为数据封装与解封装的过程。

每层传输的数据都有通用术语，称为协议数据单元（Protocol Data Unit，PDU），包括用户数据信息和协议控制信息等，但各层的 PDU 是不同的。在 OSI 参考模型相关术语中，每层传送的 PDU 都有特定称呼。例如前面介绍过的，传输层数据称为段，网络层数据称为包，数据链路层数据称为帧。

在 OSI 参考模型中，终端主机的每一层都与另一方的对等层次进行通信，但这种通信并不是直接进行的，而是要通过下一层为其提供的服务来间接实现。例如，一个终端设备的网络层与另一个终端设备的网络层进行通信，网络层的数据包被封装为数据链路层数据帧的一部分，然后转换成比特流传送到对端物理层。对端物理层把比特流依次上送到数据链路层及网络层，从而实现了对等层之间的通信。如图 2-7 所示是对等通信的模型。

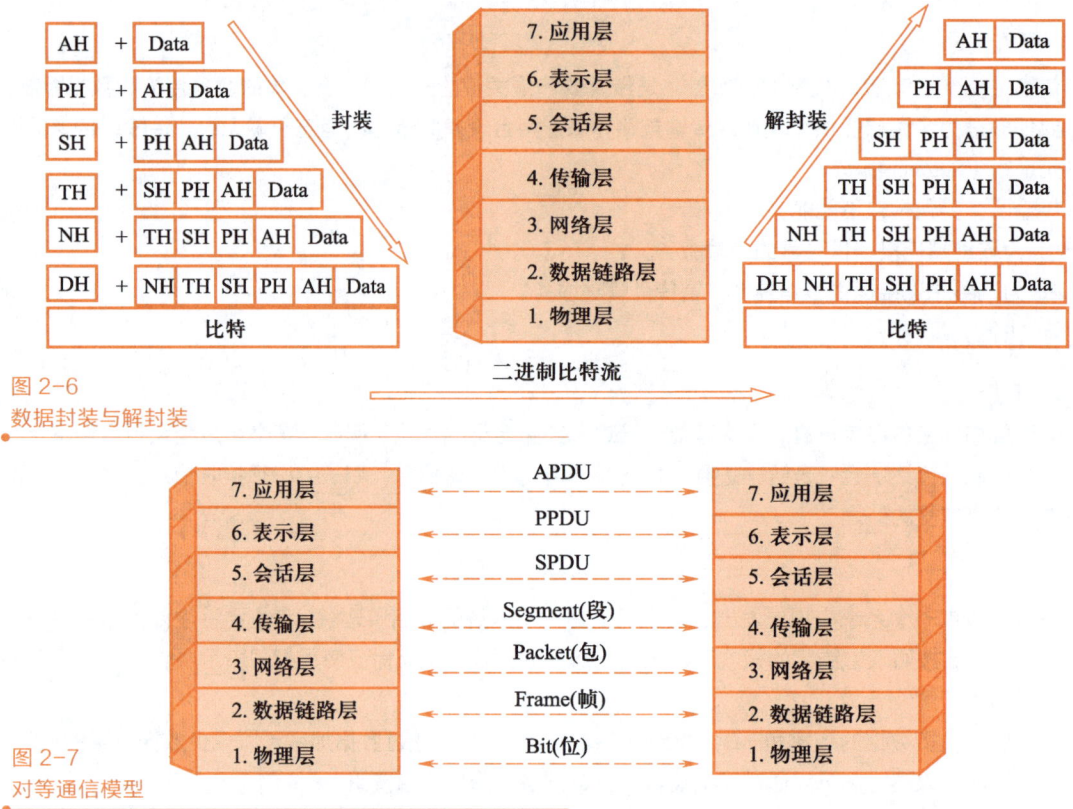

图 2-6
数据封装与解封装

图 2-7
对等通信模型

为了观察 OSI 参考模型中各层的协议数据单元，下面按照如图 2-8 所示实验拓扑进行介绍。

IP地址：192.168.1.1/24
MAC地址：0001.C9C8.511A

IP地址：192.168.1.100/24
MAC地址：000A.F330.BC20

PC-PT
PC

Server-PT
Web Server

图 2-8
PDU 实验拓扑

把网络模拟器切换到模拟模式，分别以 PC 和 Web 服务器作为源和目的地，添加一个简单数据包。打开 PC 中的浏览器（Web Browser），输入服务器 IP 地址"192.168.1.100"，就可以逐步查看网络事件。单击事件列表中数据包的信息（Info）正方形（或者单击逻辑拓扑中显示的数据包信封）时，将会打开 PDU 信息（PDU Information）窗口，从中可以看到 OSI 参考模型中各层协议数据单元的具体结构。如图 2-9 所示是数据在服务器端的解封装与封装的过程。

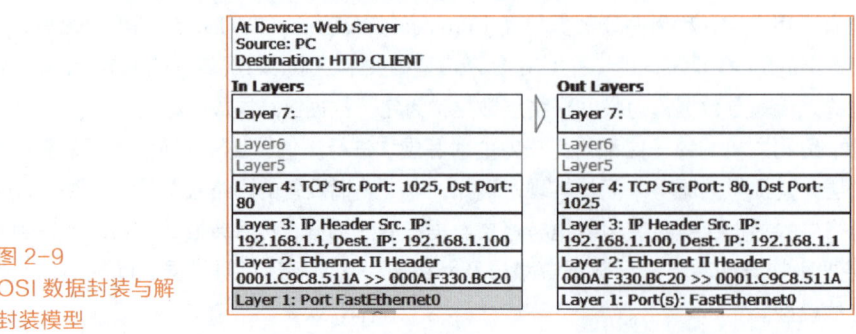

图 2-9
OSI 数据封装与解封装模型

1. 封装过程

服务器端应用层发送 HTTP 应答给客户，如图 2-10 所示。

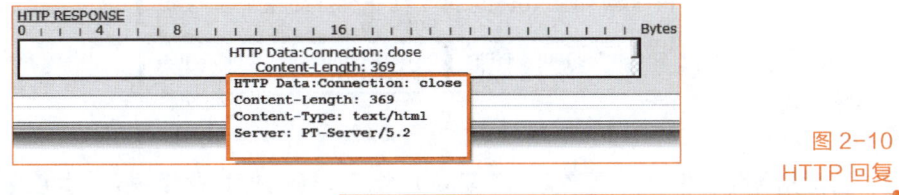

图 2-10
HTTP 回复

当数据到达传输层时被封装成数据段：序列号为"1"，ACK 应答号为"103"，如图 2-11 所示。

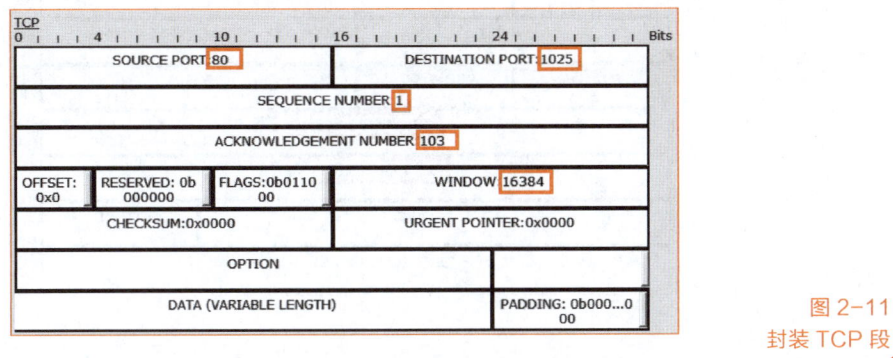

图 2-11
封装 TCP 段

数据到达网络层后继续被封装成 IP 数据包，如图 2-12 所示。

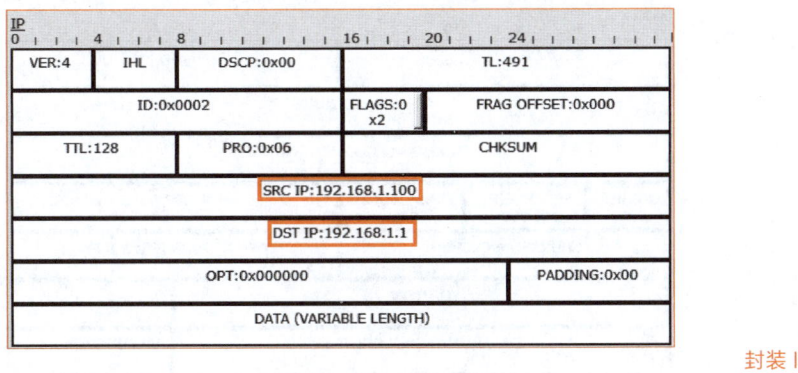

图 2-12
封装 IP 数据包

数据到达数据链路层后被封装成以太网帧，如图 2-13 所示。

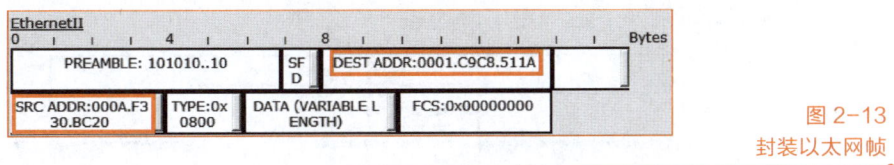

图 2-13
封装以太网帧

最后，数据到达物理层，以透明的比特流在物理介质上发送到对端。

2. 解封装过程

首先，服务器在物理层收到源端主机发送的比特流后，检查帧发现本机 MAC 地址和目的地 MAC

地址匹配，所以解封装该帧，如图 2-14 所示。

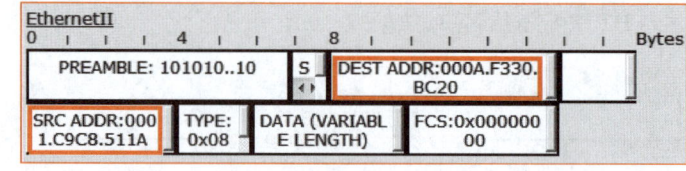

图 2-14
数据链路层帧结构

当数据到达网络层时，服务器端匹配 IP 地址后解封装成网络层数据包，如图 2-15 所示。

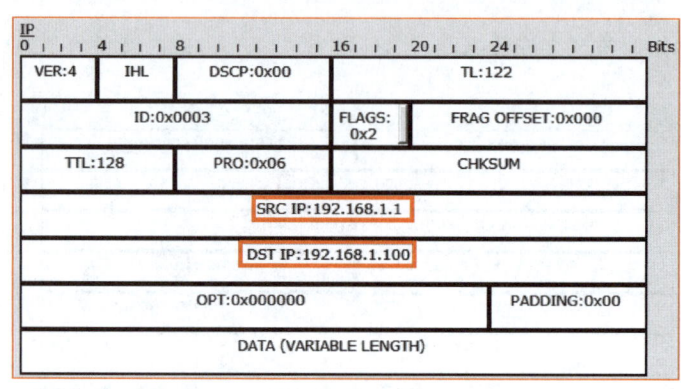

图 2-15
网络层数据包

当数据到达传输层时，服务器端接收到源端口为"1025"、源 IP 地址为"192.168.1.1"的报文段。报文段的序列号为"1"，确认号为"1"，TCP 重组所有的数据段并传递到上层，如图 2-16 所示。

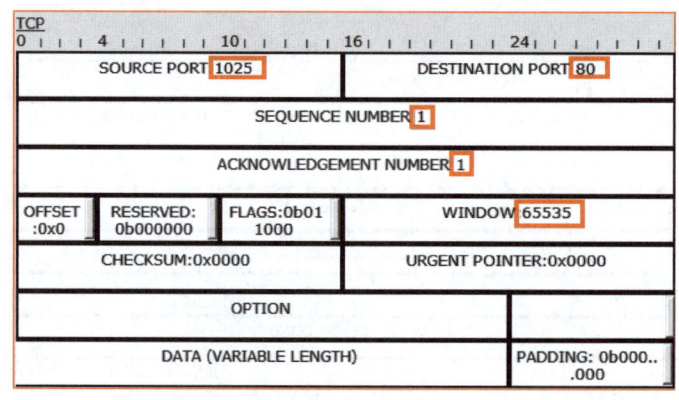

图 2-16
传输层数据段

当数据到达服务器的应用层时，服务器收到了 HTTP 请求，如图 2-17 所示。

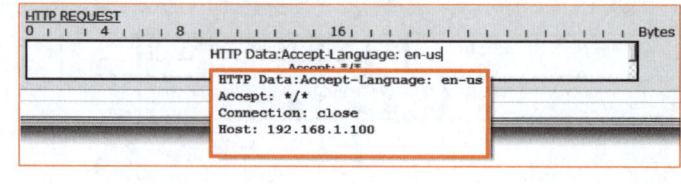

图 2-17
HTTP 请求

2.3　TCP/IP 模型

OSI 参考模型的提出在计算机网络发展史上具有重要意义，它为理解网络互联、开发网络产品和设计网络结构带来了极大方便。虽然 OSI 参考模型的概念比较清楚，而且理论也较完善，但由于它过于复杂、难以完全实现，因此并没有真正流行起来。

TCP/IP 模型是目前最流行的网络模型，它也采用了层次化结构，是开放的协议标准，可以免费使用。TCP/IP 模型简化了层次设计，只有 4 层，从下到上分别是网络接口层、网络层、传输层和应用层。

微课 2-4
TCP/IP 模型

1. 网络接口层

TCP/IP 本身并没有详细描述网络接口层的功能，但是 TCP/IP 主机必须使用某种下层协议连接到网络，以便进行通信，所以网络接口层负责处理与传输介质相关的细节，为上一层提供一致的网络接口。该层没有定义任何实际协议，只定义了网络接口，任何已有的数据链路层协议和物理层协议都可以用来支持 TCP/IP。

典型的网络接口层技术包括常见的以太网、令牌网等局域网技术，用于串行连接的 HDLC、PPP 等技术，以及常见的 X.25、帧中继等分组交换技术。

2. 网络层

网络层是 TCP/IP 模型的第二层，其主要功能是将源主机的信息正确地发送至目的主机。源主机和目的主机可以在同一个网络中，也可以在不同的网络中。

网络层使用 IP 地址标识网络节点，使用路由协议生成路由信息，并根据这些路由信息实现数据包的转发，使数据包能够到达目的地。TCP/IP 模型中网络层的功能与 OSI 参考模型的网络层相似。

3. 传输层

传输层位于网络层之上，主要负责为两台主机上的应用进程提供端到端的通信，使源主机和目的主机上的应用进程可以进行会话。常见的传输层协议有 TCP 和 UDP。该层与 OSI 参考模型中的传输层功能相似。

4. 应用层

应用层位于最高层，与 OSI 参考模型中上面 3 层的功能相似，用于提供网络服务。典型的应用层协议包括 Telnet（登录远程服务器）、FTP（File Transfer Protocol，文件传输协议）、SMTP（Simple Mail Transfer Protocol，简单邮件传输协议）、SNMP（Simple Network Management Protocol，简单网络管理协议）、HTTP（Hypertext Transfer Protocol，超文本传输协议）等。

•2.4　TCP/IP 协议族

TCP/IP 模型并非只有 TCP 和 IP 两个协议，还包含了众多其他协议。这些协议工作在不同的网络层次上，共同组成了 TCP/IP 协议族，如图 2-18 所示。

微课 2-5
TCP/IP 协议族

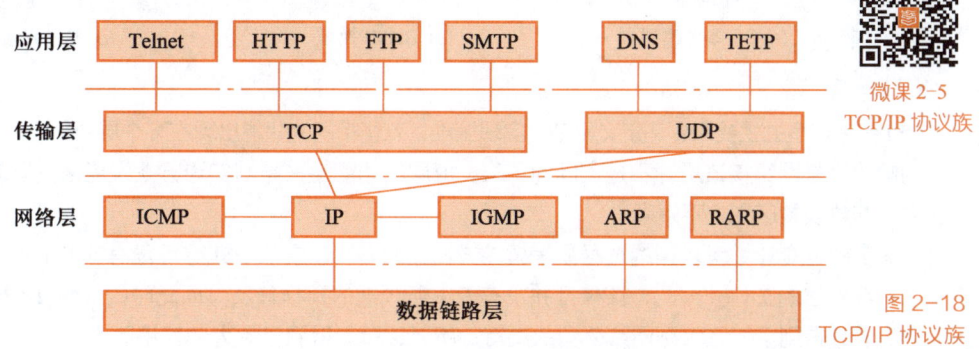

图 2-18
TCP/IP 协议族

除 IP 外，网络层的主要协议还包括：

① ICMP（Internet Control Message Protocol，互联网控制报文协议）。

② IGMP（Internet Group Management Protocol，互联网组管理协议）。

③ ARP（Address Resolution Protocol，地址解析协议）。

④ RARP（Reverse Address Resolution Protocol，反向地址解析协议）。

传输层的主要协议有 TCP 和 UDP（User Datagraph Protocol，用户数据报协议）。

应用层为用户提供了许多网络应用程序，下面简单介绍几种常用的应用层协议。

① FTP 是用于文件传输的 Internet 标准，支持文本文件（如 ASCII、二进制等）和面向字节流的文件结构。FTP 在传输层使用 TCP 执行文件传输，因此，它提供了可靠的面向连接的服务，适合于远距离、可靠性较差的线路上的文件传输。

② TFTP（Trivial File Transfer Protocol，简单文件传输协议）也用于文件传输，但在传输层使用 UDP 提供服务，是不可靠的、无连接的文件传输。TFTP 通常用于局域网内部的文件传输。

③ SMTP 支持文本邮件的 Internet 传输。

④ Telnet 是客户机使用的与远端服务器建立连接的标准终端仿真协议。

⑤ SNMP 负责网络设备监控和维护，支持安全管理、性能管理等。

⑥ DNS（Domain Name System，域名系统）把网络节点的易于记忆的名字转换为网络 IP 地址。

2.5　OSI 参考模型与 TCP/IP 模型的比较

TCP/IP 模型比 OSI 参考模型更流行，两者之间存在不少共同点，但区别也很大。TCP/IP 模型与 OSI 参考模型都采用了层次结构的思想，但层次划分的方式有所区别，两者也都不是完美的，均存在一定的缺陷。

两者的对比如图 2-19a 和图 2-19b 所示，OSI 参考模型的应用层、表示层、会话层的功能被合并到 TCP/IP 模型的应用层；网络的大部分功能存在于传输层和网络层，因而它们在 TCP/IP 模型中被保留在独立的层中；OSI 参考模型中的数据链路层和物理层被合并到了 TCP/IP 模型中的网络接口层。

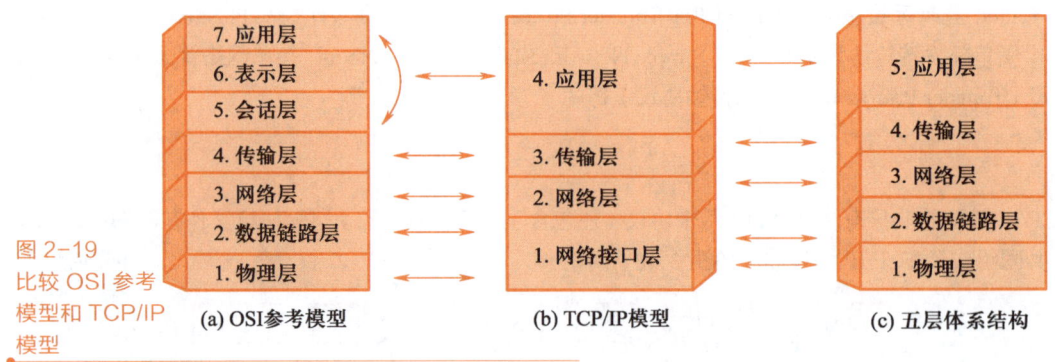

图 2-19
比较 OSI 参考模型和 TCP/IP 模型

(a) OSI参考模型　　(b) TCP/IP模型　　(c) 五层体系结构

OSI 参考模型的主要问题是定义复杂、实现困难，有些相同的功能出现在多个层中，效率低下。TCP/IP 模型的缺陷则是网络接口层并不是实际的一层，每层的功能定义与其实现方法没能区别开来，而且在服务、接口与协议的区别上不清晰。

ISO 在制定 OSI 参考模型的过程中考虑的方面比较多，造成了 OSI 迟迟没有成熟的产品推出，进而影响了厂商对它的支持。因此，该模型并没有专家所预期的那样普及。而此时的 TCP/IP 模型通过实践不断地完善，得到了一些大型网络公司的支持，所以该模型得到了更大的发展。

OSI 参考模型与 TCP/IP 模型的异同点如下。

1）相同点：

① 都是分层结构，并且工作模式一样，都要求层与层之间具备明确的层间接口。

② 有相同的应用层、传输层、网络层、数据链路层和物理层。

③ 都使用包交换（Packet Switched）技术。

2）不同点：

① TCP/IP 模式把表示层和会话层都归入了应用层。

② TCP/IP 模式的结构比较简单，分层少。

③ TCP/IP 模式标准是随着 Internet 的发展逐渐完善的，有较强的实践基础。相比较而言，OSI 参考模型是基于理论上的设计，没有太大的应用价值。

对于计算机网络的学习者而言，一般会综合 OSI 参考模型和 TCP/IP 模型的优点，采用一种包含五层协议的体系结构阐述网络层次的概念，如图 2-19c 所示。

 **任务实施**

操作视频 2-1
观察数据包封装

为了加深对网络层次体系结构基本概念的理解，掌握网络不同层次的协议数据单元在传输过程中的变化情况，本任务将通过在模拟器中模拟一个简单的网页访问实验，观察协议数据单元的封装和解封装的具体过程。

1. 创建网络拓扑

本实验是要模拟网页访问，因此网络拓扑图中只有一个普通的 PC 和一个 Web 服务器。打开 PT 模拟器，在左下角的设备选择区域中选择终端类型的设备，并在具体的终端列表中选择一台 PC 和一个 Web 服务器拖曳到模拟器主工作区，如图 2-20 所示。

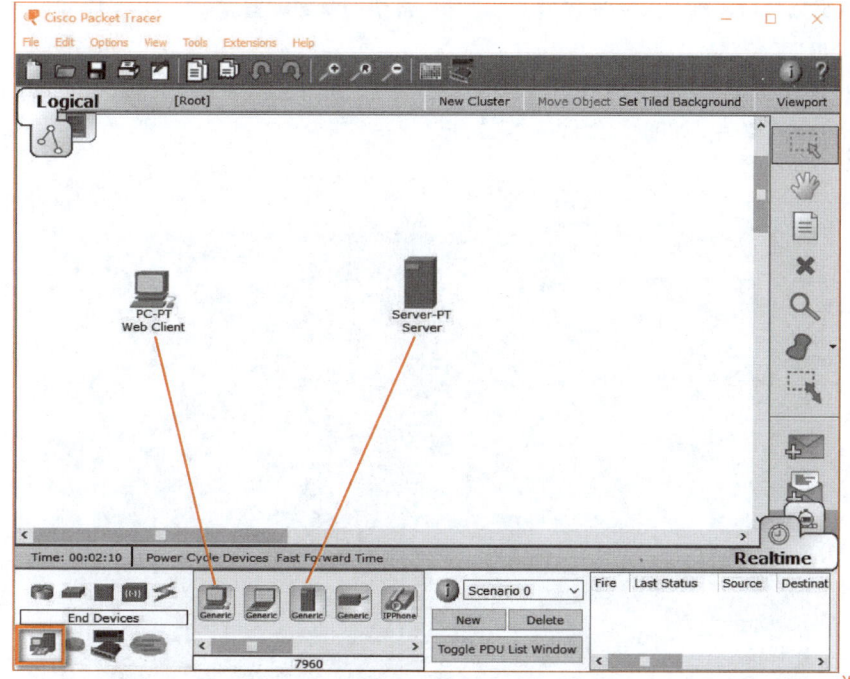

图 2-20
选择设备类型

37

接下来要选择连接线类型，这里使用交叉线缆连接 PC 和 Web 服务器的以太网端口，如图 2-21 所示。

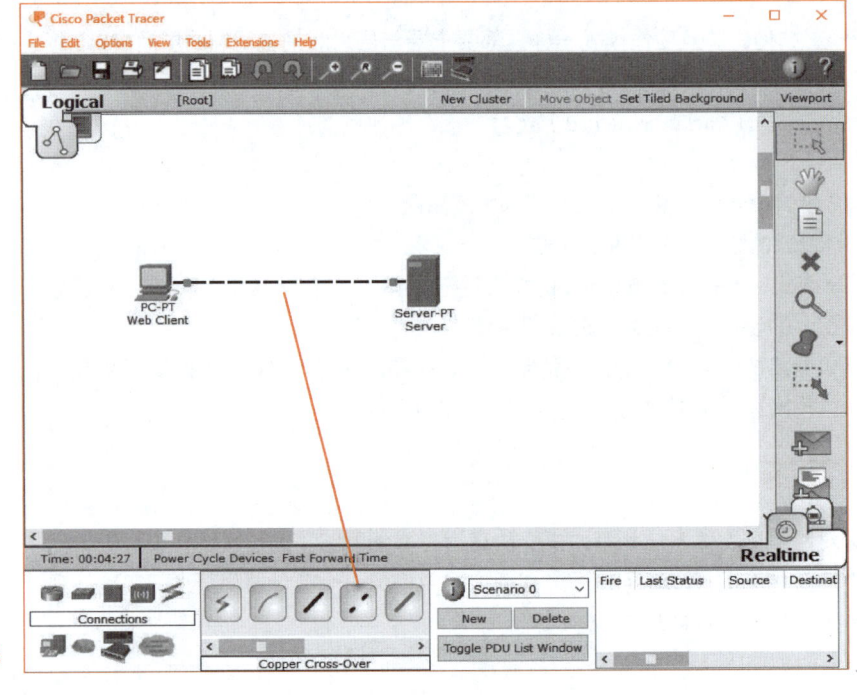

图 2-21
选择连接线
连接设备

连接线两端的接口变为绿色，说明 PC 和 Web 服务器之间的物理连接建立成功。

2. 配置设备信息

建立好网络拓扑后，接下来要对 PC 和 Web 服务器进行参数配置。

（1）配置 PC 参数

单击 PC，打开其配置窗口，选择"Desktop"选项卡，并单击其中的"IP Configuration"项，配置 PC 的 IP 地址和子网掩码，如图 2-22 和图 2-23 所示。

图 2-22
选择 IP 配置
功能

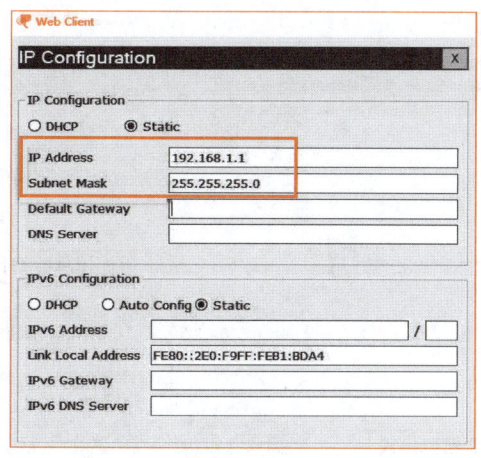

图 2-23
配置 PC 的 IP 地址

这里将 PC 的 IP 地址和子网掩码分别设置为"192.168.1.1"和"255.255.255.0"。

（2）配置 Web 服务器参数

下面用另一种方法配置服务器的 IP 地址。选择 Web 服务器的"Config"选项卡，在左侧菜单中选择接口"FastEthernet0"，配置其 IP Address 为"192.168.1.100"，Subnet Mask 为"255.255.255.0"，如图 2-24 所示。

然后启用 Web 服务器的 HTTP 服务，在左侧菜单中选择"HTTP"项，将 HTTP 服务设置为"On"即可，如图 2-25 所示。

图 2-24
配置 Web 服务器的 IP 地址

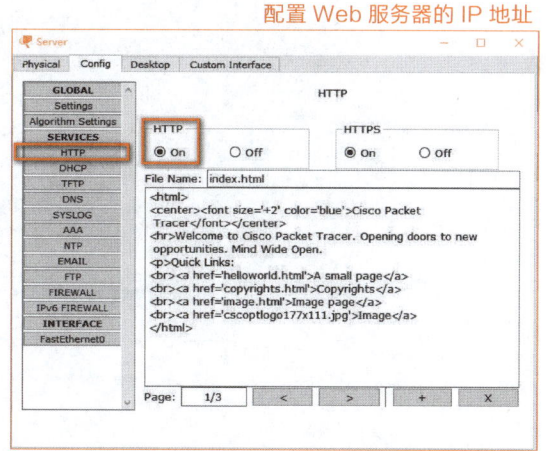

图 2-25
启用 Web 服务器
HTTP 服务

（3）观察各层协议数据单元

把模拟器切换到模拟模式，分别以 PC 和 Web 服务器作为源和目的地，添加一个简单数据包，如图 2-26 所示。

单击 PC，在弹出的配置窗口中，选择"Desktop"选项卡里的"Web Browser"项，如图 2-27 所示。

此时会打开 PC 的浏览器窗口。在浏览器的 URL 文本框中输入"http://192.168.1.100"并单击"Go"按钮，准备数据发送，如图 2-28 所示。

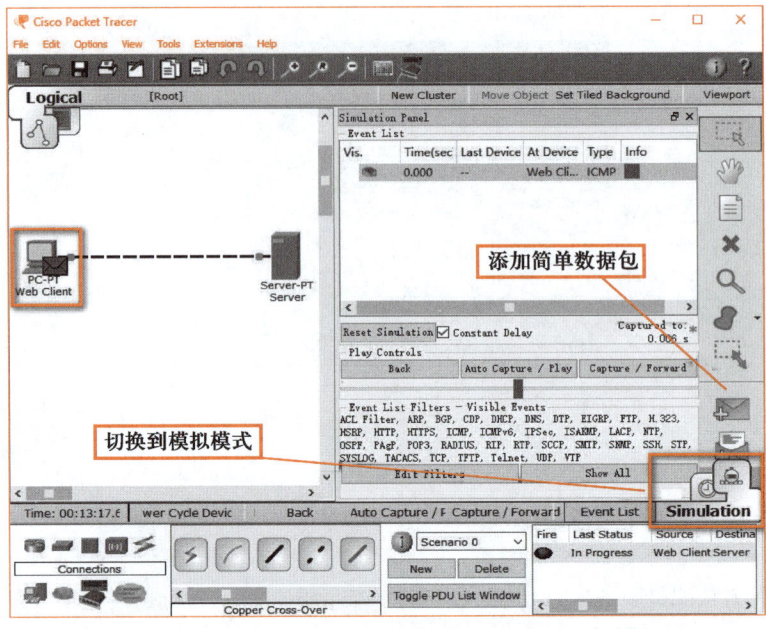

图 2-26
添加数据包

图 2-27
选择 Web 浏览器

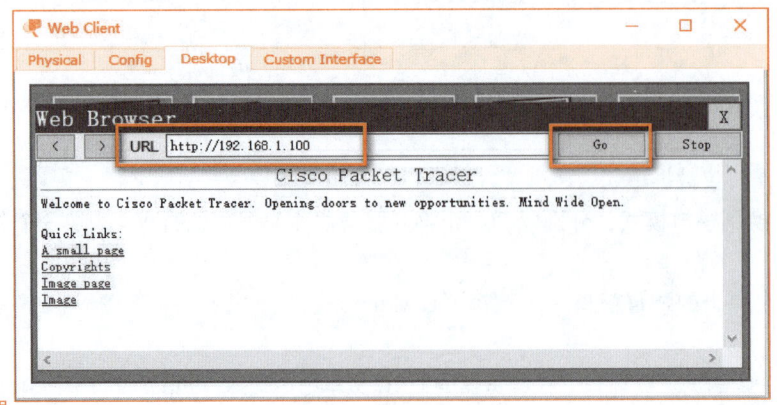

图 2-28
访问 Web 服务器

　　回到 PT 模拟器主窗口，单击"Capture/Forward"按钮就可以逐步观察数据包的传输情况，如图 2-29 所示。

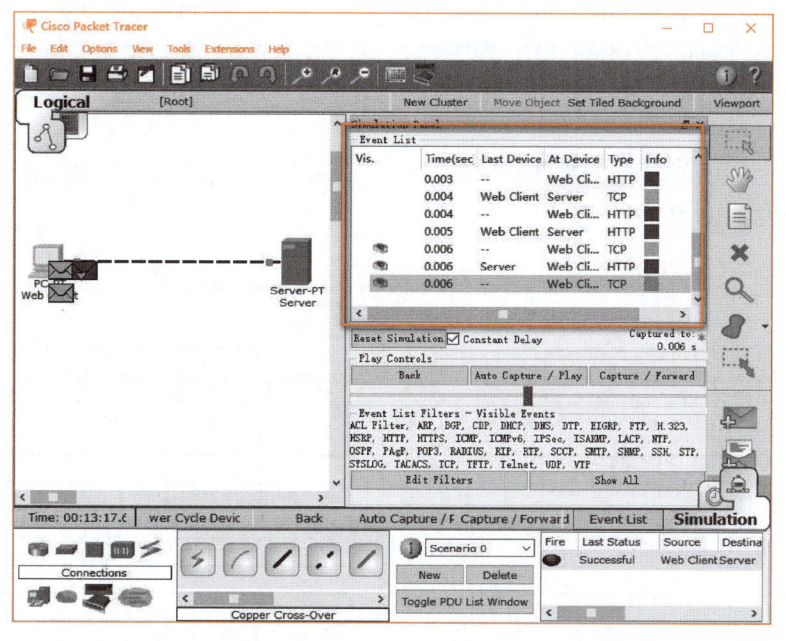

图 2-29
捕捉事件

　　从图中可以清楚地看到，在"Simulation Panel"中按照报文的实际发送顺序，列出了在 PC 和 Web 服务器之间完成一次 HTTP 请求所要发送的报文的类型和所在设备。在 PC 真正向 Web 服务器发送 HTTP 请求之前，需要先和 Web 服务器建立 TCP 连接，而 TCP 连接的建立过程是通过"三次握手"实现的。事件列表的前 3 项是 3 个 TCP 类型的报文，这正对应着三次握手的过程（在单元 8 中将详细介绍 TCP 原理）。

　　单击"Simulation Panel"中"Info"列下面的彩色正方形或者单击工作区中动态数据包信封图标，会弹出协议数据单元信息窗口。在默认显示的"OSI Model"选项卡中可以看到各层数据的关键信息，如图 2-30 所示。

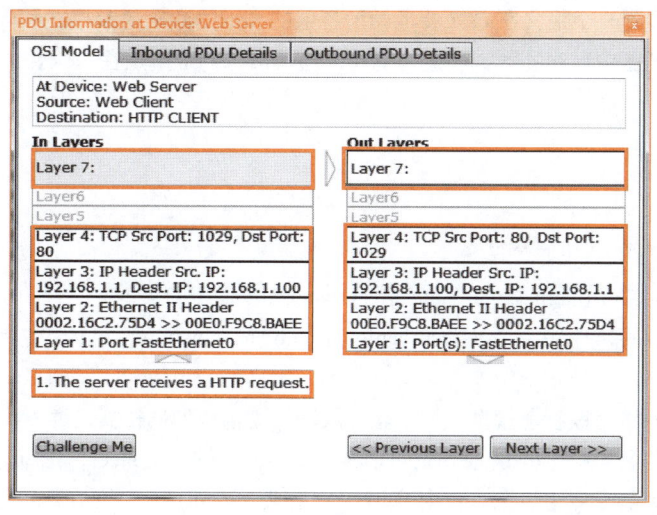

图 2-30
OSI 各层概要信息

41

　　一个 HTTP 请求报文分别在 OSI 参考模型的第七、四、三、二、一层被封装和解封装，单击某一层可以在相应的窗口下方看到报文的真实含义。

　　除了"OSI Model"选项卡，如图 2-30 所示还有"Inbound PDU Details"（入站 PDU 详细数据）和"Outbound PDU Details"（出站 PDU 详细数据）两个选项卡。如果某设备是参与一系列事件的第一台设备，该设备的数据包就只有出站 PDU 详细数据；如果是最后一台设备，就只有入站 PDU 详细数据。

　　单击"Inbound PDU Details"和"Outbound PDU Details"选项卡可分别观察入站 PDU 详细数据和出站 PDU 详细数据，如图 2-31 所示。

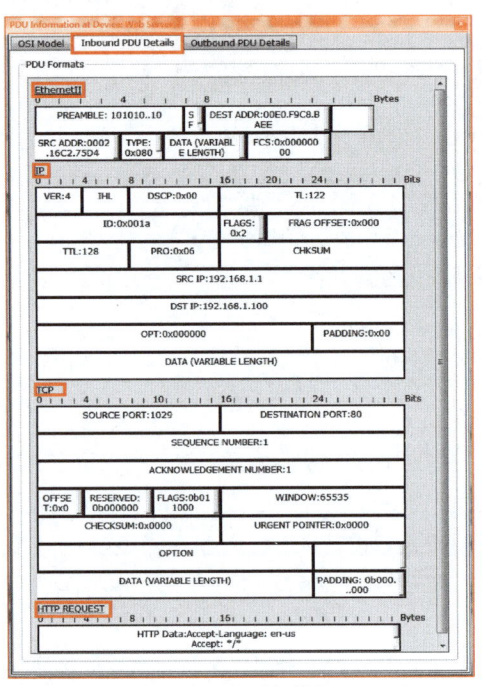

图 2-31　　　　　　　　　　(a) 入站 PDU 详细数据　　　　　　　　　　(b) 出站 PDU 详细数据
PDU 详细数据

　　在上图中，可以看到一个报文在 OSI 参考模型各层的详细的数据封装格式和内容。读者可以把自己对于模型各层的理解与图中真实的数据项进行对比，检验自己的理解是否正确。

 **任务拓展**

1. 和网络相关的著名标准化组织

　　（1）国际标准化组织（International Standards Organization，ISO）

　　组成：由美国国家标准组织（American National Standards Institute，ANSI）及其他各国的国家标准组织的代表组成。

　　主要贡献：开放系统互联参考模型，也就是七层网络通信模型的格式，通常称为"七层模型"。

　　（2）电气电子工程师协会（Institute of Electrical and Electronic Engineer，IEEE）

　　组成：世界上最大的专业组织之一，由 IEEE 802 各委员会组成。

主要贡献：对于网络而言，IEEE 最主要的一项贡献就是对 IEEE 802 协议进行了定义。该协议主要用于局域网，其中比较著名的有以下几个

① IEEE 802.3：CSMA/CD，以太网使用的协议。

② IEEE 802.5：Token Ring，令牌环网络使用的协议。

2. 网络协议的中心任务

在计算机网络的一整套规则中，任何一种协议都需要解决以下 3 个方面的问题。

（1）协议的语法（如何讲）

语法定义了进行通信的数据与控制信息的结构与格式，即对通信双方采用的数据格式、控制信息的结构、顺序等进行定义，如报文中内容的组织形式等。

（2）协议的语义（讲什么）

语义主要解决通信中对报文每个部分的含义的解释问题，如对发出的请求、执行的动作以及对方的应答等做出解释。

（3）协议的定时（讲话次序）

定时（又称时序）协议用于解决何时进行通信、通信的先后顺序及速度等问题，如异步 Modem 中对异步传输实现顺序的详细规定。

总之，协议必须在解决好语义、语法和定时这 3 个问题之后，才算比较完整地构成了数据通信的语言。因此，也可以将语义、语法和定时称为网络的三要素。

项目实训　观察协议数据单元

通过在网络模拟器中观察网络各层协议数据单元的封装和解封装的过程，可以加深对网络层次结构体系的认识，也有助于今后学习具体的网络协议。作为计算机网络的初学者，必须熟练掌握在网络模拟器中搭建网络拓扑以及观察报文发送情况的方法。

按照如图 2-32 所示的网络拓扑完成相关实验。

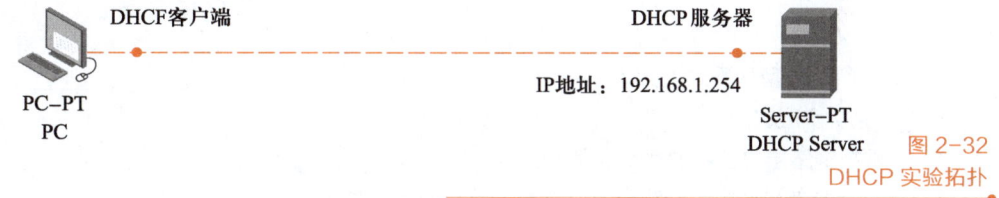

图 2-32
DHCP 实验拓扑

【实训目的】

- 理解 OSI 参考模型和 TCP/IP 模型的分层体系。
- 掌握在网络模拟器中搭建简单网络拓扑并观察报文发送情况的方法。
- 了解动态主机配置协议（DHCP）的工作原理。

【实训内容】

- 在网络模拟器中搭建简单网络拓扑。
- 配置客户机和 DHCP 服务器。
- 观察客户机采用 DHCP 获取 IP 地址的过程。

单元小结

　　网络层次体系结构是计算机网络中最重要的基本概念之一。本单元通过比较 OSI 参考模型和 TCP/IP 模型的异同，熟悉两种模型的分层方式、特点和关系；通过对等网络的实验，了解网络各层协议数据单元的封装与解封装过程。

 单元练习

文本：参考答案

一、选择题

1. OSI 参考模型从下到上的第 3 层是（　　　）。
   A. 物理层　　　　　　　B. 传输层　　　　　　C. 数据链路层　　　　　D. 网络层
2. 数据从上到下封装的格式依次为（　　　）。
   A. 比特、包、帧、段、数据　　　　　　B. 数据、段、包、帧、比特
   C. 比特、帧、包、段、数据　　　　　　D. 数据、包、段、帧、比特
3. 以太网的 MAC 地址长度为（　　　）。
   A. 4 位　　　　　　　　B. 32 位　　　　　　　C. 48 位　　　　　　　D. 128 位
4. 在 OSI 参考模型中，网络层的主要功能是（　　　）。
   A. 在信道上传输原始的比特流
   B. 确保到达对方的各段信息正确无误
   C. 确定数据包从源端到目的端如何选择路由
   D. 加强物理层数据传输能力
5. 下列是 TCP/IP 模型特有分层的是（　　　）。
   A. 网络接口层　　　　　B. 网络层　　　　　　C. 传输层　　　　　　D. 应用层

二、填空题

1. OSI 参考模型从下到上分为_____、_____、_____、_____、_____、_____和_____共 7 个层次。
2. 在数据链路层中使用的地址通常称为_____或_____。
3. 在 OSI 参考模型中，网络层的协议数据单元通常被称为_____。
4. TCP/IP 模型中的 4 个层次分别为_____、_____、_____和_____。
5. 物理层是 OSI 参考模型的最底层，以通信介质为基础提供物理连接，实现设备之间_____的传输。

三、简答题

1. 什么是网络体系结构？为什么要定义网络体系结构？
2. 简述 TCP/IP 模型的层次结构和各层的功能。
3. 将 TCP/IP 模型和 OSI 参考模型的体系结构进行比较，分析其共同点及不同点。

单元 **3**

物理层与传输介质

学习目标

【知识目标】

- 了解物理层的定义和概念。
- 了解物理层提供的功能。
- 了解常见的物理层协议标准及在网络中的应用。
- 掌握常见物理层传输介质的特性及应用场景。
- 掌握数据传输速率的计算方法。
- 熟悉常见的数据交换技术。

【技能目标】

- 掌握非屏蔽双绞线（UTP）的制作方法和测试技术。
- 掌握常见传输介质的连接技术。

【素养目标】

- 培养学习主观能动性和解决问题的能力。
- 熟悉国产网络品牌和先进技术，提升民族自豪感。

PPT：单元 3
物理层与传输介质

单元导读

　　本单元主要介绍物理层的定义和概念，物理层提供的功能，物理层的协议标准及在网络中的应用，物理层传输介质，数据传输速率的计算方法以及常见的数据交换技术。本单元学习内容和高等职业教育专科计算机网络技术专业教学标准的对应关系见表 3-1。

表 3-1　本单元学习内容和专业教学标准的对应关系

| 高等职业教育专科计算机网络技术专业教学标准 | | | | 运用计算机网络知识和技能 | |
行业	岗位群	职业资格证书	对应竞赛	知识点	技能点
互联网和相关服务 软件和信息技术服务业	① 网络技术支持 ② 网络系统运维 ③ 网络系统集成 ④ 智能互联网络设备安装与调试	① 网络系统建设与运维 ② 网络管理员 ③ 信息通信网络维护 ④ 无线网络规划与实施 ⑤ 网络系统规划与部署 ⑥ WPS 办公应用	① 网络系统管理 ② 网络建设与运维 ③ 物联网应用开发 ④ 工业互联网集成应用 ⑤ 工业互联网智能控制与维护 ⑥ 华为 ICT 网络技术大赛	① 物理层的定义和概念 ② 物理层的功能 ③ 物理层的协议标准 ④ 物理层传输介质 ⑤ 数据传输速率 ⑥ 数据交换技术	① 双绞线的制作 ② 双绞线的测试 ③ 同轴电缆接头制作 ④ 光纤冷接头的制作 ⑤ 传输介质的连接技能

引例描述

　　Svist 学院网络专业的小张同学进入大学后购买了一台便携式计算机，每天都通过学校的无线网络进行在线学习和娱乐。这天学校的无线网络突然出现故障，导致他无法上网。舍友提醒他也可以通过网线连接有线网络上网，可是小张并没有网线，于是向网络专业的蒋老师寻求帮助。他想要蒋老师提供制作网线的工具和耗材，并教他制作网线的方法，如图 3-1 所示。

德育小课堂
国产网络品牌介绍

图 3-1
单元情境

任务陈述

双绞线（Twisted Pair，TP）是一种综合布线工程中常用的传输介质，主要由两根具有绝缘保护层的铜导线组成。这两根绝缘的铜导线按一定密度互相绞在一起，这样每一根导线在传输中辐射出来的电波会被另一根线上发出的电波抵消，有效降低信号干扰的程度。一般把"双绞线电缆"简称为"双绞线"。制作双绞线也是网络工程师的必备技能之一。

 知识准备

•3.1 物理层接口与协议

物理层位于 OSI 参考模型的底层，直接面向实际承担数据传输的物理介质，其主要功能是实现比特（bit）流的传输，为上一层（数据链路层）提供数据传输服务。因此，物理层并不是指具体的物理设备或物理介质，而是指使用物理介质为数据链路层提供传输比特流的物理连接。

微课 3-1
物理层接口与协议

进入物理层的数据链路帧包含着代表应用层、表示层、会话层、传输层、网络层信息的比特流。这些比特流按照特定协议的要求通过铜缆、光缆或空气等物理介质传输，从一台设备传输到另一台设备。有可能很多不同协议的比特流共享同一介质，也可能产生物理畸变。为了使数据链路帧能够通过介质准确传输，物理层会对数据链路帧进行编码以使在介质另一端的设备可以对其进行识别。信号经介质传输后，被解码为代表数据的原始比特流，并封装成完整帧送给数据链路层。如图 3-2 所示为完整的封装过程及被编码的二进制比特流通过物理层介质传输到目的节点的过程。

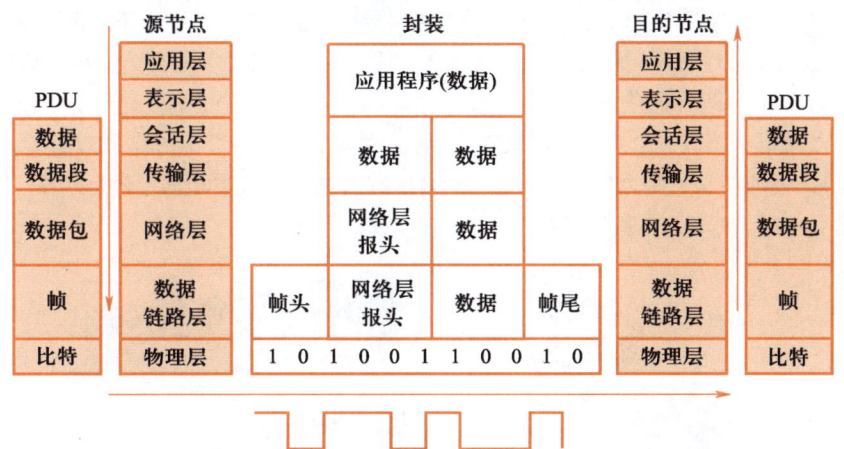

图 3-2
物理层编码

3.1.1 物理层接口

ISO 对 OSI 参考模型中物理层的定义为：在物理信道实体间通过中间系统，为比特流传输所需的物理连接的激活、保持、去除提供机械的、电气的、功能性和规范性的手段。除 ISO 之外，物理层的规范由其他电气和通信工程组织定义而不是软件工程师，这些组织还包括电气电子工程师协会（IEEE）、美国国家标准学会（ANSI）、国际电信联盟（ITU）以及电子工业联盟/电信工业协会（EIA/TIA）等。

应用层	
表示层	在软件中
会话层	执行
传输层	
网络层	
数据链路层	在硬件中
物理层	执行

图 3-3
OSI 参考模型中
的硬件和软件

如图 3-3 所示为物理层和其他层次的比较。

ITU 也对物理层做了类似的定义：利用物理的、电气的、功能的和规范的特性在 DTE 和 DCE 之间实现对物理信道的建立、保持和拆除功能。其中，DTE（Data Terminal Equipment）是指数据终端设备，是用户所有联网设备或工作站的统称，是通信的信源或信宿；DCE（Data Circuit-terminal Equipment）是指数据电路终端设备或数据通信设备，是为用户提供网络接入的网络设备的统称。

物理层接口协议实际是 DTE 和 DCE 设备之间通信的一组约定，物理层标准的制定能够使不同制造厂商根据公认的标准各自独立制造相互兼容的设备。如图 3-4 所示为 DTE-DCE 接口框图。

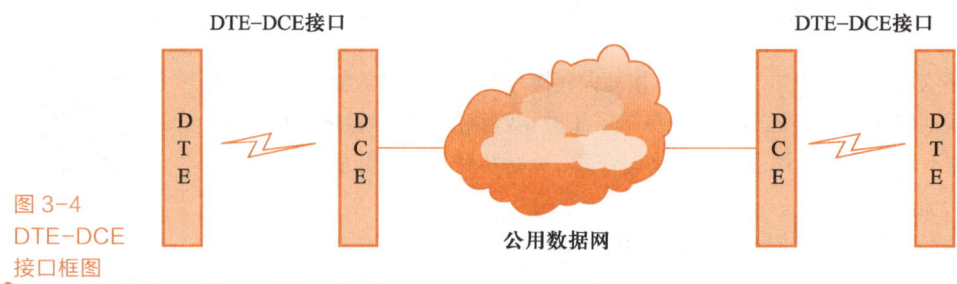

图 3-4
DTE-DCE
接口框图

3.1.2 物理层功能和提供的服务

（1）机械特性

DTE 和 DCE 之间通过多根导线相连。作为两种不同的设备，二者间通常采用连接器实现机械上的连接，即一种设备引出导线连接插头、另一种设备引出导线连接插座。为了使不同厂商生产的设备便于连接，物理层的机械特性对插头和插座的几何尺寸、插针、插口芯数及排列方式做了详细的规定。如图 3-5 所示为常见的两种通信所使用的针孔式插头和插座。其中，图 3-5（a）所示为 RS-232（ANSI/EIA-232 标准）接口，是 IBM-PC 及其兼容机上的串行连接标准，俗称 DB9 接口；图 3-5（b）所示为 ISO 2110 标准接口，称为数据通信 25 芯 DTE/DCE 接口连接器和插针分配标准，它与 EIA（美国电子工业协会）的 RS-232-C 基本兼容，俗称 DB25 接口。

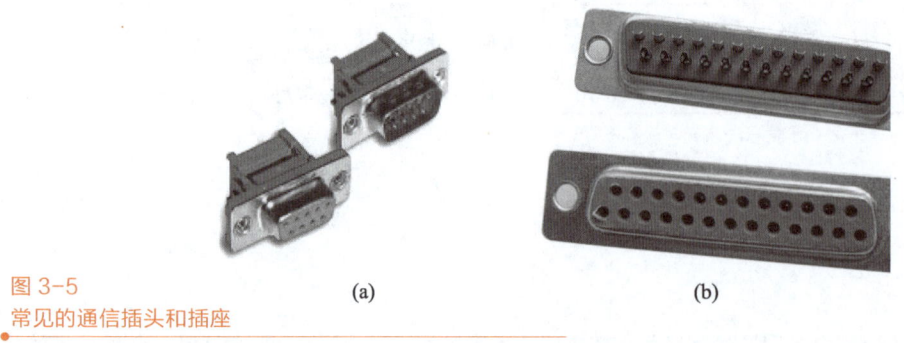

图 3-5
常见的通信插头和插座

(a)　　　　　　　　　　　(b)

（2）电气特性

DTE 与 DCE 之间的导线除了地线（参考电平线）之外，其他信号均有方向性。物理层的电气特性规定了导线的电气连接及有关电路的特性，一般包括接收器和发送器电路特性说明，表示信号状态的电压/电流电平的识别、最大数据传输速率。此外，物理层还规定了接口线的信号电平、发送器的输出阻抗、接收器的输入阻抗等电气参数。

（3）信号的功能特性

物理层的功能特性规定了接口信号的来源、作用以及与其他信号之间的关系。接口信号线按功能一般可以分为数据信号线、控制信号线、定时信号线和接地线4类。信号线的名称可以使用数字、字母组合或英文缩写3种方式来命名。

（4）规范特性

物理层的规范特性规定了使用交换电路进行数据交换的控制步骤，这些控制步骤的应用使得比特流传输得以完成。

3.1.3　物理层协议标准

OSI 参考模型中的物理层采纳了各种现成的协议，包括 EIA 的 RS-232、RS-449 标准，ITU 的 X.21、V.35、ISDN 标准，ANSI 的 FDDI 标准，以及 IEEE 的 IEEE 802.3、IEEE 802.4、IEEE 802.5 标准中物理层部分的协议标准，典型的协议标准如下。

1. EIA RS-232C 接口标准

RS-232C 是 EIA 颁布的一种串行物理接口标准，其中 RS（Recommended Standard）意为"推荐标准"，232 表示号码，C 表示该推荐标准被修改的次数。

RS-232C 标准提供了一个利用公用电话网络作为传输介质，并通过调制解调器将远程设备连接起来的技术规定。远程设备与电话网相连时，通过调制解调器将数字信号转换为模拟信号，以使其与电话网相容（早期的电话网为模拟信号传输）。在通信线路的另一端，另一个调制解调器将模拟信号转换成相应的数字信号，从而实现比特流的传输，如图 3-6 所示。

图 3-6
RS-232C 接口示意图

RS-232C 接口标准也可以按如图 3-7 所示用于直接连接两台近地设备，此时不使用电话网和调制解调器。但是这两个设备必须分别以 DTE 和 DCE 的方式成对出现才符合 RS-232C 标准接口的要求，所以这种情况下借助一种采用交叉跳接信号线的连接电缆——跳线，连接在电缆两端的DTE 设备通过电缆看对方都好像是 DCE 一样，从而满足接口标准。

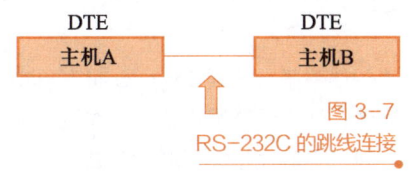

图 3-7
RS-232C 的跳线连接

2. ITU V.35 接口标准

V.35 最初用于传输大于 48 kbit/s 速率的数据，随着数据通信的发展，V.35 常被用于支持 DTE 和 CSU/DSU 之间的接口。其中，CSU（Channel Service Unit，通道服务单元）是把终端用户和本地数字电话相连的数字接口设备，而 DSU（Data Service Unit，数据服务单元）则能够把 DTE 设备上的物理接口适配到广域网的信号设施上。CSU 和 DSU 通常整合在一起，称作 CSU/DSU，一般作为独立的产品或集成到路由器的同步串口之上，CSU/DSU 属于 DCE 设备。

在对最初的 V.35 建议进行多次修订后，它现在可支持的数据传输速率最高可达 6 Mbit/s，用于连接远程的高速同步接口。如图 3-8 所示为 V.35 的接口电缆。

3. IEEE 802 系列标准

IEEE 为局域网制定了 802.1～802.9 的一系列标准，其中包括物理层标准。如图 3-9 所示为 IEEE 802 标准与 OSI 参考模型的对应关系。

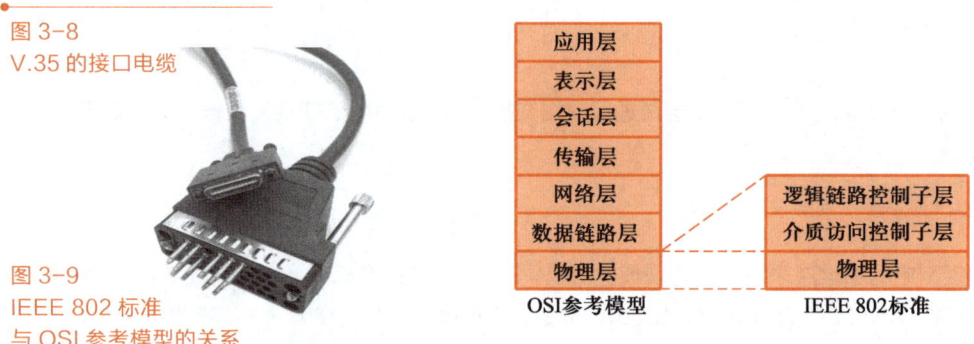

图 3-8
V.35 的接口电缆

图 3-9
IEEE 802 标准
与 OSI 参考模型的关系

IEEE 802.3 是在以太网（Ethernet）规范的基础上发展起来的，定义了物理层和数据链路层标准，在数据链路层的核心机制是带有冲突检测的载波侦听多路访问（Carrier Sense Multiple Access with Collision Detection——CSMA/CD）机制。

IEEE 802 另外定义了各种以太网介质的传输速率和使用的介质，见表 3-2。

表 3-2　以太网传输速率和介质

标　准	介　质	速　率	最大传输距离
10BASE-T	EIA/TIA 3、4、5 类 UTP 线缆	10 Mbit/s	100 m
100BASE-TX	EIA/TIA 5 类 UTP 线缆	100 Mbit/s	100 m
100BASE-FX	5.0/62.5 微米多模光纤	100 Mbit/s	2 km
1000BASE-T	EIA/TIA 3、4、5 类 UTP 线缆	1000 Mbit/s	100 m
1000BASE-SX	5.0/62.5 微米多模光纤	1000 Mbit/s	最长 550 m
1000BASE-LX	5.0/62.5 微米多模光纤或 9 微米单模光纤	1000 Mbit/s	多模 550 m，单模 10 km
1000BASE-ZX	单模光纤	1000 Mbit/s	近似 70 km
10GBASE-ZR	单模光纤	10 Gbit/s	最大 80 km

4. USB 标准

通用串行总线（Universal Serial Bus，USB）是一种串口总线标准，也是一种输入/输出接口的技术规范，被广泛应用于个人计算机和移动设备等信息通信产品，并扩展至摄影器材、数字电视（机顶盒）、游戏机等其他相关领域。USB 接口支持设备的即插即用和热插拔功能，可用于连接上百种外设，如鼠标和键盘等。随着计算机硬件飞速发展，USB 的应用范围也不断扩大。USB 的规范也有多种，如今已经发展到了 3.0 版本。USB 接口通常可以分为 Type-A、Type-B、Type-C 以及 Micro-B 4 种类型。

USB 的主要特点如下。

① 支持热插拔：用户在使用外接设备时，不需要关机再开机等操作，可以在计算机工作时直接将 USB 插上并使用。

② 携带方便：USB 设备大多以"小、轻、薄"见长，对用户来说方便携带。

③ 标准统一：以前常见的外设是 IDE 接口的硬盘、串口的鼠标键盘、并口的打印机和扫描仪，USB 作为一种统一的接口标准，可以让用户免受使用的外设接口类型不统一的困扰。

④ 可以连接多个设备：在一个 USB 接口上可以连接多个设备，即多个设备可以共享同一接口。

5. HDMI 标准

高清晰度多媒体接口（High-Definition Multimedia Interface，HDMI）是一种全数字化视频和声音发送接口，可以发送未压缩的音频及视频信号，主要用于机顶盒、DVD 播放机、个人计算机、综合扩大机、数字音响与电视机等设备。HDMI 可以同时发送音频和视频信号，且由于音频和视频信号采用同一条线材，大大简化了系统线路的安装难度。

HDMI 的主要特点如下。

① 数字化传输：HDMI 采用全数字化传输方式，避免了模拟信号传输过程中的损失和干扰，保证了音频和视频的清晰度和稳定性。

② 高带宽：HDMI 的带宽非常高，可以支持高分辨率和高帧率的视频信号传输，使得高清、4K、8K 等高质量视频内容得以流畅播放。

③ 多功能集成：HDMI 接口不仅可以传输视频信号，还可以同时传输音频信号，甚至支持 HDCP（High-bandwidth Digital Content Protection）加密技术，保护高清内容的版权。

④ 兼容性强：HDMI 接口具有广泛的兼容性，可以连接多种设备，如电视、计算机、投影仪、游戏机等，方便用户在不同设备之间传输音视频信号。

6. Type-C 标准

Type-C 接口也称为 USB Type-C，是一种全新的连接标准，由 USB-IF（USB Implementers Forum）制定，具有以下显著特点。

① 支持可逆热插拔：Type-C 接口采用了对称设计，可实现正反两个方向的插拔，避免了传统接口插入困难的问题，提高用户体验。

② 高速数据传输：Type-C 接口支持 USB 3.1 及更高版本的规范，能够实现高达 10 Gbit/s 的数据传输速度，远超过传统 USB 接口，满足大容量数据传输需求。

③ 快速充电：Type-C 接口支持高功率充电，可以为移动设备提供更快的充电速度，使手机、平板电脑等设备快速充满电。

④ 多协议支持：Type-C 接口不仅支持 USB 协议，还支持 Thunderbolt、DisplayPort 等多种协议，使其在各种设备之间实现更广泛的连接。

3.2　物理层传输介质

物理层的传输介质是通信网络中发送方和接收方直接连接的物理通路。计算机网络中采用的传输介质可以分为有线和无线两大类：常用的 3 种有线传输介质是双绞线、同轴电缆和光纤；常用的无线传输介质主要是电磁波和激光，用于无线电通信、微波通信、红外通信、蓝牙通信、激光通信等。

微课 3-2
物理层传输介质

3.2.1　双绞线

双绞线是局域网中最基本的传输介质，由具有绝缘保护层的 4 对 8 芯线组成，每两条线缠绕在一起，称为一个线对。两根绝缘隔离的铜导线按一定密度互相绞在一起，每一根导线在传输中辐射的电磁波会被另一根线上发出的电磁波抵消，不同线对具有不同的扭绞长度，从而较好地降低信号的干扰辐射。

拓展阅读
网络介质

双绞线两端安装 RJ-45 接头（俗称"水晶头"），用于连接网卡和交换机或路由器的以太网接口。双绞线的传输范围一般是 100 m。

1. 双绞线的类型

双绞线可以分为非屏蔽双绞线（Unshielded Twisted Pair，UTP）和屏蔽双绞线（Shielded Twisted Pair，STP）。

UTP 原先是为模拟语言通信而设计的，现在同样支持数字信号，特别适合较短距离的信息传输，一般五类以上的 UTP 的传输速率可以达到 100 Mbit/s 或更高。UTP 外观如图 3-10 所示，其内部结构如图 3-11 所示。

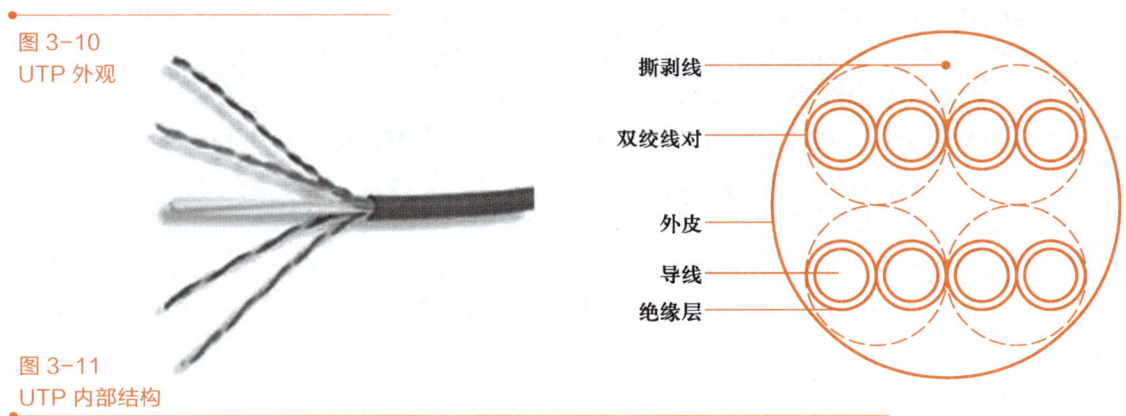

图 3-10
UTP 外观

图 3-11
UTP 内部结构

STP 需要一层金属箔（即覆盖层）把电缆中的每对线包起来，有时候利用另一层覆盖层把多对电缆中的各对线包起来或利用金属屏蔽层取代包在外面的金属箔。覆盖层和屏蔽层有助于吸收环境干扰，并将其导入地下以消除干扰。

STP 的价格相对较高，安装时比 UTP 线缆困难，必须有支持屏蔽功能的特殊连接器和相应的安装技术，但它有较高的传输速率。STP 的外观如图 3-12 所示，其内部结构如图 3-13 所示。

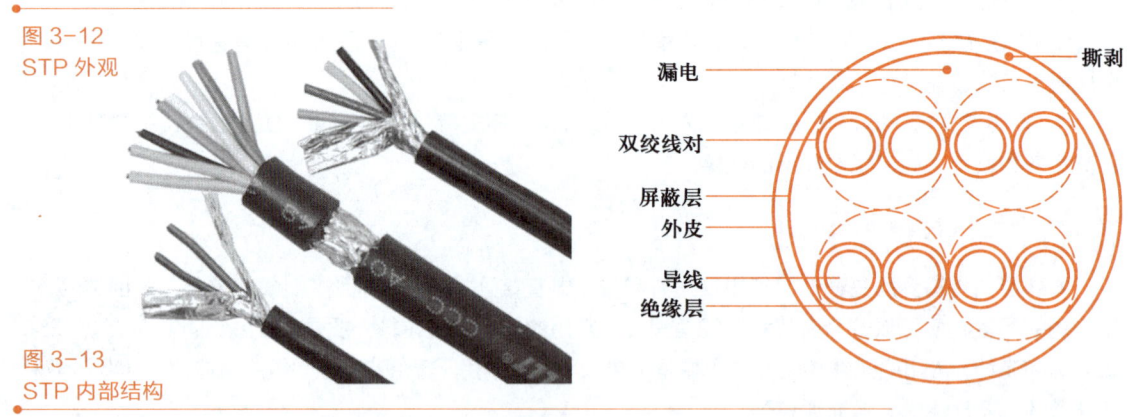

图 3-12
STP 外观

图 3-13
STP 内部结构

在实际应用中，一般以 UTP 为主，主要优点是无屏蔽外套、重量轻、易弯曲、易安装，具有独立性和灵活性，适用于结构化综合布线。

2. 双绞线的型号

EIA/TIA 为双绞线电缆定义了以下几种不同规格的型号。

一类线：主要用于传输语音，不用于数据传输。

二类线：传输频率为 1 MHz，用于语音和最高速率为 4 Mbit/s 的数据传输。

三类线：传输频率为 16 MHz，用于语音及最高传输速率为 10 Mbit/s 的数据传输，主要用于 10Base-T 网络。

四类线：传输频率为 20 MHZ，用于语音及最高传输速率为 16 Mbit/s 的数据传输，主要用于 10/100Base-T 网络。

五类线及超五类线：该类电缆增加了绕线密度，外套一种高质量的绝缘材料，传输速率为 100 Mbit/s，用于语音及最高传输速率为 100 Mbit/s 的数据传输，主要用于 10/100Base-T 网络，短距离传输也可达到 1 Gbit/s。五类非屏蔽双绞线是最常见的以太网电缆。

六类线：传输性能高于五类及超五类标准，最适用于传输速率高于 1 Gbit/s 的应用。

3. UTP 接头

UTP 是局域网最常使用的物理连接介质，UTP 电缆通常使用 ISO 8877 指定的 RJ-45 接头进行端接，该接头可用于多种物理层规范，包括以太网。如图 3-14 所示，RJ-45 接头是安装在电缆末端的插头型组件，插槽则是插座型组件，位于网络设备、墙壁、小间隔板插座或配线面板之上。

(a)　　　　　　　　　　　　　　　　　　　　　　　(b)　　图 3-14
RJ-45 接头和插槽

RJ-45 接头和插槽里面都使用了铜介质和缆线相切，以保证导通性。每次端接铜缆后，都有可能丢失信号，并对通信电路产生噪声。如果端接不正确，每根电缆都将是物理层性能退化的潜在源头。为确保当前和未来网络技术的最佳性能，必须保证所有铜介质的端接质量。

4. UTP 电缆类型

根据不同的布线约定，不同场合需要不同的 UTP 电缆，这意味着需要按照不同的顺序将电缆的各条导线连接到 RJ-45 接头的不同引脚组。以下是常见的 3 种电缆类型。

① 以太网直通电缆：最常见的网络电缆类型，常用于主机到交换机和交换机到路由器的互连。

② 以太网交叉电缆：用于连接相似设备的电缆，如交换机到交换机、主机到主机或路由器到路由器的连接。

③ 反转电缆：用于连接交换机或路由器的控制台端口。

以上 3 种 UTP 电缆的类型和用途见表 3-3。

表 3-3　UTP 电缆类型

电缆类型	TIA/EIA 标准	用　途
直通电缆	两端都遵循相同的标准，都为 T-568A 或都为 T-568B	将网络主机连接到集线器或交换机、交换机到路由器
交叉电缆	一端为 T-568A，另一端为 T-568B	连接相似的网络设备
反转电缆	一端为 T-568A，另一端全部反接	主机串行接口连接到网络设备的控制台端口

　　在设备间错误地使用交叉电缆或直通电缆不会损坏设备，但也无法连通设备进行通信。如果没有连通，检查设备连接是否正确是排除故障的第一步。现在，部分以太网交换机端口支持交叉线和直通线的自适应，两种线都能连通。如图 3-15 所示为 T-568A 和 T-568B 定义的接头引脚和双绞线 4 对线的对应关系，其中 T-568A 线对 1 为"白蓝—蓝"线对，线对 2 为"白橙—橙"线对，线对 3 为"白绿—绿"线对，线对 4 为"白棕—棕"线对。

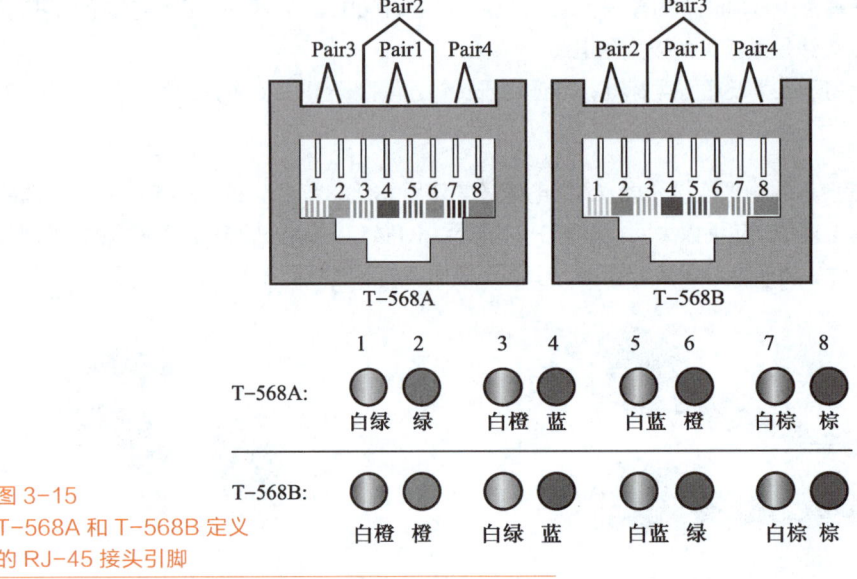

图 3-15
T-568A 和 T-568B 定义
的 RJ-45 接头引脚

5. UTP 的制作

　　UTP 是局域网内最常用的网络连接线，除了购买固定长度的成品线之外，也可以用工具自行制作适合网络需要长度的双绞线，并且用测线仪测试制作的结果是否合格。

　　制作一根双绞线需要准备的材料如下：

　　① 两个 RJ-45 接头。

　　② 长度合适的 UTP 电缆。

　　③ 剥线/压线钳（或其他斜口钳、剥线器）。

　　④ 网线测线仪。

　　如图 3-16 所示为 RJ-45 接头结构和剥线/压线钳外观。RJ-45 接头中的 8 个铜片露在外面的部分为引脚，用于与插座接触。接触探针在 RJ-45 接头里面，当用压线钳压制时，与电缆线中的铜导线相切以获得导电能力。图中该类型的压线钳可以用于剪断 UTP 电缆、剥掉外皮，并且进行 RJ-45 接头的压制。

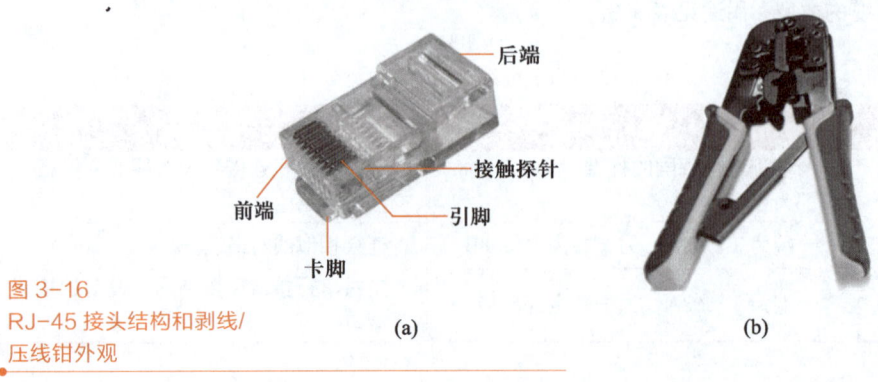

图 3-16
RJ-45 接头结构和剥线/
压线钳外观

(a)　　　　　　　　　　　　　　　(b)

网线测试仪分为专用网线测试仪和普通网线测试仪。专用网线测试仪不仅能测试网络的连通性、接线的正误，验证网线是否符合标准，而且对网线传输质量也有一定的测试能力，如识别墙中网线、监测网络流量、自动识别网络设备、识别外部噪声干扰及测试绝缘等。普通网线测试仪使用非常简单，只要将已制作完成的双绞线或同轴电缆的两端分别插入 RJ-45 插槽或 BNC 接口，然后打开电源开关，观察对应的指示灯是否为绿灯。如果依次闪亮绿灯，表示各线对已连通，否则可以判断没有接通。如图 3-17 所示为普通网线测试仪的外观。

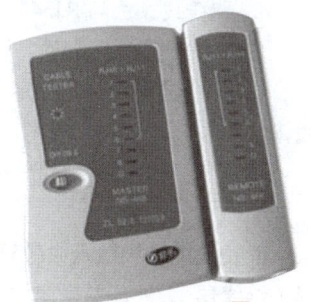

图 3-17
普通网线测试仪外观

双绞线制作的 8 个步骤如下。

① 选线：选择线缆的长度，至少 0.6 m，最多不超过 100 m，根据使用的场合确定具体长度。

② 剥线：利用双绞线剥线/压线钳（或用专用剥线钳、剥线器及其他代用工具）将双绞线的外皮剥去 2～3 cm。

③ 排线：根据制作需求确定是直连线还是交叉线，按照如图 3-14 所示的 EIA/TIA 568A 或 EIA/TIA 568B 标准排列线缆一端的芯线。以直连线一端的 T-568B 为例，排列好的线序和 RJ-45 接头插入的方向如图 3-18 所示。

④ 剪线：在剪线过程中，需要左手紧握已排好的芯线，然后用剥线/压线钳剪齐芯线。芯线外留长度不宜过长，通常为 1.2～1.4 cm。

⑤ 插线：把剪齐后的双绞线插入 RJ-45 接头的后端，注意 RJ-45 接头引脚要朝上，如图 3-19 所示。

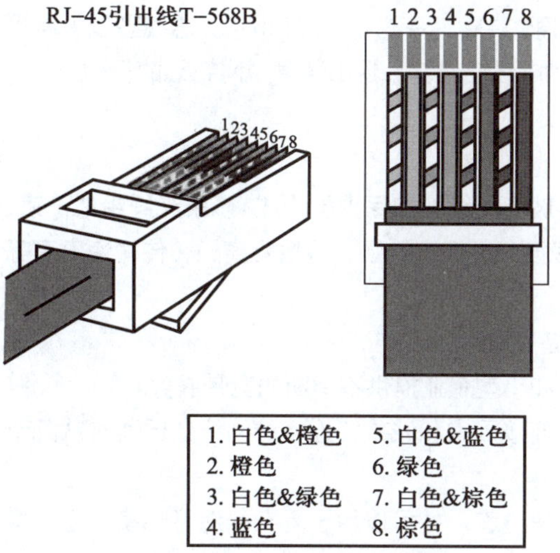

RJ-45引出线T-568B

1 2 3 4 5 6 7 8

1. 白色&橙色　5. 白色&蓝色
2. 橙色　　　　6. 绿色
3. 白色&绿色　7. 白色&棕色
4. 蓝色　　　　8. 棕色

图 3-18
T-568B
排线

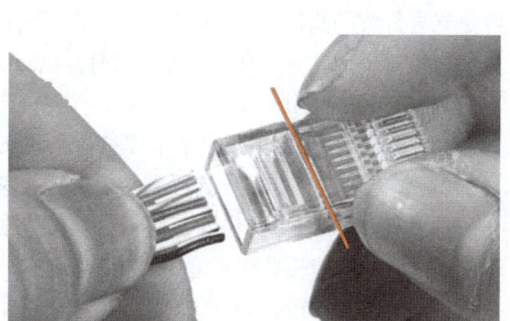

图 3-19
插线示意图

⑥ 压线：把 RJ-45 接头放入压线钳中形状和大小一致的卡槽内，用力压制到底，当听到轻微的咔声时可以确定已经压制到底。

⑦ 做另一线头：重复步骤 2～6 完成另一个线头的制作，在操作过程中同样要认真、仔细。

⑧ 测线：如果测试仪上 8 个指示灯都依次为绿色闪过，证明双绞线制作成功。此外，还要注意测试仪两端指示灯亮的顺序是否与接线标准对应。有任何一个指示灯不亮或者顺序错误，则制作失败。

在制作双绞线时，需注意以下几方面的问题，避免制作失败：

① 剥线时千万不能把芯线剪破或剪断。

② 双绞线颜色与 RJ-45 接头接线标准是否相符，应仔细检查，以免出错。

③ 插线一定要插到底，否则芯线与探针接触会较差或不能接触。

④ 排线过程中，手一定要紧握已排好的芯线，否则芯线会移位，造成白线之间不能分辩，出现芯线错位现象。

3.2.2　同轴电缆

同轴电缆是局域网中较早使用的传输介质，以单根铜导线为内芯（内导体），外面包裹一层绝缘材料（绝缘层），外覆盖密集网状导体（外屏蔽层），最外面是一层保护性塑料（外保护层）。同轴电缆的外观如图 3-20 所示，其内部结构如图 3-21 所示。

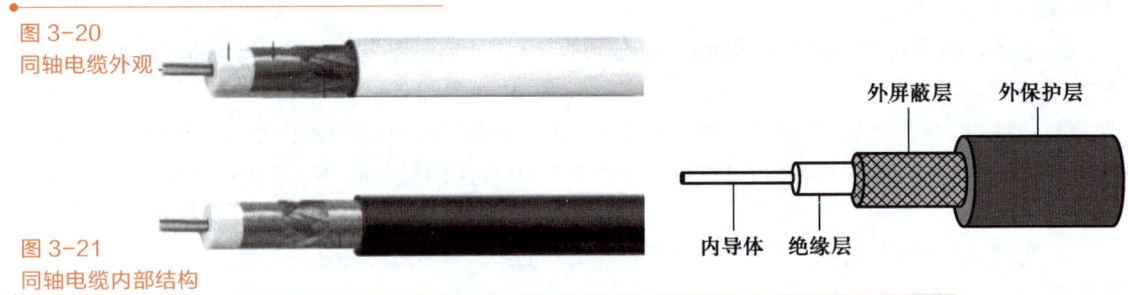

图 3-20
同轴电缆外观

图 3-21
同轴电缆内部结构

同轴电缆有两种，一种为 75 Ω阻抗的同轴电缆，另一种为 50 Ω阻抗的同轴电缆。75 Ω的同轴电缆常用于 CATV（有线电视）网，故称为 CATV 电缆，传输速率最高可达 1 Gbit/s，目前常用的 CATV 传输速率为 750 Mbit/s。50 Ω的同轴电缆常用于基带信号传输，传输速率为 1~20 Mbit/s，总线型以太网可使用 50 Ω的同轴电缆。由于受到双绞线的强大冲击，同轴电缆已经基本退出了局域网布线的行列。

3.2.3　光纤介质

光纤是光导纤维的简称，它由能传到光波的超细石英玻璃纤维外加保护层构成。多条光纤组成一束，就构成光缆。相对于金属导线来说，光纤具有重量轻、线径细、保密性强、传输距离长、传输速率高等特点。目前光纤布线主要用于以下 4 类网络。

① 企业网络：光纤主要用于主干布线和基础设施设备互联。

② FTTH 和接入网：FTTH（光纤到户）用于为家庭和小型企业提供不间断的宽带服务。

③ 长途网络：网络服务提供商使用长途地面光缆来连接国家和城市，连接的网络范围通常从几十至几千千米不等，系统传输速率高达 10 Gbit/s。

④ 水下网络：特殊光缆可用于高速、高容量网络解决方案，并可以用于复杂的海下环境，适合横跨海洋布线。

虽然光纤非常纤细，却由两种玻璃和防护外罩组成。纤芯由纯玻璃组成，用于承载光波传输；包层则是包裹纤芯的玻璃，充当镜子的作用，使纤芯中传输的光波保留在光纤纤芯内（这种现象称为全内反射）。光纤表皮通常是 PVC，用于保护纤芯和包层。如图 3-22 所示为光缆的外观图，如图 3-23 所示为光纤的内部结构。

在光纤中传输数据的光脉冲是由激光发生器或发光二极管（LED）产生的，按对光波的传输特性不同可以分为单模光纤（SMF）和多模光纤（MMF）。单模光纤纤芯极小，使用昂贵的激光技术来发送单束光，常用于跨越数百千米的长距离传输。多模光纤纤芯较大，使用 LED 发送器发送光脉冲，常用于局域网，可以通过长达 550 m 的链路提供高达 10 Gbit/s 的传输速率。

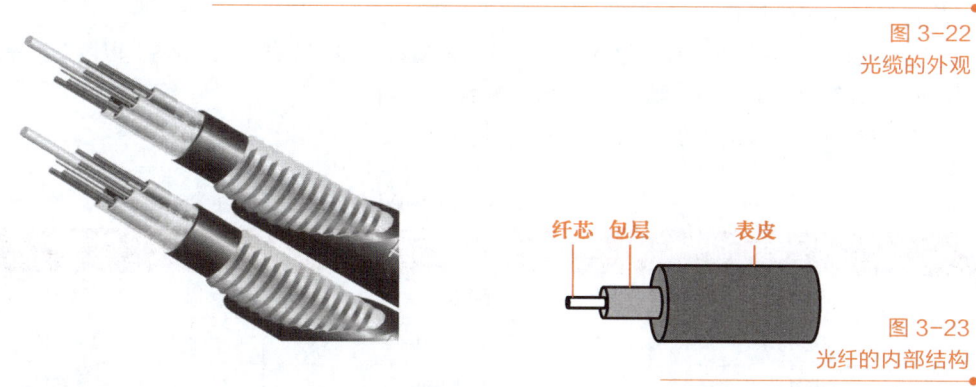

图 3-22
光缆的外观

纤芯　包层　表皮

图 3-23
光纤的内部结构

光纤接头端接于光纤末端，接头种类众多，主要区别在尺寸和机械耦合方式。常用的 3 种接头是直通式（ST）接头、用户接头（SC）和朗讯（LC）接头。

① ST 接头：广泛用于多模光纤的老式卡扣式接头。

② SC 接头：有时也称为方形接头或标准接头，广泛用于 LAN 和 WAN，使用推拉机制以确保正向插入。该类型的接头同时用于单模和多模光纤。

③ LC 接头：有时也称为小型接头或本地接头，其尺寸更小，用于单模光纤，但也支持多模光纤。

如图 3-24 所示为 3 种常见光纤接头的外观。

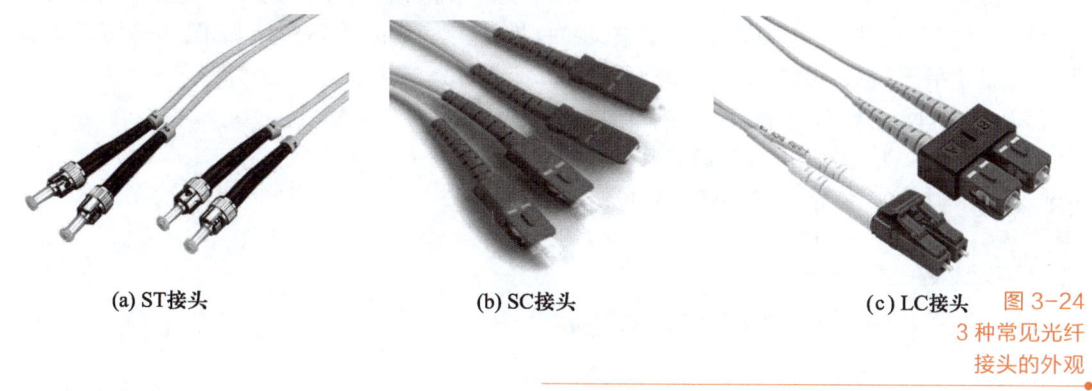

(a) ST接头　　　　　(b) SC接头　　　　　(c) LC接头

图 3-24
3 种常见光纤
接头的外观

3.2.4　无线传输介质

无线传输介质不使用金属或玻璃纤维导体进行电磁信号传递，例如由于各种各样的电磁波都可以用来承载信号，因此电磁波即被认为是一种无线传输介质。电磁波按频率从低到高可以分为无线电波、微波、红外线。由于不像有线传输介质受限于导体或路径，因此无线传输介质是所有介质中可移动性最大的，使用该种方式的设备数量也在不断增加。无线连接已经成为家庭网络的首选方式，在企业网络中也迅速普及。

4G 和 5G 移动网络和卫星通信使用的是不同频率的微波通信，短距离手机互联可以使用蓝牙通信，而家用遥控器一般使用红外线通信。

在无线数据通信领域，IEEE 和电信行业标准涵盖了数据链路层和物理层，常见的 3 种无线数据通信标准如下。

① IEEE 802.11 标准：无线 LAN（WLAN）技术，通常也称为 Wi-Fi（注意 Wi-Fi 实际上不是标准，是 Wi-Fi 联盟的商标）。

② IEEE 802.15 标准：无线个域网（WPAN），通常也称为蓝牙（Bluetooth），采用设备配对过程进行距离 1～100 m 的通信。

③ IEEE 802.16 标准：微波接入全球互通（WiMax），采用点到多点拓扑，提供无线宽带接入。

此外，移动电话和卫星通信也可以提供数据网络连接。

多年来，IEEE 制定了众多 802.11 标准，见表 3-4。

表 3-4 IEEE WLAN 标准

标　　准	最大传输速率	频　　段
802.11a	54 Mbit/s	5 GHz
802.11b	11 Mbit/s	2.4 GHz
802.11g	54 Mbit/s	2.4 GHz
802.11n	600 Mbit/s	2.4 GHz 或 5 GHz
802.11ac	1.3 Gbit/s	2.4 GHz 或 5 GHz
802.11ad	7 Gbit/s	2.4 GHz、5 GHz、60 GHz

📝 任务实施

网线是局域网中最基本的传输介质，制作网线首先要掌握制作网线的接头（水晶头）。水晶头有两种接法：一种是直连法，另一种是交叉法。交叉线的做法是：一头采用 T-568A 标准，一头采用 T-568B 标准；直连（平行）线的做法是：两头同为 T-568A 标准或 T-568B 标准。

在开始制作网线之前，准备以下工具和材料：

操作视频 3-1
双绞线制作技术

① 双绞线（推荐超五类或六类）。

② 水晶头（RJ-45 类型）。

③ 线缆剥线刀。

④ 压线工具。

⑤ 线缆测试仪（可选，推荐）。

⑥ 剪刀。

1. 剥线

使用线缆剥线刀，小心地将双绞线的一端外皮切开并剥离，大约剥去 2～3 cm，露出内部的线对。剥离的长度应该足以让线对完全插入到水晶头中，并稍微留出一些余地，如图 3-25 所示。

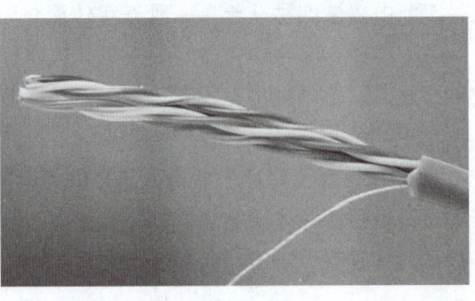

图 3-25
剥线

　　　　　　　　　　　(a)　　　　　　　　　　　　　　　　　　　　(b)

2. 排序并排列线对

按照 T–568B 或 T–568A 的线序排列线对。其中 T–568B 线序最为常用，排列顺序为：白橙、橙、白绿、蓝、白蓝、绿、白棕、棕。

3. 剪切并修齐线长

使用剪刀修剪线对，确保所有线对的长度一致。线对的长度应该稍微短于水晶头的长度，以确保线对能够完全插入水晶头内部，如图 3-26 所示。

4. 插入线对到水晶头

将修剪好的线对按照之前排列的顺序插入到水晶头的相应孔位中。确保每根线都插入到正确的孔位，并且线对之间排列整齐，如图 3-27 所示。

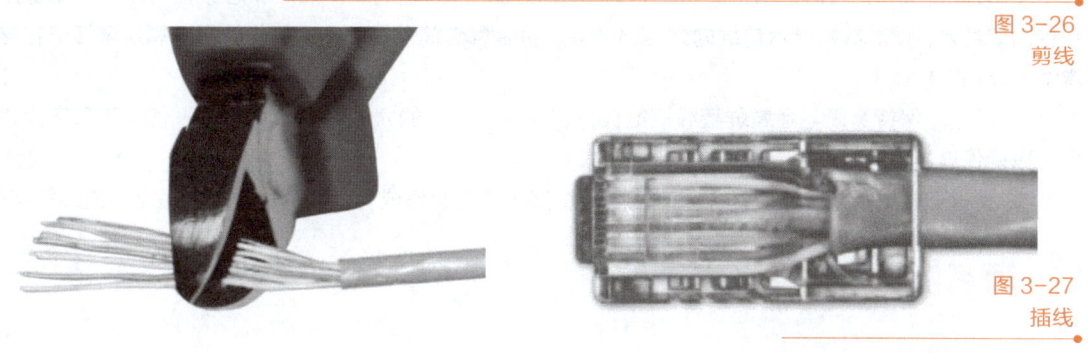

图 3-26
剪线

图 3-27
插线

5. 使用压线工具压接

将插入线对的水晶头插入到压线工具中。确保水晶头稳固地固定在压线工具中，然后用力压下压线工具，使线对与水晶头内的金属片紧密结合，如图 3-28 所示。

6. 测试连通性和性能

使用线缆测试仪测试双绞线的连通性和性能。按照测试仪的说明书操作，确保所有线对都能正常传输信号，如图 3-29 所示。

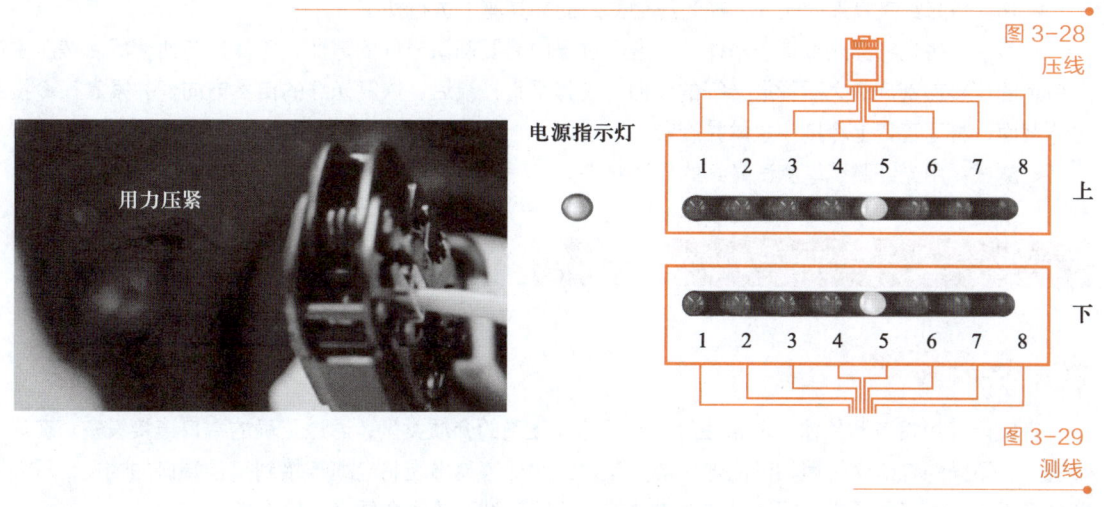

用力压紧

电源指示灯

| 1 | 2 | 3 | 4 | 5 | 6 | 7 | 8 |

上

| 1 | 2 | 3 | 4 | 5 | 6 | 7 | 8 |

下

图 3-28
压线

图 3-29
测线

任务拓展

同轴电缆接头制作的主要步骤如下。

① 准备工具和材料：需要准备斜口钳、剥线钳、六角压线钳、烙铁、焊锡等工具，同时准备好同轴电缆和相应的接头。

② 剥线：使用剥线钳将同轴电缆的外层保护胶皮剥去一定长度（约 1.5 cm），剥的过程中要小心不要割伤金属屏蔽线。然后再将芯线外的乳白色透明绝缘层剥去一段（约 0.6 cm），使芯线裸露。

③ 连接芯线：将剥好的芯线插入到接头的芯线插针尾部的小孔中，用专用卡线钳前部的小槽用力夹一下，使芯线压紧在小孔中。也可以使用电烙铁焊接芯线与芯线插针，焊接时可以在芯线插针尾部的小孔中置入一点松香粉或中性焊剂，注意焊接时不要把焊锡流露在芯线插针的外表面，这可能会导致芯线插针报废。

④ 装配接头：连接好芯线后，先将屏蔽金属套筒套入同轴电缆，然后将芯线插针从接头本体尾部孔中向前插入，使芯线插针从前端向外伸出，最后将金属套筒前推，使套筒将外层金属屏蔽线卡在接头本体尾部的圆柱体上。

⑤ 压线：保持套筒与金属屏蔽线接触良好，用卡线钳上的六边形卡口用力夹，使套筒形变为六边形，以确保连接牢固。

⑥ 测试：完成接头制作后，进行测试以检查接头是否制作成功，以及是否存在短路、断路等问题。

 项目实训　光纤冷接

【实训目的】

- 熟悉光纤冷接的制作规范。
- 掌握 SC 接头的制作方法，测试光纤连通性。

【实训内容】

- 剥除：将冷接子尾管旋下，将光纤穿入尾管；然后用开剥器将 PVC 层剥下，同时切断加强筋；接着使用光纤剥线钳最小的孔径清除涂覆层。
- 清洁：用蘸有无水酒精的无纺布清洁裸纤。
- 切：将光纤夹具连同光纤，在光纤切割刀的夹具座上进行切割。
- 冷接：将光纤穿入冷接子本体，在这个过程中需要确认光纤的弯曲，并保持弯曲，然后按压主体上白色的压接盖到底；之后释放光纤的弯曲，使其平直；最后，恢复光纤的自然方向，并紧靠在冷接头主体背面，将尾管套上冷接头主体并旋紧。
- 测试：用光纤测试笔测试光纤的导通状态。

任务 3-2　使用不同类型的传输介质组网

任务陈述

在实际使用设备和传输介质布线时，必须选择正确的介质类型，通过正确的端口连接设备。在许多情况下，不同的电缆会使用相同的连接器类型，因此很容易出现将电缆连接到错误端口的情况，从而可能损坏设备。本任务要求在网络模拟器中，选择不同类型的传输介质来连接设备。

知识准备

•3.3　数据通信技术

数据通信是通信技术和计算机技术相结合而产生的一种新的通信方式。要在两地间传输信息必须有传输信道，根据传输媒体的不同，可以分为有线数据通信与无线数据通信，但它们都是通过传输信道将数据终端与计算机连接起来，从而使不同地点的数据终端实现软、硬件和信息资源的共享。

3.3.1　数据通信系统模型

数据通信系统一般由以下几部分组成。

① 数据终端设备（DTE）：简单数据终端、中央计算机系统。

② 数据电路终端设备（DCE）：信号转换设备（模拟、数字）。

③ 信道：模拟信道、数字信道。

④ 数据电路：信道和两端 DCE（物理链路）。

⑤ 数据链路：数据电路与 DTE 中的通信控制功能（逻辑链路）。

如图 3-30 与图 3-31 所示是两个典型的数据通信系统。

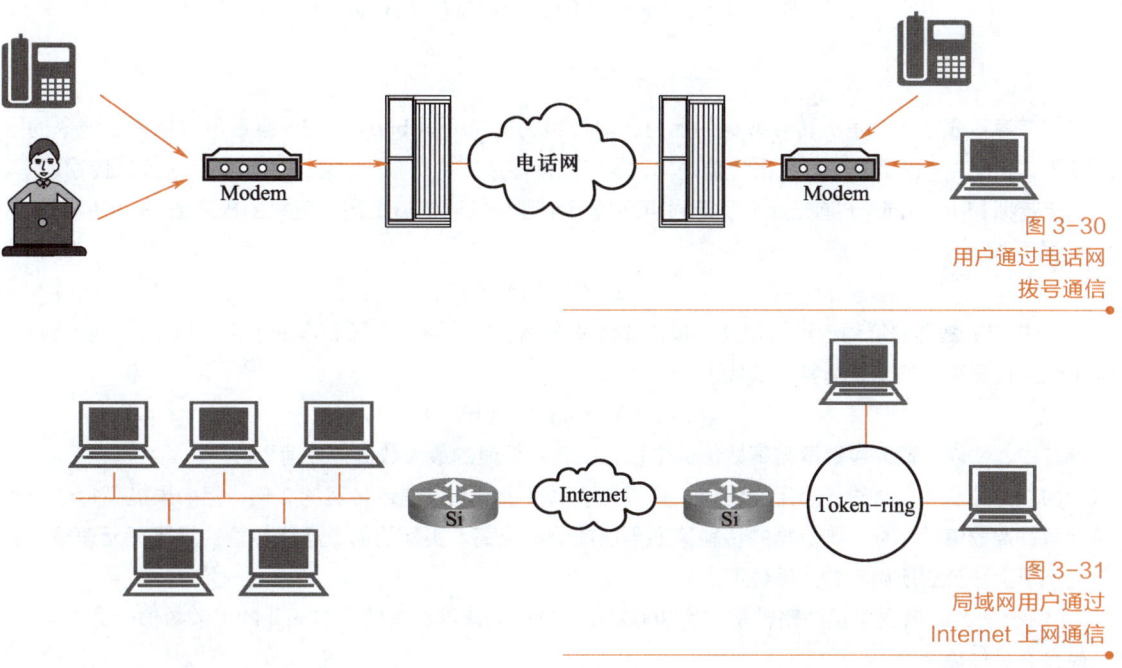

图 3-30
用户通过电话网拨号通信

图 3-31
局域网用户通过Internet 上网通信

3.3.2　数据传输速率

数据传输速率（Data Transfer Rate）是指每秒能够传输的二进制信息位数，单位为比特/秒（Bits Per Second），记作 bit/s 或者 bps。

常用的数据传输速率单位有：千比特每秒（Kbit/s）、兆比特每秒（Mbit/s）、吉比特每秒（Gbit/s）与太比特每秒（Tbit/s），目前最快的以太局域网理论传输速率（也就是常说的"带宽"）可以达到 10 Gbit/s。各种常用传输速率单位的关系如下：

$$1 \text{ kbit/s} = 1000 \text{ bit/s}$$

$$1\ \text{Mbit/s} = 1000\ \text{kbit/s}$$
$$1\ \text{Gbit/s} = 1000\ \text{Mbit/s}$$
$$1\ \text{Tbit/s} = 1000\ \text{Gbit/s}$$

数据传输速率计算公式如下：

$$S = (1/T) \times \log_2 N \quad (\text{bit/s})$$

其中，T 为一个数字脉冲信号的宽度或重复周期（归零码情况），单位为秒；N 为一个波形代表的有效状态数，是 2 的整数倍，例如二进制的一个波形可以表示为 0 或 1 两种状态，所以 N = 2。

通常 $N = 2^K$，其中 K 为一个波形表示的二进制信息位数。因此有 $K = \log_2 N$，当 N = 2 时，S = 1/T，表示数据传输速率等于码元脉冲的重复频率。

当 N 有两个离散时，数据传输速率的公式就可简化为：S = 1/T，表示数据传输速率等于码元脉冲的重复频率。由此，可引出另一技术指标——信号传输速率，也称码元速率、调制速率或波特率（单位为波特，记作 Baud）。信号传输速率表示单位时间内通过信道传输的码元个数，也就是信号经调制后的传输速率。若每个码元所含的信息量为 1 比特，则波特率等于比特率。

计算公式：B = 1/T（Baud），其中 T 为信号码元的宽度，单位为秒。

【例题 3-1】 采用四相调制方式，即 N = 4，且 $T = 8.33 \times 10^{-4}$ 秒，求该信道的比特率和波特率。

解：
$$S = (1/T) \times \log_2 N = 1/(8.33 \times 10^{-4}) \times \log_2 4 = 2400 \quad (\text{bit/s})$$
$$B = 1/T = 1/(8.33 \times 10^{-4}) = 1200 \quad (\text{Baud})$$

3.3.3　信道容量

信道容量表示一个信道传输数据的能力，单位也为比特/秒（bit/s）。信道容量与数据传输速率的区别在于，前者表示信道的最大数据传输速率，是信道传输数据的极限；后者则表示实际的数据传输速率。

奈奎斯特（Nyquist）首先提出了无噪声环境下（理想低通信道）码元速率的极限值 B 与信道带宽 W 的关系如下：

$$B = 2 \times W \quad (\text{Baud})$$

其中，W 是理想低通信道的带宽，也称作频率范围，即信道上下限频率的差值，单位为 Hz。因此，表示数据传输能力的奈奎斯特公式如下：

$$C = 2 \times W \times \log_2 N \quad (\text{bit/s})$$

其中，N 表示码元可能取得离散值的个数，C 表示信道的最大数据传输速率。

由以上公式可见，对于特定的信道，其码元速率不可能超过信道带宽的 2 倍，但如果提高每个码元可能取得离散值的个数，则数据的传输速率可以成倍的提高。实际的信道所能传输的最高码元速率，要明显低于上述公式所给出的上限数值。

【例题 3-2】 普通电话线路带宽约为 3000 Hz，求码元速率极限值。若码元的离散数值个数 N = 8，求最大数据传输速率。

解：
$$B = 2 \times W = 2 \times 3\text{k} = 6\text{k} \quad (\text{Baud})$$
$$C = 2 \times W \times \log_2 N = 2 \times 3\text{k} \times \log_2 8 = 18\text{k} \quad (\text{bit/s})$$

任何实际的信道都不是理想的，在传输信号时会产生各种失真以及带来多种干扰。码元传输的速率越高，或信号传输的距离越远，在信道的输出端的波形的失真就越严重。实际的信道总要受到各种噪声的干扰，香农（Shannon）用信息论的理论推导出了带宽受限且有高斯白噪声干扰的信道的极限、无差错的信息传输速率。

信道的传输速率计算公式（也称为香农公式）如下：

$$C = W \times \log_2 (1 + S/N) \quad (\text{bit/s})$$

其中，W 为信道的带宽（以 Hz 为单位），S 为信道内所传信号的平均功率，N 为信道内部的高斯噪声功率。上述公式表明，信道的带宽或信道中的信噪比越大，则信息的极限传输速率就越高。

【例题 3-3】 已知信噪比为 30 dB，带宽为 3 kHz，求信道的最大数据传输速率。

解：
$$10\lg(S/N) = 30$$
$$S/N = 10^{30/10} = 1000$$
$$C = W \times \log_2(1 + S/N) = 3000 \times \log_2(1+1000) \approx 30\text{k}(\text{bit/s})$$

3.4　数据交换技术

计算机网络主要进行的是数据通信。数据经编码后在通信线路上进行传输，通常需要经过中间节点，将数据从信源逐点传送到信宿，从而实现两个设备间的通信。这些中间节点不关心所传输数据的内容，而是提供一种交换功能，使数据从一个节点传到另一个节点，直至到达目的地。通常将作为信源或信宿的一批设备称为网络站，而将提供通信的设备称为节点，这些节点的集合便称为通信网络。如果这些节点连接的设备是计算机和终端，那么节点加上站点就构成了计算机网络。

微课 3-3
数据交换技术

数据传输交换网络按传送技术划分，可以分为电路交换网、报文交换网和分组交换网。

3.4.1　电路交换

使用电路交换（Circuit Switching）技术的一个典型例子就是电话交换网。采用电路交换技术进行数据传输时，在源和目的节点之间有一条利用中间节点构成的专用物理连接线路，直到数据传输结束，这条物理线路才被释放，并被其他通信所用。如果两个相邻节点之间的通信容量很大，那么这两个节点之间可以复用多条线路。用电路交换技术完成数据传输，需要经历电路建立、数据传输和电路拆除 3 个过程。

1. 电路建立

如同打电话需要先通过拨号在通话双方之间建立一条通路一样，在传输数据前，要先通过呼叫建立一条端到端的电路。当某两个站点（H_1，H_2）准备建立连接时，站点 H_1 向与之相连的节点 A 提出请求，该节点在可能到达站点 H_2 的路径上寻找可用的路径到达下一个节点 B，A 节点选择经过 B 节点的电路，并且在此电路上分配一个未使用的通道 AB，并告诉 B 还要连接到 C 节点。B 再呼叫 C，建立电路 BC，最后节点 C 完成到站点 H_2 的连接。这样，H_1 和 H_2 之间就建立了一条专用的物理电路 ABC，可以进行数据传输，如图 3-32 所示。

2. 数据传输

当电路 ABC 建立以后，数据就可以从 A 发送到 B，再由 B 发送到 C。C 也可以经过 B 向 A 发送数据。这种传输方式有最短的传播延迟，并且没有阻塞的问题，服务质量是最高的，除非有线路或节点意外故障导致电路中断。因此，在整个数据传输过程中，所建立的电路必须始终保持连接状态。

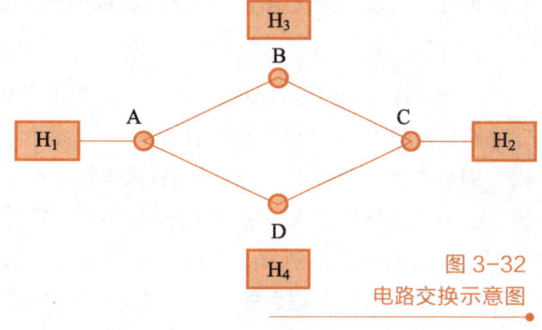

图 3-32
电路交换示意图

3. 电路拆除

当数据传输结束后，由某一方（A 或者 C）发出拆除请求，然后逐节点拆除，一直到对方节点。被拆除的信道空闲后，就可以被其他通信使用。

电路交换的优点是数据传输可靠、迅速，数据不会丢失并且保持原来的序列。其缺点是在某些情况下，电路空闲的信道容量被浪费。另外，当数据传输的持续时间不长时，电路建立和拆除所用的时间就会占比较高造成浪费。因此，它适用于质量要求高的大数据量传输的情况。

3.4.2　报文交换

在某些应用场合，节点之间交换的数据是随机和突发的。如果此时使用电路交换，就会暴露出电路建立及拆除时间过长的缺点。一种更加合理的传输方式是报文交换（Message Switching）。该方式的数据传输单位是报文，即节点一次要发送的数据块，其长度不限且可变。报文交换不需要在节点间建立专用的物理通道，交换采用"存储—转发（Store and Forward）"方式。当一个站点要发送一个报文时，它先将目的地址附加到报文上，网络节点根据报文上的目的地址信息把报文发送到下一个节点，各节点逐次转发最终到达目的节点。每个节点在收下整个报文并检查无误后，就暂存这个报文，然后利用路由信息找出下一个节点的地址，再把整个报文传送给下一个节点。因此端到端之间无须先通过呼叫建立连接。

在电路交换网络中，每个节点是一个电子的或者机电结合的交换设备，这种设备发送和接收数据的速率一样快。而报文交换的节点通常是有缓存能力的交换设备。一个报文在每个节点的延迟时间等于接收报文的时间（缓存时间）加上转发所需的排队延迟时间之和。

与电路交换相比，报文交换的优点如下：

① 线路利用率高，因为通信线路不是为某一对数据传输所专用，很多报文可以分时共享两个节点直接的通道。当通信量较大时，仍然可以接收并缓存报文等待空闲时间再发送，但是传输延时会增加。

② 交换系统可以把一个报文发送到多个目的地，而电路交换系统很难做到。

③ 可以进行速度和码型的转换，进而吸纳不同类型终端之间的数据通信。

报文交换的缺点是不能满足实时或交互式通信数据业务。报文经过网络的延时长并且不定，当节点接收数据过多不能及时发送而无法缓存时，只能丢弃报文。目前报文交换的方式使用较少。

3.4.3　分组交换

为了更好地利用信道容量，并降低节点中数据量的突发性，可以将报文交换改进为分组交换（Packet Switching），即将一个报文分成若干组，每个分组的长度有一个上限，典型长度是数千个比特（位）。有限长度的分组使每个节点所需要的存储能力降低，提高了交换速度。分组交换适用于交互式通信，其具体过程又可以分为虚电路分组交换和数据报分组交换两种。

1. 虚电路方式

在虚电路（Virtual Circuit）方式中，为进行数据传输，网络的源节点和目的节点首先要建立一条逻辑通路。如图 3-31 所示，假设 H_1 有一个或多个报文要发送到 H_2，那么它首先要发送一个呼叫请求分组报文到 A 节点，请求建立一条到 H_2 的连接。A 节点选择到 B 节点的路径，B 节点再选择到 C 节点的路径，C 节点最终把请求分组传送到 H_2。H_2 如果接受连接，就发送一个呼叫接受分组到 C 节点，再通过 B 节点和 A 节点返回到 H_1。这样，H_1 和 H_2 就可以在已经建立的逻辑连接——虚电路上进行数据交换。每个分组除了包含数据之外，还得包含一个虚电路标志。预先建立的逻辑通路上的所有节点知道把该标志的分组报文发送到哪里去，不需要再进行路由选择。

无论何时，一个站点和任何一个或多个站点都能建立多个虚电路。之所以是"虚"的，是因为这条电路不是专用的，可能有其他虚电路并存在物理电路上。虚电路的传送仍然需要缓存，并且在线路上进行排队发送。

2. 数据报方式

在数据报方式中，每个分组（称为数据报）的传送是被单独处理的。每个数据报自身都带有足够的地址信息，一个节点接收到一个数据报后，根据其中的地址信息和节点中存储的路由信息，找到一个合适的路径，把数据报发送到下一个节点。当某一个站点要发送一个报文时，先把报文拆分成若干带有序列号和地址信息的数据报，依次发送到网络节点上。此后，各个数据报所走的路径可能不再相同，因为各个节点随时会根据网络流量、故障等情况选择新的路由，因此不能保证各个数据报按顺序到达目的地，甚至丢失部分数据报。整个过程中，没有虚电路建立，但要为每个数据报做路由选择。

虚电路分组交换适用于两端间的长时间数据交换，尤其在交互式会话中，免去每个分组都要增加的地址信息的开销，提供了更可靠的通信能力，保证每个分组正确到达，且维持发送时的报文顺序。其缺点是一旦某个节点或某条链路出现故障彻底失效，则所有经过故障点的虚电路会全部被破坏。数据报分组交换省去了呼叫建立阶段，在传输少量分组时比虚电路更简便灵活，不同分组可以绕开故障区而到达目的地，因此故障的影响面要比虚电路小得多。但是数据报不能保证分组的按序到达，数据的丢失也不会被立即知晓。目前，以太网交换机最常使用的都是数据报交换方式。

📝 任务实施

本任务要求使用常见的物理层介质进行网络设备和终端的互联。检查设备连接的传输介质类型，然后保证所有的端口处于开启状态（所有的端口都是显示绿色圆点），连通后的网络拓扑如图 3-33 所示。

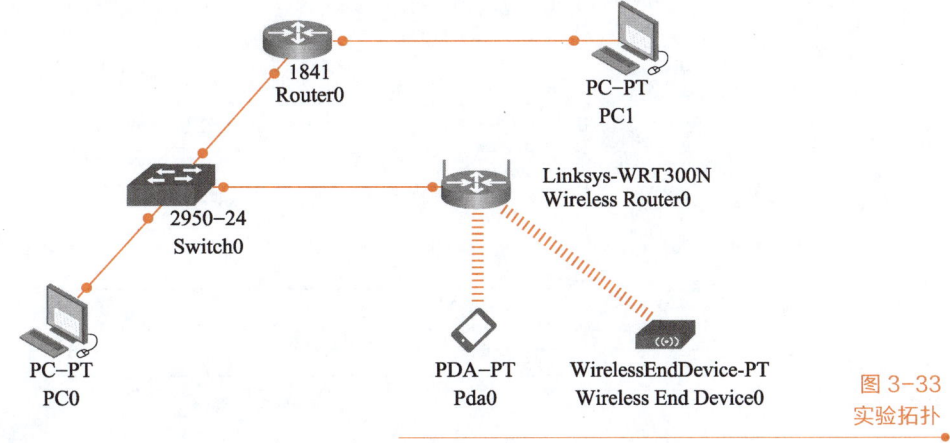

图 3-33
实验拓扑

① 打开模拟器，在设备分类区辨认 Routers（路由器）、Switches（交换机）及 Wireless Devices（无线设备），并选择拓扑中的网络设备至工作区。

② 辨识并选择 End Devices 中拓扑指定的设备到工作区，如图 3-34 所示。

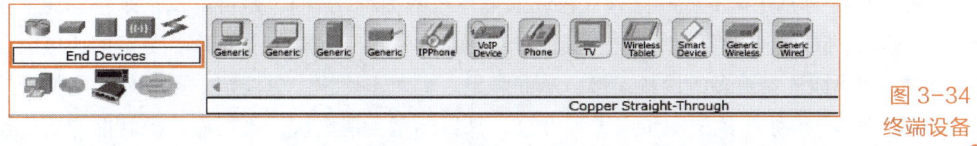

图 3-34
终端设备

③ 选择正确的连接缆线，按拓扑图连接所有的设备（注意：不要使用模拟器的自动选择连接功能）。

④ 路由器端口数量不够的情况下，请断电后添加路由器端口模块，如图 3-35 所示。连接完成之后再到"Config"菜单中把连接的端口状态打开，如图 3-36 所示。

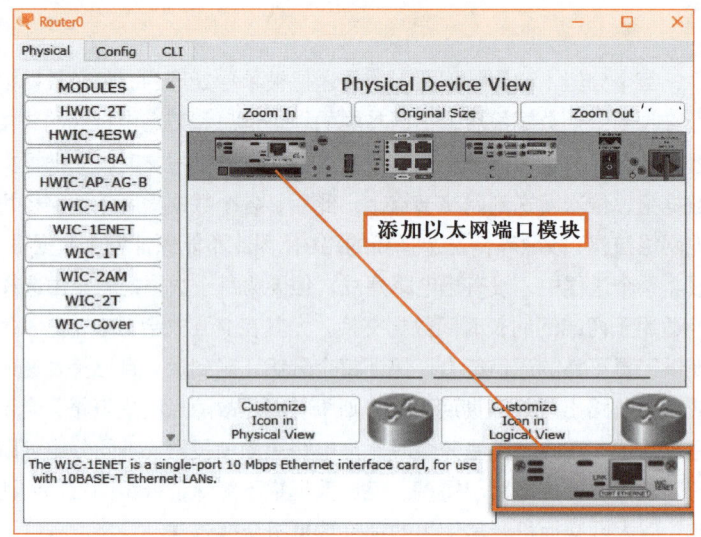

图 3-35
添加设备模块

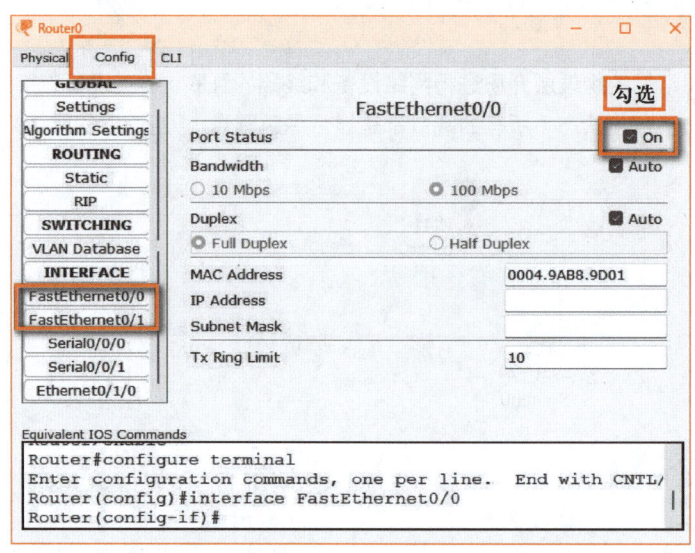

图 3-36
配置端口状态

⑤ 把连接后的拓扑及每两个设备间的物理介质的种类列出。

 **任务拓展**

　　5G 和 6G 分别是第五代和第六代移动通信系统的简称，它们也是目前及未来移动通信技术发展的两个不同阶段。5G 是 4G 系统的延伸，其最直观的提升在于更高的传输速率、更低的通信时延和更好的连接密度，即可以支持更多的设备连接，从而满足人们对于更快、更稳定、更可靠的网络通信的需求。

　　6G 则是 5G 系统的进一步演进和升级，其目标是实现更快、更可靠、更智能、更广泛的连接。与 5G 相比，6G 具有更高的传输速率、更低的通信时延和更广泛的覆盖范围，可以支持更加丰富的应用场景和更加智能的网络管理。同时，6G 还将引入更多的新技术，如通感融合、可见光通信、人工智能等，从而推动移动通信技术向更高层次的发展。

　　6G 网络将是一个地面无线与卫星通信相互集成的全连接网络通信系统。通过卫星通信系统的支持，6G 网络将实现全球无死角覆盖，使得网络信号能够抵达任何一个偏远地区。此外，6G 的传输能力可能会比 5G 提升超百倍，网络延迟也可能从毫秒降到微秒级，这将使得 6G 技术更加完善并在许多方面实现突破。同时，6G 还将引入通感融合技术，实现通信网络和感知网络的融合，从而实现对物理世界更全面、更深入的感知和连接。

项目实训　传输介质综合应用

通过在网络模拟器中搭建网络拓扑，熟练掌握各种传输介质的使用场景，如图 3-37 所示。

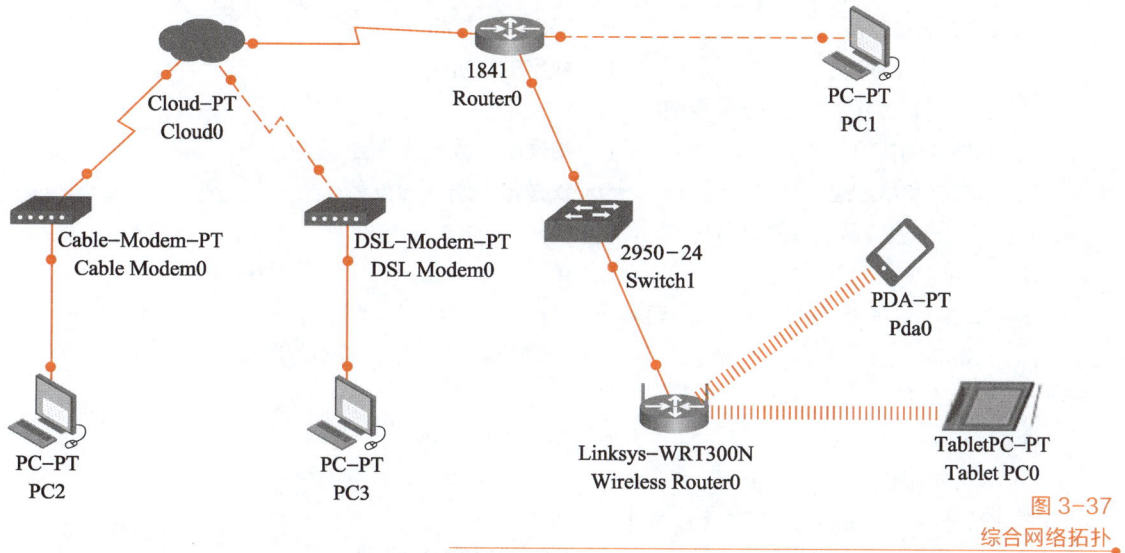

图 3-37
综合网络拓扑

【实训目的】

- 熟悉常见的有线和无线传输介质的应用场景。
- 能够使用模拟器进行网络场景搭建。

【实训内容】

- 熟悉网络模拟器中的串行线缆连接设备种类。
- 熟悉直通线和交叉线的使用规则。
- 掌握无线传输介质的设计与配置。
- 了解电话线缆和同轴电缆的使用场景。

 ## 单元小结

物理层主要用于实现数据的物理传输和连接，是计算机网络体系结构中不可或缺的一部分。物理层定义了设备的连接方式和特性，如电缆类型、接口标准等，实现了比特流的传输。物理层接口是连接网络设备的桥梁，其标准定义了传输介质的规范，保证了不同设备间的相互兼容和通信。

 ## 单元练习

文本：参考答案

一、选择题

1. 在 OSI 参考模型中，物理层传输的信息单位为（　　　）。

　A．比特（bit）　　　　　　　　　B．字节（byte）

  C. 帧（frame）   D. 报文（packet）

 2. 在 OSI 参考模型中，涉及硬件中执行的层次是（ ）。

  A. 第三层和第四层   B. 第六层和第七层

  C. 第一层和第二层   D. 网络层和传输层

 3. 下列属于 DCE 设备的是（ ）。

  A. 路由器   B. 计算机   C. 服务器   D. 手机

 4. 下列属于 DTE 设备的是（ ）。

  A. CSU/DSU   B. 以太网交换机

  C. 程控电话交换机   D. 数字电话机

 5. IEEE 802 标准对应了 OSI 参考模型的（ ）。

  A. 网络层和传输层   B. 物理层和数据链路层

  C. 第二层和第三层   D. 仅是第一层

 6. UTP 电缆一般的最大传输距离是（ ）。

  A. 10 m   B. 100 m   C. 10 km   D. 100 km

 7. 一般情况下，多模光纤的最大传输速率是（ ）。

  A. 1 Mbit/s   B. 10 Mbit/s   C. 100 Mbit/s   D. 1 Gbit/s

 8. 五类双绞线的传输速率是（ ）。

  A. 1 Mbit/s   B. 10～100 Mbit/s

  C. 100 Mbit/s   D. 1～10 Gbit/s

 9. 家用有线电视使用的信号传输电缆是（ ）。

  A. 75 Ω 阻抗的同轴电缆   B. 50 Ω 阻抗的同轴电缆

  C. UTP   D. STP

 10. 直通双绞线电缆是指（ ）。

  A. 一端使用 T-568A 线序，一端使用 T-568B 线序

  B. 两端都使用 T-568A 线序

  C. 两端都使用 T-568B 线序

  D. 两端都遵循相同的标准，都为 T-568A 或都为 T-568B

二、填空题

 1. 目前速率最高的 IEEE WLAN 标准是_____。

 2. 以太网交换机使用的数据交换技术是_____。

 3. 物理传输介质可以分为_____和_____两大类。

 4. 双绞线可以分为直通电缆、交叉电缆和反转电缆 3 种，在进行不同设备连接的时候使用的电缆也不相同，计算机与计算机连接使用_____，交换机与计算机连接使用_____，计算机和路由器控制台连接使用_____。

 5. 光传输介质按照对光波的传输特性不同可以分为_____和_____。

三、简答题

 1. 简述 T-568A 和 T-568B 标准的线序。

 2. 简述常见的 3 种数据交换方式。

 3. 假设信号的采样量化级为 256，若要使数据传输速率达到 64 kbit/s，试计算出所需的无噪声信道的带宽。

单元 **4**
数据通信基础

学习目标

【知识目标】

- 了解数据通信的基本概念。
- 了解数据通信方式。
- 了解差错控制与流量控制。
- 熟悉数据帧的基本格式及字段。
- 熟悉数据链路层 HDLC 和 PPP 协议。

【技能目标】

- 能够在网络模拟器中搭建数据通信网络场景。
- 掌握使用模拟器查看数据链路层帧结构。

【素养目标】

- 通过学习新知识和新技能培养网络工程师职业岗位胜任能力。
- 培养责任意识与正确的职业观念。
- 树立新时代正确的职业价值观和大国工匠精神。

PPT：单元 4
数据通信基础

📖 单元导读

　　本单元主要介绍数据通信的基本概念、数据通信方式、差错控制与流量控制、数据帧的基本格式、广域网 HDLC 和 PPP 协议。本单元学习内容和高等职业教育专科计算机网络技术专业教学标准的对应关系见表 4-1。

表 4-1　本单元学习内容和专业教学标准的对应关系

| 高等职业教育专科计算机网络技术专业教学标准 | | | | 运用计算机网络知识和技能 | |
行业	岗位群	职业资格证书	对应竞赛	知识点	技能点
互联网和相关服务 软件和信息技术服务业	① 网络技术支持 ② 网络系统运维 ③ 网络系统集成 ④ 通信工程技术支持	① 网络系统建设与运维 ② 通信工程师 ③ 网络管理员 ④ 无线网络规划与实施 ⑤ 网络系统规划与部署 ⑥ WPS 办公应用	① 网络系统管理 ② 网络建设与运维 ③ 5G 组网与运维 ④ 信息安全管理与评估 ⑤ 华为 ICT 网络技术大赛	① 数据通信概念 ② 数据通信方式 ③ 差错控制与流量控制 ④ 以太网数据帧格式与字段 ⑤ 广域网数据帧格式 ⑥ HDLC 和 PPP 协议	① 模拟器搭建数据通信场景 ② 模拟器查看数据帧结构 ③ 以太网和广域网数据帧封装 ④ HDLC 协议配置 ⑤ PPP 协议配置

✏️ 引例描述

　　Svist 学院网络专业的小陈同学想要考取网络管理员的职业资格证书，为之后的实习就业做准备，如图 4-1 所示。她了解到数据通信的基础知识是职业资格证书考试的重要考点，计算机网络主要是数据通信，可以实现计算机和计算机、计算机和其他终端的数据信息传递，而数据链路层是实现数据通信的关键层级。那么，数据链路层是如何解决数据传递过程中信息的格式问题，数据传输过程中又是如何进行过程控制、信息检索等关键步骤呢？

> 职业资格证书考试需要系统准备哦！

拓展阅读
《网络管理员职业资格证书》介绍

> 数据通信是指在计算机之间传送字符、图片、语音、视频文件的二进制代码：0或1

Data Transfer

图 4-1
单元情境

任务 4-1　以太网数据链路层数据帧观察

 任务陈述

微课 4-1
数据链路层

目前大部分局域网使用的是以太网技术，可以用网络仿真软件查看 IPv4 报文在以太网链路中被承载的具体情况，也可以搭建一个简单的只有一个接入节点的 WLAN 网络，然后查看一个真实的 WLAN 的帧承载的 IPv4 报文。

 知识准备

• 4.1　数据链路层功能

数据链路层是 OSI 参考模型中的第二层，介于物理层和网络层之间，它使用物理层提供的服务，并向网络层提供服务。数据链路层的作用是对物理层传输的有可能出错的原始比特流连接改造成逻辑上无差错的数据链路，其基本功能是向网络层提供透明和可靠的数据传输服务。其中，透明是指该层上传输的数据的内容、编码、格式没有限制；可靠是指用户免去对丢失信息、干扰信息、顺序不正确的担心。

数据链路层具备一系列功能，主要包括以下几种：

① 将数据组合成数据块，称为帧（frame），这也是数据链路层的数据传送单位。

② 控制帧在物理信道上的传输，包括传输差错处理、调节发送速率以使之与接收方匹配。

③ 在两个网络实体间提供数据通路的建立、维持和释放管理。

4.1.1　帧同步功能

为了使传输中发生差错后只将出错的有限数据进行重发，数据链路层将比特流组织成以帧为单位传送。帧的组织结构必须设计成使接收方能从物理层收到的比特流中对帧进行识别，也能从比特流中区分出帧的起始与终止，这就是帧同步要解决的问题。由于网络传输很难保证双方计时的正确和一致，所以不能依靠时间间隔关系来确定起始与终止。常用的帧同步方法如下。

（1）使用字符填充的首尾定界符法

该方法用一些特定的字符来定界一个帧的起始与终止。为了不使数据信息位中出现的特定字符被误判为帧的首尾定界符，可以在这种数据字符前填充一个转义控制字符（DLE）以示区别。但是这种方法使用起来比较麻烦，所用的特定字符依赖于所采用的字符编码，兼容性较差。

（2）使用比特填充的首尾标志法

该方法以一组特定的比特模式（如 01111110）来表示一帧的起始与终止，如 HDLC 协议即采用此方法。为了不使信息位中出现与该比特模式形似的比特串被误判为帧的首尾标志，可以采用比特填充的方法。例如，采用特定模式"01111110"，则如果信息位中的任何连续出现 6 个"1"，发送方自动在其后插入一个"0"，而接收方则做该过程的逆操作，即每接收到连续 6 个"1"，则自动删除跟在其后面的"0"，以恢复原始数据。比特填充由硬件实现较为方便，性能优于字符填充法。比特填充法的示意如图 4-2 所示。

字段	01111110	字段A	字段B	字段…	数据	帧校验序列	01111110
大小	帧起始					帧结束	

图 4-2
比特填充法界定帧起始示意

（3）违例编码法

该方法在物理层采用特定的比特编码方法时使用。例如，曼彻斯特编码方法是将数据比特"1"编码成"高—低"电平，将数据"0"编码成"低—高"电平。而"高—高"电平和"低—低"电平在数据比特中是违例的。可以借用这些违法编码序列来界定帧的起始与终止，如 IEEE 802 标准就使用这种界定方法。这种编码不需要借助任何填充技术，但它只适用于采用冗余编码的特殊编码环境。

（4）字节计数法

该方法以一个特殊字符表示一帧的起始，并以一个专门字段来标明帧内的字节数。接收方可以通过对该特殊字符的识别从比特流中区分出帧的起始，并从该专门字段中读出该帧中的数据字节数，从而确定帧的终止位置。面向字节技术的同步协议的典型实例是数字通信报文协议（Digital Data Communication Message Protocol，DDCMP）。

由于字节计数法中计数字段的脆弱性（其值一旦出现错误将导致连续帧的传输错误）以及实现上的复杂性和不兼容性，目前数据链路层的帧同步方法仍使用比特填充法和违例编码法等。

4.1.2 差错控制

通信系统必须具备发现（即检测）差错的能力，并采取措施纠正，使差错控制在尽可能小的范围内，这就是差错控制过程，也是数据链路层的主要功能之一。

接收方通过对差错编码（如奇偶校验码或 CRC 码）的检查，可以判定一个帧在传输过程中是否发生了差错。一旦发现差错，一般可以采用反馈重发的方法来纠正。这要求接收方收完一个帧之后，向发送方反馈一个接收是否正确的信息，使发送方做出是否需要重新发送的决定。发送方必须收到接收正确的反馈信息后才能认为该帧已经正确发送完毕，否则需要重发直至正确为止。

物理信道的突发噪声可能完全干扰一整帧，使整个数据帧或反馈信息帧丢失，这将导致发送方永远接收不到反馈信息，从而使传输过程停滞。为了避免出现这种情况，通常引入计数器（Timer）来限定接收方发回反馈信息的时间间隔。在发送方发送一帧的同时也启动计时器，若在限定的时间间隔内未能接收到反馈信息，即认为发送超时，认定传输的帧已出错或丢失，需要重新发送。

由于同一帧可能被重复发送多次，导致接收方多次将同一帧递交给网络层。为了防止这种危险，可以采用对发送帧进行编号的方法，即每一帧一个序号，从而使接收方区分是新的帧还是已经接收又重新发过来的帧，以此确定是否将帧递交给网络层。数据链路层使用计时器和序号来保证每个帧最终都能被正确的递交给网络层一次。

4.1.3 流量控制

流量控制不是数据链路层特有的功能，许多高层的协议中也提供流量控制功能，只不过控制的对象不同。对于数据链路层来说，控制的是相邻两个节点之间数据链路上的流量；对于传输层来说，控制的是从源到最终目的地之间的端到端的流量。

由于收发双方各自使用的设备工作速率和缓冲存储空间存在差异，可能出现发送能力大于接收能力的情况。如果此时不对发送方的发送速率做适当限制，在接收方会出现前面来不及接收的帧被后面不断发送来的帧"淹没"或"覆盖"，从而造成帧的丢失。由此可见，流量控制实际上是对发送数据流量的控制，使其发送速率不至于超过接收方的承受能力。这个过程就需要某种反馈机制，使发送方知道接收方的能力。同时需要一些规则，使得发送方知道什么情况下才可以接着发送下一帧，什么情况下必须暂停，以等待接收方的某种反馈信息后继续再次发送。

两种最常用的流量控制方法是停止等待方案和滑动窗口机制。

（1）停止等待方案

增加缓冲存储空间在某种程度上可以缓解收发双方在传输速率上的差异，但这终究是一种有限的方法。一方面，系统不允许开设过大的缓存空间，成本也较高；另一方面，对于速率显著失配且又传送大量数据的场合，仍会出现缓存不够的情况。停止等待流量控制方案是一种相比之下更积极主动的方法，其工作原理是：发送方发出一帧，等待应答信号到达后再发送下一帧；接收方每收到一帧后送回一个应答信号，表示愿意接收下一帧；如果接收方不送回应答，则发送方必须一直等待。

（2）滑动窗口机制

为了提高信道的利用率，发送方可以不等待确认信息返回就连续发送若干帧。由于连续发送的多个帧未被确认，需要采用帧号区分这些帧。这些尚未被确认的帧都可能出错或丢失而要求重发，因此要求发送方有较大的缓存保留未被确认可能要重发的帧。

但是缓存总是有限的，如果接收方不能以发送方的速率接收处理帧，则发送方还是可能用完缓存而暂时过载。为此，在收到一个确定帧之前，需要对发送方可发送的帧的数目加以限制，这是由发送方保留在重发缓存中待确认的帧的数目来实现的。如果接收方来不及对收到的帧进行处理，则接收方就停发确认信息，此时发送方的重发表就会增长，当达到缓存的上限时，发送方就不再发送新的帧，直至再次收到确认信息为止。

此方案中，设置的待确认帧的数目的最大限度称为链路的发送窗口。显然，如果窗口设为 1，则发送方仅能缓存一帧，此时传输效率很低。故窗口应选择是接收双方尽量能处理所有的帧。此外，还要考虑诸如帧的最大长度、可使用的缓存空间以及传输速率等因素。

重发表是一个连续序号的列表，对应发送方已经发送但尚未收到确认的那些帧。这些帧的序号有一个最大值，即为发送窗口的限度。其上下界分别称为发送窗口的上、下沿，二者的间距称为窗口尺寸。接收方也有类似的接收窗口，表示允许接收的帧的序号。

发送方每次发送一帧后，等待确认的帧的数目便增加 1；每收到一个确认信息后，待确认帧的数目便减少 1。"窗口"随着数据传送过程的发展而向前滑动，因此称为滑动窗口流量控制。当重发表的长度计数值（即待确认帧的数目）等于发送窗口尺寸时，便停止发送新的帧。滑动窗口机制如图 4-3 所示。

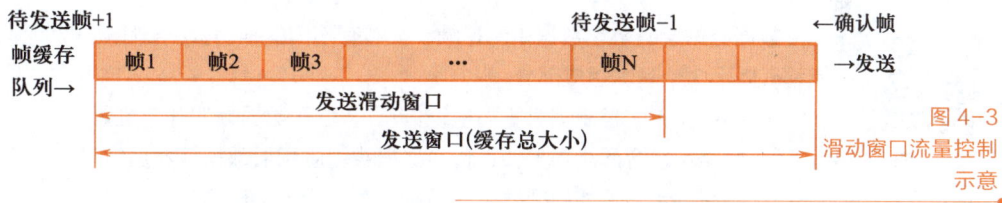

图 4-3
滑动窗口流量控制
示意

4.1.4 访问控制

数据链路层的访问控制是确保数据在链路上有效、公平和可靠地传输的关键机制，它主要负责处理节点如何共享链路资源的问题，以防止冲突和数据丢失。数据链路层的访问控制可以分为两种主要类型：静态划分介质访问控制和动态分配介质访问控制。

（1）静态划分介质访问控制

静态划分介质访问控制通过预先分配固定的时域或频域资源给每个设备，从而实现不同设备之间的通信隔离，主要包括频分多路复用（FDM）、时分多路复用（TDM）、波分多路复用（WDM）以及码分多路复用（CDM）。这种方法的优点是资源分配清晰，冲突可能性小；缺点是资源利用率可能不高，特别是在某些设备需要大量带宽而其他设备几乎不需要带宽的情况下。

（2）动态分配介质访问控制

动态划分介质访问控制允许设备在需要时动态地请求并使用链路资源，主要包括轮询访问介质访问控制和随机访问介质访问控制。轮询访问介质访问控制包括令牌传递协议，其中设备按照预定的顺序依次使用链路资源；随机访问介质访问控制则允许设备在没有预先分配资源的情况下随机发送数据，如ALOHA 协议、CSMA 协议、CSMA/CD 协议以及 CSMA/CA 协议。这种方法的优点是资源利用率高，可以很好地适应不同设备的带宽需求；缺点是可能会导致冲突，需要一定的冲突解决机制。

4.2   MAC 编址与数据帧封装

微课 4-2
MAC 编址与数据
帧封装

数据链路层实际上可以拆分为以下两个子层。

① 逻辑链路控制（LLC）子层：这个较高的子层定义了向网络协议提供服务的软件进程。它在帧中添加信息，指出帧使用的网络层协议，这种信息让不同的第三层协议（如 IPv4 和 IPv6）能够使用相同的网络接口和介质。

② 介质访问控制（MAC）子层：这个较低的层次定义了硬件执行的介质访问流程。它根据介质的物理信号要求和使用的数据链路层协议类型，提供数据链路层编址和数据分隔。

如图 4-4 所示说明了数据链路层是如何分为 LLC 和 MAC 子层的。LLC 子层与网络层进行通信；MAC 子层支持多种介质访问技术，如与以太网技术通信，以便通过铜缆或光缆收帧，此外 MAC 子层还与无线技术（如 WLAN 和蓝牙）通信，以便以无线方式收发帧。

网络层				
数据链路层	LLC子层			
	MAC子层	802.3	802.11	802.15
物理层		（以太网）	（WLAN）	（蓝牙）

图 4-4
数据链路子层

4.2.1   数据链路层的协议数据单元

微课 4-3
帧

数据链路层的协议数据单元是帧。虽然有不同的描述数据链路层帧的协议，但每种帧都有以下 3 个基本组成部分。

① 帧头：包含控制信息（如地址信息），位于数据帧的开头位置。

② 数据：包含网络层报头、传输层报头、应用层数据等数据信息。

③ 帧尾：包含添加到帧结尾的控制信息，用于检查错误。

由于协议的不同，帧结构及帧头和帧尾中包含的字段会存在差异。数据链路层协议描述了通过不同介质传输数据包所需的功能，协议的此类功能已经集成到帧封装中。当帧到达目的地后，数据链路层协议从介质上取走帧后，就会读取成帧信息并将其丢弃。为适应不同的传输环境，数据链路层协议使用不同的帧。

需要注意的是，没有一种帧能够满足通过所有类型介质的全部数据传输需求，根据环境的不同，帧中所需要的控制信息量也相应变化，以匹配介质和逻辑拓扑的介质访问控制需求。

4.2.2   数据帧的格式

数据链路层协议需要控制信息才能使协议正常工作，通常需要解决以下几个问题：

① 哪些节点正在进行通信？

② 节点间通信何时开始，何时结束？

③ 节点通信期间发生了哪些错误?

④ 接下来哪些节点会参与通信?

数据在介质上传输时,将被转换成比特流(即 1 或 0)。根据上节所介绍的帧同步方法,接收节点确定帧的起始位置,以及表示地址的信息。帧封装技术把比特流分为可读取的分组,并将控制信息作为不同字段值插入帧头和帧尾。这种格式让物理信号具备能被节点接收并且在目的地解码成数据包的结构,如图 4-5 所示。通用的帧的字段包括以下几个。

① 帧的开始和结束标志:MAC 子层用它们来标记帧的开始和结束位置。

② 地址:MAC 子层用来表示源节点和目的节点。

③ 类型:LLC 子层用来表示网络层协议类型。

④ 控制:表示特殊的流量控制服务。

⑤ 数据:包含帧的负载(即数据,含数据报头、数据段报头和应用层数据)。

⑥ 错误检测:包含数据后面的帧尾,这些字段用于检测传输错误。

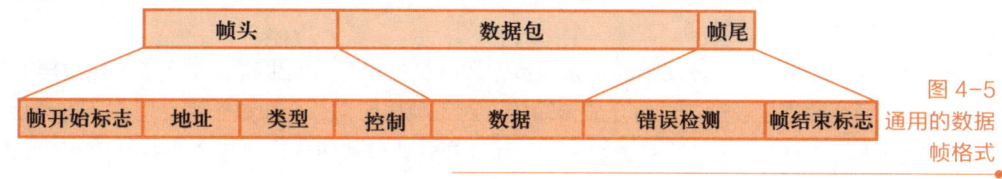

图 4-5
通用的数据
帧格式

4.2.3　帧头与帧尾

1. 帧头

帧头包含了数据链路层协议针对特定逻辑拓扑和介质指定的控制信息。帧控制信息对于每种协议均是唯一的,数据链路层协议使用它来提供通信环境所需要的功能。典型帧头字段包括以下几种。

① 帧的开始字段:表示帧的起始位置。

② 源地址和目的地址:表示介质上的源节点和目的节点。

③ 优先级/服务质量字段:表示要处理的特殊通信服务类型。

④ 类型字段:表示帧中包含的上层服务。

⑤ 逻辑连接控制字段:用于在节点间建立逻辑连接。

⑥ 物理链路控制字段:用于建立介质链路。

⑦ 流量控制字段:用于开始和停止通过介质的流量。

⑧ 拥塞控制字段:表示介质中的拥塞。

以上字段名称是作为示例列出的非特定字段,不同数据链路层协议可能使用其中的不同字段。由于数据链路层协议的目的和功能与特定的拓扑和介质有关,因此必须研究每种协议才能详细理解其帧的结构。

2. 编址

数据链路层提供了通过共享本地介质传输时要用到的编址方法,这一层的设备地址称为物理地址(注意不是物理层地址)。数据链路层地址包含在帧头中,它指定了帧在本地网络中的目的节点。帧头还可能包含帧的源地址。与网络层逻辑地址不同,物理地址不会表示设备位于哪个网络。若将设备移至另一网络或子网,该设备仍使用同一个物理地址。

由于帧仅用于在本地介质的节点间传输数据,因此数据链路层的地址仅用于本地传送,该层地址在本地网络之外没有任何意义。与网络层地址进行比较,数据包头中的网络层地址在路由过程中无论经过多少跳,都会从源主机传送到目的主机。

如果帧的数据包必须传送到另一个网络，中间设备（路由器）将解封原始帧，为数据包创建一个新帧并将它发送到新网络中。新的帧必须使用恰当的源地址和目的地址，才能通过新介质传输数据包。

数据链路层中的编址需求取决于逻辑拓扑。仅具有两个互联节点的点对点拓扑不需要编址，因为对于这种拓扑，一旦到了介质上，帧就只有一个去处。由于环形拓扑和多路访问拓扑可连接公共介质上的多个节点，因此这类拓扑需要编址。在帧到达拓扑中的各节点时，节点会检查帧头中的目的地址以确定自身是否为帧的目的地。

3. 帧尾

数据链路层协议将帧尾添加到各帧的结尾处。典型的帧尾字段包括以下几种。

① 帧校验序列：用于检查帧内容有无错误。

② 停止字段：用于指明帧的结束，也用于向固定大小或小尺寸的帧添加内容。

帧尾的作用是确定帧是否无错到达，此过程称为错误检测。通过将组成帧的各个位的逻辑或数学摘要放入帧尾中来实现错误检测。

帧校验序列（FCS）字段用于确定帧的传输和接收过程有无发生错误。之所以在数据链路层添加错误检测，是因为数据是通过该层的介质传输的。对于数据而言，介质是个存在潜在不安全因素的环境。介质上的信号可能遭受干扰、失真或丢失，从而改变这些信号所代表的各个位的值。通过使用 FCS 字段提供的错误检测机制，可找出介质上发生的大部分错误。

为确保在目的地接收的帧的内容与离开源节点的帧的内容相匹配，传输节点将针对帧内容创建一个逻辑摘要，称为循环冗余校验（CRC）值。此值将放入帧的校验序列（FCS）字段中以代表帧内容。

如果初始节点产生的 CRC 与接收数据的远端设备计算的校验值不匹配，即表明帧发生了错误。当帧到达目的节点后，接收节点会计算帧内容的逻辑摘要值（即 CRC 值）。然后，接收节点将比较这两个 CRC 值：如果两个值相同，则认为帧已按发送的原样到达；如果 FCS 字段中的 CRC 值与接收节点计算出的 CRC 值不同，则帧会被丢弃。如图 4-6 所示说明了 CRC 用于进行错误检测的原理。

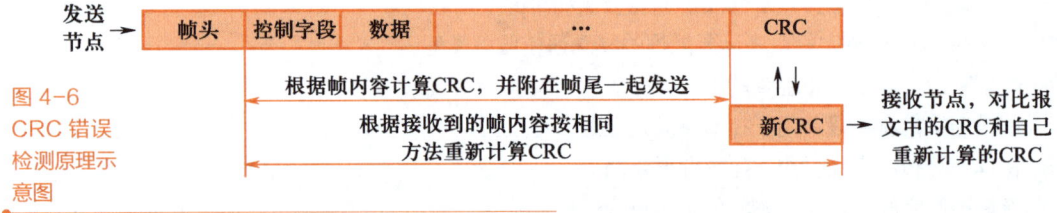

图 4-6
CRC 错误检测原理示意图

通过比较 CRC，帧的改变被检查出来。CRC 错误通常是由于通信噪声或数据链路中的其他错误。在以太网中，错误可能是由于冲突或传输了损坏的数据。当然，也可能出现 CRC 比较结果正确，但实际帧已经损坏的情况，不过这种情况发生的概率很小。在计算 CRC 时，各个位中的错误有可能会相互抵消，这时应要求更上层的协议检测和纠正该数据错误。数据错误的纠正是指从传输的原始比特流中恢复被损坏的数据，该过程更复杂，也需要更多开销。数据链路层中使用的协议确定是否执行错误纠正，而 FCS 的作用仅是检测错误，注意并非每个数据链路层协议都支持错误纠正。

4.2.4   数据帧实例

在 TCP/IP 网络中，所有 OSI 参考模型中的数据链路层协议与网络层的网际协议配合使用。然而，实际使用的数据链路层协议取决于网络的逻辑拓扑以及物理层的实施方式。如果网络拓扑中使用的物理介质非常多，则正在使用的数据链路层协议数量也相对较多。数据链路层协议包括：

① 以太网（Ethernet）。

② 点对点协议（PPP）。

③ 高级数据链路控制协议（HDLC）。

④ 帧中继（Frame Relay）。

⑤ 异步传输模式（Asynchronous Transfer Mode，ATM）

如图 4-7 所示为一个用不同的数据链路帧将数据包通过 Internet 传输的例子。

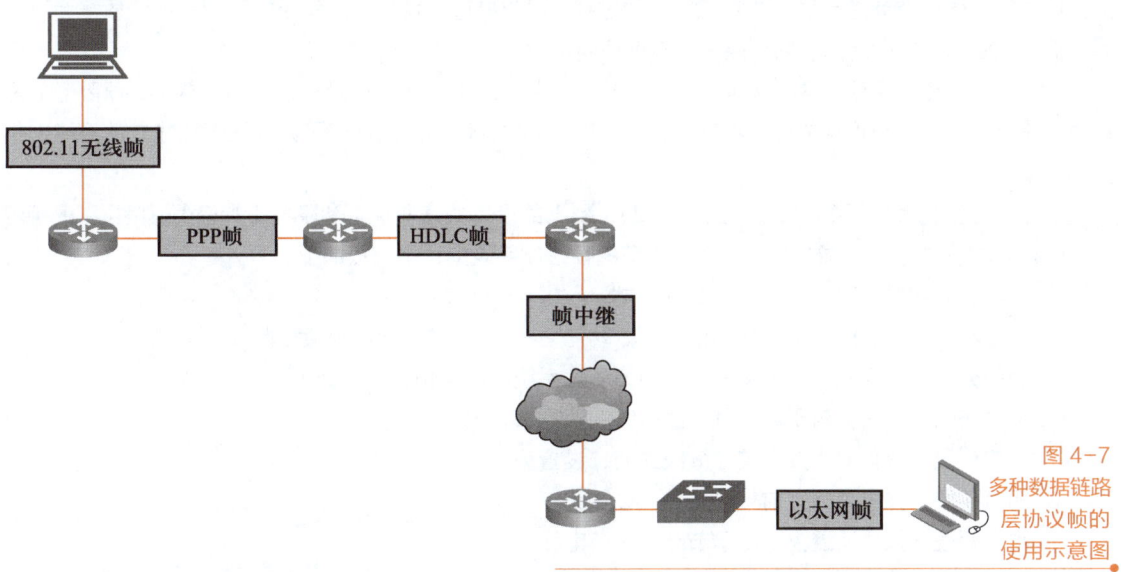

图 4-7
多种数据链路
层协议帧的
使用示意图

常见的局域网帧是以太网帧和 WLAN 帧。

（1）IEEE 802.3 以太网帧

以太网是 IEEE 802.2 和 802.3 标准中定义的一系列互联网技术，是广泛使用的局域网技术，且支持 10 Mbit/s、100 Mbit/s、1000 Mbit/s 和 10000 Mbit/s 的数据带宽。以太网标准定义了数据链路层协议和物理层技术。

OSI 参考模型的物理层和数据链路层的基本帧格式和 IEEE 子层在所有以太网形式中是一样的，但用于检测数据和将数据放置到介质上的方法在不同实施方案中有所不同。

以太网使用 CSMA/CD 介质访问机制，通过共享介质提供没有确认的无连接服务。共享介质要求以太网数据包头使用数据链路层地址来确定源节点和目的节点。与大部分 LAN 协议一样，该地址称为节点的 MAC 地址（也称物理地址）。以太网 MAC 地址为 48 位且通常以十六进制格式表示。

如图 4-8 所示，以太网帧具有以下多个字段。

① 前导码：用于定时同步，也包含标记定时信息结束的定界符。

② 目的地址：48 位目的节点 MAC 地址。

③ 源地址：48 位源节点 MAC 地址。

④ 类型：指明以太网过程完成后用于接收数据的上层协议类型。

⑤ 数据或填充：在介质上传输的数据单元（PDU），通常为 IPv4 数据包。

⑥ 帧校验序列（FCS）：用于检查损坏帧的 CRC 值。

字段名称	前导码	目的地址	源地址	类型	数据	帧校验序列
大小	8字节	6字节	6字节	2字节	46~1 500字节	4字节

图 4-8
以太网帧结构

（2）IEEE 802.11 WLAN 帧

IEEE 802.11 无线局域标准是 IEEE 802 标准的扩展，它使用与其他 802 LAN 相同的 802.2 LLC 子层和 48 位编址方案。但是，MAC 子层和物理层存在许多差异。在无线环境中，需要考虑一些特殊的因素，如由于没有确定的物理连通性，因此外部因素可能干扰数据传输且难以进行访问控制。为了解决这些问题，无线标准定义了额外的控制功能。

IEEE 802.11 标准通常称为 Wi-Fi，是一种争用系统，使用的是 CSMA/CD 介质访问流程。CSMA/CD 为等待传输的所有节点指定了一个随机回退的过程，因为最可能发生介质争用的时间是在介质变为可用后，而随机回退一段时间的机制可以大大降低访问冲突。

802.11 网络还使用数据链路来确认帧已经成功接收。如果发送节点没有检测到确认帧，原因可能是接收方没有收到原始数据帧或确认不完整，就会重传。这样明确的确认就可以克服干扰或其他无线电相关的问题。

802.11 支持的其他服务有身份验证、关联（到无线设备的连通性）和隐私（加密）。如图 4-9 所示为 802.11 帧包含的字段，图中列出了两个字节的帧控制字段的详细组成如下。

① 协议版本字段：正在使用的 802.11 版本。

② 类型和子类型字段：标志帧的以下 3 个功能之一——控制、数据和管理。

③ 目的分布系统字段：对于发送目的为分布式系统的数据帧，设置为 1。

④ 源分布系统字段：对于离开分布式系统的数据帧，设置为 1。

⑤ 更多分段字段：对于具有其他分段的帧，设置为 1。

⑥ 重试字段：如果帧为之前帧的重传，设置为 1。

⑦ 电源管理字段：设置为 1 表示节点处于节电模式。

⑧ 更多数据字段：设置为 1 表示处于节电模式的节点，更多帧正在缓冲等待该节点。

⑨ 有线等级保密（WEP）字段：帧包含用于确定安全性的 WEP 加密信息，则设置为 1。

⑩ 顺序字段：对于使用严格顺序服务类（不需要重新排序）的数据帧，设置为 1。

⑪ 持续时间字段：根据帧类型的不同，代表传输帧所需要时间（单位为微妙）或传输帧的站点的关联身份（AID）。

⑫ 目的地址（DA）字段：网络中最终目的节点的 MAC 地址。

⑬ 源地址（SA）字段：发送帧的节点的 MAC 地址。

⑭ 接收方地址（RA）字段：用于表示作为帧的及时收件人的无线设备的 MAC 地址。

⑮ 发射器地址（TA）字段：用于表示传输帧的无线设备的 MAC 地址。

⑯ 帧体字段：包含传输的信息，对于数据帧，通常为 IP 数据包。

⑰ 帧校验序列（FCS）字段：包含帧的 32 位冗余校验（CRC）。

8位组 （字节数）	2	2	6	6	6	2	6	0~2312	4
字段名称	帧控制	持续时间	目的地址	源地址	接收方地址	帧控制	发射器地址	帧体	帧校验序列

位号	b0 b1	b2 b3	b4 b7	b8	b9	b10	b11	b12	b13	b14	b15
	协议版本字段	类型	子类型	目的分布系统	源分布系统	更多分段	重试	电源管理	更多数据	有线等级保密	顺序
位数	2	2	4	1	1	1	1	1	1	1	1

图 4-9
802.11 WLAN 帧结构
及帧控制字段详细结构

任务实施

操作视频 4-1
以太网数据帧封装

为了加深对数据链路层数据传输的理解，掌握数据链路层数据单元帧在传输过程中的变化情况，本任务通过在网络模拟器中搭建以太网拓扑和无线网络拓扑来观察数据帧结构。

1. 创建以太网络拓扑

打开 PT 网络模拟器，在左下角的设备选择区域中选择终端类型的设备，并在具体的终端列表中选择两台 PC 和一个交换机拖曳到模拟器主工作区，如图 4-10 所示。再根据图示信息配置好 PC 端 IP 地址信息。

模拟器切换到模拟模式，从 PC0 发送一个数据报文到 PC1，则可以看到具体的以太网帧的结构，如图 4-11 所示。

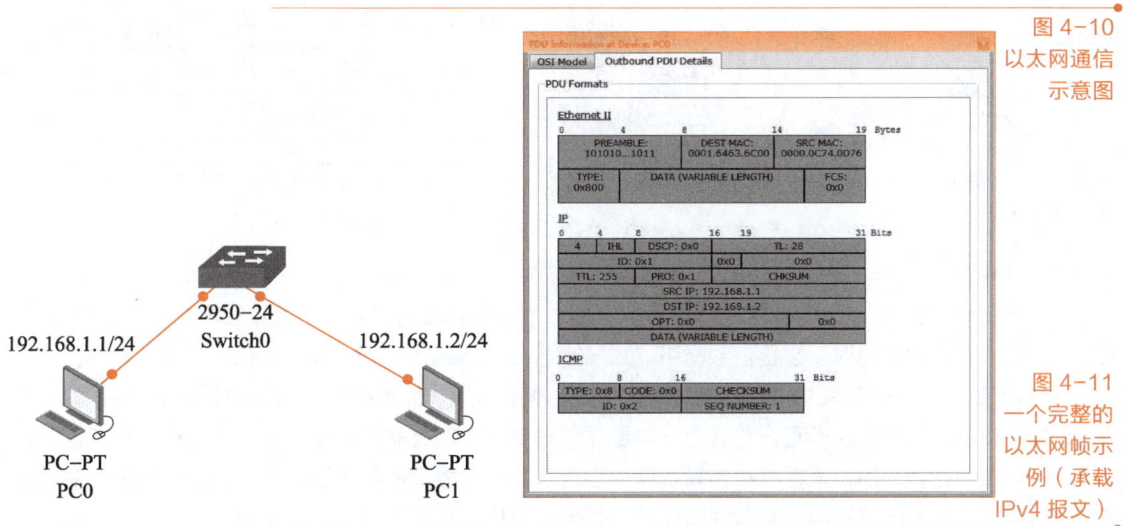

图 4-10
以太网通信
示意图

图 4-11
一个完整的
以太网帧示
例（承载
IPv4 报文）

2. 创建无线网络拓扑

如图 4-12 所示，添加一台无线路由器 Linksys-WRT300N，再添加两台 Laptop-PT，使用无线网卡连接到无线路由器。

基本配置信息都设置好之后，把模拟器切换到模拟模式，从 Laptop0 发送一个简单 PDU 到 Laptop1，查看数据包，如图 4-13 所示。

 ## 任务拓展

奇偶校验（Parity Check）是一种数据通信中用于检测错误的方法，主要用于检查数据传输或存储后是否发生变化。这种校验方式根据被传输的一组二进制代码的数位中 "1" 的个数是奇数还是偶数来进行校验，又可以分为奇校验和偶校验两种方式。

（1）奇校验

在一组给定的数据位中，如果 "1" 的个数是偶数，那么校验位就置为 "1"，从而使得总的 "1" 的个数成为奇数。接收方在收到数据时，会检查数据中 "1" 的个数，如果是奇数个 "1"，则表示数据传输正确。

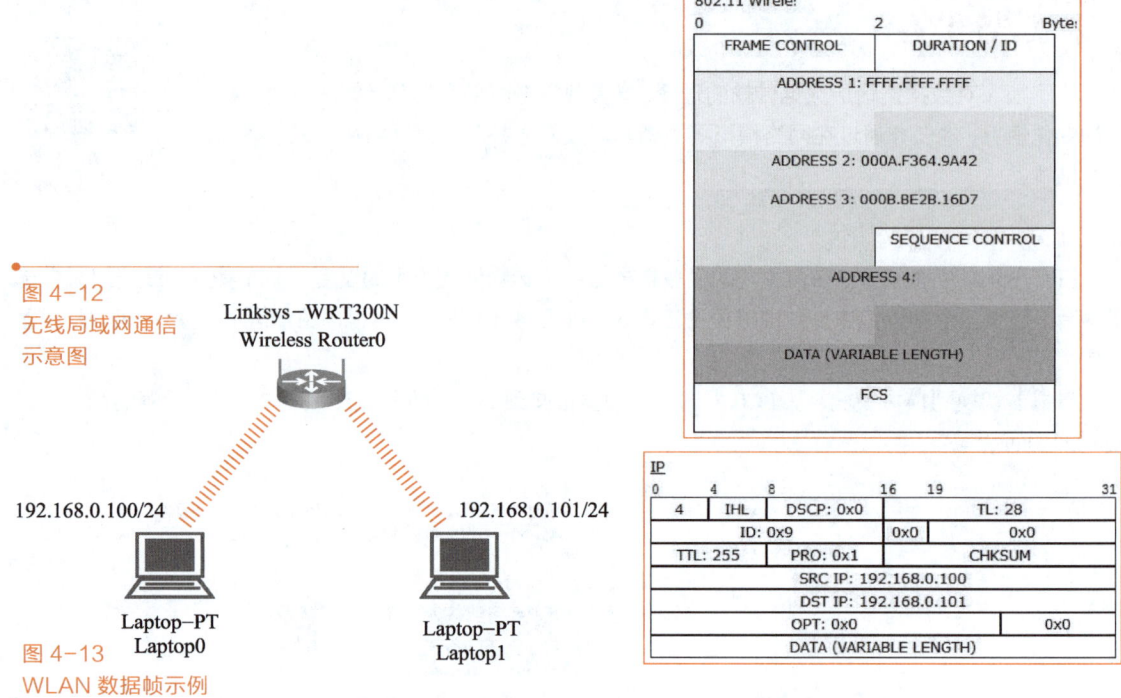

图 4-12
无线局域网通信
示意图

图 4-13
WLAN 数据帧示例

（2）偶校验

如果一组给定数据位中"1"的个数是奇数，那么校验位就置为"1"，从而使得总的"1"的个数是偶数。接收方在收到数据时，会检查数据中"1"的个数，如果是偶数个"1"，则表示数据传输正确。

奇偶校验位是一种简单的错误检测码，通过在数据中增加一位校验位，使得数据中的"1"的个数成为预定的奇数或偶数，从而可以检测出一些数据传输错误。但是需要注意的是，奇偶校验只能检测出错误，并不能纠正错误。如果数据在传输过程中出现了错误，校验位会检测出这个错误，但无法自动修复错误。因此，在实际应用中，奇偶校验通常与其他错误检测和纠正方法结合使用。

项目实训　局域网常见数据帧类型

本实验用网络仿真软件搭建常见的局域网拓扑，如图 4-14 所示，并使用以太网介质和无线介质进行连接，使整个网络中的主机能够互相访问。要求掌握使用网络模拟器的模拟模式查看以太网帧和WLAN 帧的具体结构的方法。

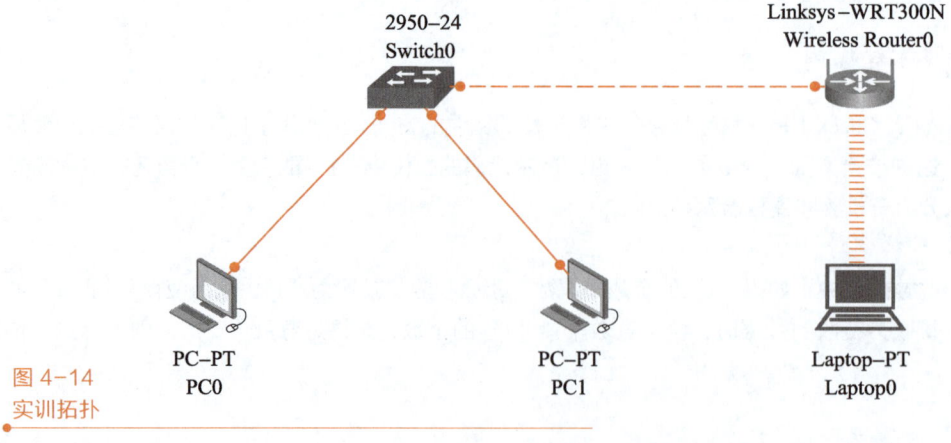

图 4-14
实训拓扑

【实训目的】

- 掌握常见的局域网数据链路层协议的原理。
- 掌握以太网链路的设备连接和验证以太网帧的构成。
- 掌握 802.11 WLAN 的设备连接和验证 WLAN 帧的构成的方法。

【实训内容】

- 在网络模拟器中搭建网络拓扑。
- 为两台台式机和便捷式计算机安装无线网卡。
- 查看无线路由器的默认配置，记录 DHCP 配置的网段和无线网络的 SSID。
- 配置台式机的 IP 地址为 DHCP，查看并记录台式机获得的 IP 地址。
- 配置便捷式计算机的无线网卡的 IP 地址为 DHCP，查看并记录便捷式计算机获得的 IP 地址。
- 使用模拟模式，从 PC0 发送一个报文至 PC1，查看报文的帧的具体格式，并截图记录，和以太网帧的结构进行对比。
- 使用模拟模式，从便捷式计算机发送一个报文至 PC1，查看报文的帧的具体格式，并截图记录，和 WLAN 帧的结构进行对比。

任务 4-2　广域网数据链路层数据帧观察

任务陈述

在广域网中链路使用的封装协议和以太网中不同，常见的封装协议有高级数据链路控制（High-level Data Link Control，HDLC）协议和点对点协议（Point to Point Protocol，PPP），可以用网络仿真软件查看 IPv4 报文在广域网链路中被承载的具体情况。

知识准备

• 4.3　高级数据链路控制（HDLC）协议

为了适应数据通信的需要，ISO、ITU-T 以及一些国家和大型计算机制造公司先后制定了不同类型的数据链路控制规程。根据帧控制的格式，可以分为面向字符型和面向比特型。

面向字符型规程中，用字符编码集中的几个特定字符来控制链路的操作，监视链路的工作状态。例如，采用国际 5 号码中的 SOH、STX 作为帧的开始，ETX、ETB 作为帧的结束。面向字符型规程有一个很大的缺点，就是它与所用的字符集有密切的关系，使用不同字符集的两个站之间，很难使用该规程进行通信。面向字符型规程主要适用于中低速异步或同步传输，很适合于通过电话网的数据通信。

微课 4-4
高级数据链路控制
（HDLC）协议

面向比特型规程中，采用特定的二进制序列 01111110 作为帧的开始和结束，以一定的比特组合所表示的命令和响应实现链路的监控功能。命令和响应可以和信息一起传送，所以它可以实现不受编码限制的、高可靠和高效率的透明传输。面向比特型规程主要适用于中高速同步半双工和全双工数据通信，如分组交换方式中的链路层就采用这种规程。随着通信的发展，面向比特型规程的应用日益广泛，如

ITU-T 制定的 X.25、ISO 制定的高级数据链路控制（HDLC）协议、美国国家标准 ADCCP、IBM 公司的 SDLC 等均属于此类型的规程。

目前，用于广域网的数据链路层协议主要是 HDLC 和 PPP，广域网的数据链路层封装技术还包括 X.25、帧中继（Frame Relay）、ATM 等。如图 4-15 所示为常见的广域网数据链路层封装类型和应用场景。

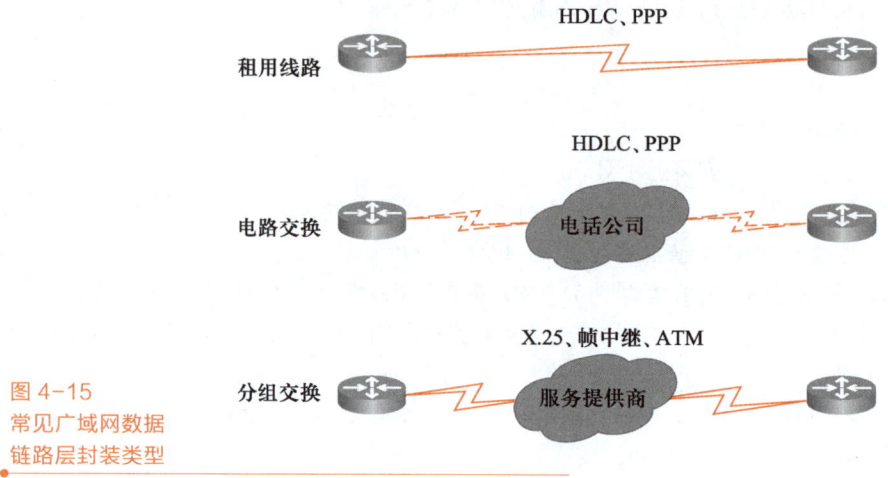

图 4-15
常见广域网数据
链路层封装类型

4.3.1　HDLC 的基本概念

作为面向比特型的数据链路层协议的典型代表，HDLC 具有以下优点。

① 透明传输：HDLC 不依赖于任何一种字符编码集，数据报文可以实现透明传输，这里的透明传输表示经实际电路传送后的数据信息没有发生变化。因此，对所传送数据信息来说，由于这个电路并没有对其产生什么影响，可以说数据信息"看不见"这个电路，或者说这个电路对该数据信息来说是透明的，这样任意组合的数据信息都可以在这个电路上传送。

② 可靠性高：所有帧均采用 CRC 校验，对信息帧进行顺序编号，可防止漏收或重发。

③ 传输效率高：在 HDLC 中，额外的开销比较少，允许高效的差错控制和流量控制。

④ 适应性强：HDLC 规程能适应各种比特类型的工作站和链路。

⑤ 结构灵活：在 HDLC 中，传输控制功能和处理功能分离，层次清晰，应用非常灵活。

HDLC 是通用的数据链路层控制协议，在开始建立数据链路时，允许选用特定的操作方式。所谓操作方式，是指某站点以主站方式操作还是以从站方式操作，或者两个方式兼备。

链路上用于控制目的地的站称为主站，其他的受主站控制的站点称为从站。主站负责对数据流进行组织，并且对链路上的差错实施恢复。由主站发往从站的帧称为命令帧，而由从站返回主站的帧称为响应帧。连有多个站点的链路通常使用轮询技术，轮询其他站的站点称为主站，而在点对点的链路中，每个站都可以为主站。主站需要比从站具备更多的逻辑功能，所以当终端和主机相连时，主机一般总是主站。有些站可兼备主站和从站的功能，这种站称为组合站，这种情况下在链路上主、从站具有同样的传输控制功能，又称为平衡操作。相对而言，有主从之分、各自功能不同的操作，就称为非平衡操作。

HDLC 中常用的操作方式有以下 3 种。

（1）正常响应方式（Normal Responses Mode，NRM）

NRM 是一种非平衡数据链路操作方式，有时也称为非平衡正常响应方式。该操作方式适用于面向终端的点到点或一点到多点的链路。在这种操作方式中，传输过程由主站启动，从站只有收到主站的命令帧后才能作为响应，向主站传输信息。响应信息可以由一个或多个帧组成，若信息有多个帧，则应指出哪一个是最后一帧。主站负责管理整个链路，且具有轮询、选择从站及向从站发送命令的权力，同时也负责对超时、重发及各类恢复操作的控制。

（2）异步响应方式（Asynchronous Responses Mode，ARM）

ARM 也是一种非平衡数据链路操作方式，但与 NRM 不同的是，其传输过程由从站启动。从站主动发给主站一个或一组帧，可包含数据信息或仅以控制为目的的帧。在这种操作方式下，由从站来控制超时和重发。该方式对于采用轮询方式的多站链路来说是必不可少的。

（3）异步平衡方式（Asynchronous Balanced Mode，ABM）

ABM 是一种允许任何阶段来启动传输的操作方式。为了提高链路的传输效率，节点之间在两个方向上都需要有较高的信息传输量。在这种方式下，任何站点任何时候都能启动传输，每个站点即是主站又是从站，即每个站点都是组合站。各站都有相同的一组协议，任何站点都是发送或接受命令，也可以给出应答，并且对差错恢复过程都有相同的责任。

4.3.2　HDLC 帧格式

在 HDLC 中，数据和控制报文均以帧的标准格式传送。完整的 HDLC 的帧由标志字段（F）、地址字段（A）、控制字段（C）、信息字段（I）、帧校验字段（FCS）等组成，其格式如图 4-16 所示。

字段名称	标志(F)	地址(A)	控制(C)	信息(I)	帧校验序列(FCS)	标志(F)
大小	1字节 01111110	1字节	1字节	N字节	2或4字节	1字节 01111110

图 4-16 HDLC 帧格式

（1）标志字段（F）

标志字段为 01111110 的比特模式，用以标志帧的起始和前一帧的结束。通常，在不进行帧传送的时候，信道仍处于激活状态，标志字段也可以作为帧与帧之间的填充字符。在这种状态下，发送方可以不断地发送标志字段，而接收方则检测每一个收到的标志字段，一旦发现某个标志字段后不再是标志字段，便可认为一个新的帧传送开始了。如果数据中有连续 5 个"1"出现，为防止误判，发送端在连续的"1"后面插入一个"0"，然后继续发送其他比特流。接收方如果发现连续 5 个"1"后面是"0"，则将其删除，以恢复原始比特流。

（2）地址字段（A）

地址字段表示链路上站的地址。在使用不平衡方式传送数据时（采用 NRM 和 ARM），地址字段总是写入从站的地址；在使用平衡方式时（采用 ABM），地址字段总是写入应答站的地址。地址字段的长度一般为 8 位（bit），最多可以表示 256 个站的地址。在许多系统中规定，地址字段为"11111111"时定义为全站地址，即通知所有的接收站接收有关的命令帧并按其动作；全"0"比特为无站地址，用于测试数据链路的状态。

（3）控制字段（C）

控制字段用来表示帧类型、帧编号以及命令、响应等。由于 C 字段的构成不同，可以把 HDLC 帧分为 3 种类型：信息帧、监督帧、无编号帧，分别简称 I 帧（Information）、S 帧（Supervisory）、U 帧（Unnumbered）。在控制字段中，第 1 位是"0"为 I 帧，第 1、2 位是"10"为 S 帧，第 1、2 位是"11"为 U 帧，其具体操作较为复杂，另外控制字段也允许扩展。

（4）信息字段（I）

信息字段内包含了用户的数据信息和来自上层的各种控制信息，其长度未作严格限制，目前用得比较多的是 1000～2000 位。在 I 帧和某些 U 帧中，具有该字段的可以是任意长度的比特序列。在实际应用中，其长度由收发站的缓冲器大小和线路的差错情况决定，但必须是 8 的整数倍。S 帧没有信息字段。

（5）帧校验序列字段（FCS）

帧校验序列用于对帧进行循环冗余校验，其校验范围从地址字段的第一位到信息字段的最后一位的序列，并且规定为了透明传输而插入的"0"不在校验范围内。

4.4 点对点协议（PPP）

微课 4-5
点对点协议（PPP）

点对点协议（PPP）是用于在两个节点之间传送帧的协议，其标准由 IETF 的 RFC 定义。PPP 是一种用于广域网的数据链路层协议，可在多种串行 WAN 中实施，可用于各种物理介质，包括双绞线、光缆、卫星传输以及虚拟连接。PPP 可用于承载多种三层协议，如 IPv4、IPv6 和 IPX。

4.4.1 PPP 的基本概念

PPP 使用分层体系结构，为满足各种介质的需求，其在两个节点间建立成为会话的逻辑连接。PPP 会话对上层 PPP 隐藏底层物理介质，这些会话还为 PPP 提供了用于封装点对点链路上的多个协议的方法。PPP 还让两个节点能够协商 PPP 会话选项，包括身份验证、压缩和多链路（使用多条物理连接）。PPP 分为以下 3 层：

① 在点到点链路上使用 HDLC 封装数据。PPP 帧格式是以 HDLC 帧格式为基础，做了很少的改动。

② 使用 LCP（链路控制协议）来建立、设定和测试数据链路连接。

③ 使用 NCPs（网络控制协议系列）给不同的网络层协议建立连接并对其进行配置。

PPP 的分层体系构架和 OSI 参考模型的对应关系如图 4-17 所示。

IP	IPX	其他三层协议	
IPCP	IPXCP	其他CP	网络层
PPP	NCP		数据链路层
	LCP、验证及其他选项		
	同步或异步物理传输介质		物理层

图 4-17
PPP 的分层体系构架

PPP 使用 LCP 来建立、测试数据链路连接，此外还提供协商封装格式的可选选项，具体包括以下内容。

① 验证：验证过程要求主叫方输入身份信息，并让被叫方验证是否建立这个呼叫。

② 压缩：减少帧中的数据量从而提高效率。

③ 差错检测：用 Quality 选项来检测链路质量，进行差错检测。

④ 多连接：即多链路捆绑，在一条链路负载达到一定数值的情况下，启用第二条链路。多条链路间可实现负载均衡。

⑤ PPP 回拨：允许路由器作为回叫服务器。客户端发起初始的呼叫并请求回叫，当初始呼叫被终止，回叫服务器根据配置回叫客户端。这种机制增强了安全性。

当 LCP 将链路建立好后，PPP 使用 NCP 根据不同的需求，配置上层协议所需的环境，为上层提供服务接口。针对上层不同的协议类型，PPP 会使用不同的 NCP 组件，比如对 IP 提供 IPCP 接口。

从开始发起呼叫到最终通信完成后释放链路，PPP 工作经历以下 4 个阶段。

（1）链路的建立与配置协商

该阶段主要是 LCP 的功能。在连接建立阶段，通信的发起方发送 LCP 帧来配置和测试数据链路。

这些 LCP 帧中包含配置选项字段，允许它们利用这些选项协商压缩和认证协议。如果 LCP 帧里不包含配置选项，则使用配置选项的默认值。

（2）认证（验证）及确认阶段

该阶段属于 LCP 的可选功能。LCP 在初始建立连接时根据协商可进行验证，而且必须在网络层协议配置前完成。PPP 连接有两种可用的认证类型：PAP 和 CHAP。

PAP（口令认证协议）是一种两次握手认证协议，仅在初始连接建立时完成。认证过程如下：

① 被认证方主动重复发起认证请求，将本端的用户名和口令发送到验证方，直到认证被确认或连接终止。

② 认证方接到被认证方的验证请求后，检查此用户名是否存在及口令是否正确。如果用户名存在但口令错误，认证验证不通过。

PAP 不是一个强壮的认证方法，因为 PAP 过程中口令在链路上直接传输，极易被捕获造成泄密，另外其无法防止重复攻击和试错法攻击。被认证者控制认证的频率和次数，认证通过后则不再需要认证，这使得打开的连接不能抵御恶意攻击。

CHAP（质询握手认证协议）由 IETF RFC 1994 定义并克服了很多 PAP 的缺点。CHAP 使用三次握手的方式，并且只在线路上传送用户名而不在线路上直接传送口令。

（3）网络层协议配置阶段

本阶段主要是 NCP 的功能。LCP 初步建立好链路后，通信双方开始交换一系列 NCP 分组为上层不同协议数据包配置不同的环境。比如上层传下 IP 数据包，则由 NCP 的 IPCP 负责完成这部分配置。当 NCP 配置完后，双方的通信链路才完全建立好，可以在链路上交换上层数据。期间，任何阶段的协商失败都将导致链路的失败。

（4）链路终止阶段

当数据传输完成后或一些外部事件发生（如空闲时间超长或用户打断）时，一方会发出断开连接的请求。这时，首先由 NCP 来释放网络层的连接，然后由 LCP 来关闭数据链路层的连接，最后双方的通信设备或模块关闭物理链路回到空闲状态。如图 4-18 所示为 PPP 通信的完整过程。

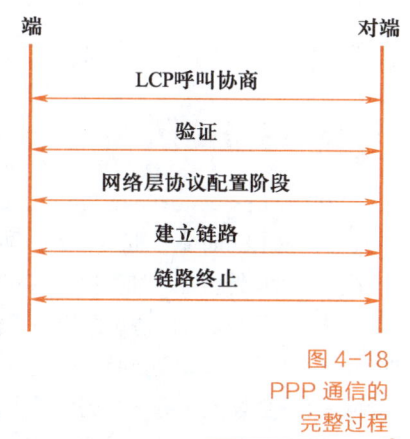

图 4-18
PPP 通信的
完整过程

4.4.2　PPP 帧格式

PPP 帧的格式如图 4-19 所示，包括如下主要字段。

① 标志：表示帧开始或结束位置的 1 字节。标志字段包括二进制序列 01111110。

② 地址：包含标准 PPP 广播地址的 1 字节。PPP 不分配独立的站点地址（也没有必要）。

③ 控制：包含二进制序列 00000011，要求在不排序的帧中传输用户数据。

④ 协议：2 字节，表示封装于帧的数据字段中的协议。RFC 规定了协议字段的最新值。

⑤ 数据：零或者多字节，包含协议字段中指定协议的数据报。

⑥ 帧校验序列（FCS）：通常为 16 位（2 字节），通过各设备厂商协商，一致同意 PPP 实施时可使用 32 位 FCS，从而提供错误检测能力。

字段名称	标志	地址	控制	协议	数据	帧校验序列
大小	1字节	1字节	1字节	2字节	不定	2或4字节

图 4-19
PPP 帧结构

任务实施

操作视频 4-2
广域网 HDLC 帧

如图 4-20 所示为使用 HDLC 的网络拓扑，可以指定链路层使用 HDLC 封装（广域网串行线路默认封装协议是 HDLC），并捕获数据帧查看具体格式。一个 HDLC 的实际数据帧的示例如图 4-21 所示。

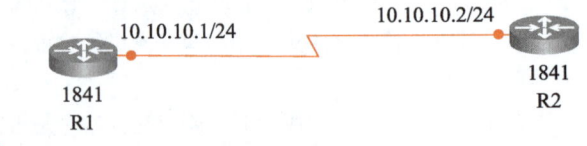

图 4-20
使用 HDLC 的网络拓扑

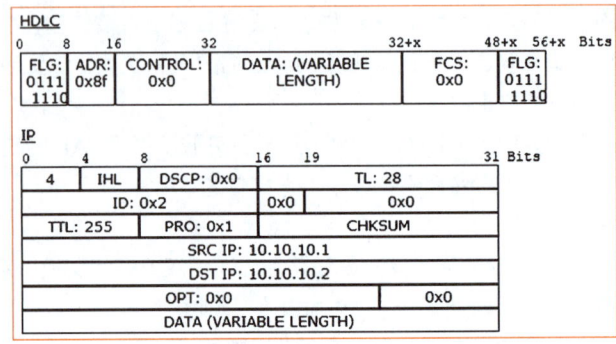

图 4-21
HDLC 帧示例

任务拓展

PPPoE（Point-to-Point Protocol over Ethernet，以太网上的点对点协议）是将点对点协议（PPP）封装在以太网（Ethernet）框架中的一种网络隧道协议。由于该协议中集成了 PPP，所以实现了传统以太网不能提供的身份验证、加密以及压缩等功能，也可用于缆线调制解调器（Cable Modem）和数字用户线路（DSL）等以以太网协议向用户提供接入服务的协议体系。本质上，它是一个允许在以太网广播域中的两个以太网接口间创建点对点隧道的协议。与传统的接入方式相比，PPPoE 具有较高的性能价格比，在包括小区组网建设等一系列应用中被广泛采用，例如宽带接入方式 ADSL 就使用了 PPPoE。

PPPoE 是利用以太网资源，将以太网中的多台主机连接到 AC（访问集中器）上，然后通过在以太网中运行 PPP 来实现用户的认证接入，其工作原理主要分为以下两个阶段：

（1）PPPoE 发现阶段

由于传统的 PPP 连接是创建在串行链路或拨号时创建的 ATM 虚电路连接上的，所有的 PPP 帧都可以确保通过电缆到达对端。但是以太网是多路访问的，每一个节点都可以相互访问。以太网帧包含目的节点的物理地址（MAC 地址），这使得该帧可以到达预期的目的节点。因此，为了在以太网上创建连接而交换 PPP 控制报文之前，两个端点都必须知道对端的 MAC 地址，这样才可以在控制报文中携带 MAC 地址。PPPoE 发现阶段所做的就是上述这件事。除此之外，在此阶段还将创建一个会话 ID，供后面交换报文使用。

（2）PPP 会话阶段

用户主机与接入集中器根据在发现阶段所协商的 PPP 会话连接参数进行会话。一旦 PPPoE 会话开始，PPP 数据就可以以任何其他的 PPP 封装形式发送。所有的以太网帧都是单播的。会话阶段主要分为以下 3 个步骤。

① 链路建立阶段：在该阶段，运行 PPP 的设备会发送 LCP 报文来检测链路的可用情况。如果链路可用，则会成功建立链路，否则链路建立失败。

② 验证阶段（可选）：链路成功建立后，根据 PPP 帧中的验证选项来决定是否验证。如果需要验证，则开始 PAP 或者 CHAP 验证，验证成功后开始网络协商阶段。

③ 网络协商阶段：运行 PPP 的双方发送 NCP 报文来选择并配置网络层协议，双方会协商彼此使用的网络层协议（如 IP 或 IPX），同时也会选择对应的网络层地址（如 IP 地址或 IPX 地址）。

PPPoE 会话阶段的步骤如图 4-22 所示。

PPPoE 本质上是在以太网帧中使用 PPP 的技术，其帧结构如图 4-23 所示。

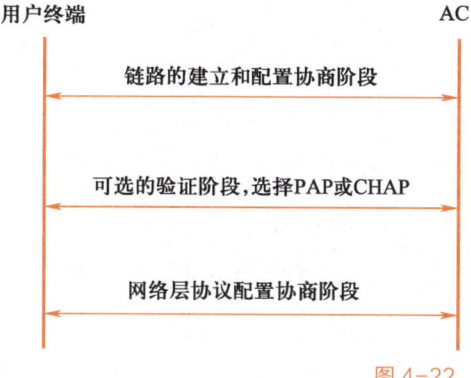

图 4-22
PPPOE 会话阶段的步骤

以太网帧结构

字段名称	目的地址	源地址	类型	数据	CRC
大小	6字节	6字节	2字节	46~1 500字节	4字节

PPPoE帧结构

字段名称	版本(VER)	类型(TYPE)	代码(CODE)	会话ID(SESSION_ID)	长度(LENGTH)	数据(TLVs)
大小	4位	4位	8位	16位	16位	

字段名称	Tag类型	Tag长度	Tag数据
大小	2字节	2字节	Tag长度指定的字节数

...

Tag类型	Tag长度	Tag数据
2字节	2字节	Tag长度指定的字节数

图 4-23
PPPoE 帧结构

对应于 PPPoE 会话的两个阶段，PPPoE 帧格式也包括两种类型：发现阶段的以太网帧中的类型字段值为 0x8863，PPP 会话阶段的以太网帧中的类型字段值为 0x8864，均已得到 IEEE 的认可。

PPPoE 分组中的版本（VER）字段和类型（TYPE）字段长度均为 4 位，在当前版本 PPPoE 建议中这两个字段值都固定为 0x1。代码（CODE）字段长度为 8 位，根据两阶段中各种数据包的不同功能而值不同，在 PPP 会话阶段 CODE 字段值为 0x00。会话 ID（SESSION_ID）字段长度为 16 位，在一个给定的 PPP 会话过程中它的值是固定不变的，其中值 0XFFFF 为保留值。长度（LENGTH）字段为 16 位，表示 PPPoE 净荷长度。发现阶段的 PPPoE 载荷可以为空或由多个标记（TAG）组成，每个标记都是 TLV（类型—长度—值）的结构。PPP 会话阶段 PPPoE 载荷为点对点协议包。

项目实训　广域网 PPP 帧结构

通过使用网络仿真软件，如图 4-24 所示，可以搭建一个使用 PPP 的基本网络，然后查看 PPP 帧的具体内容。帧的示例如图 4-25 所示。

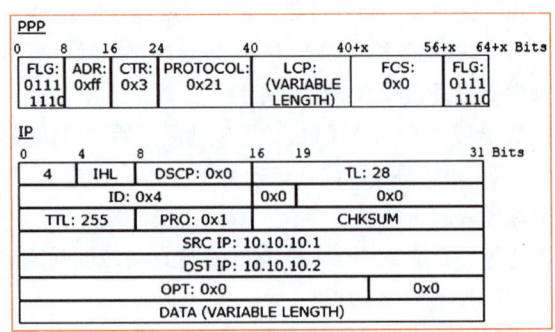

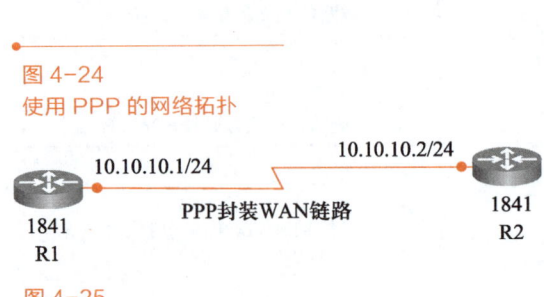

图 4-24
使用 PPP 的网络拓扑

图 4-25
PPP 数据帧示例

【实训目的】

- 掌握广域网 PPP 的封装。
- 掌握广域网 PPP 帧的构成。

【实训内容】

- 在网络模拟器中搭建网络拓扑。
- 配置两台路由器之间的广域网封装协议为 PPP。

单元小结

数据通信是计算机网络的基本功能。要实现数据信息的传递，数据链路层是其中的关键层。数据链路层技术无论是在以太网还是广域网中都占据核心地位，它可以实现数据帧错误校验、差错控制和流量控制。数据链路层解决了设备之间的介质共享机制，对于数据链路层的协议数据单元数据帧，在不同的网络类型中其封装格式也有区别。

单元练习

文本：参考答案

一、选择题

1. 在 OSI 参考模型中，数据链路层传输的信息单位为（　　）。
   A. 位（bit）　　　　　B. 字节（byte）　　　C. 帧（frame）　　　D. 报文（packet）

2. HDLC 采用的帧的首尾标志是（　　）。
   A. 01010101　　　　　B. 01111110　　　　　C. 10101010　　　　　D. 10000001

3. 数据链路层提供的主要功能是帧封装、差错处理和（　　）。
   A. 流量控制　　　　　　　　　　　　B. 网络层连接
   C. 传输物理信号　　　　　　　　　　D. 为应用层提供服务

4. 数据链路层的流量控制一般用于（　　）情况。
   A. 相邻节点的收发速率不匹配　　　　B. 相隔节点的收发速率不匹配
   C. 相邻节点的物理介质不匹配　　　　D. 接收方的速率大于发送方

5. 数据链路层可以分为两个子层，分别是（　　　　）。
   A. 网络层和控制层
   B. 逻辑链路控制层和介质访问控制层
   C. LCP 和 NCP 层
   D. MAC 层和介质访问控制层

6. 下列不是数据链路层协议的是（　　　　）。
   A. PPP
   B. HDLC
   C. Frame Relay
   D. IPX

7. 以太网定义的 MAC 地址的位数是（　　　　）。
   A. 32
   B. 48
   C. 64
   D. 16

8. 下列不属于广域网数据链路层协议的是（　　　　）。
   A. 帧中继
   B. PPP
   C. WLAN
   D. X.25

9. HDLC 的 3 种帧为信息帧、监控帧和（　　　　）。
   A. 流控帧
   B. 有编号帧
   C. 无编号帧
   D. 检测帧

10. PPPoE 主要用在（　　　　）。
   A. 家庭接入 ADSL
   B. 局域网
   C. 城域网
   D. 无线局域网

二、填空题

1. 数据链路层常用的帧同步方法是比特填充法和_____。

2. 帧的 3 个基本组成部分是_____、_____和_____。

3. 以太网帧的前导码的长度是_____字节，帧校验序列的长度是_____字节。

4. IEEE 802.11 帧中，除了目的地址和源地址，还包括_____和_____。

5. HDLC 中常用的 3 种操作方式是_____、_____和_____。

三、简答题

1. 数据链路层的基本功能是什么？

2. 简述 HDLC 帧发送序号与接收序号的作用。

3. 简述 PPP 的层次结构。

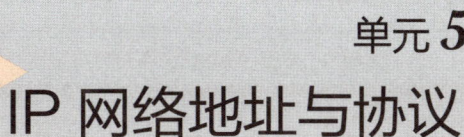

单元 5

IP 网络地址与协议

学习目标

【知识目标】

- 掌握二进制与十进制数值之间的转换方法。
- 掌握 IPv4 地址的编址结构。
- 掌握 IPv4 地址的类型和特点。
- 理解子网掩码的作用。
- 掌握 ISP 可路由的 IPv4 地址与私有 IPv4 地址的范围。
- 掌握 IPv6 地址的编址结构。
- 掌握 ping、tracert、arp 等基本的网络命令。

【技能目标】

- 能够正确进行数制的换算。
- 能够正确配置网络设备的 IPv4 和 IPv6 地址。
- 能够进行 IPv4 地址的分析与判断。
- 掌握子网掩码的设置。
- 能够使用网络协议命令进行网络分析与测试。

【素养目标】

- 培养克服困难、勇往直前的职业精神。
- 提高岗位责任意识,培养主动思考能力。
- 培养良好的职业素养和科学严谨的工作态度。

PPT:单元 5
IP 网络地址与协议

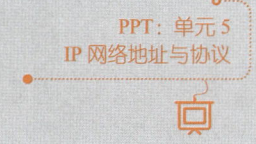

📓 单元导读

　　本单元主要介绍二进制与十进制数值之间的转换，IPv4 地址结构，IPv4 地址类型和特点，子网掩码的作用，IPv4 私有网络地址，IPv6 地址的编址结构，以及 ping、tracert、arp 等常用的网络协议命令。本单元学习内容和高等职业教育专科计算机网络技术专业教学标准的对应关系见表 5-1。

表 5-1　本单元学习内容和专业教学标准的对应关系

高等职业教育专科计算机网络技术专业教学标准				运用计算机网络知识和技能	
行业	岗位群	职业资格证书	对应竞赛	知识点	技能点
互联网和相关服务 软件和信息技术服务业	① 网络技术支持 ② 网络系统运维 ③ 网络系统集成 ④ 智能互联网络设备安装与调试	① 网络系统建设与运维 ② 网络管理员 ③ 无线网络规划与实施 ④ 网络系统规划与部署 ⑤ WPS 办公应用	① 网络系统管理 ② 网络建设与运维 ③ 云计算应用 ④ 5G 组网与运维 ⑤ 物联网应用开发 ⑥ 工业互联网集成与应用 ⑦ 工业网络智能控制与维护 ⑧ 信息安全管理与评估 ⑨ 华为 ICT 网络技术大赛	① 数制的概念 ② IPv4 地址结构 ③ IPv4 地址类型 ④ 子网掩码 ⑤ IPv4 私有地址 ⑥ IPv6 地址结构 ⑦ 网络协议命令	① IPv4 地址配置 ② IPv6 地址配置 ③ IPv4 地址判断 ④ 正确设置子网掩码 ⑤ 网络协议命令应用

✒️ 引例描述

　　Svist 学院网络专业的学生小陈在大三的时候进入一家大型网络公司实习，公司设有研发部、市场部、供应链部、售后等部门。为了贯彻国家关于深入推进 IPv6 规模部署和应用的相关要求，公司主管给了小陈所在的网络服务部门一个任务，及时研究 IPv6 技术，并对公司的云服务、云产品及时完成 IPv6 改造；同时充分发挥平台优势，可以面向小型企业提供 IPv6 技术咨询和网站改造等服务。小陈发现，IPv6 地址结构极其复杂，和传统的 IPv4 地址差别很大。于是她向学校网络专业的蒋老师请教，老师告诉她，IPv6 地址其实并不复杂，学习 IPv6 地址首选从其结构开始，然后熟悉其地址类型，最后再进行地址部署，如图 5-1 所示。

拓展阅读
IP 地址案例

IPv6地址结构
IPv6地址类型
IPv6配置

IPv6地址与IPv4地址
有什么差别呢？

图 5-1
单元情境

任务 5-1　IP 地址应用与配置

任务陈述

任何企业或单位的网络运行，都需要 IP 地址的支持。如何合理安排 IP 地址是一个非常重要的工作，需要精心设计。网络管理人员不能随意给网络设备和终端安排 IP 地址，也不能随机分配，必须考虑以下几个问题：

① 防止 IP 地址的重复利用和冲突。

② 网络具有可维护性与可扩展性。

本任务要求在一个末端局域网进行测试，首先给局域网中的主机配置静态与动态 IPv4 地址，测试其联通性能；之后再给主机配置静态与动态 IPv6 地址，测试 IPv6 网络的部署情况。

知识准备

● 5.1　IPv4 网络地址

如果把整个 Internet 看成一个抽象的网络，则 IP 地址就是给 Internet 上的每个主机的接口分配一个在全世界范围内唯一的 32 位的标识符。

要了解网络中设备的运作方式，就必须知道设备处理地址和数据的方式：二进制。二进制仅用数字"0"和"1"表示信息，任何信息与文件在计算机内存储的方式都是二进制。例如，在键盘上输入任何汉字或者字母，在计算机内部都是以二进制形式存储的，只是显示在屏幕上的时候，相应的应用程序会把这些数据表示成人们可以看懂的信息。

网络中的设备同样是以二进制的方式存储及传输数据，而在网络中把二进制的数据变成人们由 OSI 参考模型中的表示层完成的。

5.1.1　二进制数制系统

要掌握二进制与十进制之间的转换方法，首先必须了解数制的概念。表 5-2 显示了各种常用的进位制及表示。

微课 5-1
二进制数制系统

表 5-2　常用进位制

进位计数制	基数	数码	权重	符号
二进制数	2	0、1	2^i	B
八进制数	8	0、1、2、3、4、5、6、7	8^i	O
十进制数	10	0、1、2、3、4、5、6、7、8、9	10^i	D
十六进制数	16	0、1、2、3、4、5、6、7、8、9、A、B、C、D、E、F	16^i	H

各种数制的表示如 100111O、1011D、1011001BH、1011DH、1011B、（100111）B、（780）D、（1289ABC）H 等。

在基数为 10 的数制系统中，权重是 10^i；在二进制中，使用基数 2，权重是 2^i。具体来说，数字代表的值等于该数字乘以它所在位的权重得到的积。因此，把一个 r 进制的数转换成十进制的数，可以用下面的公式表示：

$$a^n \cdots a^1 a^0 a^{-1} \cdots a^{-m}(r) = a \times r^n + \cdots + a \times r^1 + a \times r^0 + a \times r^{-1} + \cdots a \times r^{-m}$$

其中，r 代表基数。

以十进制数 172 为例，1（百位）表示的值是 1×10^2，7（十位）表示 7×10^1，2（个位）表示 2×10^0。所以在十进制数制系统中，使用计数法，172 表示为：

$$172 = (1 \times 10^2) + (7 \times 10^1) + (2 \times 10^0)$$

【例题 5-1】　$10101(B) = 1 \times 2^4 + 0 \times 2^3 + 1 \times 2^2 + 0 \times 2^1 + 1 \times 2^0 = 2^4 + 2^2 + 1 = 21$

$101.11(B) = 2^2 + 1 + 2^{-1} + 2^{-2} = 5.75$

$101(O) = 8^2 + 1 = 65$

$71(O) = 7 \times 8 + 1 = 57$

$101A(H) = 16^3 + 16 + 10 = 4106$

把一个十进制的数转换成二进制的数，方法如下。

① 整数部分：除以基数取余数，直到商为 0，余数从右到左排列。

② 小数部分：乘以基数取整数，整数从左到右排列。

【例题 5-2】　将一个十进制整数 108.375 转换为二进制整数，如图 5-2 所示。

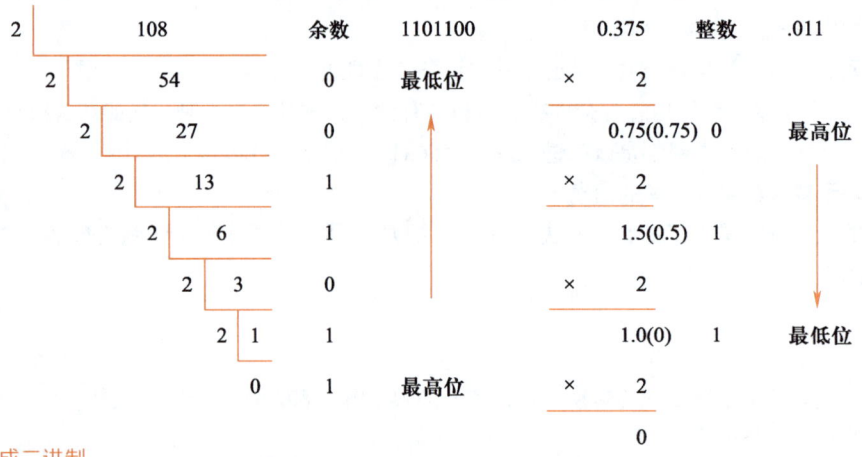

图 5-2
十进制转换成二进制

所以，最终结果为 108.375=1101100.011（B）。

5.1.2　IPv4 地址结构

微课 5-2
IP 地址的概念

IPv4 地址为 32 位（4 字节），但为了方便记录，IPv4 地址一般使用十进制数表示，中间用"."分开，记作点分十进制，表示为"X . X . X . X"。这种表示方式首先使用句点将 32 位二进制模式按字节（8 位）分开。

例如，IP 地址是 32 位的二进制代码 11000000101010000000001101000010，把它每隔 8 位插入一个空格以提高可读性，即 11000000　10101000　00000011　01000010，然后将每 8 位的二进制数转换成十进制数，得到 192　168　3　66，再采用点分十进制计法进一步提高可读性，即得到 192.168.3.66，如图 5-3 所示。

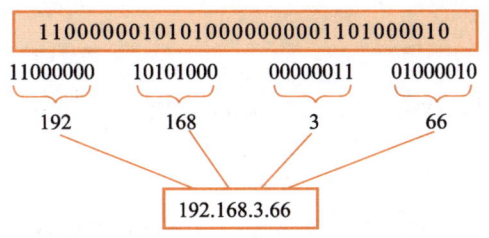

图 5-3
点分十进制表示过程

二进制转换成十进制具体转换计算过程见表 5-3 至表 5-6。

表 5-3 二进制数 10000000 的转换

十进制值	128	64	32	16	8	4	2	1
二进制位	1	0	0	0	0	0	0	0
权值	128	0	0	0	0	0	0	0
总和	128 + 0 + 0 + 0 + 0 + 0 + 0 + 0 = 128							

表 5-4 二进制数 00001011 的转换

十进制值	128	64	32	16	8	4	2	1
二进制位	0	0	0	0	1	0	1	1
权值	0	0	0	0	8	0	2	1
总和	0 + 0 + 0 + 0 + 8 + 0 + 2 + 1 = 11							

表 5-5 二进制数 00000011 的转换

十进制值	128	64	32	16	8	4	2	1
二进制位	0	0	0	0	0	0	1	1
权值	0	0	0	0	0	0	2	1
总和	0 + 0 + 0 + 0 + 0 + 0 + 2 + 1 = 3							

表 5-6 二进制数 00011111 的转换

十进制值	128	64	32	16	8	4	2	1
二进制位	0	0	0	1	1	1	1	1
权值	0	0	0	16	8	4	2	1
总和	0 + 0 + 0 + 16 + 8 + 4 + 2 + 1 = 31							

表 5-7 显示了 IPv4 地址 128.11.3.31 的各种表示方法,包括点分十进制表示法、二进制字节表示法和二进制表示法。

表 5-7 IPv4 地址表示

点分十进制表示法	128.11.3.31
二进制字节表示法	10000000　00001011　00000011　00011111
二进制表示法	10000000000010110000001100011111

5.1.3　IPv4 地址主机号与网络号

IPv4 地址是一种分层的地址结构，由两部分组成：网络号与主机号，因此也叫作两级 IP 地址，如图 5-4 所示。

net_id(网络号)	host_id(主机号)

图 5-4
两级 IP 地址结构

在 IP 地址两级结构中，要确定网络部分和主机部分时，必须看其二进制代码，而不是十进制数值。在 32 位中，部分位组成网络号，其余位组成主机号。

对于同一个网络中的设备，其网络号必须相同，而主机号则是唯一的。如果有两台设备的 IP 地址中网络号部分相同，则可以判定这两台设备处于同一个网络。

5.1.4　IPv4 地址子网掩码

微课 5-3
IPv4 地址子网
掩码

对于两级 IPv4 地址而言，如何判断其 32 位中哪部分是网络号，哪部分是主机号呢？这项工作是由子网掩码负责的。

在配置主机时，必须同时配置一个子网掩码。与 IP 地址一样，子网掩码也是 32 位。子网掩码的表示方式一般情况是左边部分是 1，右边部分是 0。

将子网掩码与 IP 地址从左至右逐位进行比较，子网掩码中的 1 代表网络号，0 代表主机号，如图 5-5 所示。

网络号			主机号
192	168	1	10
11000000	10101000	00000001	00001010

255	255	255	0
11111111	11111111	1111111	00000000

图 5-5
子网掩码示意

和 IPv4 地址类似，子网掩码也使用点分十进制表示。子网掩码与 IPv4 地址一起标识了主机所属的网络。下表显示了子网掩码中每个字节的可能取值及其指定网络的网络号和主机号的位数。

表 5-8　子网掩码取值

子网掩码值（十进制）	子网掩码值（二进制）	网络部分位数	主机部分位数
0	0	0	8
128	10000000	1	7
192	11000000	2	6
224	11100000	3	5
240	11110000	4	4
248	11111000	5	3

子网掩码值（十进制）	子网掩码值（二进制）	网络部分位数	主机部分位数
252	11111100	6	2
254	11111110	7	1

5.1.5　ipconfig 命令

ipconfig 命令是一个非常实用的网络应用程序，可用来查看主机的 IP 地址。如图 5-6 所示为用 ipconfig 命令查看主机 IP 地址的配置结果。

ipconfig 命令可以结合一些参数选项查看更加详细的信息，常用的命令如下。

① ipconfig/all：查看 DNS 和 Windows 服务器等详细配置信息。

② ipconfig/release：查看 DHCP 客户端手工释放的 IP 地址。

③ ipconfig/renew：查看本地计算机向 DHCP 服务器动态申请的地址。

如图 5-7 所示为用 ipconfig/all 命令查看主机 IP 地址，DNS 和 Windows 服务器等详细的配置结果。

图 5-6
ipconfig 命令查看结果

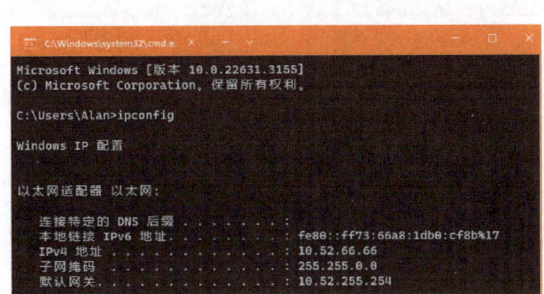

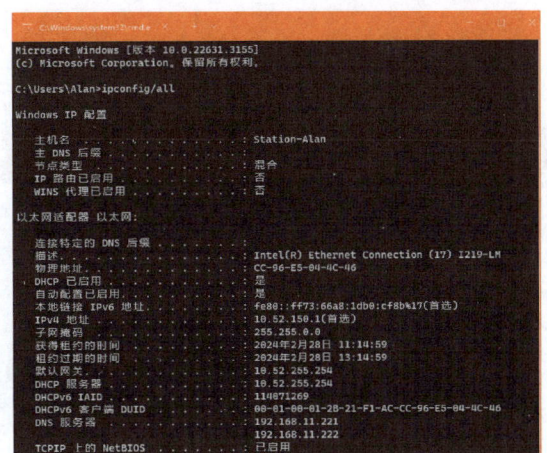

图 5-7
ipconfig/all 命令查看
详细信息

5.2　IPv4 地址分类

5.2.1　传统 IPv4 地址

微课 5-4
IP 地址分类

最初，IPv4 地址是按类编址的，这种编址体系结构叫作分类编址。在 IPv4 地址空间中，总共分成 5 类：A 类、B 类、C 类、D 类、E 类。每类地址都有两个固定长度的字段（网络号和主机号），各类 IP 地址的网络号和主机号字段如图 5-8 所示。

① A 类地址：第一个字节的十进制数值大小范围是 1～126，其网络号占 1 字节，主机号占 3 字节。

② B 类地址：第一个字节的十进制数值大小范围是 128～191，其网络号占 2 字节，主机号占 2 字节。

③ C 类地址：第一个字节的十进制数值大小范围是 192～223，其网络号占 3 字节，主机号占 1 字节。

④ D 类地址：前 4 位是 1110，用于多播（又叫组播），一般是各种路由与交换协议工作时使用的地址。

⑤ E 类地址：前 5 位是 11110，科学研究所用，目前没有其他用途。

常用的 A、B、C 这 3 类 IP 地址一般给用户使用，默认情况下的子网掩码见表 5-9。

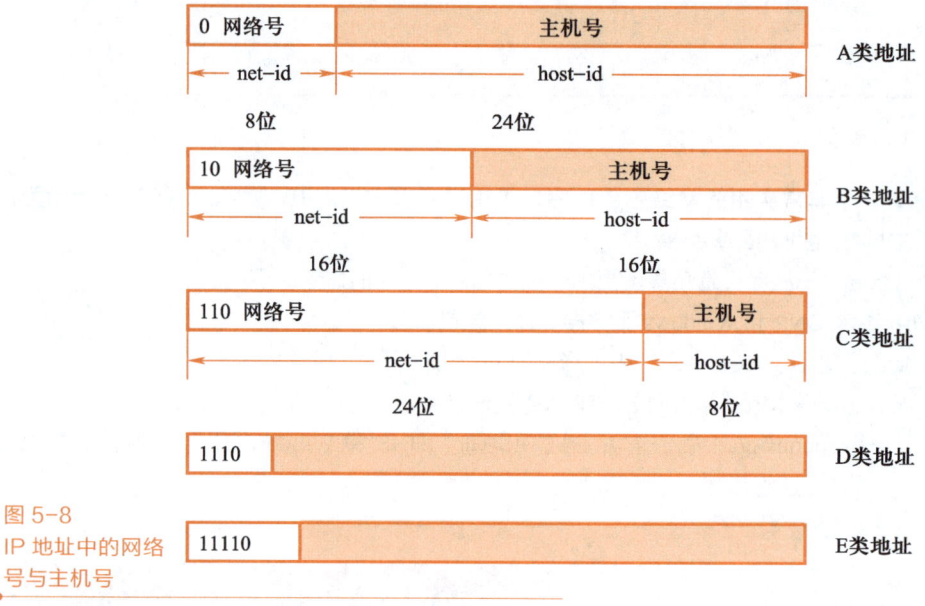

图 5-8
IP 地址中的网络
号与主机号

表 5-9　A、B、C 3 类 IP 地址默认子网掩码

网络类别	网络号（字节）	主机号（字节）	子网掩码（默认）
A 类	1	3	255.0.0.0
B 类	2	2	255.255.0.0
C 类	3	1	255.255.255.0

A 类地址中共有网络 2^7-2 个（网络号是 0 的 IP 地址是保留地址，网络号为 127 开头的地址是回环测试地址，用来测试本地主机内部进程之间的通信，一般情况下这两个地址是不给主机安排的），所以 A 类地址总共有 126 个。由于 A 类地址中主机号占 24 位，所以 A 类地址理论上可以支持 $2^{24}-2$ 台主机（主机号 0 与主机号为全 1 的地址不可用，下一节将介绍）。

B 类地址共有网络 2^{14} 个，第一个字节十进制数从 128 开头到 191 结束的都可用，所以 B 类最小的网络地址是 128.0.0.0，最大的网络地址是 191.255.0.0，每个网络理论上可以支持 $2^{16}-2$ 台主机。

C 类地址共有网络 2^{21} 个，其中最小的网络地址是 192.0.0.0，最大的网络地址是 223.255.255.0，每个网络理论上可以支持 2^8-2 台主机，即 254 个。

IP 地址的可用范围见表 5-10。

表 5-10　IP 地址的可用范围

网络类别	最大网络数	第一个可用的网络号	最后一个可用的网络号	每个网络中最大的主机数
A	126	1	126	16777214
B	16384（2^{14}）	128	191.255	65534
C	2097152（2^{21}）	192.0.0	223.255.255	254

5.2.2　特殊的 IPv4 地址

在 IPv4 地址空间中，有一些特殊的 IP 地址是不能给某一台主机安排的，具体格式见表 5-11。

微课 5-5
特殊的 IP 地址

表 5-11　特殊 IPv4 地址格式

IP 地址格式	网络号	主机号	表示含义
[网络号，0]	net_id	0	表示指定的网络地址
[网络号，<-1>]	net_id	全 1	广播地址
[127，主机号]	127	host_id	本地回送地址
[0，0]	0	0	本网上的本主机
[0，主机号]	0	host_id	本网上的某主机
[<-1>，<-1>]	全 1	全 1	有限广播地址

1.　网络地址

网络地址是表示网络的一种标识。在 IPv4 地址中，第一个地址留作网络地址，其格式是主机号为全 0。该网络中所有的主机共用一个网络地址，网络地址用于表示网络，不能用于主机通信。

2.　广播地址

IPv4 中的广播地址是特殊的 IP 地址，其格式是主机号为全 1，用于网络中的所有主机通信。如果 IPv4 数据报中的目的 IP 地址是一个广播地址，则数据会发送到全网上所有的主机。为了验证广播过程，在网络模拟器中搭建如图 5-9 所示拓扑，并且模拟器切换到模拟模式，创建复杂 PDU 如图 5-10 所示，其目的 IP 地址设置为 172.16.255.255（广播地址）。

图 5-9
广播地址测试拓扑

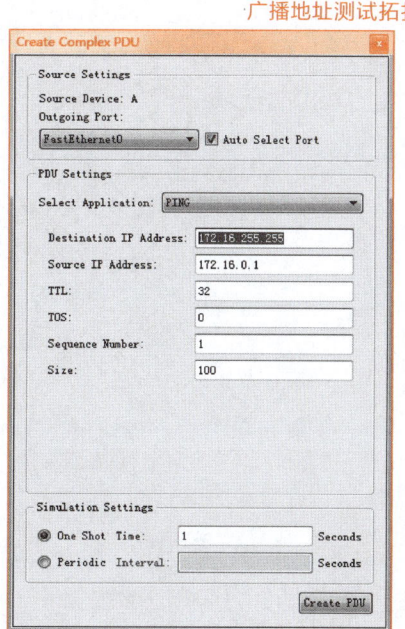

图 5-10
创建广播数据包

99

单击 Capture Forward 按钮观察结果，如图 5-11 所示，主机 A 发出的广播数据包 B、C、D、E 主机都能收到。

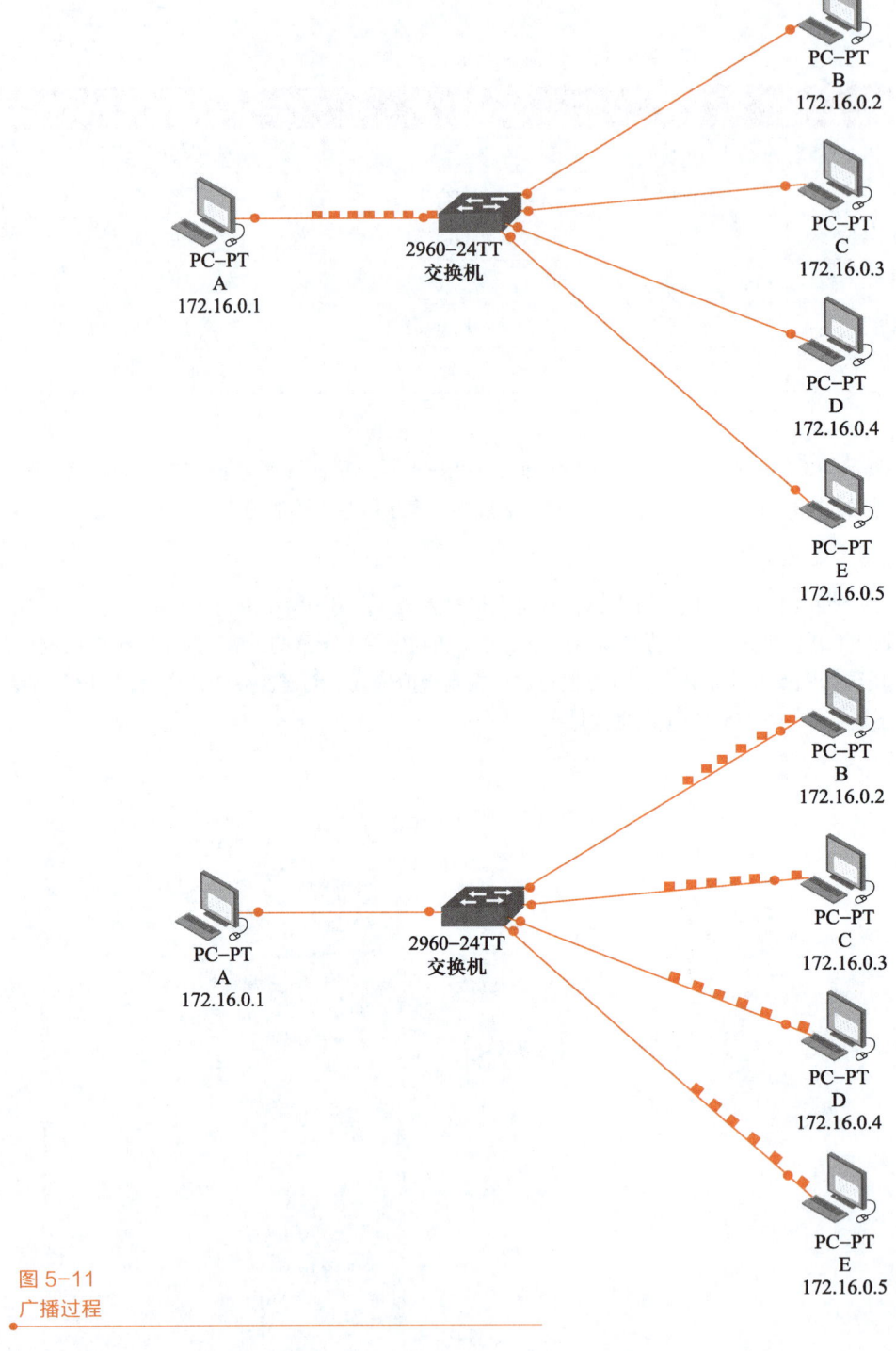

图 5-11
广播过程

3. 回送地址

回送地址是 127 开头的 IP 地址，用于网络软件测试，如 127.0.0.5。一旦使用该地址发送数据，则立即返回给本地主机。如图 5-12 所示，在主机命令行输入命令 ping 127.0.0.5，则立刻收到了自己的回复。

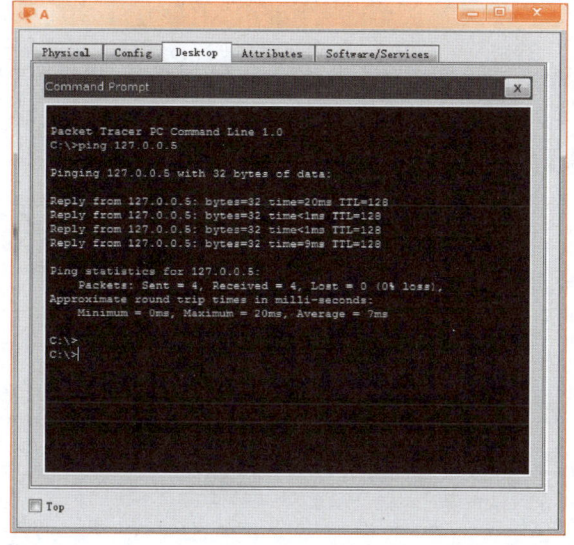

图 5-12
回环测试

4. 主机地址

每一个终端设备工作时都必须安排一个 IP 地址才能通信。在 IPv4 地址中，特殊的 IP 地址一般情况是不能给一个终端安排的，其他所有的地址都是可以给终端安排的（网络地址与广播地址之间的值）。一个主机地址中，主机号可以是任何 0 与 1 的组合，但不能是全 0（网络地址）或者全 1（广播地址），如图 5-13 所示，所有主机都安排了合法的 IP 地址。

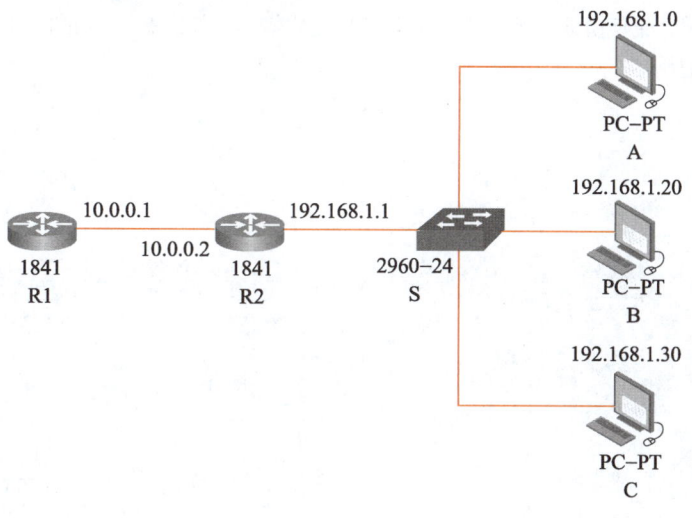

图 5-13
合法 IP 地址示例

5.3　IPv4 地址用途

5.3.1　IPv4 通信地址类型

在 IPv4 网络中，主机可以用以下 3 种方式来通信。

① 单播：从一台主机发送数据到另一台主机的过程。

② 组播：从一台主机发送数据到一组选定主机的过程。

微课 5-6
通信分类

③ 广播：从一台主机发送数据到所有主机的过程。

1. 单播通信

大多数网络都是单播通信，如在客户端/服务器和点对点网络中，主机与主机之间的常规通信都是使用单播形式。在单播通信中，IP 数据报中的源目 IP 地址都是正常的主机地址。如图 5-14 所示，主机 A 与 PDA 之间的通信就是属于单播通信。

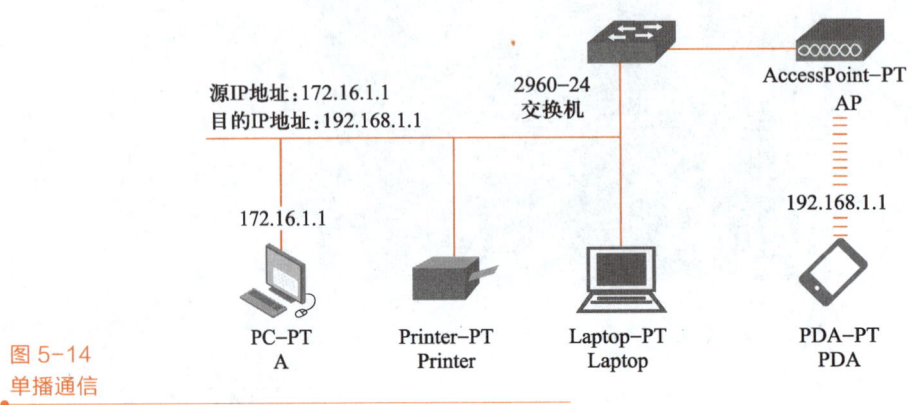

图 5-14
单播通信

2. 组播通信

组播传输可以很大程度上节省网络带宽，如电视传播就是组播的常见应用之一。它允许主机发送单个数据报到一组指定的主机，从而节省流量。保留的组播地址范围是 224.0.0.0～239.255.2555.255，其中本地链路范围是 224.0.0.0～224.0.0.255，全局范围地址是 224.0.1.0～238.255.255.255。

组播在路由协议、交换协议、视频音频等范畴内应用较广。如图 5-15 和图 5-16 所示为动态路由协议 RIPv2 中组播的应用。

图 5-15
组播通信

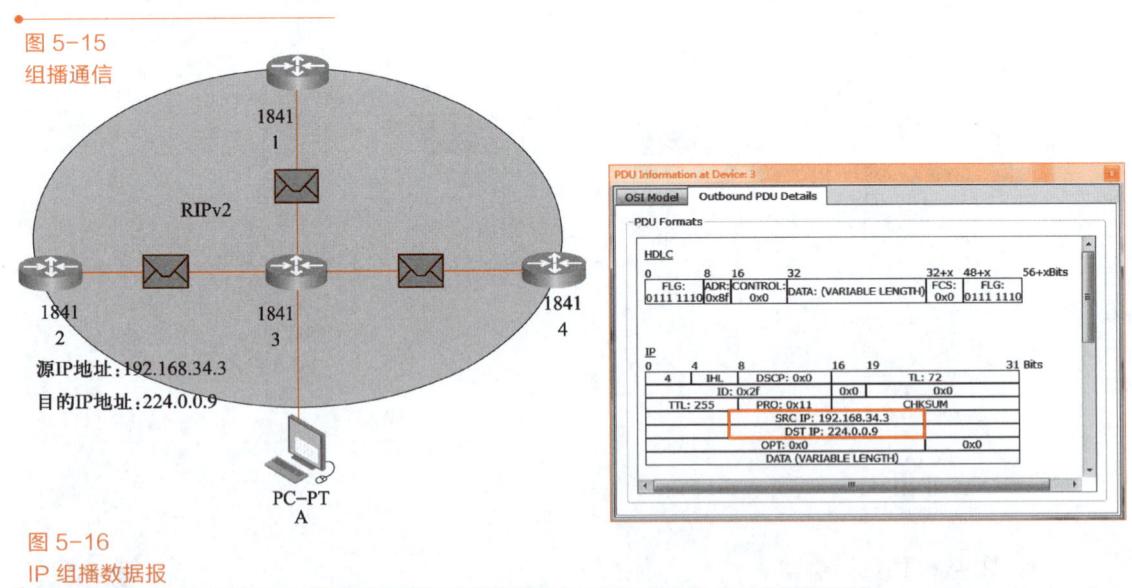

图 5-16
IP 组播数据报

在图 5-15 中，1～4 号路由器运行了路由协议 RIPv2，当 3 号路由器发送路由信息时，只有 1、2、4 号运行路由协议的路由器能够收到组播的路由信息，而主机 A 则不会收到信息。

3. 广播通信

广播是网络中的主机发送数据报时，其他所有的主机都能收到的一种通信方式，如图 5-17 所示。发送广播时，IP 数据报中的目的地址是一个广播地址，即主机号为全 1。很多应用都使用了广播的方式进行通信，如地址解析协议（Address Resolution Protocol，ARP），以及使用动态主机配置协议（Dynamic Host Configuration Protocol，DHCP）来获得 IP 地址等。

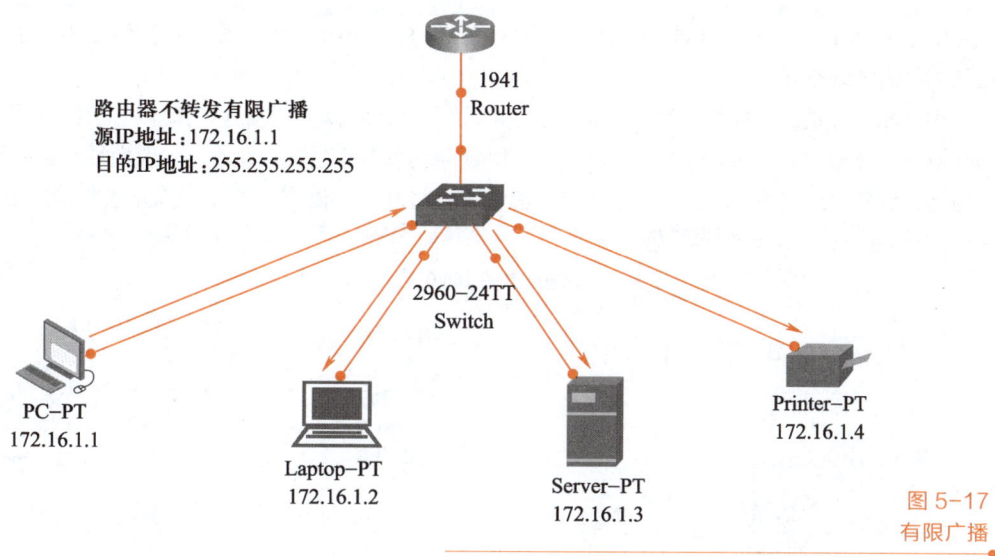

图 5-17
有限广播

5.3.2 公用地址与私有地址

1. 公用地址

Internet 的 IP 地址和 AS 号码分配是分级进行的。互联网名称与数字地址分配机构（The Internet Corporation for Assigned Names and Numbers，ICANN），负责全球 Internet 上的 IP 地址编号分配（原来是由 IANA 负责）。根据 ICANN 的规定，其将部分 IP 地址分配给地区级的 Internet 注册机构（Regional Internet Registry，RIR），然后由这些机构负责该地区的登记注册服务。

全球现有 5 个 RIR：ARIN 主要负责北美地区业务，RIPE 主要负责欧洲地区业务，LACNIC 主要负责拉丁美洲地区业务，亚太地区国家的 IP 地址和 AS 号码分配由 APNIC 管理。在 RIR 之下还可以存在一些注册机构，如国家级注册机构（NIR）和普通地区级注册机构（LIR）。这些注册机构都可以从 RIR 那里得到 Internet 地址及号码，并可以向其各自的下级进行分配。我国的国家级注册机构是中国互联网络信息中心（CNNIC）。

IPv4 地址中大多数都是公用地址，用于访问 Internet 的网络，只有使用公用 IP 地址的数据报才能被 Internet 的路由器转发数据。公用地址一般情况是网络服务提供商（ISP）等机构向因特网信息中心（Internet Network Information Center，Inter NIC）申请，用户再向 ISP 租用。

2. 私有地址

私有地址又称为专用地址，即专门保留给私有网络使用。这些地址只能用于一个机构的内部通信，而不能用于和 Internet 上的主机通信，在 Internet 中的所有路由器对目的地址是私有地址的数据报一律不进行转发。私有地址的地址空间见表 5-12。

表 5-12　私有地址空间

网络类别	起　始	结　束
A	10.0.0.0	10.255.255.255
B	172.16.0.0	172.31.255.255
C	192.168.0.0	192.168.255.255

RFC 1918 定义了私有地址，因此这些地址也称作 RFC 1918 地址。位于不同网络中的主机可以使用相同的私有地址空间。

由于私有地址的数据报不能在 Internet 上传输，所以私有地址要上网的时候必须经过网络地址转换（Network Address Translation，NAT）。如图 5-18 所示为私有地址转换示意，一般地址转换的工作是由网络边缘的设备，如路由器、防火墙等实施，其目的是将 IP 数据报首部中的私有地址转换成公有地址。

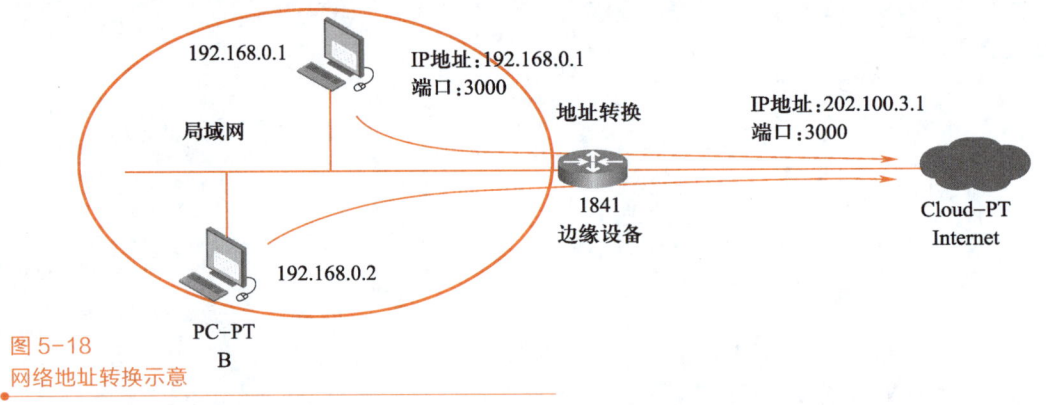

图 5-18
网络地址转换示意

通过 NAT，私有网络可以与外部的网络进行通信。尽管该方法能够解决 IP 地址一些局限性的问题，但最终还是没有办法解决 IP 地址不足的根本性问题。

5.4　IPv6 网络地址

微课 5-7
IPv6 协议

IP 是 Internet 中的关键协议。现在广泛使用的 IPv4 是 20 世纪 70 年代末设计的，从计算机本身发展以及从 Internet 规模和网络传输速率来看，目前的 IPv4 已很不适用，其中最主要的问题是 32 位的 IP 地址空间已经无法满足迅速膨胀的 Internet 规模。

要解决 IP 地址耗尽的问题主要有以下几种措施：

① 采用无类别编址（CIDR）使 IP 地址的分配更加合理。

② 采用网络地址转换（NAT）以节省全球 IP 地址。

③ 采用具有更大地址空间的新版本的 IPv6。

IPv6（Internet Protocol Version 6）是下一代 Internet 的关键协议，是网络层协议的第二代标准协议，也被称为 IPng（IP Next Generation，下一代互联网协议）。它是 IETF（Internet Engineering Task Force，互联网工程任务组）设计的一套规范，是 IPv4 的升级版本。IPv6 和 IPv4 之间最显著的区别是 IP 地址的长度从 32 位增加到 128 位。

IPv6 所引进的主要变化如下：

① 更大的地址空间，从 32 位增加到 128 位。

② 灵活的首部格式，用以改进数据报的处理能力。

③ 流标签功能，提供强大的 QoS 保障机制。

④ 支持即插即用（即自动配置）和资源的预分配。

5.4.1　IPv6 过渡技术

在 IPv6 成为主流协议之前，首先使用 IPv6 协议栈的网络希望能与当前仍由 IPv4 所支撑的互联网进行正常通信，因此必须开发出 IPv4 和 IPv6 互通技术以保证 IPv4 能够平稳过渡到 IPv6。目前已经出现了多种过渡技术，这些技术各有特点，用于解决不同过渡时期、不同环境的通信问题，其中的基本技术主要有以下 3 种。

（1）双协议栈

双协议栈是一种最简单、最直接的过渡机制。同时支持 IPv4 和 IPv6 的网络节点称为双协议栈节点。当双协议栈节点配置 IPv4 地址和 IPv6 地址后，就可以在相应接口上转发 IPv4 和 IPv6 报文。当一个上层应用同时支持 IPv4 和 IPv6 时，根据协议要求可以选用 TCP 或 UDP 作为传输层的协议，但在选择网络层协议时，它会优先选择 IPv6 协议栈。双协议栈技术适合 IPv4 网络节点之间或者 IPv6 网络节点之间的通信，是所有过渡技术的基础。但是，这种技术要求运行双协议栈的节点有一个全球唯一的地址，实际上没有解决 IPv4 地址资源匮乏的问题。

（2）隧道技术

在 IPv6 网络成型之前，IPv4 还是网络的主导，这样势必形成一些 IPv6 孤岛，而这些孤岛之间的通信可以采用隧道技术来完成。当 IPv6 数据报在 IPv4 隧道传输时，IPv6 原始数据报头和有效载荷不变，在 IPv6 数据报头前加上一个 IPv4 的报头，把 IPv6 数据报作为 IPv4 的有效载荷。该技术需要在隧道边缘点（支持双栈）进行封装和拆封。

（3）NAT-PT

NAT-PT（Network Address Translation-Protocol Translation）作用于 IPv4 和 IPv6 网络边缘的设备上，用于实现 IPv6 与 IPv4 报文的转换。NAT-PT 在 IPv4 和 IPv6 网络之间转换 IP 报头的地址，同时根据协议的不同对报文做相应的语义翻译，使纯 IPv4 节点和纯 IPv6 节点之间能够透明通信。这种技术适用于仅运行 IPv6 的节点和仅运行 IPv4 的节点之间的通信，具有一定的局限性。

5.4.2　十六进制数制系统

十六进制是二进制的一种便利表示方式。就像十进制是以 10 为基数的计算系统一样，二进制是以 2 为基数的计算系统，十六进制则是以 16 为基数的计算系统。

十六进制的数制系统使用数字 0～9 和字母 A～F。表 5-13 所示为十六进制数值与十进制数值、二进制数值之间的对应关系，每个十六进制位占 4 位，从 0000 开始到 1111 结束。

表 5-13　十六进制数值与十进制数值、二进制数值的对应关系

十六进制	十进制	二进制
0	0	0000
1	1	0001
2	2	0010
3	3	0011
4	4	0100
5	5	0101
6	6	0110
7	7	0111

十六进制	十进制	二进制
8	8	1000
9	9	1001
A	10	1010
B	11	1011
C	12	1100
D	13	1101
E	14	1110
F	15	1111

5.4.3　IPv6 地址结构

微课 5-9
IPv6 地址结构

　　IPv6 地址长度为 128 位，以一串十六进制的数字来表示，每 4 位表示 1 个十六进制数，因此一共有 32 个十六进制数值（32×4=128）。十六进制中的数字不区分大小写，即大写字母与小写字母完全相同。

　　IPv6 地址的格式是以冒号"："分十六进制的形式表示的，如"X:X:X:X:X:X:X:X"，其中每个 X 都是一个 16 位的数，可以最多用 4 个十六进制的数字来表示，因此 IPv6 地址包含 8 个 16 位段，如图 5-19 所示，这也是 IPv6 地址的基本格式。

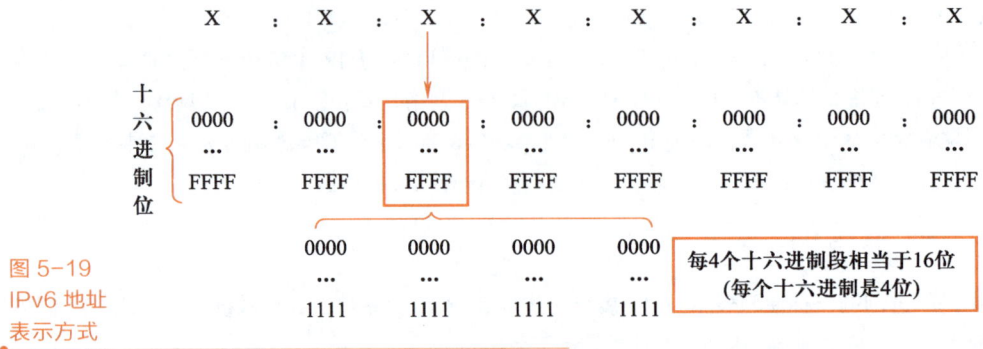

图 5-19
IPv6 地址
表示方式

　　以下是一些 IPv6 地址的基本格式：

```
0000:0000:0000:0000:0000:0000:0000:0000
0000:0000:0000:0000:0000:0000:0000:000A
2001:ABCD:1111:0000:0000:0000:0000:0001
FE80:0000:0000:0000:0DB8:0000:0000:0001
2018:0008:0008: 0000:0000:0000:0000:0100
2018:0008:0008: 0000:0000:0000:0000:2000
```

　　IPv6 地址看起非常复杂，共 128 位，而 32 个十六进制位似乎也无法记忆。但是目前 IPv6 编址时不可能全部用到所有的字段，而其也有一些简化的表示地址的方式。

　　（1）省略前导的零

　　前面介绍过，在 IPv6 地址中共有 8 个 16 位段，每个 16 位段中前导的 0 都可以省略，注意前导即数学表达中"高位"的意思，尾部的 0 是不能省略的，例如：0000 可以表示为 0；000A 可以表示为 A；0D00 可以表示为 D00；00EF 可以表示为 EF。

基本格式的 IPv6 地址通过省略前导 0 之后的表示方式见表 5-14。

表 5-14   省略前导 0 简化地址

基本格式的 IPv6 地址	省略前导 0 后
0000:0000:0000:0000:0000:0000:0000:0000	0:0:0:0:0:0:0:0
0000:0000:0000:0000:0000:0000:0000:000A	0:0:0:0:0:0:0:A
2001:ABCD:1111:0000:0000:0000:0000:0001	2001:ABCD:1111:0:0:0:0:1
FE80:0000:0000:0000:0DB8:0000:0000:0001	FE80:0:0:0:DB8:0:0:1
2018:0008:0008: 0000:0000:0000:0000:0100	2018:8:8:0:0:0:0:100
2018:0008:0008: 0000:0000:0000:0000:2000	2018:8:8:0:0:0:0:2000

（2）零压缩（zero compression）

在 IPv6 地址中，一串连续的 0 可以用一对冒号所取代。注意零压缩在 IPv6 地址中只能使用一次，否则会导致结果不唯一，即对应多个地址。当省略前导 0 的方法和零压缩方法一起使用时，可以大幅缩短 IPv6 地址，而这也是 IPv6 地址表示中最常用的方法。表 5-15 所示为显示了之前基本格式的 IPv6 地址经过压缩后最终的表示方式。

表 5-15   最终简化地址

基本格式的 IPv6 地址	省略前导 0 与零压缩
0000:0000:0000:0000:0000:0000:0000:0000	::
0000:0000:0000:0000:0000:0000:0000:000A	::A
2001:ABCD:1111:0000:0000:0000:0000:0001	2001:ABCD:1111::1
FE80:0000:0000:0000:0DB8:0000:0000:0001	FE80::DB8:0:0:1
2018:0008:0008: 0000:0000:0000:0000:0100	2018:8:8::100
2018:0008:0008: 0000:0000:0000:0000:2000	2018:8:8::2000

5.4.4 IPv6 前缀标记

在 IPv4 地址中，网络号（前缀）和主机号是通过子网掩码来标识的。例如 IP 地址 172.16.1.1、子网掩码 255.255.255.0，表示该 IP 地址中网络部分或前缀长度是最左侧的 24 位。

IPv6 地址中没有子网掩码的概念。RFC 4291 中定义 IPv6 地址通过前缀来表示，该表示方式类似于采用 CIDR 标记方法，其表示格式如下：

ipv6-address/prefix-length

其中，prefix-length 是一个十进制数值，表示该地址最左侧连续位的数量。例如，IPv6 地址 2001:ABCD:1111:0000:0000:0000:0000:0001/64 表示左边的 64 位是网络前缀，除去 64 位的网络前缀，之后剩下的 64 位称为该 IPv6 地址的接口标识（Interface ID），相当于 IPv4 地址中的主机号部分。

5.5 IPv6 地址类型

IPv6 协议主要定义了 3 种地址类型：单播地址（Unicast Address）、组播地址（Multicast Address）和任播地址（Anycast Address）。与 IPv4 相比，新增加了"任播地址"类型，取消了原来的广播地址，因为在 IPv6 中的广播功能是通过组播来完成的。

① 单播地址：用来唯一标识一个接口，类似于 IPv4 中的单播地址。发送到单播地址的数据报文将被传送给此地址所标识的一个接口。

微课 5-10
IPv6 地址类型

　　② 组播地址：用来标识一组接口，类似于 IPv4 中的组播地址。发送到组播地址的数据报文被传送给此地址所标识的所有接口。

　　③ 任播地址：用来标识一组接口，发送到任播地址的数据报文被传送给此地址所标识的一组接口中距离源节点最近的一个接口。

　　在 IPv6 地址类型中，每一个类别都有多种类型的地址，如单播有链路本地地址、站点本地地址、全局单播地址、回环地址等；组播有指定地址、请求节点地址；任播有链路本地地址、站点本地地址和可聚合全球地址等。

　　① 全局单播地址：相当于 IPv4 的公用地址，可以在 IPv6 网络上进行全局路由和访问。

　　② 链路本地地址：单个链路上接口自动配置的地址，该地址仅供特定物理网段上的本地通信使用，以 "FE80" 开头。

　　③ 站点本地地址：相当于 IPv4 的私有地址，仅在本地局域网使用，也可以与全局单播地址配合使用，但使用站点本地地址作为 IPv6 数据报路由时不会被转发到本站。

　　④ 未指定地址：0:0:0:0:0:0:0:0 或::，仅用于表示某个地址不存在。

　　⑤ 回环地址：0:0:0:0:0:0:0:1 或::1，用于标识回环接口。

　　⑥ 兼容地址：在 IPv6 的转换机制中，还包括了一种通过 IPv4 路由接口以隧道方式动态传递 IPv6 数据报的技术，这样的 IPv6 节点会被分配一个在低 32 位中带有全球 IPv4 单播地址的 IPv6 全局单播地址。

5.6　IPv6 全局单播地址

　　IPv6 的全局单播地址等同于 IPv4 中的公用地址，可以在 IPv6 网络中进行全局路由和访问。这种地址类型允许路由前缀的聚合，从而限制了全球路由表项的数量。

　　互联网名称与数字地址分配机构（ICANN）和互联网地址分配机构（IANA）将 IPv6 地址分配给前面介绍过的 5 家地区级的 Internet 注册机构（RIR），目前 IPv6 地址中只分配了前 3 位是 001（2000::/3）的全局单播地址。全局单播地址的结构如图 5-20 所示。

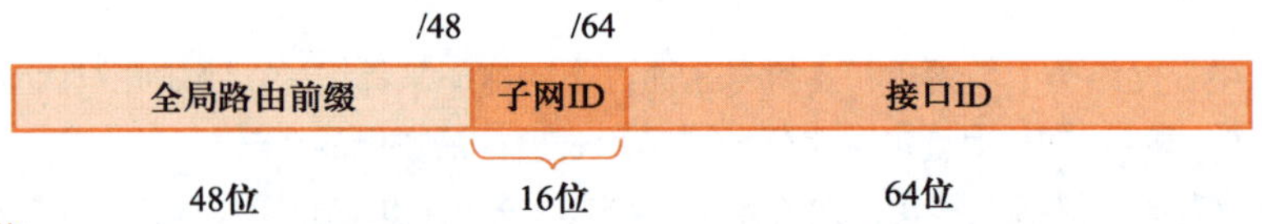

图 5-20
全局单播地址结构

　　（1）全局路由前缀

　　全局路由前缀是网络服务提供商（ISP）分配给客户或者站点的地址前缀。目前，RIR 分配/48 的全局路由前缀给客户，对于客户来说，128 位的 IPv6 地址，/48 位的前缀地址使用起来绰绰有余。

　　（2）子网 ID

　　IPv4 的子网划分是从主机域中借用比特来实现的，而 IPv6 独立了一个 16 位段作为子网部分。16 位的子网段可以支持 65536（2^{16}）个子网，可见其地址空间足够庞大。

　　（3）接口 ID

　　IPv6 地址的接口 ID 相当于 IPv4 地址中的主机号部分，用于标识子网上的唯一接口。64 位的接口 ID 允许每个子网支持 2^{64} 个地址。这里需要注意的是，在 IPv6 地址中，接口 ID 可以是全 0 或者是全 1 的地址，因为 IPv6 中没有广播地址。

• 5.7　IPv6 地址应用与配置

全局单播地址是配置在接口上的，一个接口可以配置多个全局单播地址，这些地址可以位于不同的子网。与 IPv4 地址一样，可以采用手工方式或动态方式为接口分配 IPv6 地址。

5.7.1　手工配置全局单播地址

一般可以通过以下几种方式进行手工地址配置。

① 静态：静态配置类似于 IPv4 地址的静态配置，需要在终端或者接口上直接配置 IPv6 地址与前缀长度。

② EUI-64：该配置方式允许指定前缀与前缀长度，接口 ID 是通过终端或者接口的 MAC 动态的创建。EUI-64 进程利用 48 位的 MAC 地址来创建 64 位的接口 ID，即在 48 位的 MAC 地址的第 24 位之后插入位的 "FFFE"，并且对 MAC 第 7 位进行反转，即 0 改成 1 或 1 改成 0，如图 5-21 所示。

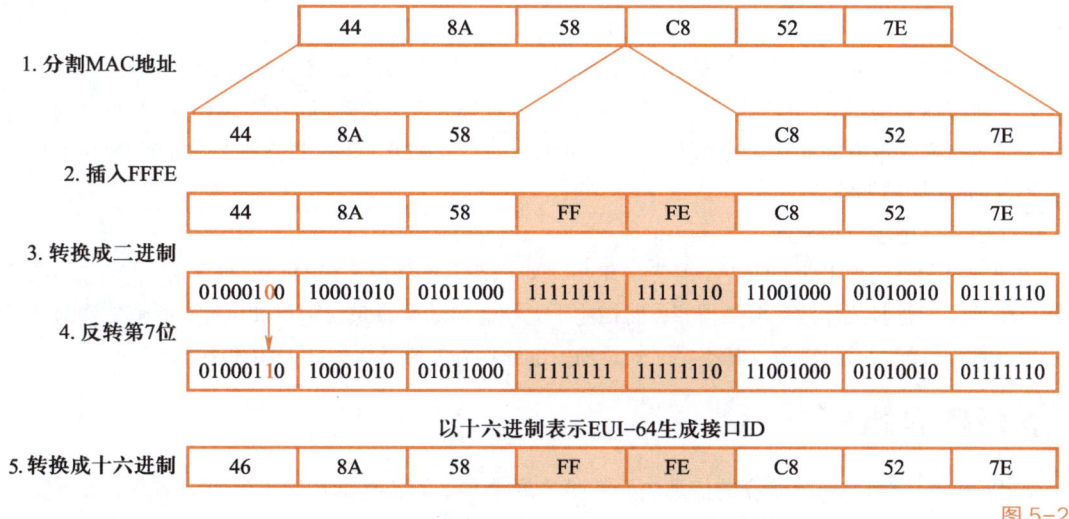

图 5-21
EUI-64 格式

③ 无编号 IP（IP Unnumbered）：IPv6 的无编号 IP 与 IPv4 类似，允许接口使用同一台设备上的其他接口的 IP 地址。

5.7.2　动态配置全局单播地址

全局单播地址也可以采用动态的方式进行配置，而无须手动配置。动态配置全局单播地址有无状态地址自动配置（SLAAC）和状态化地址自动配置（DHCPv6）两种方法。

在掌握动态配置地址之前，首先需要了解 RA（Router Advertisement，路由器通告）消息中的两个标记：M 标记和 O 标记。

① M 标记：RA 消息中有一个被称为 "被管理地址配置标记"（Managed Address Configuration Flag）或简称 "M 标记"（M Flag）的 1 位字段。当 M 标记为 0 时，表示该设备使用 SLAAC（路由器默认是 M 标记为 0）；当 M 标记为 1 时，表示该设备使用 DHCPv6。

② O 标记：O 标记的全称是"其他有状态配置标记"（Other Stateful Configuration Flag），默认为 0。该标记表示主机使用何种方式来配置除了 IPv6 地址外的其他配置信息（如 DNS、域名等）。当 O 标记被设置为 1 时，则收到该 RA 消息的主机将使用配置协议（如 DHCPv6）来获取除了 IPv6 地址以外的其他配置信息。

（1）无状态地址自动配置

无状态地址自动配置（SLAAC）能让设备从 IPv6 路由器获取前缀、前缀长度和默认网关地址等信息，而无须使用 DHCPv6 服务器。前缀和前缀长度是通过 ND（Neighbor Discovery，邻居发现）RA 消息来确定的，而接口 ID 是通过 EUI-64 进程创建。

IPv6 路由器定期发送 ICMPv6 RA 消息给网络上的 IPv6 设备。默认情况下，路由器每 200 s 发送一次 RA 消息。作为 IPv6 设备，可以通过 IPv6 组播地址发送 RS（Router Solicitation，路由器请求）消息来获取信息，IPv6 路由器收到 RS 消息后就立即应答 RA 消息。

ICMPv6 的 RA 消息包含 IPv6 设备的前缀、前缀长度以及其他信息。RA 消息还通知 IPv6 设备如何获取地址信息，有以下两种情况。

① SLAAC：设备使用 RA 消息中的前缀、前缀长度和默认网关地址等信息，不使用 DHCPv6 的信息。

② SLAAC 和 DHCPv6：设备使用 RA 消息中的前缀、前缀长度和默认网关地址等信息。此外，DHCPv6 服务器还提供其他信息，如 DNS 服务器，域名等信息；设备则通过 DHCPv6 服务器的正常发现和查询流程来获取额外信息。这称为无状态 DHCPv6，因为 DHCPv6 服务器无须分配 IPv6 地址，只需要提供 DNS 等额外信息。

（2）状态化地址自动配置

主机通过配置协议（如 DHCPv6）获取 IPv6 地址以及其他信息（如 DNS、域名等）。状态化自动配置相比于手工配置其工作效率要高得多，而相比于无状态自动配置来说则更加可控，能够更清晰地了解到主机及地址分配的相关信息，其不足之处是需要部署额外的服务器，如 DHCPv6。

📝 任务实施

如图 5-22 所示为小陈所在的信息中心的某个局域网络的拓扑结构。小陈为测试做了如下安排：LAN1 所在的网络 PC-1 和 PC-2 都使用静态 IPv4 地址和静态 IPv6 地址测试双协议栈。

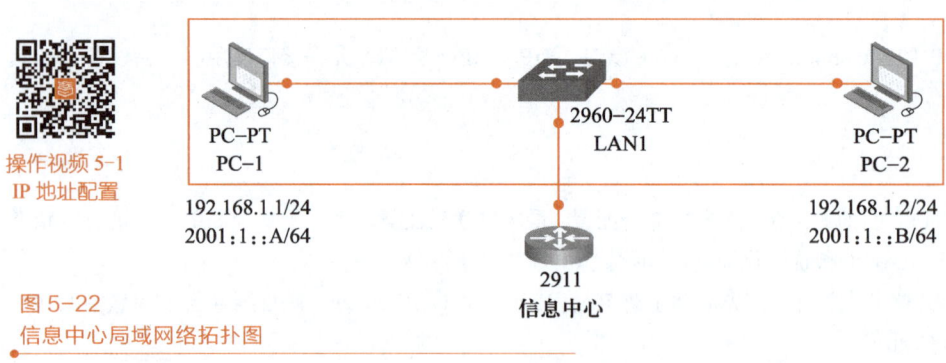

操作视频 5-1
IP 地址配置

图 5-22
信息中心局域网络拓扑图

1. IPv4 和 IPv6 地址配置

（1）主机 PC-1 的地址配置情况如图 5-23 所示。

（2）主机 PC-2 的地址配置情况如图 5-24 所示。

图 5-23
静态配置主机 PC-1 地址

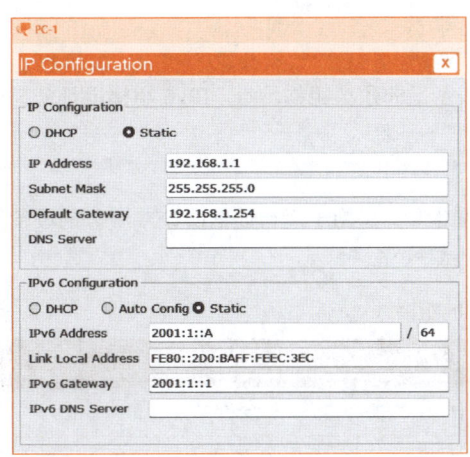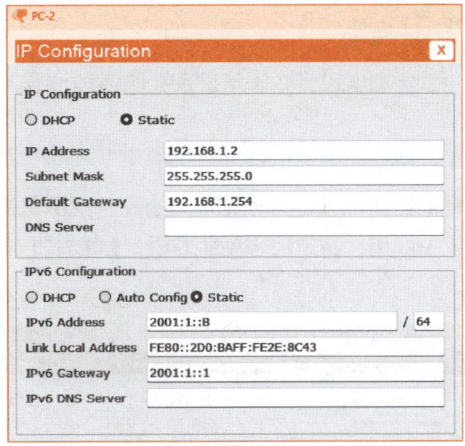

图 5-24
静态配置主机 PC-2 地址

2. 验证测试

（1）主机 PC-1 与主机 PC-2 的 IPv4 网络联通性测试结果如图 5-25 所示。

（2）主机 PC-2 与主机 PC-1 的 IPv6 网络联通性测试结果如图 5-26 所示。

图 5-25
IPv4 网络连通性测试成功

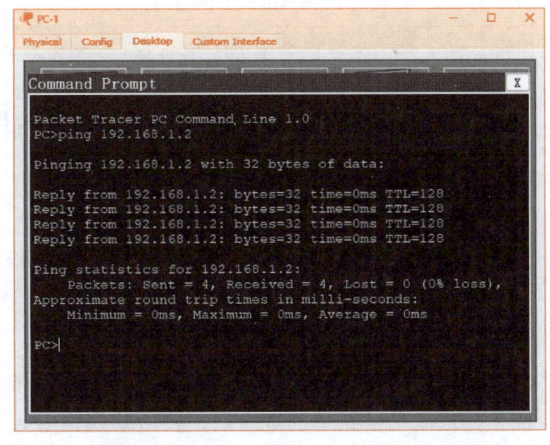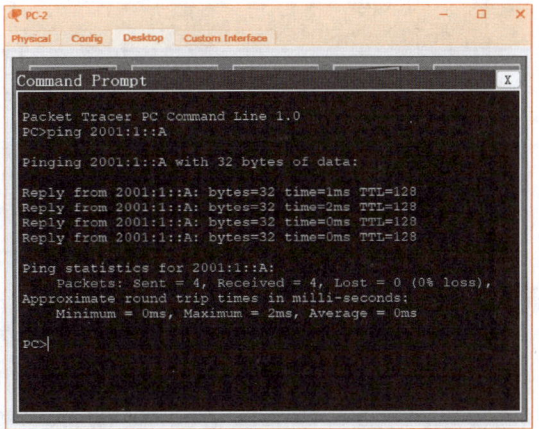

图 5-26
IPv6 网络连通性测试成功

以上输出显示，网络的 IPv4 地址和网络的 IPv6 地址都配置正确，能够正常工作。

 任务拓展

IPv6 组播地址（多播地址）类似于 IPv4 的组播地址，用于单个数据报发送到多个目的地址（组播组）。IPv6 组播地址的前缀为 FF00::/8，如图 5-27 所示。

图 5-27
IPv6 组播地址

11111111	标志	范围	组ID
8位	4位	4位	112位

其中，标志字段为 0 表示是永久组播地址，为 1 表示是非永久组播地址。IPv6 组播地址分为以下两种类型。

（1）已分配的组播地址

分配的组播地址是为预先定义的设备组保留的组播地址，是用于运行通信协议或服务的设备组的单个地址，一般用在特定的协议环境中，如 DHCPv6，见表 5-16。

表 5-16　已分配的组播地址

前缀 FF	标记 0	范围（0-F）	IPv6 地址	用途
FF	0	1	FF01::1	全部节点（all-nodes）
FF	0	1	FF01::2	全部路由器（all-routers）
FF	0	2	FF02::1	全部节点
FF	0	2	FF02::2	全部路由器
FF	0	2	FF02::5	OSPF 路由器
FF	0	2	FF02::6	OSPF 指定路由器
FF	0	2	FF02::9	RIP 路由器
FF	0	2	FF02::A	EIGRP 路由器
FF	0	2	FF02::1:2	全部 DHCP 代理
FF	0	5	FF05::2	全部路由器
FF	0	5	FF05::1:3	全部 DHCP 服务器

（2）请求节点组播地址

请求节点组播地址类似于全节点组播地址，本质上类似于 IPv4 的广播地址，即网络中所有的设备都必须处理发送到节点地址的流量。

IPv6 的请求节点组播地址能够到达链路上的每台设备，但不需要大多数设备都处理数据报的内容。

请求节点组播地址是仅与设备 IPv6 全局单播地址的最后 24 位匹配的地址，需要处理这些数据报的设备仅是接口 ID 具有相同最低 24 位的设备，分配全局单播或本地链路单播地址后，会自动创建 IPv6 请求节点组播地址。IPv6 请求节点组播地址的前缀是 FF02:0:0:0:0:1:FF00::/104。

🧱 项目实训　深入理解 IPv6 地址结构

IPv4 网络迁移到 IPv6 网络是大势所趋，但 IPv6 网络地址与 IPv4 网络地址的结构差别很大，网络管理员应该首先能够掌握 IPv6 地址的类型和结构，针对特定的网络拓扑再进行 IPv6 地址的规划与配置。

【实训目的】

● 识别不同类型的 IPv6 地址。
● 掌握 IPv6 地址的网络前缀和层次结构。

- 掌握路由器网络接口 IPv6 地址配置。

【实训内容】

- 创建网络拓扑并配置基本路由器和交换机设置。
- 手动配置 IPv6 地址。
- 检查端到端的连接。

任务 5-2　使用 ping 与 tracert 命令

任务陈述

不管是对于普通的计算机用户还是计算机网络管理员，测试网络的连通性都是经常要进行的一项工作。ping 和 tracert 是完成该工作的最常用的两个命令。

本任务将详细讲述 ping 和 tracert 命令所涉及的网络层协议，包括 IP 和 ICMP，并通过实验观察这两个命令的执行结果。

知识准备

·5.8　网络互联

网络互联的目的是使一个网络上的用户能够访问网络上的资源，使不同网络上的用户能够相互通信和交换信息。网络互联涉及的概念很多，下面将从网络连接、网络互联和网络互通这 3 个方面进行解释。

微课 5-11
网络互联

5.8.1　网络互联原理

1. 网络连接

网络连接（Internetworking）是指一对同构或者异构的端系统，通过多个网络（或中间系统）所提供的接续通路连接起来，完成信息互传的组织形式。连接的目的是实现系统之间的端到端（End To End）通信。因此，网络连接是对于不同网络系统之间的连接，要求不同网络系统支持相同的协议标准，以完成端系统之间的数据传输。

2. 网络互联

网络互联（Internetconnection）是指不同网络之间的相互连接，目的是实现不同网络之间的数据传输。可以把每一个网络看作交换节点，网络和网络互联从而形成一个更大的网络。

3. 网络互通

网络互通（Interworking）是指网络对外提供各种服务的能力，它不仅指端到端之间的数据传输，还表现出各种业务之间的相互作用。网络连接和网络互联实现数据传输，而网络互通则是表现形式，是各种应用之间相互作用的协议环境。

前面章节介绍过，从网络的作用范围进行分类，可以将其分为 WAN、MAN 和 LAN。因此，网络互联也就涉及 LAN-LAN、LAN-WAN、WAN-WAN 以及 LAN-WAN-WAN 这 4 种形式，如图 5-28 所示。

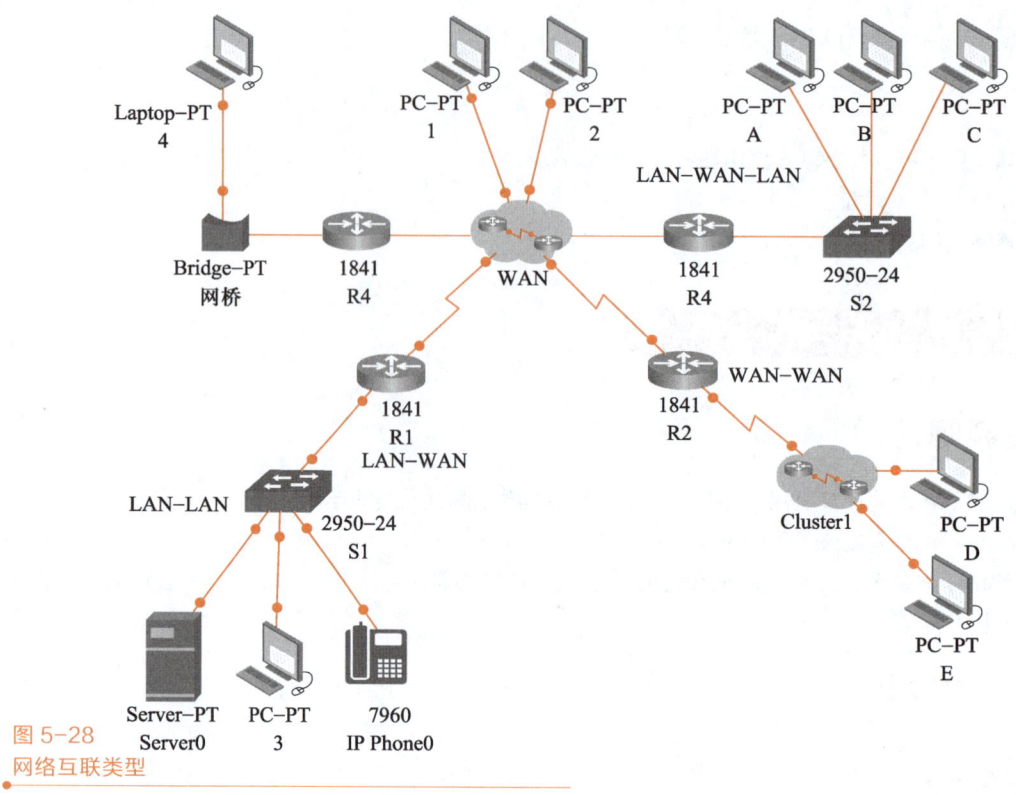

图 5-28
网络互联类型

　　互联的网络在体系结构、层次协议及网络服务等方面都有差异，对于异构网络来说差异就更大。这种差异可能表现在寻址方式、路由选择、最大分组长度、网络接入机制、用户接入控制、差错恢复、服务、管理方式等很多不同的方面。要实现网络互联，就必须消除网络之间的差异。消除异构网络的差异主要通过统一数据格式和统一网络地址实现。

5.8.2 网络互联设备

1. 物理层互联设备

　　物理层互联设备主要解决不同电缆、不同信号的互联问题。如图 5-29 所示，物理层的主要互联设备是中继器和集线器，常用于连接两个网络节点，进行物理信号的双向转发，对信号起到中继放大作用，还可以补偿信号衰减，支持远距离通信。

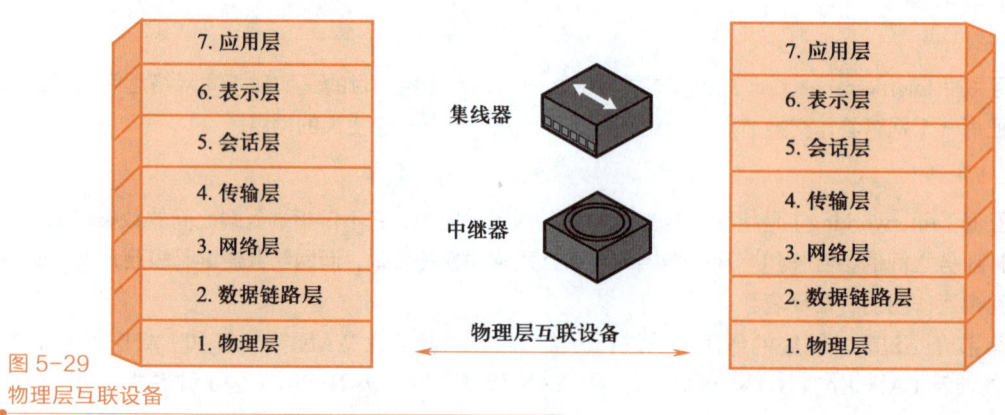

图 5-29
物理层互联设备

2. 数据链路层互联设备

数据链路层互联设备主要实现不同网络间数据帧的存储和转发。如图 5-30 所示，数据链路层的主要互联设备是网桥和交换机，其功能是完成数据帧的转发，主要目的是在连接的网络间提供透明通信。网桥和交换机依据数据帧中的目的 MAC 地址进行转发，通过查找 MAC 地址表决定是否转发以及转发到哪个端口。

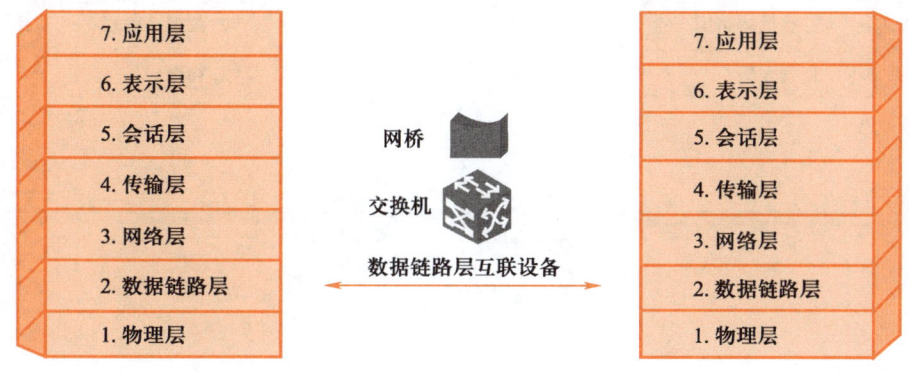

图 5-30
数据链路层互联设备

网桥和交换机能起到隔离网络的作用。如图 5-31 所示，A 和 B 两台计算机组成一个局域网，C 和 D 两台计算机组成另一个局域网。通过在交换机上进行适当的配置，可以使一个局域网中的流量不会转发到另一个局域网中去。

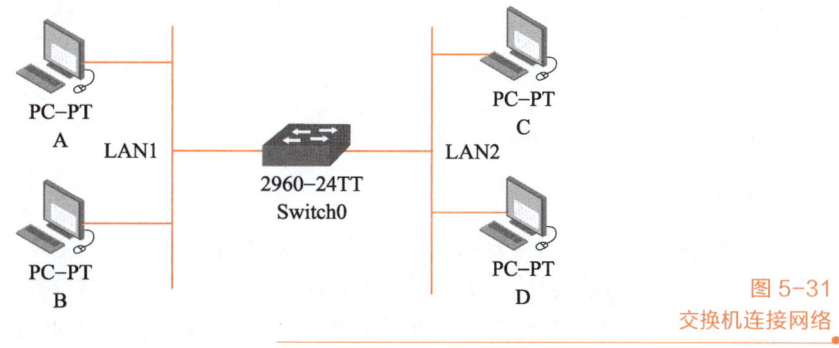

图 5-31
交换机连接网络

3. 网络层互联设备

网络层互联设备主要用于实现在不同网络间存储和转发分组。如图 5-32 所示，网络层互联的主要设备是路由器，其主要功能是建立并维护路由表。为了实现分组的转发功能，路由器内部有一个路由表数据库和一个网络路由状态数据库。在路由表数据库中保存了路由器每个端口所连接的节点地址，以及其他路由器的地址信息。路由器通过定期与其他路由器交换路由信息来更新路由表。路由器还提供网络间的分组转发功能，每当一个分组进入路由器时，路由器检查分组的源 IP 地址与目的 IP 地址，然后根据路由表数据库中的相关信息，决定应该将分组从哪个接口转发。

路由器对其所连接的每一个网络都起到了隔离作用。如图 5-33 所示，当数据在 3 个局域网中传送时，路由器将检查路由表，如果路由表里有相关的路由条目，路由器就转发数据，否则将丢弃数据。

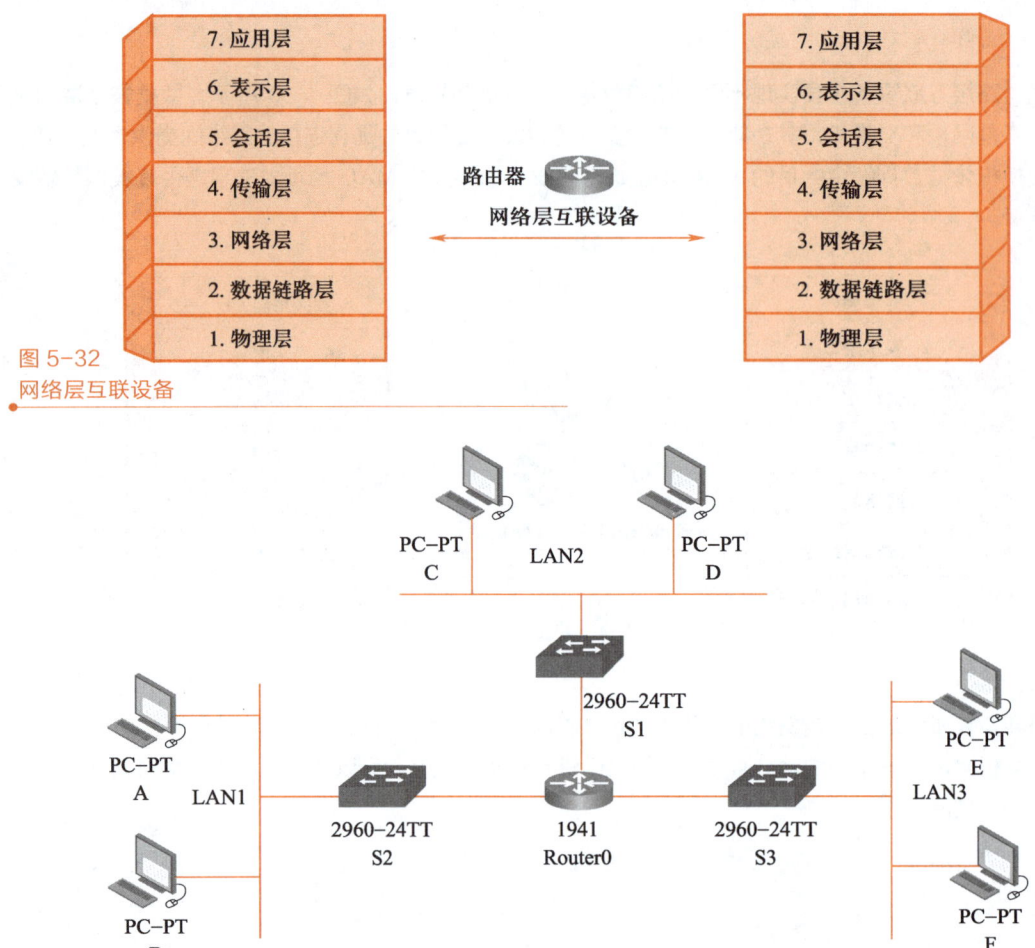

图 5-32
网络层互联设备

图 5-33
路由器连接网络

4. 高层互联设备

在传输层及以上各层间进行网络互联属于高层互联，用到的主要设备是网关。网关也叫作网间协议变换器，用于高层协议的转换，是比交换机和路由器更复杂的网络互联设备。网关可以实现不同协议的网络间互联，包括不同网络操作系统的网络互联，也可以实现远程网络间的互联。在高层协议转换的实际应用中，并不一定要分层进行，例如从传输层到应用层的协议转换可以作为一个整体一起进行。

5.8.3　网络互联协议

由于现在 Internet 使用非常广泛，因此下面主要介绍在 Internet 中较为常见的一些网络互联协议。

1. 静态路由协议

在路由器上可以手工配置路由信息，这种路由称为静态路由，典型例子就是默认路由。静态路由需要网络管理员进行初始配置并对任何路由的变化做出修改。静态路由通常认为是很可靠的，路由器不会有任何处理数据包的开销。另一方面，静态路由不能自动更新，需要网络管理员进行持续地管理。

如果路由器与多台其他的路由器相连接，就需要完全了解网络的拓扑结构才能正确地配置静态路由。由于每台路由器都要转发数据包，因此都需要配置静态路由。此外，如果网络结构经常变化，还必须在每台路由器上手动更新静态路由。如果没有及时更新，路由信息就不准确，导致数据转发延迟或者丢失数据包。

2. 动态路由协议

在一个网络中，如果路由信息是通过路由器之间的相互学习获得，则该路由称为动态路由。这里所说的学习过程就是路由器之间相互交换信息的过程。动态路由无须额外配置，但需要占用路由器的 CPU 资源来处理信息。

动态路由协议是路由器动态共享其路由协议所依据的规则集。当路由器发现自身直连的网络发生变化或者路由器之间的链路变更时，会将此类信息发送给其他路由器。当一台路由器收到有关路由更新的信息时，它会自动地传递给其他路由器。路由器根据这些信息更新路由表，如图 5-34 所示。

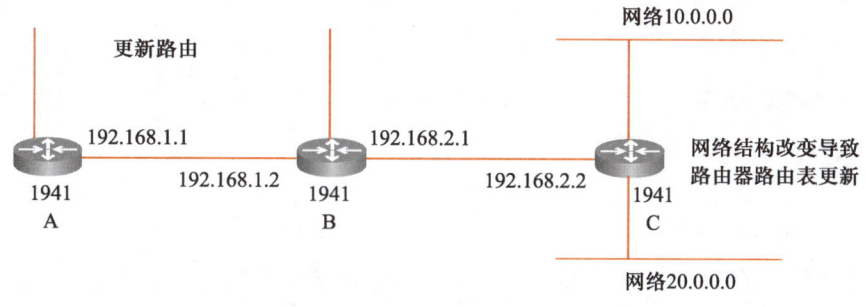

图 5-34
动态路由协议

常用的动态路由协议有以下几种：

① 路由信息协议（RIP）。

② 增强型内部网关路由协议（EIGRP）。

③ 开放最短路径优先（OSPF）。

尽管动态路由协议能够为路由器提供最新的路由信息以更新路由表，但它也会增加路由器的开销。首先，交换路由信息增加了网络带宽的开销；其次，路由器计算最优路径需要消耗 CPU 资源。因此，除了路由和转发数据包的"本职工作"，路由器必须有足够的额外处理能力来实施动态路由协议。

• 5.9 IP 数据报

目前 IP 主要有两个版本，即 IPv4 和 IPv6。这两个版本的 IP 在传输数据时所使用的数据报的格式是不同的。不同的数据报格式也使得 IPv4 和 IPv6 的功能有所差别。下面分别介绍 IPv4 和 IPv6 的数据报格式。

微课 5-12
IPv4 数据报

5.9.1 IPv4 数据报格式

IPv4 数据报由首部和数据两部分组成，其中的首部又分为固定长度与可变长度两部分。固定部分长 20 字节，是每个 IPv4 数据报必须具有的；可变长度部分是可选的，长度不固定。IPv4 数据报的格式如图 5-35 所示。

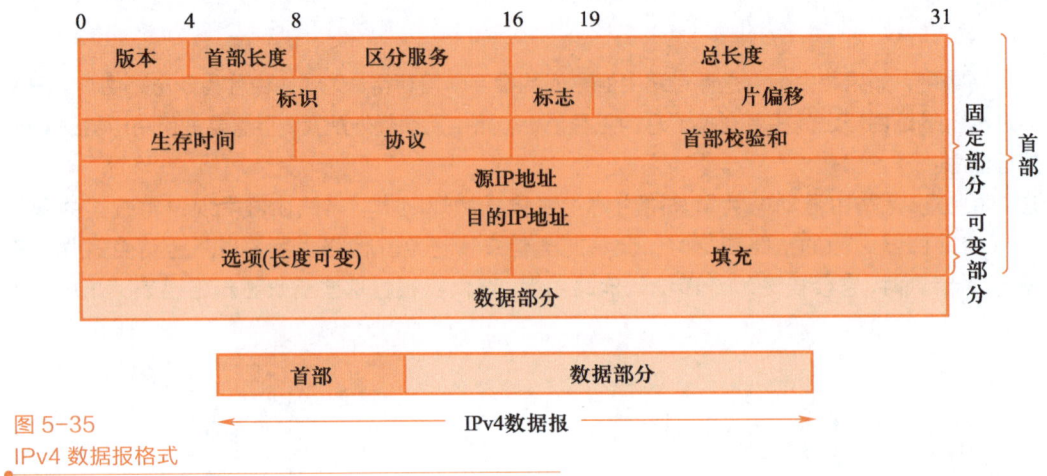

图 5-35
IPv4 数据报格式

5.9.2　IPv4 数据报各字段含义

1. 首部固定部分

① 版本：4 位，指明 IP 数据报的版本。当前 Internet 使用的是第 4 版本，称为 IPv4，通信的双方必须使用相同的版本。

② 首部长度：4 位，指 IPv4 数据报首部的长度，单位是 4 字节。由于 4 位二进制数所能表示的最大值是 15（即二进制数 1111），因此 IPv4 数据报首部的最大长度为 60 字节。一般情况下 IPv4 数据报的首部只包含固定部分，不含选项字段和填充字段，这时首部长度取值是 5，即 20 字节。

③ 区分服务：8 位，描述路由器在处理数据报时所使用的优先级别。例如，IP 语音数据报的优先级高于流媒体音乐，这种机制称为 QoS（服务质量）。这个字段之前叫作 ToS（服务类型）但一直没有使用。

④ 总长度：16 位，指整个 IPv4 数据报的总长度，包括首部和数据部分，单位是字节。由于该字段长 16 位，所以 IPv4 数据报的总长度最大值是 65535 字节。

⑤ 标识：16 位，当数据报的长度超过网络的最大传输单元（Maximum Transmission Unit，MTU）时，数据报就需要分片。在这种情况下，标识字段的值被复制到所有的分片标识字段中。接收方根据分片中的标识来判断其归属，从而进行分片的重组。

⑥ 标志：3 位，指示数据报是否分片，目前只有后两位有意义。

● 标志字段的最低位记为 MF（More Fragment）。MF = 1 表示后面还有分片；MF = 0 表示这已经是最后一个分片。

● 标志字段的中间一位记为 DF（Don't Fragment）。DF = 1 表示不允许分片；DF = 0 表示允许分片。

⑦ 片偏移：13 位，当分片数据报到达目的主机时，IPv4 数据报利用 IP 报头中的分片偏移和 MF 标志位重组数据报。分片偏移字段指明分片数据报的次序。

⑧ 生存时间：8 位，记为 TTL（Time to Live），描述的是数据报被丢弃或可传输之前可以经过的最大跳数。处理过数据报的每台路由器将 TTL 值减 1，TTL 值为 0 的数据报会被路由器丢弃。

⑨ 协议：8 位，指出 IPv4 数据报携带的数据使用的是哪种协议。常见的协议字段和字段值为 ICMP（1）、IGMP（2）、TCP（6）、UDP（17）、OSPF（89）。

⑩ 首部校验和：16 位，用来检测 IPv4 数据报的首部。

⑪ 源 IP 地址和目的 IP 地址：各占 32 位，表示 IPv4 数据报的发送方和接收方的 IP 地址。

2. 首部可选部分

选项字段主要用于网络测试或调试。该字段长度可变，从 1 字节到 40 字节不等，其变化依赖于所选的类型，如路由选项、时间戳选项等。填充字段依赖于选项字段的值，一般情况下都以"0"来填充。

IPv4 数据报的首部可变部分一方面增加了数据报的功能，但另一方面也增加了路由器处理数据报的开销，而且这些选项在实际中很少使用。

下面通过具体的实验分析 IPv4 数据报的格式。

如图 5-36 所示，在网络模拟器中搭建网络拓扑，包括两台主机和一台交换机，用直通线缆连接主机和交换机的以太网端口。将主机 A 和主机 B 的 IP 地址分别配置为"192.168.1.1"和"192.168.1.2"，然后把网络模拟器切换到模拟模式。

192.168.1.1   192.168.1.2

PC-FT   2960-24TT   PC-PT
A   S1   B

图 5-36
IPv4 数据报 ping
实验网络拓扑

单击主机 A，选择"Desktop"选项卡中的"Command Prompt"功能，进入主机 A 的命令行窗口，输入命令"ping 192.168.1.1"并按 Enter 键，如图 5-37 所示。

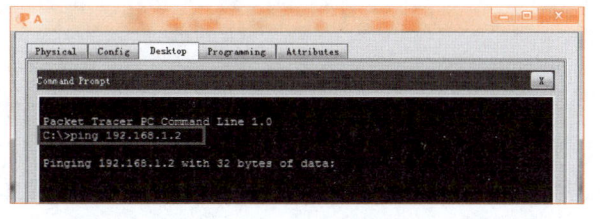

图 5-37
执行 ping 命令

返回模拟器主界面，单击"Capture/Forward"按钮观察 ping 命令执行过程中报文的发送情况，如图 5-38 所示。

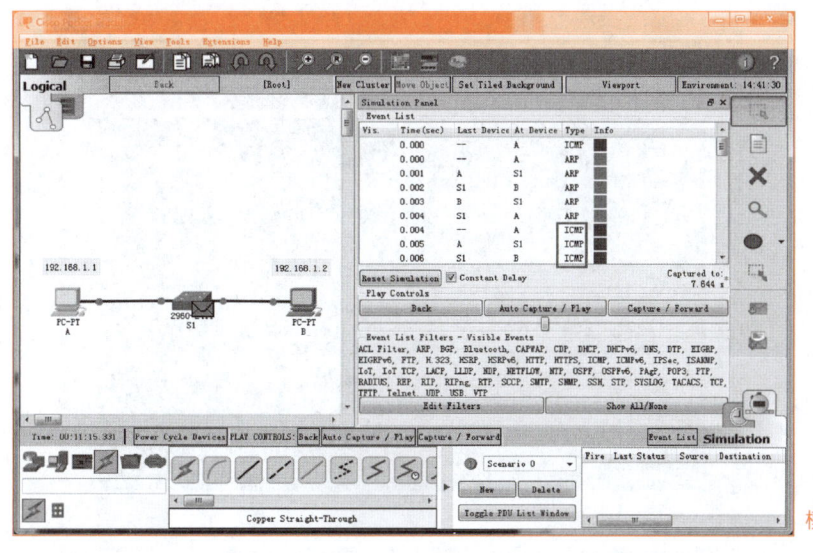

图 5-38
模拟 ping 命令
报文发送

选择主机 B 所收到的 ICMP 报文，分别查看入站 PDU 详细数据和出站 PDU 详细数据，如图 5-39 所示。

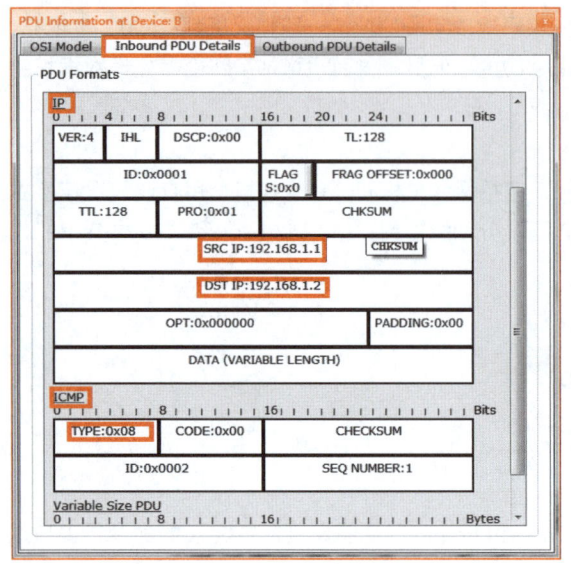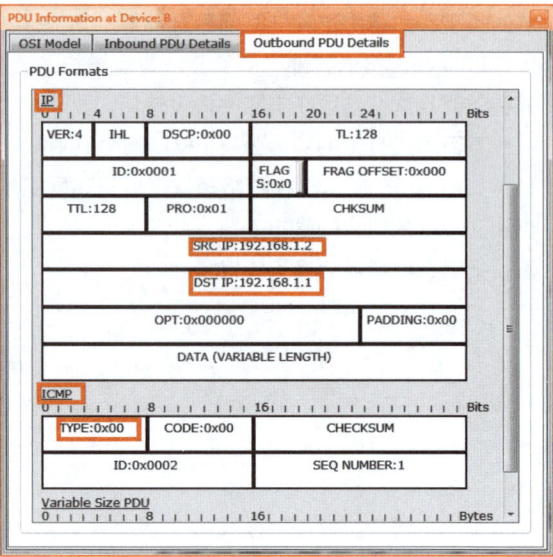

(a) 入站PDU详细数据　　　　　　　　　　　(b) 出站PDU详细数据

图 5-39
ping 命令详细报文数据

注意到在图 5-39（a）中，ICMP 报文的类型字段值为 "0x08"，IP 报文的源 IP 地址和目的 IP 地址分别是 "192.168.1.1" 和 "192.168.1.2"。因此，这是一个从主机 A（IP 地址为 192.168.1.1）发往主机 B（IP 地址为 192.168.1.2）的回送请求报文。在图 5-39（b）中可以看到，ICMP 报文的类型字段值为 "0x00"，IP 报文的源 IP 地址和目的 IP 地址分别是 "192.168.1.2" 和 "192.168.1.1"。因此，这是一个从主机 B 发往主机 A 的回送应答报文。

ping 命令的最终执行结果如图 5-40 所示。默认情况下，ping 命令连续发送 4 个数据报进行测试。

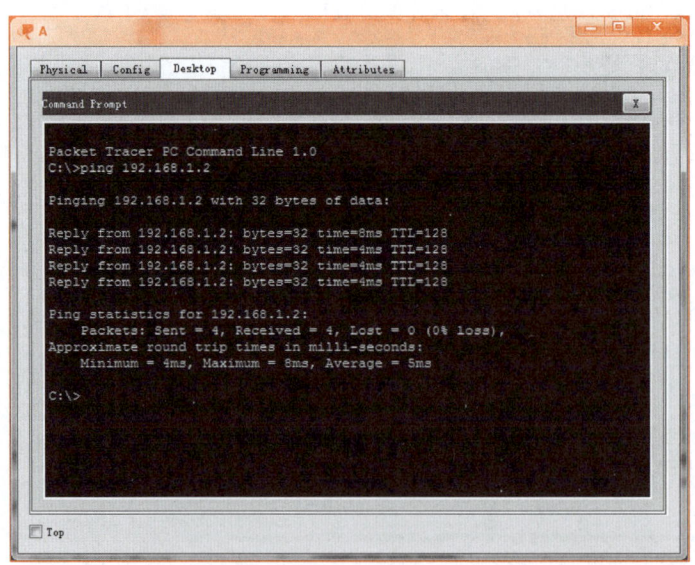

图 5-40
ping 命令执行结果

5.9.3 IPv6

前面已经介绍过，IP 是 Internet 中的关键协议，而随着 Internet 的飞速发展，现在广泛使用的 IPv4 已经不能满足人们的需求，采用 IPv6 是解决 IP 地址耗尽问题的根本措施。

IPv6 对首部中的某些字段进行了更改，取消了不必要的功能，如首部长度和服务类型字段，将首部的字段数减少到只有 8 个。为了加快路由器处理数据报的速度，还取消了首部的检验和字段。IPv6 将首部长度固定为 40 字节，称为基本首部（Base Header），其后是数据报的有效载荷（Payload）或净负荷，包括 0 或者多个扩展首部以及数据部分。如图 5-41 所示是 IPv6 的数据报格式。

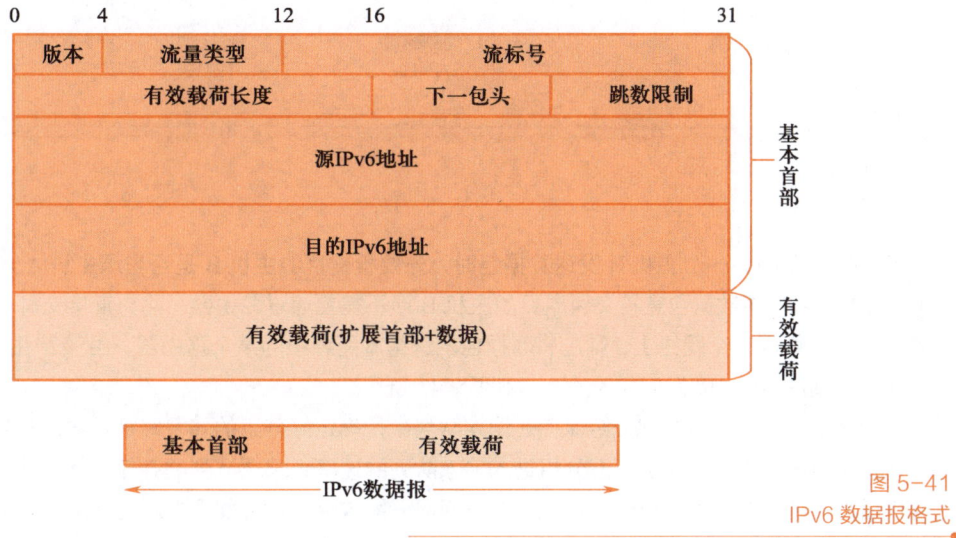

图 5-41
IPv6 数据报格式

下面介绍 IPv6 数据报基本首部各字段的含义。

① 版本：占 4 位，对于 IPv6，该字段的值为 6。

② 流量类型：占 8 位，用以区分不同的 IPv6 数据报的类别或优先级。

③ 流标号：占 20 位，用来标记 IPv6 数据的一个流，让路由器或者交换机基于流而不是数据报来处理数据。所有属于同一个流的数据报具有同样的流标号。

④ 有效载荷长度：占 16 位，用来表示有效载荷的长度，包括扩展首部和数据部分，最大长度是 65535 字节。

⑤ 下一包头：占 8 位，这个字段的含义取决于 IPv6 数据报是否含有扩展首部。

⑥ 跳数限制：占 8 位，用来定义 IPv6 数据报允许经过的最大跳数。

⑦ 源 IPv6 地址及目的 IPv6 地址：各占 128 位，用来标识 IPv6 数据报的发送方和接收方的 IPv6 地址。

5.10 路由数据包

5.10.1 路由选择机制

通信子网为网络节点和目的节点提供了多条通信线路（通信路径）。网络节点在收到一个分组后，要确定下一个节点的转发路径，这就是路由选择，也是网络层最基本的功能。路由选择包括两个基本操作：选择最佳路径和转发数据包，其中选择最佳路径相对来说较为复杂。如图 5-42 所示，从计算机 A 发送数据包到计算机 B，当经过节点 1 时，该节点

微课 5-13
路由选择机制

需要确定向哪个节点转发数据包。

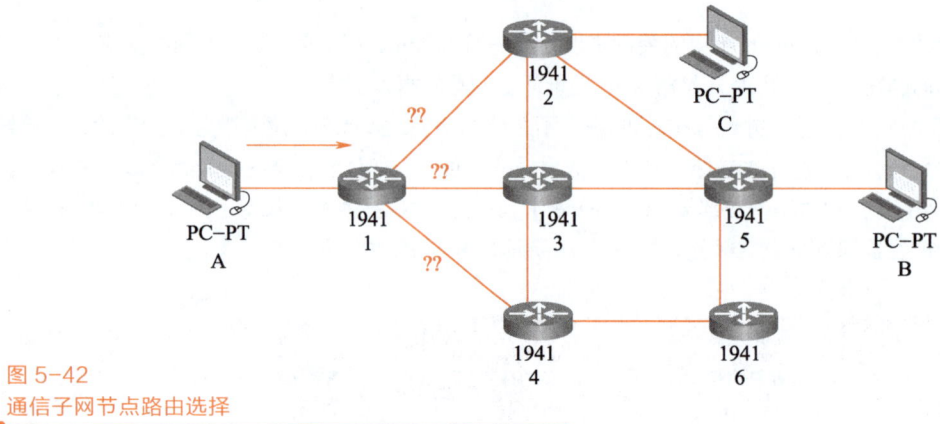

图 5-42
通信子网节点路由选择

5.10.2 数据包转发策略

当主机 A 要向另一个主机 B 发送数据包时，先要检查目的主机 B 是否与源主机 A 连接在同一个网络中。如果是，就将数据包直接交付给目的主机 B 而不需要通过路由器，称为直接交付；如果目的主机与源主机 A 不在同一个网络上，则应将数据包发送给本网络中的某个路由器，由该路由器将数据包转发给下一个路由器，称为间接交付，如图 5-43 所示。

路由器收到分组后会先把分组保存在输入队列中，确定好分组的转发路径后再转移到转出队列中。如果路由器处理分组的速率赶不上分组进入输入队列的速率，那么队列的存储空间最终必将减少到零，这就使后面再进入队列的分组由于没有存储空间而只能被丢弃。路由器的输入或输出队列产生溢出是造成分组丢失的重要原因。

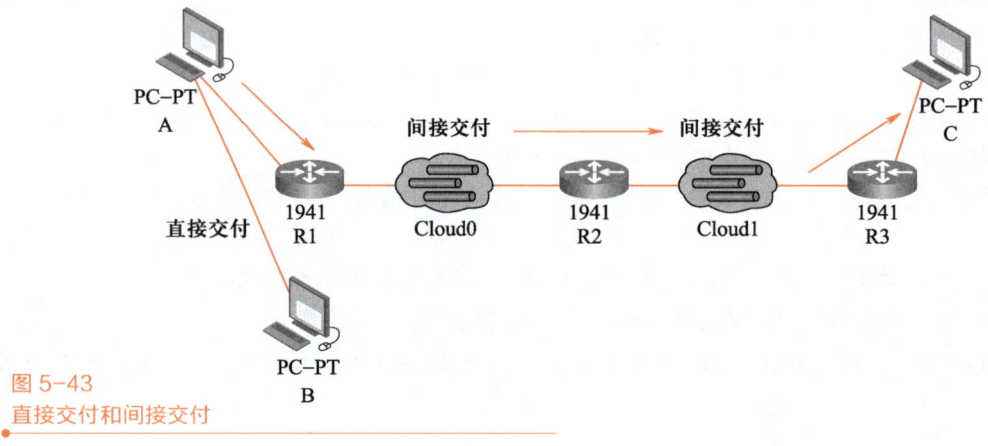

图 5-43
直接交付和间接交付

5.10.3 路由协议

微课 5-14
路由选择协议

根据路由算法对网络变化的适应能力，可以把路由协议分为以下两种类型。

① 静态路由协议：又称为非自适应路由选择，其特点是简单、开销较小，但不能及时适应网络状态的变化。

② 动态路由协议：又称为自适应路由选择，其特点是能较好地适应网络状态的变化，但实现起来较为复杂，开销也比较大。

由于 Internet 的规模非常大，如果让路由器保存和其他所有网络的路由信息，那么路由表将会非常庞大，路由转发速率也将非常低。可以想象，所有这些路由器之间交换路由信息所需的带宽就会使 Internet 的通信链路饱和。因此，有必要将 Internet 划分成规模较小的单元，在每个单元内部选用合适的路由协议。

另一方面，许多机构不愿让外界了解自己的网络细节（如机构网络的拓扑结构和所采用的路由选择协议），但同时还希望连接到 Internet 上。对于这种需求，也需要把 Internet 进行划分，既允许各机构选择不同的路由协议，又保证各机构能相互通信。

基于以上两个原因，Internet 采用分层次的路由选择协议，相关的概念有以下 3 个。

（1）自治系统

Internet 将整个互联网络划分为许多较小的自治系统（Autonomous System，AS），一个自治系统就是一个互联网络，其最重要的特点就是自治系统有权自主决定在本系统内采用何种路由选择协议。一个自治系统内的所有网络都由一个行政机构（如一个公司、一所大学、政府的一个部门等）来管辖，一个自治系统的所有路由器在本自治系统内都必须是连通的。

（2）内部网关协议

内部网关协议（Interior Gateway Protocol，IGP）是在一个自治系统内部使用的路由选择协议，这类路由选择协议目前使用得最多，如 RIP 和 OSPF 协议。

（3）外部网关协议

外部网关协议（External Gateway Protocol，EGP）是在自治系统之间使用的路由协议，若发送方和接收方处在不同的自治系统中，当数据包传到一个自治系统的边界时，就需要使用一种协议将路由选择信息传递到另一个自治系统中，这样的协议就是外部网关协议。目前使用的最多的外部网关协议是 BGP-4。

5.10.4 路由器路由表

路由是指为每个到达路由器的数据包选择转换路径的过程。为将某个数据包转发到目的网络，路由器需要知道到目的网络的路由条目；如果路由器没有这样的路由条目，就将数据包转发到默认网关；如果没有默认网关，就丢弃数据包。路由器中转发数据包所需的路由条目就组成了路由器的路由表。

路由器把网络分成直连网络和远程网络两种类型，相应地，也有两种类型的路由条目。

① 直连网络路由条目：这些路由条目来自于路由器的活动接口。当路由器接口配置了 IP 地址并且已经激活时，路由器会将接口所在的网络条目加入路由表。路由器的每一个接口都连接了不同的网络。

② 远程网络路由条目：这些路由条目来自连接到本路由器的其他路由器。通向这些网络的路由条目可以由网络管理员手动配置，或者通过动态路由协议让路由器自动学习。

路由条目主要包括以下 3 种信息：

① 目的网络标识。

② 与目的网络相关的度量。

③ 到达目的网络需要经过的下一跳 IP 地址。

5.11 网际协议（IP）

Internet 是由一组同构或异构的网络组成的集合，在其中实现网络互联的关键就是网际协议（Internet Protocol，IP）。IP 是 TCP/IP 协议簇的核心，它提供了一种无连接、不可靠的 IP 数据报服务。不管发送方和接收方位于哪个网络，双方之间的通信都必须遵守 IP 的规定，以 IP 报文的形式传输数据。

IP 是网络层最重要的协议，可以把多个网络或者自治系统连成一个网络。IP 为传输层提供服务，对传输层的数据进行分组并通过 Internet 发送出去。网络层的主要功能都是以 IP 为基础的，主要负责 IP 寻址、路由选择和 IP 数据报的分片和重组。

除 IP 外，网络层还有其他几个相关的协议。

① 网际控制报文协议（Internet Control Message Protocol，ICMP）：允许主机或路由器报告差错情况和提供有关异常情况的报告，以便更有效地转发 IP 数据报和提高成功交付的概率。ICMP 的相关内容将在下一节详细介绍。

② 网际组管理协议（Internet Group Management Protocol，IGMP）：是 Internet 中的一个组播协议，用于管理组播组成员的加入和离开。

③ 地址解析协议（Address Resolution Protocol，ARP）：用于完成主机的 IP 地址到物理地址的转换。ARP 的相关内容将在任务 3 中详细介绍。

④ 逆向地址解析协议（Reverse Address Resolution Protocol，RARP）：用于完成主机的物理地址到 IP 地址的转换，该协议现在已经不再使用。

•5.12　网际报文控制协议（ICMP）

微课 5-15
网际报文控制
协议（ICMP）

ICMP 允许主机或路由器报告差错情况和提供有关异常情况的报告。ICMP 报文封装到 IP 数据报中，加上数据报的首部，组成 IP 数据报发送出去，因此 ICMP 不是高层协议，而是网络层协议。如图 5-44 所示为 ICMP 报文格式。

从种类上来说，ICMP 报文有两种，即 ICMP 差错报告报文和 ICMP 询问报文。每一种 ICMP 报文又分为不同类型的报文，具体类型见表 5-17。

动画 5-1
ICMP 原理

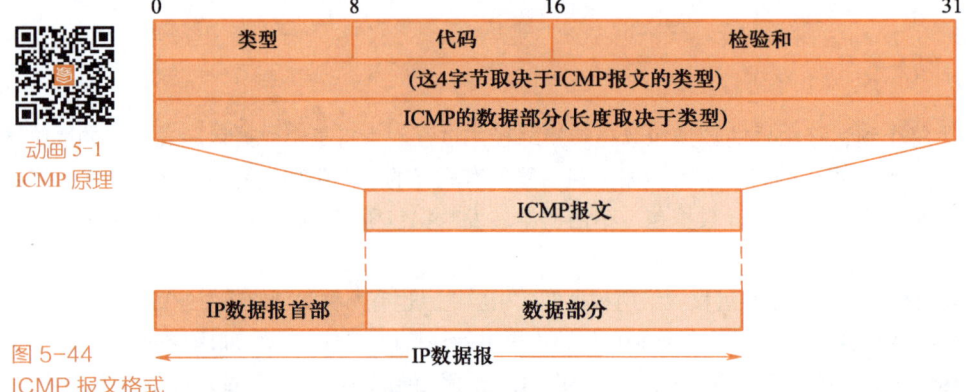

图 5-44
ICMP 报文格式

表 5-17　ICMP 报文类型

ICMP 报文种类	ICMP 报文类型值	ICMP 报文类型含义
差错报告报文	3	终点不可达
	11	时间超过
	12	参数问题
	5	改变路由
询问报文	8	回送请求
	0	回送应答
	13	时间戳请求
	14	时间戳应答

ICMP 报文的前 4 字节是统一的格式，包含类型、代码和检验和 3 个字段；后面的 4 字节的内容与 ICMP 的类型有关。

表 5-1 中列出了 4 种常用的差错报告报文，此外还有其他一些报文类型随着 ICMP 标准的不断更新而不再使用。下面简单介绍这 4 种差错报告报文。

① 终点不可达：如果路由器或主机因某些原因无法交付数据报，就向源点发送终点不可达报文，具体原因包括网络不可达、主机不可达、协议不可达、端口不可达、路由失败等。

② 时间超过：如果路由器收到生存时间为零的数据报，或者终点在预先规定的时间内未能收到一个数据报的全部数据分片，就向源点发送时间超过报文。

③ 参数问题：当路由器或目的主机收到的数据报的首部中有字段的值不正确时，就丢弃该数据报，并向源点发送参数问题报文。

④ 改变路由：当路由器通过路由信息交换或只发往某个目的地的更好的路由时，就通知主机下次通过新的路由发送数据报。

常用的 ICMP 询问报文包括回送请求和应答报文，以及时间戳请求和应答报文。前者是主机或路由器向特定主机发送询问，测试特定主机是否可达并了解其状态，特定主机通过回答报文予以应答；后者用于在主机或路由器之间进行时钟同步和时间测量而发送的请求和应答报文。ICMP 请求报文和应答报文一般是成对使用的。

任务实施

本任务首先在网络模拟器中模拟 ping 命令的报文发送，这里使用 IPv6 地址配置网络设备，从而加深对 IPv6 数据报格式的理解。然后，在 Windows 操作系统中演示 tracert 命令的执行结果。

1. 使用 ping 命令

按照如图 5-45 所示在网络模拟器中搭建网络拓扑。将主机 A 和 B 的 IPv6 地址分别配置为 68E6:8C64:FFFF:FFFF:0:1180:960A:FFFF/64 和 68E6:8C64:FFFF:FFFF:0:1180:960B:FFFF/64，然后把网络模拟器切换到模拟模式。

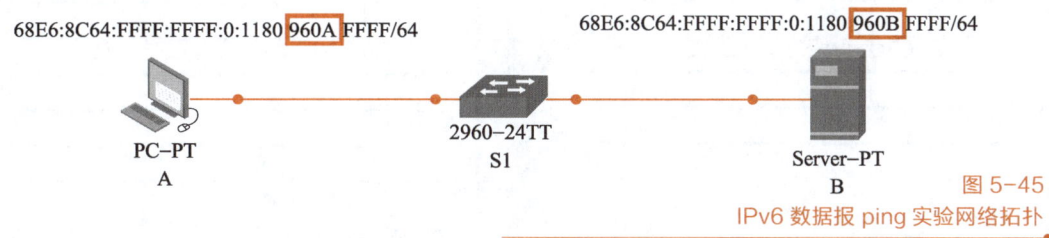

图 5-45
IPv6 数据报 ping 实验网络拓扑

单击主机 A，选择"Desktop"选项卡中的"Command Prompt"功能进入其命令行窗口。在命令行窗口中输入命令"ping 68E6:8C64:FFFF:FFFF:0:1180:960B:FFFF"并按 Enter 键，如图 5-46 所示。

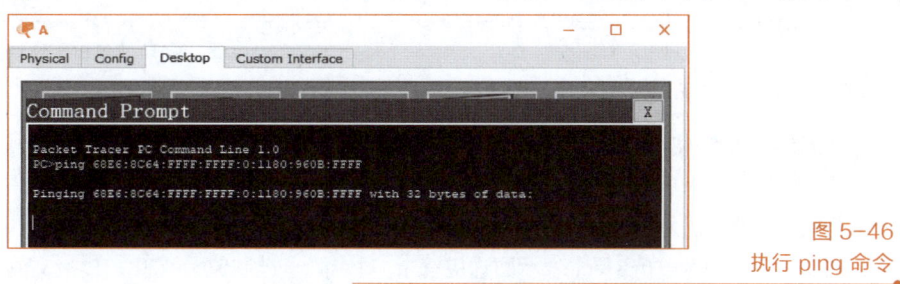

图 5-46
执行 ping 命令

返回模拟器主界面，单击 "Capture/Forward" 按钮观察 ping 命令执行过程中报文的发送情况，如图 5-47 所示。

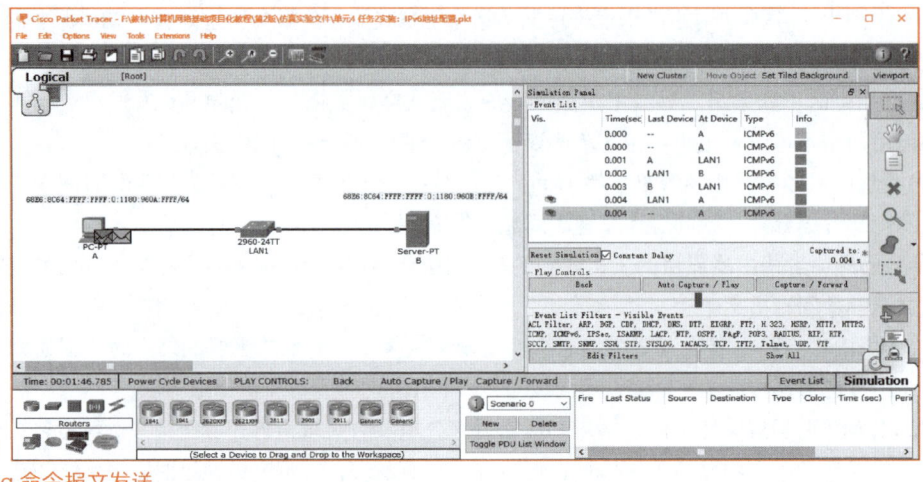

选择主机 B 所收到的 ICMP 报文，分别查看入站 PDU 详细数据和出站 PDU 详细数据，如图 5-48 所示。

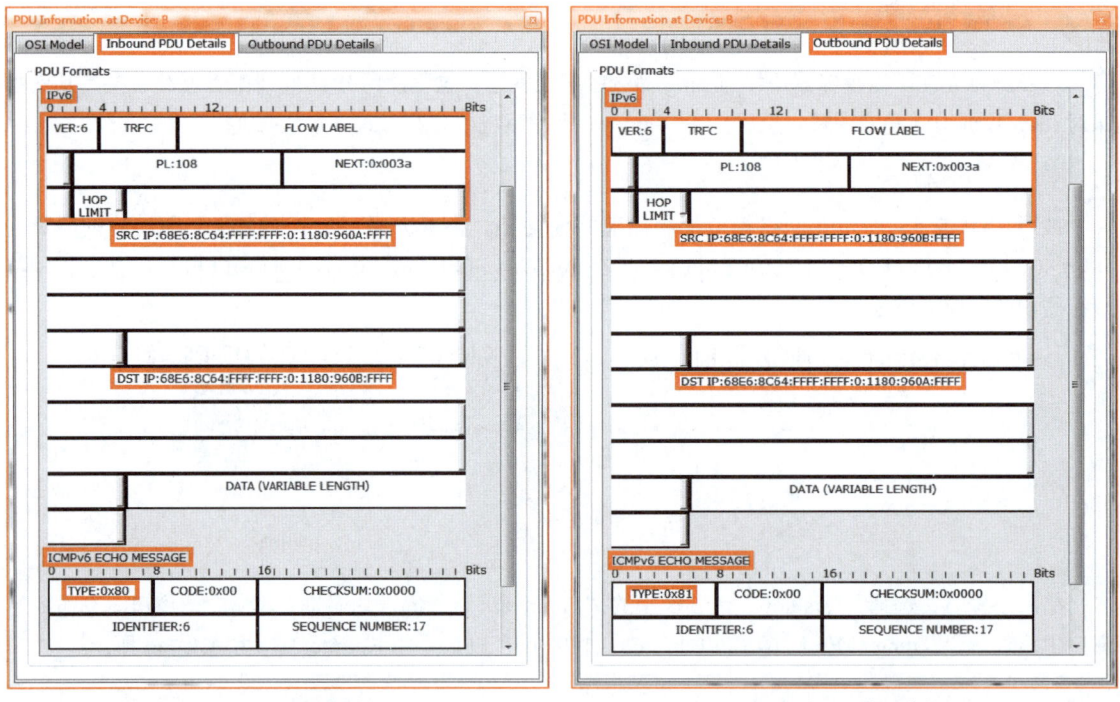

(a) 入站PDU详细数据　　　　　　(b) 出站PDU详细数据

图 5-48
详细 IPv6 数据报报文数据

注意到在图 5-48（a）中，ping 命令所使用的 ICMP 协议的版本是 ICMPv6，类型字段值为 "0x80"（表示回送请求），对应的十进制值为 128，IP 报文的源 IP 地址和目的 IP 地址分别是主机 A 和主机 B 的 IPv6 地址。因此，这是一个从主机 A 发往主机 B 的回送请求报文。在图 5-48（b）中可以看到，ICMPv6 报文的类型字段值为 "0x81"（表示回送应答），对应的十进制值为 129，IP 报文的源 IP 地址和目的 IP 地址分别是主机 B 和主机 A 的 IPv6 地址。因此，这是一个从主机 B 发往主机 A 的回送应答报文。

ping 命令的最终执行结果如图 5-49 所示。

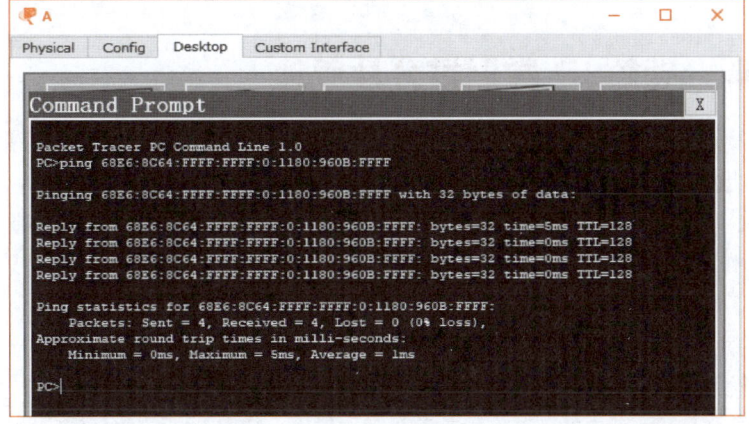

图 5-49
IPv6 数据报 ping 命令执行结果

2. 使用 tracert 命令

打开一台 Windows 主机的命令行窗口（需要接入互联网），直接输入 tracert 命令查看从源主机到目的主机的路由结果。如图 5-50 所示给出了从苏州的一台计算机到百度主页服务器的路由选择结果。

图 5-50
tracert 命令执行结果

 任务拓展

tracert 命令通过向目的主机发送一连串具有不同生存时间（TTL）的且无法交付的 UDP 用户数据报，从而确定从源主机到目标主机所采取的路由。它要求路径上的每个路由器在转发数据报之前将数据报上的 TTL 递减 1 直至为 0 时，此时目的主机向源主机发送 ICMP 时间超过差错报告报文。具体来说：

① tracert 命令把要发送的第一个数据报 P1 的 TTL 设置为 1。假设 P1 到达的第一个路由器是 R1。R1 接收 P1 之后，把 P1 的 TTL 减 1。由于 TTL 变为 0，因此 R1 丢弃 P1 并向源主机发送 ICMP 时间超过差错报告报文；

② 源主机知道 R1 不是最终的目的地，于是接着发送第二个数据报 P2。P2 的 TTL 为 2。同样地，P2 先到达 R1。R1 把 P2 的 TTL 减 1 之后转发给路由器 R2。R2 对 P2 的操作与 R1 相同，也是把 P2 的 TTL 减 1。此时 P2 的 TTL 又变为 0，所以 R2 丢弃 P2 并向源主机发送 ICMP 时间超过差错报告报文；

③ 上述过程一直继续下去，直到数据报到达目的主机。目的主机不再转发数据报，而是尝试交付

数据报。由于这是一个无法交付的 UDP 用户数据报,因此目的主机向源主机发送 ICMP 终点不可达差错报告报文。

项目实训　理解 IP 数据报分片原理

操作视频 5-2
IP 数据报分片

之前已经讨论过 IP 数据报的格式与各字段的含义,那么 IP 数据报是如何进行分片与重组的呢? IP 数据报分片是指当 IP 数据报的大小超过网络链路的最大传输单元(MTU)时,将其拆分成多个较小的数据报片段,以便在网络中进行传输。这是因为在互联网协议中,不同网络链路的 MTU 可能不同,而 IP 数据报的大小可能超过某些链路的 MTU。为了解决这个问题,IP 引入了分片机制。当 IP 数据报需要进行分片时,原始数据报会被拆分成多个较小的片段,每个片段都具有相同的 IP 头部,但数据部分被截断以适应 MTU 的大小。每个片段都会独立地进行传输和路由,并在目的主机处重新组装成完整的原始数据报。

在 IP 分片过程中,IP 头部中的某些字段起着关键的作用。其中,16 位的标识字段用于唯一标识一个 IP 数据报,这样在分片传输和重新组装时能够识别属于同一个原始数据报的片段。3 位标志字段用于指示分片的状态,如是否还有更多的片段等。而 13 位的片偏移字段则指定了每个片段在原始数据报中的位置。而且数据报在到达目的主机之前有可能被再次分片,所有 IP 分片的重组操作都是由目的主机完成的。

为了观察 IP 数据报分片与重组的过程,在网络模拟器中搭建如图 5-51 所示的网络拓扑并完成实验。

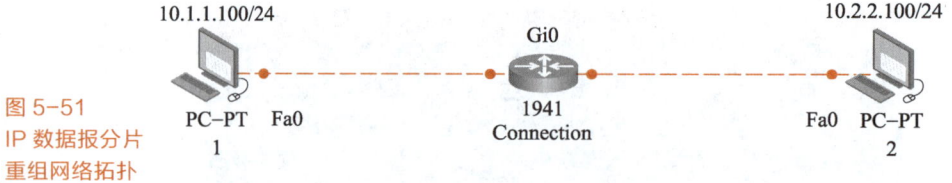

图 5-51
IP 数据报分片
重组网络拓扑

【实训目的】

- 理解 IP 数据报分片与重组的机制。
- 掌握 IP 数据报的格式与各字段的含义。
- 掌握在网络模拟器中创建复杂数据报的方法。

【实训内容】

- 在网络模拟器中搭建简单网络拓扑。
- 练习创建复杂数据报并模拟报文发送。
- 观察分片 IP 数据报的具体内容。

【实训步骤】

首先完成路由器和 PC 的基本配置,命令如下,参数如图 5-52 所示。

```
Connection (config)#interface gigabitEthernet 0/0
Connection (config-if)#ip address 10.1.1.1 255.255.255.0
Connection (config-if)#no shutdown
Connection (config)#interface gigabitEthernet 0/1
Connection (config-if)#ip address 10.2.2.1 255.255.255.0
Connection (config-if)#no shutdown
```

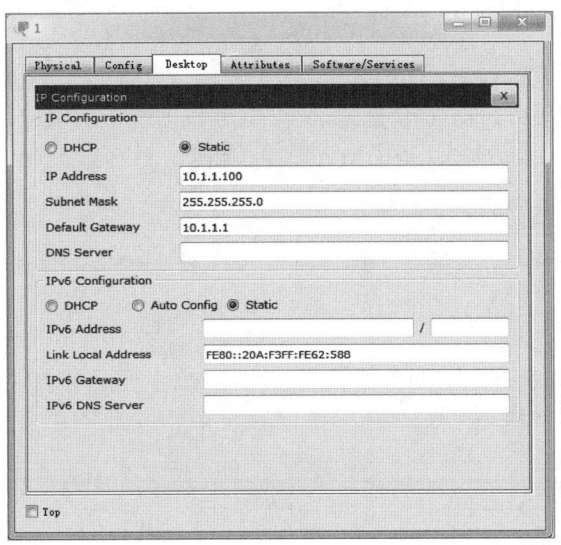

(a)

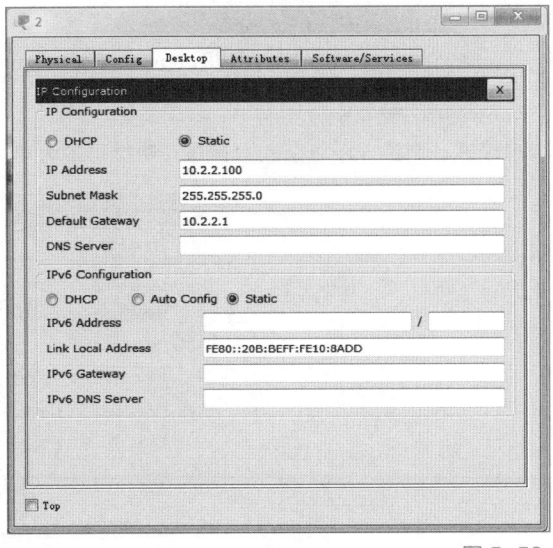

(b)

图 5-52
PC 的 IP 地址配置

查看路由器 Connection 的千兆以太网接口 gigabitEthernet 0/0 的 MTU 参数。输入命令"show interfaces gigabitEthernet 0/0",查看结果如下:

```
Connection#show interfaces gigabitEthernet 0/0
GigabitEthernet0/0 is up, line protocol is up (connected)
Hardware is CN Gigabit Ethernet, address is 0060.704c.7301 (bia 0060.704c.7301)
Internet address is 10.1.1.1/24
MTU 1500 bytes, BW 1000000 Kbit, DLY 100 usec,
reliability 255/255, txload 1/255, rxload 1/255
Encapsulation ARPA, loopback not set
Keepalive set (10 sec)
Full-duplex, 100Mb/s, media type is RJ45
output flow-control is unsupported, input flow-control is unsupported
ARP type: ARPA, ARP Timeout 04:00:00,
Last input 00:00:08, output 00:00:05, output hang never
Last clearing of "show interface" counters never
Input queue: 0/75/0 (size/max/drops); Total output drops: 0
Queueing strategy: fifo
Output queue :0/40 (size/max)
5 minute input rate 0 bits/sec, 0 packets/sec
5 minute output rate 0 bits/sec, 0 packets/sec
0 packets input, 0 bytes, 0 no buffer
Received 0 broadcasts, 0 runts, 0 giants, 0 throttles
0 input errors, 0 CRC, 0 frame, 0 overrun, 0 ignored, 0 abort
0 watchdog, 1017 multicast, 0 pause input
0 input packets with dribble condition detected
0 packets output, 0 bytes, 0 underruns
0 output errors, 0 collisions, 1 interface resets
0 unknown protocol drops
0 babbles, 0 late collision, 0 deferred
```

> 0 lost carrier, 0 no carrier
> 0 output buffer failures, 0 output buffers swapped out

从输出的参数中可以看出，路由器的千兆以太网接口的 MTU 值是 1500 字节。所以把模拟器切换到模拟模式，创建一个复杂的数据报，数据报的大小为 1800 字节（大于 MTU 值），如图 5-53 所示。

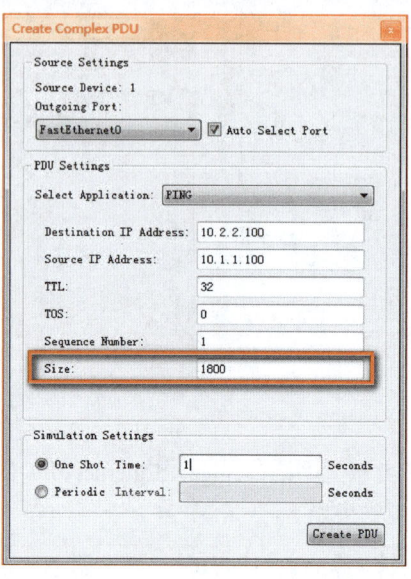

图 5-53
创建复杂 PDU

模拟结果如图 5-54 所示，可以看出，IP 数据报被分片为两个数据报。

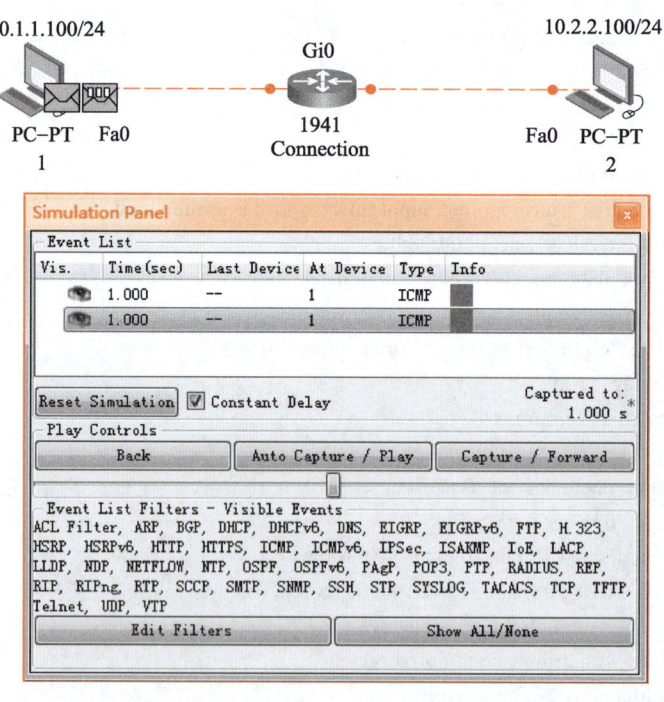

图 5-54
分片数据报

打开两个分片数据报（单击"Info"栏下面的正方形图标），查看数据报中的分片标识，如图 5-55 所示。

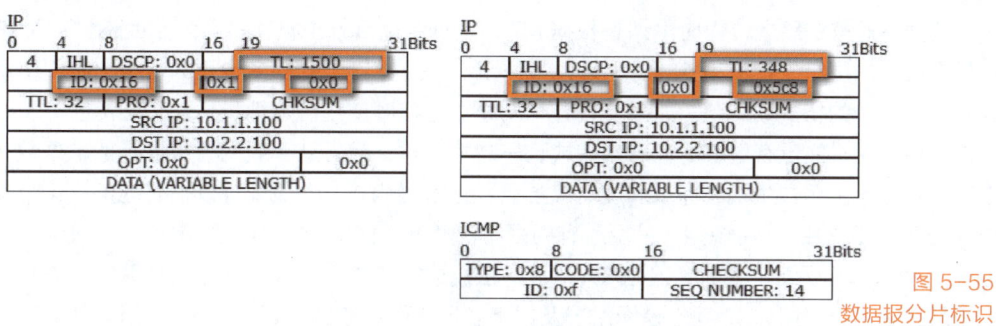

图 5-55
数据报分片标识

从图 5-56 中可以看出，两个分片的标识域都是 0x16，说明它们是同一个 IP 数据报的分片。第一个分片标志域为"0x1"说明其后还有分片，第二个分片标志域为"0x0"说明其后没有分片了，即它是最后一个分片。第一个分片偏移为"0x0"，说明它是第一个分片，第二个分片偏移"0x5c8"，说明它在分片中的位置，转换成十进制为 1480（IP 数据报首部 20 字节，所以第二个数据分片位置不是 1500，而是 1480）。因为路由器接口的 MTU 值为 1500，所以第一个数据报总长度为 1500 字节（其中 20 字节为首部），第二个数据报的总长度为 348 字节（其中首部为 20 字节，ICMP 报文为 8 字节）。

任务 5-3　理解 ARP 地址解析过程

 **任务陈述**

在计算机网络中有一对比较重要同时也较难理解的概念就是 IP 地址与 MAC 地址。之前在讲到网络各层协议数据单元的封装时曾经提到，数据在网络层进行封装时会把源主机和目的主机的 IP 地址添加到 IP 报文首部，而进入数据链路层则是把源主机和目的主机的 MAC 地址添加到 MAC 帧中。为什么同一台主机要有两个地址？这两个地址之间是什么关系，分别有什么用途？它们之间是怎么转换的？这些是本任务要解决的问题。

 **知识准备**

微课 5-16
IP 地址与 MAC 地址

•5.13　IP 地址与 MAC 地址

在网络层及以上各层，IP 地址是标识网络中一台主机的唯一标识。在传输层，当源主机和目的主机建立 TCP 连接时，需要明确指出目的主机的 IP 地址。在网络层封装数据时，把源 IP 地址和目的 IP 地址添加到 IP 报文首部。路由器根据 IP 报文首部的目的 IP 地址进行路由选择，确定转发数据报的路径。

网络层把封装好的 IP 数据报交给数据链路层后，数据报会继续被封装成 MAC 帧。整个 IP 数据报成为 MAC 帧的数据，并在 MAC 帧首部中添加源主机和目的主机的 MAC 地址。MAC 地址又称为物理地址或硬件地址，一般被固化到设备网卡的只读存储器（ROM）中，是数据链路层用于标识设备的方式。

主机或路由器在收到 MAC 帧后，先取出 MAC 帧首部中的目的主机 MAC 地址，根据这个地址决定是收下报文还是丢弃报文。如果收下报文，则会在剥去 MAC 帧首部和尾部后把数据部分交付给网络层。网络层根据 IP 数据报的源 IP 地址和目的 IP 地址进行后续处理。

　　数据在通信链路上传输时最终是根据 MAC 地址到达目的主机，那么为什么还要引入 IP 地址，而不是在所有的层级上都使用 MAC 地址？其原因在于，世界上有很多异构的网络，它们使用的硬件地址并没有统一的格式或规范。如果这些异构网络在通信时使用硬件地址，那么必然会涉及硬件地址的转换。用户主机并没有足够的信息来完成这一转换工作，而且从互联网层级设计的扩展性来说，这个工作也不应当由用户主机来完成。在网络层及以上各层引入 IP 地址可以很好地解决这个问题，因为 IP 地址的标准是由 IP 所规定，只要所有的网络都遵循共同的 IP，那么只要一台主机拥有一个合法的 IP 地址就可以同另外一台拥有合法 IP 地址的主机进行通信，而且这种通信从网络层看来就像是在同一个网络上进行。所以 IP 地址是网络层及以上各层虚拟出来的"逻辑地址"，而硬件地址才是真正的"物理地址"。

　　接下来讨论主机或路由器如何把网络层的 IP 地址转换成对应的 MAC 地址。

5.14　地址解析协议（ARP）

微课 5-17
地址解析协议
（ARP）

动画 5-2
地址解析协议
（ARP）

　　每一台主机都有一个 ARP 高速缓存（ARP Cache），用于保存本局域网中其他所有主机和路由器的 IP 地址到 MAC 地址的映射关系。当一台主机 A 要向本局域网中的另一台主机 B 发送数据报时，主机 A 就先从自己的 ARP 高速缓存中根据主机 B 的 IP 地址查找其 MAC 地址。如果找到主机 B 的映射记录，就把主机 B 的 MAC 地址封装到 MAC 帧中；如果没找到，主机 A 就通过 ARP 获得主机 B 的 MAC 地址，并把主机 B 的映射记录写入自己的 ARP 高速缓存中。下面以如图 5-56 所示的网络拓扑为例，说明 ARP 的运行过程。

　　① 如图 5-56（a）所示，主机 A 先在本局域网上发送一个 ARP 请求报文，该报文中包含了主机 A 的 IP 地址和 MAC，以及目的主机 B 的 IP 地址。

　　② ARP 请求报文是一个广播报文，因此本局域网中所有主机都会收到此 ARP 请求报文。

　　③ 收到 ARP 请求报文的主机会将自己的 IP 地址和请求报文中的目的主机 IP 地址进行比对。主机 B 发现自己的 IP 地址与目的主机 IP 地址一致，因此收下这个 ARP 请求报文并向主机 A 发送 ARP 响应报文，同时在该响应报文中写入自己的 MAC 地址。其他主机发现自己的 IP 地址与目的主机 IP 地址不一致，因此直接丢弃这个 ARP 请求报文，如图 5-56（b）所示。

　　④ ARP 响应报文是普通的单播报文，只有主机 A 能收到。主机 A 收到这个响应报文后，从中取出主机 B 的 MAC 地址，并在自己的 ARP 高速缓存中加入主机 B 的映射记录。

　　至此，主机 A 已经通过 ARP 成功得到了主机 B 的 MAC 地址。当主机 B 也要向主机 A 发送数据时，理论上也可以通过 ARP 得到主机 A 的 MAC 地址。但是从图 5-57（a）中可以看到，在主机 A 发给主机 B 的 ARP 请求报文中已经包含了主机 A 的 IP 地址和 MAC 地址。因此，主机 B 可以利用这个 ARP 请求报文直接得到主机 A 的 MAC 地址，而不需要再运行一次 ARP，这样就减少了网络上的 ARP 广播报文数量。

　　接下来主机 A 再次向主机 B 发送数据时，就可以从 ARP 高速缓存中直接找到主机 B 的 MAC 地址，而不用再次运行 ARP。可见 ARP 高速缓存对于提高发送效率、减少网络流量非常有用。

　　需要说明的是，网络中的主机可以随时离开网络，也可以更换网卡，这些情况都会导致保存在 ARP 高速缓存的映射关系失效。为了防止主机使用失效的映射关系进行封装数据，对 ARP 高速缓存中的每一条映射关系都设置一个生存时间。主机自动删除超过生存时间的映射关系，并重新运行 ARP 更新 ARP 高速缓存。

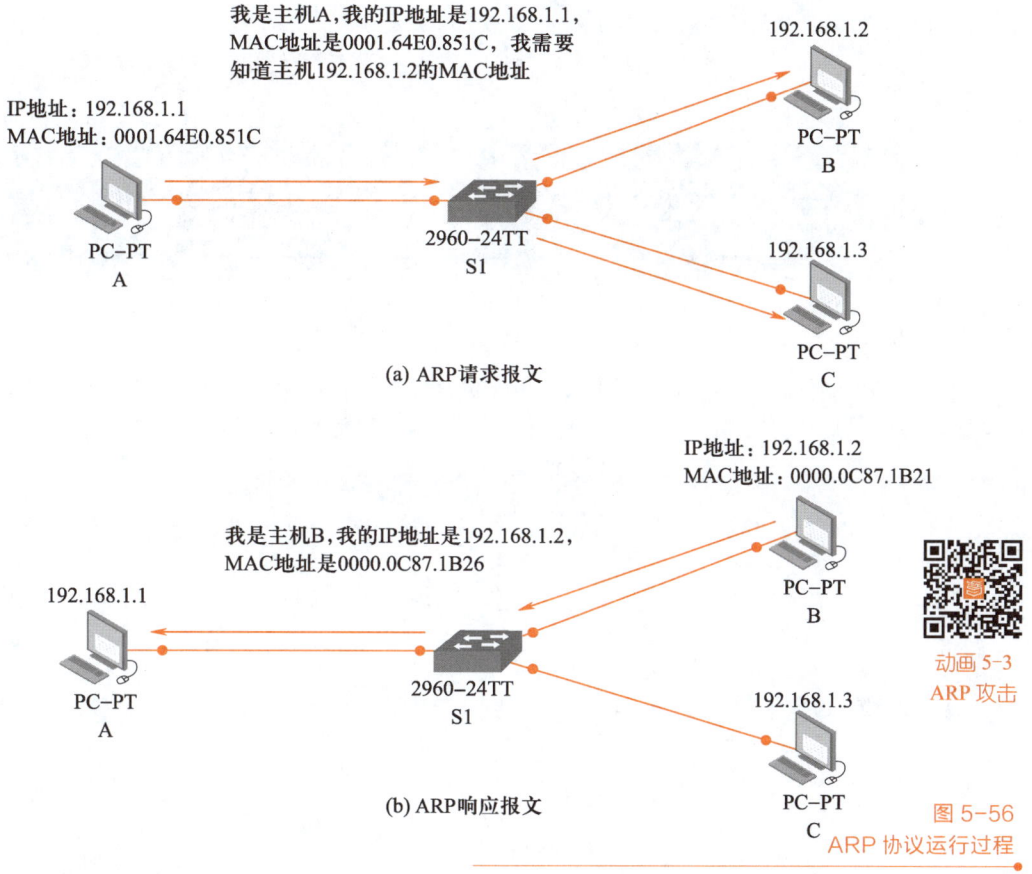

我是主机A,我的IP地址是192.168.1.1,
MAC地址是0001.64E0.851C, 我需要
知道主机192.168.1.2的MAC地址

IP地址：192.168.1.1
MAC地址：0001.64E0.851C

192.168.1.2

PC-PT
B

PC-PT
A

2960-24TT
S1

192.168.1.3

PC-PT
C

(a) ARP 请求报文

IP地址：192.168.1.2
MAC地址：0000.0C87.1B21

我是主机B,我的IP地址是192.168.1.2,
MAC地址是0000.0C87.1B26

192.168.1.1

PC-PT
B

PC-PT
A

2960-24TT
S1

192.168.1.3

PC-PT
C

动画 5-3
ARP 攻击

(b) ARP 响应报文

图 5-56
ARP 协议运行过程

任务实施

　　为了更深入地理解 ARP 的工作原理，在网络模拟器中搭建如图 5-57 所示的网络拓扑，观察 ARP 的运行过程并分析 ARP 请求和响应报文。

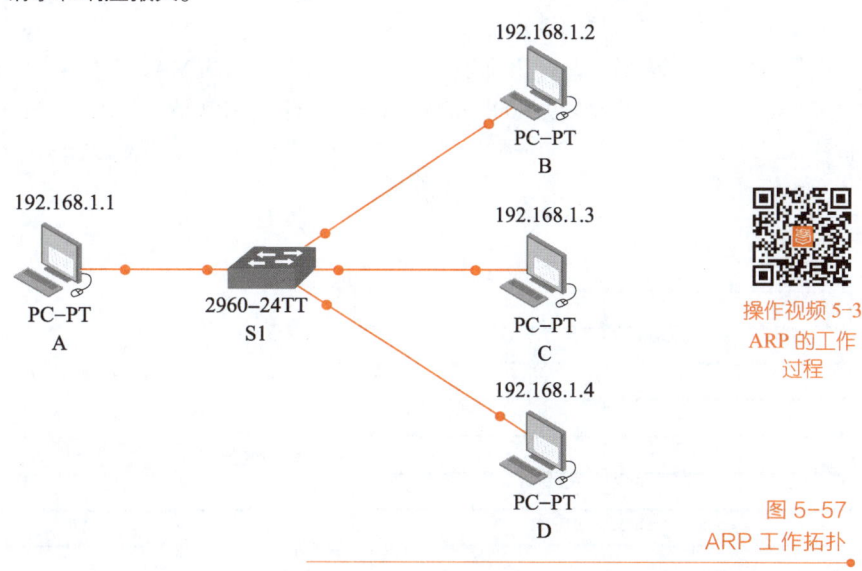

192.168.1.2

PC-PT
B

192.168.1.1

192.168.1.3

PC-PT
A

2960-24TT
S1

PC-PT
C

192.168.1.4

操作视频 5-3
ARP 的工作
过程

PC-PT
D

图 5-57
ARP 工作拓扑

　　首先，在主机 A 和主机 B 的系统命令行中输入命令 "arp –a" 查看其 ARP 高速缓存，结果如图 5-58

所示，ARP 高速缓存中无任务信息。

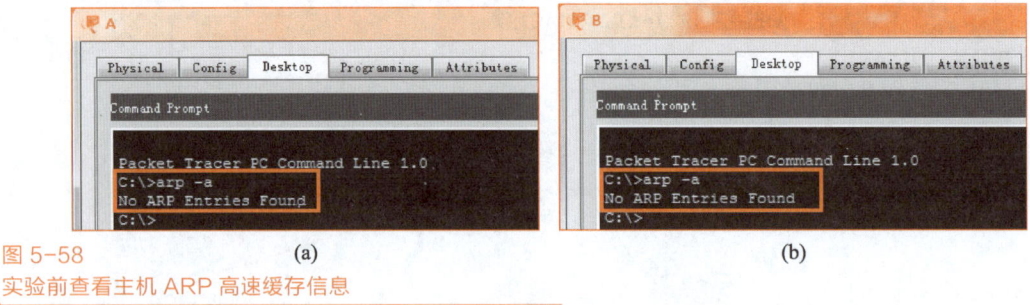

图 5-58
实验前查看主机 ARP 高速缓存信息

　　把模拟器切换到模拟模式，分别以主机 A 到主机 B 作为源地址和目的地址创建一个简单 PDU，观察报文发送效果。可以发现主机 A 发送了一个 ARP 广播报文，其他所有主机都可以收到，如图 5-59 所示。

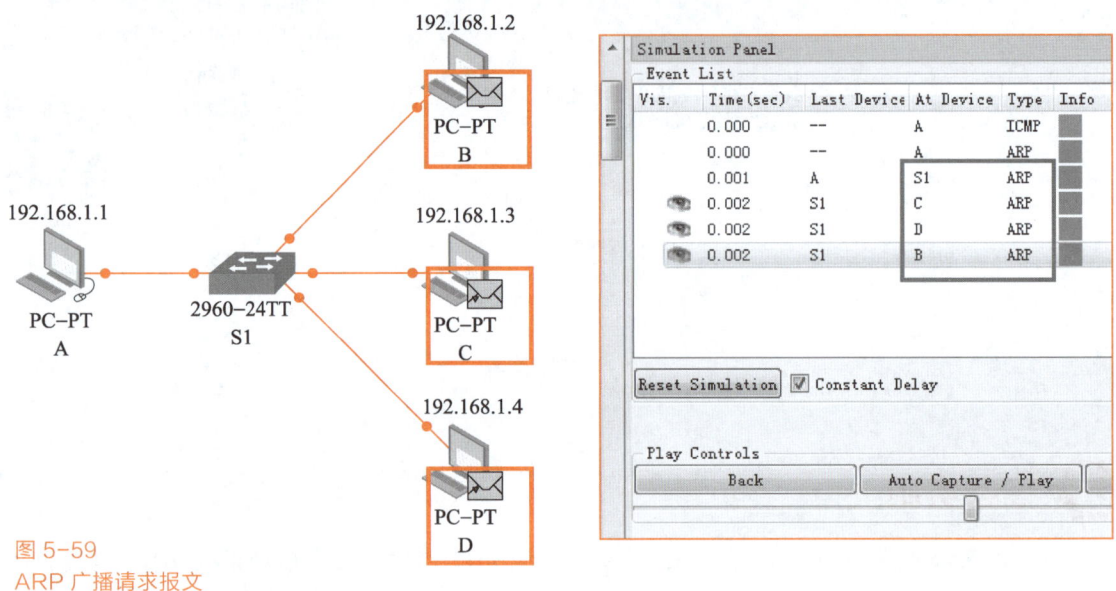

图 5-59
ARP 广播请求报文

　　ARP 请求报文的具体内容如图 5-60 所示。

　　从报文中可以看出，目的 IP 地址是"192.168.1.2"，目的 MAC 地址未知，以 0 填充；源 IP 地址为"192.168.1.1"，源 MAC 地址为"00D0.D377.47EA"。这个 ARP 请求报文所对应的数据帧如图 5-61 所示，目的 MAC 地址是一个全 1 的广播帧，值为"FFFF.FFFF.FFFF"，说明该帧要广播到整个局域网中。

图 5-60
ARP 请求报文

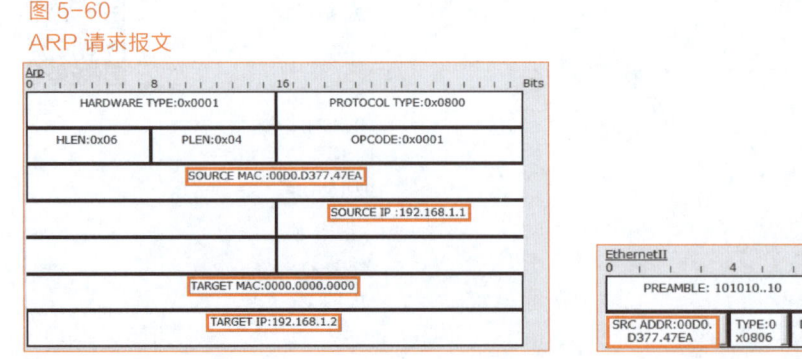

图 5-61
ARP 请求报文数据帧

其他主机收到广播报文后发现自己并不是 A 所要请求的目的主机，因此丢弃报文。只有主机 B 做出了回应（因为 A 发送的数据报的目的 IP 地址是主机 B 的 IP 地址）。主机 B 发送的 ARP 响应报文如图 5-62 所示，可以看到主机 B 在该响应报文中写入了自己的 MAC 地址。

ARP 响应报文的数据帧如图 5-63 所示。可以看到，这个帧中的目的 MAC 地址就是主机 A 的 MAC 地址，因此 ARP 响应报文是一个单播报文。

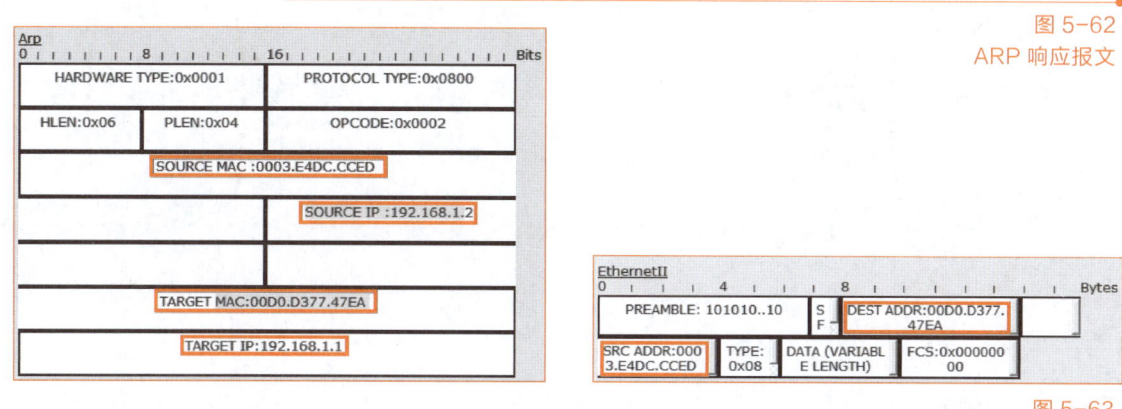

图 5-62
ARP 响应报文

图 5-63
ARP 响应报文数据帧

通信结束后再次查看主机 A 和主机 B 的 ARP 高速缓存，如图 5-64 所示。可以看到，主机 A 和主机 B 的 ARP 高速缓存中都已经保存了对方的 IP 地址和 MAC 地址的映射关系。

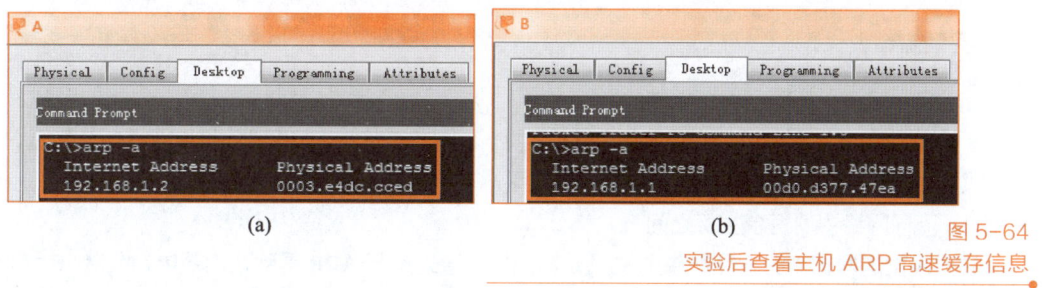

(a)　　　　　　　　　　　　　　　　(b)

图 5-64
实验后查看主机 ARP 高速缓存信息

需要注意的是，ARP 是用于解决同一个局域网上的主机或路由器的 IP 地址和硬件地址的映射问题。如果所要找的设备和源主机不在同一个局域网中，那么就要通过 ARP 先找到一个位于本局域网中的某个路由器的硬件地址，然后把数据报发送给这个路由器，再由这个路由器把数据报转发给下一个网络。

任务拓展

ARP 代理也称为代理 ARP，是 ARP 的一个变种。它的工作原理是将一个主机"作为"另一个主机对收到的 ARP 请求进行应答。具体来说，当一台主机发送 ARP 广播报文请求另一台主机的 MAC 地址时，如果 ARP 代理接收到这个广播请求并发现自己有到达目标 MAC 地址的路径，并且 ARP 代理功能已开启，它会将自己的 MAC 地址发送给请求主机。然后，代理会对该请求进行单播回应。

ARP 代理的使用场景通常是在没有配置默认网关和路由策略的网络中。它可以在不影响路由表的情况下添加一个新的路由器，使子网对该主机来说变得更透明化。使用 ARP 代理也会带来一定的风险，如 ARP 欺骗、网段内的 ARP 增加以及无法对网络拓扑进行网络概括等问题。

项目实训 ARP 场景

下面以如图 5-65 所示的网络拓扑为例，介绍使用 ARP 的 4 种典型场景。

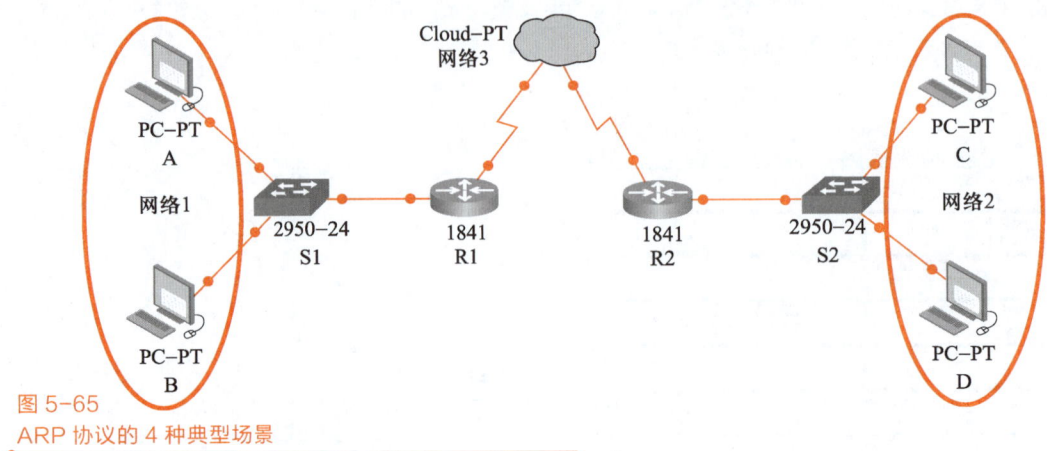

图 5-65
ARP 协议的 4 种典型场景

【实训目的】

● 理解 ARP 的工作原理。
● 理解 ARP 代理的功能与作用。
● 掌握在网络模拟器中创建复杂数据报的方法。

【实训内容】

（1）同一网络中的两台主机之间

主机 A 发送数据到同一网络中的主机 B。主机 A 通过运行 ARP 得到主机 B 的 MAC 地址，而且主机 A 发送的 ARP 请求报文只在"网络 1"中广播。

（2）不同网络中的两台主机之间

主机 A 发送数据到另一网络中的主机 C。主机 A 通过运行 ARP 得到路由器 R1 的 MAC 地址，路由器 R1 负责完成后续的报文转发工作。主机 A 发送的 ARP 请求报文只在"网络 1"中广播。

（3）路由器和同一网络中的主机

路由器 R1 发送数据到同一网络中的主机 B。路由器 R1 通过运行 ARP 得到主机 B 的 MAC 地址，而且路由器 R1 发送的 ARP 请求报文只在"网络 1"中广播。

（4）路由器到不同网络中的主机

路由器 R1 发送数据到另一网络中的主机 D。路由器 R1 通过运行 ARP 得到相邻路由器 R2 的 MAC 地址，路由器 R2 负责完成后续的报文转发工作。路由器 R1 发送的 ARP 请求报文只在"网络 3"中广播。

单元小结

IP 是支持网络运行的主要协议，IPv4 地址是分层地址，包括网络部分、子网部分和主机部分。IPv4 地址可以表示整个网络，也可以表示一台主机。

IPv4 地址的类别众多，常用的有 A、B、C 这 3 类，每类地址有不同的网络号和主机号。IPv4 主机可以采用单播、广播和组播 3 种通信方式。

IPv4 地址空间耗尽的问题是迁移到 IPv6 的主要因素，IPv6 地址长度增加到 128 位，而 IPv4 只有 32 位。IPv6 不再使用点分十进制表示，而是用十六进制表示，网络前缀长度用于表示 IPv6 地址的网络部分。IPv6 取消了广播地址类型，其 3 种通信方式为单播、组播和任播。

单元练习

文本：参考答案

一、选择题

1. IP 地址由（   ）组成。
   A. 网络部分和子网部分　　　　　　B. 主机部分和子网掩码
   C. 网络部分和主机部分　　　　　　D. 子网掩码和主机部分

2. 下列属于 C 类 IP 地址的是（   ）。
   A. 128.2.2.10　　B. 172.96.209.5　　C. 20.113.233.246　　D. 193.16.0.1

3. 下列命令可以确定主机之间的网络路径的是（   ）。
   A. DHCP　　　　B. ping　　　　C. tracert　　　　D. broadcast

4. B 类 IP 地址可标识的最大主机数是（   ）。
   A. 12800　　　　B. 254　　　　C. 2^{64}　　　　D. 65534

5. IP 地址 131.202.111.5 的主机号是（   ）。
   A. 5　　　　B. 131.202　　　　C. 111.5　　　　D. 111

6. 当一个 IP 分组在两台主机间直接交换时，要求这两台主机具有相同的（   ）。
   A. IP 地址　　　　B. 主机号　　　　C. 物理地址　　　　D. 网络号

7. 网络地址的作用是（   ）。
   A. 支持到网络中所有主机的通信　　B. 标识网络
   C. 为网络中的主机提供入口　　　　D. 支持单播通信

8. 下列 IPv4 地址中属于私有地址的是（   ）。
   A. 10.1.1.1　　　　B. 193.168.101.101　　C. 172.32.255.0　　D. 193.16.1.1

9. 下列 IPv6 地址中，能够让主机将消息发送给一组主机的是（   ）。
   A. 单播地址　　　　B. 组播地址　　　　C. 任播地址　　　　D. 网络地址

10. 下列 IP 地址中，属于合法的可以分配给主机的是（   ）。
    A. 205.256.102.43
    B. 0.88.215.223
    C. 11010100.01001011.10010111.10101011
    D. 192.168.3.0

11. IP 地址 172.16.1.1 和子网掩码 255.255.0.0 代表的是一个（   ）。
    A. 网络地址　　B. 主机地址　　　　C. 广播地址　　　　D. 超网

12. 下列方法中，可以自动提供 IPv6 全局单播地址的是（   ）。
    A. SLAAC　　　　B. ICMP　　　　C. IPCONFIG　　　　D. DAD

13. 下列 IP 地址中属于网络地址的是（   ）。
    A. 64.104.3.7/28　　　　　　　　B. 192.168.12.64/26
    C. 192.168.12.191/26　　　　　　D. 10.10.10.10/24

14. 网络地址前缀表示 129.20.192.128/28，则对应的点分十进制子网掩码是（　　）。

    A. 255.255.255.0　　　　　　　　B. 255.255.255.192

    C. 255.255.255.240　　　　　　　D. 255.255.255.128

15. 路由选择包括的两个基本操作是（　　）。

    A. 最佳路径的判定和网内数据包的传送

    B. 可能路径的判定和网间数据包的传送

    C. 最优选择算法和网内数据包的传送

    D. 最佳路径的判定和网间数据包的传送

16. IP 数据报经分段后进行传输，在到达目的主机之前，分段后的 IP 数据报（　　）。

    A. 可能再次分段，但不进行重组

    B. 不可能再次分段和重组

    C. 不可能再次分段，但可能进行重组

    D. 可能再次分段和重组

17. 路由器的路由表通常包含（　　）。

    A. 目的网络和到达该网络的完整路径

    B. 目的主机和到达该主机的完整路径

    C. 目的网络和到达该网络的下一个路由器的 IP 地址

    D. 互联网中所有路由器的地址

18. 现代计算机网络通常使用的路由算法是（　　）。

    A. 静态路由选择算法　　　　　B. 动态路由选择算法

    C. 最短路由选择算法　　　　　D. 基于流量的路由选择算法

19. ARP 的主要功能是（　　）。

    A. 将 IP 地址解析为物理地址　　B. 将物理地址解析为 IP 地址

    C. 将主机域名解析为 IP 地址　　D. 将 IP 地址解析为主机域名

20. tracert 命令的作用是（　　）。

    A. 发送数据　　B. 接收数据　　C. 网络攻击　　　　D. 路由跟踪

二、填空题

1. IPv6 地址在计算机内存储时占＿＿＿＿＿＿＿位。

2. IPv4 地址的 3 种通信类型分别是＿＿＿＿＿＿、＿＿＿＿＿＿和＿＿＿＿＿＿。

3. IPv4 地址 128.1.2.3 中，网络号是＿＿＿＿＿＿，主机号是＿＿＿＿＿＿。

4. ＿＿＿＿＿＿负责说明一个 IPv4 地址的 32 位二进制位中哪部分是网络号，哪部分是主机号。

5. 把二进制 IP 地址 11000000 10101000 01010100 00001000 转换成十进制，得到的结果是＿＿＿＿＿。

6. IPv6 地址 2018:0000:ABCD::1/48 中，网络前缀占＿＿＿＿＿＿位，接口 ID 占＿＿＿＿＿＿位。

7. 在一个 IPv4 地址中，如果主机部分全是 0，那么它是一个＿＿＿＿＿＿；如果主机部分全是 1，那么它是一个＿＿＿＿＿＿。

8. 在网络互联设备中，在网络层实现互联的是＿＿＿＿＿＿，在数据链路层实现互联的是＿＿＿＿＿＿，在物理层实现互联的是＿＿＿＿＿＿。

9. IPv4 数据报首部的固定长度部分有＿＿＿＿＿＿字节。

10. IPv6 把 IP 地址的长度增加到＿＿＿＿＿＿位，并且简化了报头首部格式，将字段数从 13 个减少到＿＿＿＿＿＿个。

11. 屏蔽异种网络差异的两个条件是统一数据格式和_____。

12. IPv4 地址通常采用_____记法，IPv6 地址通常采用_____记法。

13. 路由器的路由表中包括两种网络类型，即_____和_____。

14. ICMP 报文的种类有_____和_____两种。

15. IPv6 地址中的 3 种通信类型分别是_____、_____和_____。

三、简答题

1. 将十进制数 131 转换成二进制数。

2. 简述与 IPv4 相比，IPv6 的主要变化。

3. 列出 IPv4 地址中的私有地址范围，并说明其用途。

4. IP 地址合法性判断。请说明下列 IP 地址的合法性，并说明理由。

① 172.0.1.1

② 18.168.1.0

③ 191.18.1.0

④ 192.1.30.255

⑤ 180.180.180.0

⑥ 1.1.1.1

⑦ 127.10.10.10

⑧ 212.256.119.110

5. 某主机的 MAC 地址是 36-47-AB-DE-1E-2D，如果网络前缀 2018:0E:AB:/48 使用 EUI-64 规则创建 IPv6 地址中的接口标识，那么最后生成的 IPv6 地址是什么？

6. 简述 ARP 的工作原理。

单元 **6**

IP 编址与子网划分

PPT：单元 6
IP 编址与子网划分

单元导读

本单元主要介绍 IPv4 与 IPv6 地址的编址结构、三级 IPv4 地址结构、变长子网掩码 VLSM 的用途以及无类域间路由 CIDR 的作用。本单元学习内容和高等职业教育专科计算机网络技术专业教学标准的对应关系见表 6-1。

表 6-1　本单元学习内容和专业教学标准的对应关系

高等职业教育专科计算机网络技术专业教学标准				运用计算机网络知识和技能	
行业	岗位群	职业资格证书	对应竞赛	知识点	技能点
互联网和相关服务	① 网络技术支持 ② 网络系统运维 ③ 网络系统集成	① 网络系统建设与运维 ② 网络管理员 ③ 无线网络规划与实施 ④ 网络系统规划与部署 ⑤ WPS 办公应用	① 网络系统管理 ② 网络建设与运维 ③ 云计算应用 ④ 5G 组网与运维 ⑤ 物联网应用开发 ⑥ 工业互联网集成与应用 ⑦ 工业网络智能控制与维护 ⑧ 信息安全管理与评估 ⑨ 华为 ICT 网络技术大赛	① IPv4 编址结构 ② IPv6 编址结构 ③ 三级 IPv4 地址结构 ④ 变长子网掩码 VLSM ⑤ 无类域间路由 CIDR	① IPv4 地址划分子网 ② IPv4 编址方案设计 ③ IPv6 地址网络规划 ④ VLSM 编址方案设计 ⑤ CIDR 优化路由表
软件和信息技术服务业					

引例描述

Svist 学院网络专业的学生小陈暑假实习所在的某集团规模不断扩大，现有的研发、市场等部门已经不能满足业务发展的需求。集团为了迎合市场的变化及时做出战略调整，增加了技术创新、生产、物流等部门，为此主管要求小陈所在的网络服务部门及时进行网络的扩展，要求不能改变现有的网络结构，即在原有网络基础上进行合理的 IP 地址规划，如图 6-1 所示。

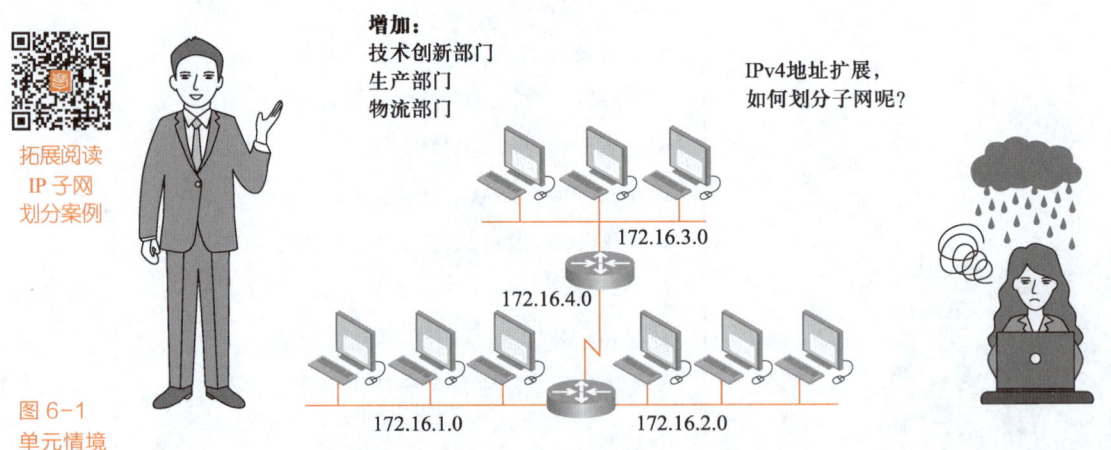

拓展阅读
IP 子网
划分案例

图 6-1
单元情境

任务 6-1　IPv4 地址子网划分

任务陈述

目前该集团已经颇具规模，拥有 A、B、C、D 共 4 个园区。为了提高服务质量和效率，主管要求对企业园区网络实现互联，请网络专业的学生小陈用所学知识来帮助规划网络。以下有 3 种网络规划方案：方案 A 采用 A 类网络地址进行规划，方案 B 采用 B 类网络地址进行规划，方案 C 采用 C 类网络地址进行规划，网络拓扑如图 6-2 所示。请为集团选择较好的两个设计方案。

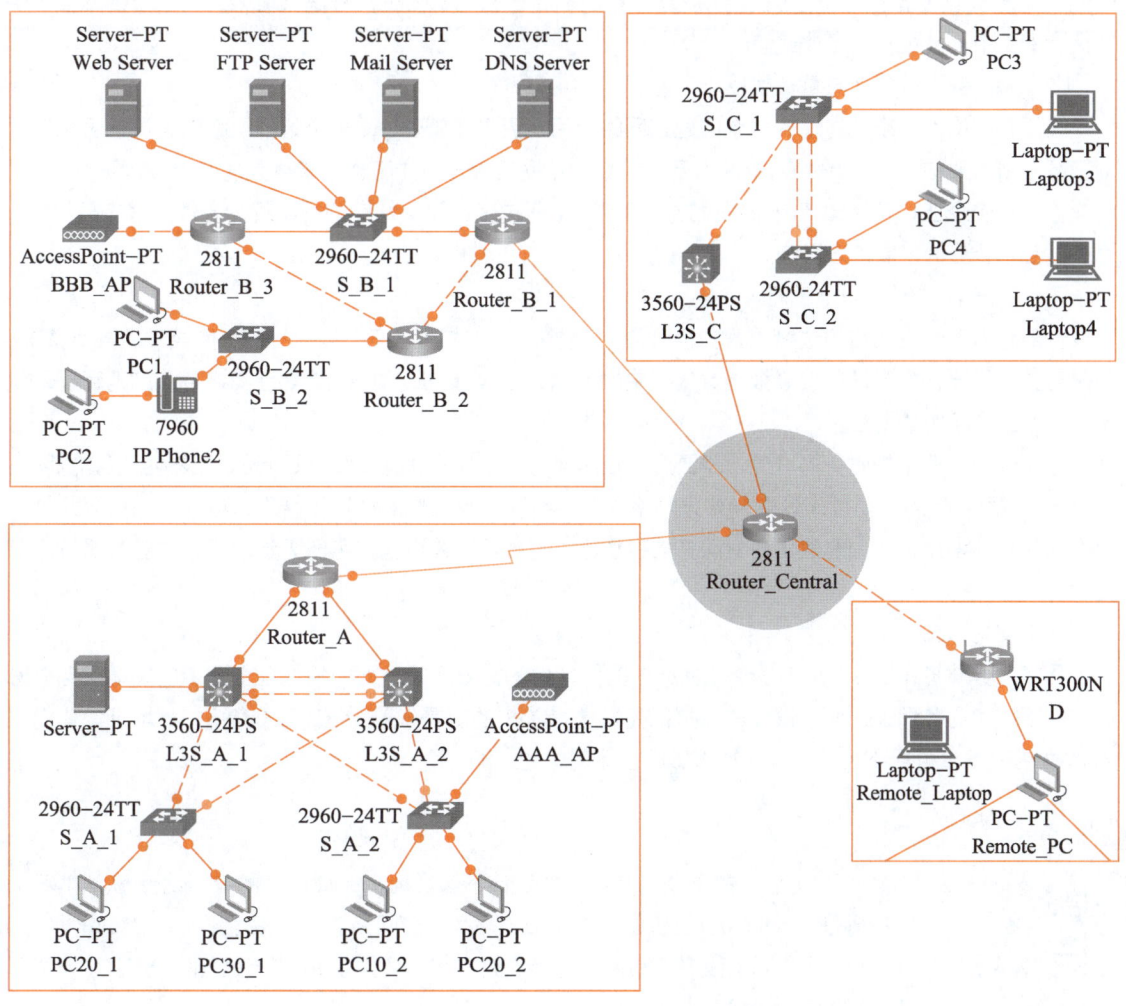

图 6-2
园区网络拓扑

知识准备

•6.1　网络地址分配

微课 6-1
网络规划

为一个企业规划网络时需要考虑很多方面，也有多种方法可以分配地址。例如，可以按照地理位置的信息来分配地址，或者按照用户的类型来分配地址，再或者按照业务的类型来安排，但分配时候的原则都是一致的。

（1）防止 IP 地址的重复利用从而导致冲突

在一个企业中，任何网络地址是不能重复利用的（网络地址相当于地图上的道路名称，试想如果有两条道路的名称相同，那么行人就没办法做出判断应该走哪条路）；同理，在同一个网络中，任何主机的 IP 地址中的网络号相同，而主机号是不能相同的，否则就会产生冲突，即其中一台主机就无法通信。

（2）网络的可维护性与可扩展性

在规划网络时必须要考虑的一个问题是网络今后是否易于管理，即一个新的网络管理员是否能够立刻了解网络的架构。如果 IP 地址分配杂乱无章，会给网络管理员的工作带来巨大的麻烦。

作为一个企业，在经营范围与规模方面肯定会不断扩张，如果初期的网络规划合理则很容易扩展，否则就会给企业的发展带来影响。

（3）基于 IP 地址的安全性能

一般企业都会在网络的边缘放置安全设备，如防火墙、出口网关等，以监控整个网络中的异常情况。如果有异常情况，安全设备就会根据数据报中的 IP 地址进行判断，如果 IP 地址安排杂乱，则管理员就无法快速定位问题的所在。

对于一个企业中的服务器资源，需要提供给内部与外部用户访问，那么访问的权限就可以根据网络层 IP 数据报中的源 IP 地址来设置。如果网络规划中给服务器分配的地址不合理，或者是随机分配的，就很难阻止外来用户或者非法用户对服务器的访问，而真正的客户也很可能无法准确定位服务器以获取资源。

（4）支持 QoS

网络服务质量（QoS）是大型企业网络中需要考虑的重要问题，即如何保证企业中的关键业务取得优先权限，如需要保证企业中语音的数据优先发送。QoS 的部署一般情况下都是基于 IP 地址设置的，因此如果 IP 地址分配不合理，就会严重影响企业网络的性能。

•6.2　子网划分

微课 6-2
子网划分

在 ARPAnet 的早期，IP 地址的设计不够合理，比如 A 类的 IP 地址，默认情况子网掩码是 255.0.0.0，主机位占 3 字节，那么一个网络总共可以容纳 16777214（$2^{24}-2$）台主机，而实际上没有哪个网络能拥有这么多台主机。IP 地址设计的不合理之处主要体现在以下几个方面：

① IP 地址空间的利用率有时很低。

② 给每一个物理网络分配一个网络号会使路由表变得太大因而使网络性能变坏。

③ 两级的 IP 地址不够灵活。

6.2.1　三级 IP 地址

从 1985 年起，在 IP 地址中又增加了一个"子网号字段"，使两级的 IP 地址变成为三级的 IP 地址，如图 6-3 所示。

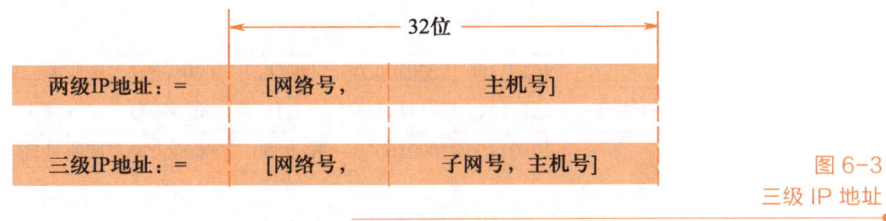

图 6-3
三级 IP 地址

需要说明的是，三级 IP 地址中的子网号字段并不是新增的，而是从主机域中借用若干位作为子网号（subnet-id），而主机号（host-id）也就相应地减少了若干位。

三级 IP 地址中借用的子网部分有以下几个特点：

① 子网位从主机域的最左边开始连续借用。

② 子网号在网外是不可见的，仅在子网内使用。

③ 子网号的位数是可变的，为了反映有多少位用于表示子网号，采用子网掩码（Subnet Mask）。

6.2.2　子网划分与子网掩码

在前面的章节中已经介绍过常用的 A、B、C 这 3 类 IP 地址的默认子网掩码，三级 IP 地址中的子网掩码同样也是 32 位，其中网络地址、子网地址部分为 1，对应主机部分为 0，如图 6-4 所示。

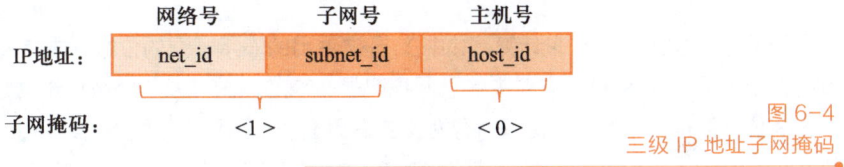

图 6-4
三级 IP 地址子网掩码

三级 IP 地址中的网络地址 = 子网掩码与 IP 地址做逻辑"与"运算。

1. 逻辑"与"运算的概念

逻辑"与"（AND）运算是数学中的一种逻辑运算，与其相对应的另外两种运算分别是逻辑"或"（OR）和逻辑"非"（NOT）。三级 IP 地址中的网络号就是通过逻辑"与"运算得到的，该运算是计算两个二进制位的运算，结果如下：

1 AND 1 = 1

1 AND 0 = 0

0 AND 1 = 0

0 AND 0 = 0

2. 逻辑"与"运算的过程

例如，IP 地址 172.16.1.1 和子网掩码 255.255.255.0 做逻辑与运算过程如图 6-5 所示。前 24 位子网掩码为 1，这些位与 IP 地址做逻辑"与"运算后，得到了网络地址。

十进制				
AND	172	16	1	1	IP地址
	255	255	255	0	子网掩码
	172	16	1	0	网络地址

二进制				
AND	10101100	00010000	00000001	00000001	IP地址
	11111111	11111111	11111111	00000000	子网掩码
	10101100	00010000	00000001	00000000	网络地址

图 6-5
逻辑"与"运算

172.16.1.1 是一个 B 类地址，默认情况下网络号为 172.16，主机号为 1.1，网络地址为 172.16.0.0。采用三级 IP 地址结构后，根据子网掩码计算，网络号变成了 172.16.1，主机号为 1，网络地址为 172.16.1.0。

6.2.3　子网的规划设计

微课 6-3
子网的规划设计

在设计选择子网划分方案时，必须考虑以下 5 个问题：

① 该网络内将划分为几个子网？

② 在该子网划分中，子网掩码是多少？

③ 每个子网有多少有效主机？

④ 每个有效的子网地址是什么？

⑤ 每个子网的广播地址是什么？

1. 子网数目计算

子网数用公式 $N = 2^X$ 来计算，其中 X 是被占用的表示子网的位数，或者说 1 的个数。例如，一个 C 类的 IP 地址 192.168.0.1，它对应的子网掩码是 255.255.255.192，那么对于这个 IP 地址而言，本来主机号占 8 位，而根据新的子网掩码，有两位被占用成了子网号，如图 6-6 所示。

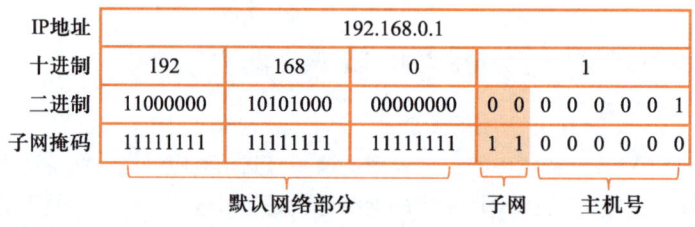

图 6-6
子网划分

在二进制数中，两位共有 4 种组合方式 00、01、10、11，所以用两位表示就划分了 4 个子网。同样道理如果用 3 位表示子网，那么组合方式有 000、001、010、011、100、101、110、111，即 $2^3 = 8$，这是数学中排列组合的计算方法。

2. 子网掩码

一般情况下，子网掩码的安排是根据子网的数目来确定的，规则是对应的网络部分、子网部分为 1，对应主机部分为 0。例如子网掩码对应的子网和主机部分为 1100 和 0000，则十进制数值为 128+64 = 192，子网掩码的点分十进制数值为 255.255.255.192。

3. 主机数目计算

每个子网的主机数目用公式 $M = 2^Y - 2$ 来计算，其中 Y 是未被占用的位的数目，或者说 0 的个数。

如图 6-6 所示，最后一字节中有两位被占用做了子网号，剩下的 6 位主机号可以表示 2^6 种组合，但是主机号是不能为全 0 或者全 1（全 0 表示网络地址，全 1 表示广播地址），所以需要减 2，即有效的主机是两个子网之间去掉全 0 和全 1 的数。

4. 子网地址计算

每个子网地址是指每个子网中主机号是 0 的地址，划分了几个子网，就有几个子网地址。对于 192.168.0.1 与 255.255.255.192 这样的划分，总共划分了 4 个子网，每个子网的地址如图 6-7 所示。

子网1	192	168	0	0								
	11000000	10101000	00000000	0	0	0	0	0	0	0	0	0
	11111111	11111111	11111111	1	1	0	0	0	0	0	0	0
	网络			子网		主机号						
子网2	192	168	0	64								
	11000000	10101000	00000000	0	1	0	0	0	0	0	0	0
	11111111	11111111	11111111	1	1	0	0	0	0	0	0	0
	网络			子网		主机号						
子网3	192	168	0	128								
	11000000	10101000	00000000	1	0	0	0	0	0	0	0	0
	11111111	11111111	11111111	1	1	0	0	0	0	0	0	0
	网络			子网		主机号						
子网4	192	168	0	192								
	11000000	10101000	00000000	1	1	0	0	0	0	0	0	0
	11111111	11111111	11111111	1	1	0	0	0	0	0	0	0
	网络			子网		主机号						

图 6-7
子网地址

对于子网数目比较多的划分情况，分析与计算二进制数会比较麻烦，这里给出计算子网地址的简单方法。首先计算地址基数 = 256-子网掩码，例如子网掩码的十进制数值为 192，则基数 = 256-192 = 64。子网地址即为在对应字节中的值 N × 基数。对于上面的例子，子网地址对应字节中的值应该为 64 的 0 倍、1 倍、2 倍与 3 倍，所以 4 个子网地址可以直接写出，分别为 192.168.0.0、192.168.0.64、192.168.0.128 和 192.168.0.192。

对于 C 类网络的子网划分情况见表 6-2。

表 6-2　C 类网络子网划分

位	子网掩码	子网	主机
1	255.255.255.128	2	126
2	255.255.255.192	4	62
3	255.255.255.224	8	32
4	255.255.255.240	16	14
5	255.255.255.248	32	6
6	255.255.255.252	64	2

5. 广播地址计算

每个子广播地址是指每个子网中主机号是全 1 的地址，划分了几个子网，就有几个广播地址。例如，对于 192.168.0.1 与 255.255.255.192 这样的划分，总共划分了 4 个子网，每个子网对应的广播地址如图 6-8 所示。

	192	168	0		63	
广播地址	11000000	10101000	00000000	0　0	1　1　1　1　1　1	
	11111111	11111111	11111111	1　1	0　0　0　0　0　0	
		网络		子网	主机号	
	192	168	0		127	
广播地址	11000000	10101000	00000000	0　1	1　1　1　1　1　1	
	11111111	11111111	11111111	1　1	0　0　0　0　0　0	
		网络		子网	主机号	
	192	168	0		191	
广播地址	11000000	10101000	00000000	1　0	1　1　1　1　1　1	
	11111111	11111111	11111111	1　1	0　0　0　0　0　0	
		网络		子网	主机号	
	192	168	0		255	
广播地址	11000000	10101000	00000000	1　1	1　1　1　1　1　1	
	11111111	11111111	11111111	1　1	0　0　0　0　0　0	
		网络		子网	主机号	

图 6-8
广播地址

广播地址中所有的主机号为 1，是在下一个子网之前的数。

例如，某单位申请了一个 C 类地址 201.4.1.0，决定在主机字段借用 3 位作为子网号，剩下 5 位作为主机号，则该单位最多可以划分 8 个子网（$2^3 = 8$），每个子网有 30 台主机可以分配（$2^5 - 2 = 30$）。

如图 6-9 所示为 IP 地址与子网掩码的分配。第 1 个子网的子网号为 000，第 2 个子网的子网号为 001，第 3 个子网的子网号为 010，子网掩码都是 11100000，十进制数值是 224，点分十进制数值是 255.255.255.224。

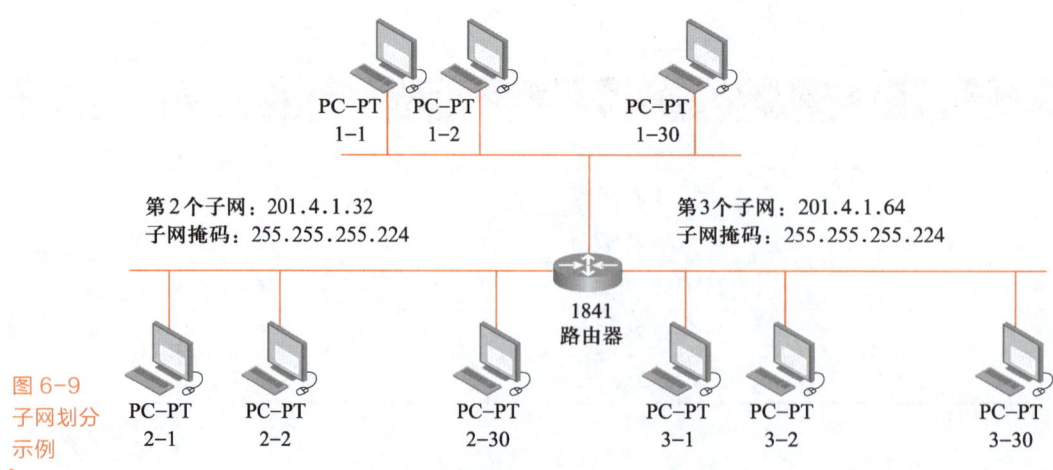

第1个子网：201.4.1.0
子网掩码：255.255.255.224

PC-PT 1-1　PC-PT 1-2　PC-PT 1-30

第2个子网：201.4.1.32
子网掩码：255.255.255.224

第3个子网：201.4.1.64
子网掩码：255.255.255.224

1841
路由器

图 6-9
子网划分
示例

PC-PT 2-1　PC-PT 2-2　PC-PT 2-30　PC-PT 3-1　PC-PT 3-2　PC-PT 3-30

【例题 6-1】 设有一个网络地址为 172.31.0.0，要在此网络中划分 16 个子网，试问：① 需要多少位表示子网？② 子网掩码的点分十进制数值是多少？③ 每个子网地址是什么？④ 每个子网的有效主机有多少？⑤ 广播地址又是多少？

解：

① 子网数 $= 2^x = 16$，则 $X = 4$，即需要借用 4 位表示子网。

② 由网络地址可知，这是一个 B 类网络，网络地址和主机地址各占 16 位，子网掩码为 255.255.0.0。划分子网后，使用主机地址部分的最高 4 位表示子网，则其对应十进制数值为 $128 + 64 + 32 + 16 = 240$，即网络掩码为 255.255.240.0。

③ 子网基数 $= 256 - 240 = 16$，$N = 0 \sim 15$，则子网地址见表 6-3。

表 6-3　网 络 地 址

序号	子网地址	子网对应字节	序号	子网地址	子网对应字节
1	172.31.0.0	16×0	9	172.31.128.0	16×8
2	172.31.16.0	16×1	10	172.31.144.0	16×9
3	172.31.32.0	16×2	11	172.31.160.0	16×10
4	172.31.48.0	16×3	12	172.31.176.0	16×11
5	172.31.64.0	16×4	13	172.31.192.0	16×12
6	172.31.80.0	16×5	14	172.31.208.0	16×13
7	172.31.96.0	16×6	15	172.31.224.0	16×14
8	172.31.112.0	16×7	16	172.31.240.0	16×15

④ 每个子网内表示主机的地址位为 12 位，则子网内有效主机数为 $2^{12} - 2 = 4094$，网络内总的主机数为 $4094 \times 16 = 65504$。

⑤ 广播地址为主机号全 1 的地址，具体结果见表 6-4。

表 6-4　广 播 地 址

序号	子网地址	广播地址	序号	子网地址	广播地址
1	172.31.0.0	172.31.15.255	9	172.31.128.0	172.31.143.255
2	172.31.16.0	172.31.31.255	10	172.31.144.0	172.31.159.255
3	172.31.32.0	172.31.47.255	11	172.31.160.0	172.31.175.255
4	172.31.48.0	172.31.63.255	12	172.31.176.0	172.31.191.255
5	172.31.64.0	172.31.79.255	13	172.31.192.0	172.31.207.255
6	172.31.80.0	172.31.95.255	14	172.31.208.0	172.31.223.255
7	172.31.96.0	172.31.111.255	15	172.31.224.0	172.31.239.255
8	172.31.112.0	172.31.127.255	16	172.31.240.0	172.31.255.255

【例题 6-2】 设有一个网络地址为 204.1.16.0，此网络地址相应的子网掩码为 255.255.255.192，试问：① 此网络被划分了多少个子网？② 每个子网地址是什么？③ 每个子网的有效主机有多少？④ 第二个子网的广播地址是多少？

解：

① 由网络地址可知，这是一个 C 类网络，网络地址占 3 字节，主机地址占 1 字节，子网掩码为 255.255.255.192，把网络地址与子网掩码转换成二进制比较，如图 6-10 所示。

204	1	16	0
1 1 0 0 1 1 0 0	0 0 0 0 0 0 0 1	0 0 0 1 0 0 0 0	0 0 0 0 0 0 0 0
255	**255**	**255**	**192**
1 1 1 1 1 1 1 1	1 1 1 1 1 1 1 1	1 1 1 1 1 1 1 1	1 1 0 0 0 0 0 0
网络			子网 / 主机

图 6-10
地址比较

从图中可以看出，子网掩码中 1 对应部分为网络地址，即从主机域中借用了两位作为子网号，所以子网个数 $= 2^X = 2^2 = 4$。

② 首先算出基数 $= 256 - 192 = 64$，则子网地址为 204.1.16.0、204.1.16.64、204.1.16.128 以及 204.1.16.192。

③ 每个子网内表示主机的地址位为 6 位，则子网内有效主机数为 $2^Y - 2 = 2^6 - 2 = 62$，网络内总的主机数为 $62 \times 4 = 248$。

④ 第二个子网为 204.1.16.64，其所在网络的广播地址分析如图 6-11 所示。

204	1	16	127
1 1 0 0 1 1 0 0	0 0 0 0 0 0 0 1	0 0 0 1 0 0 0 0	0 1 1 1 1 1 1 1
255	**255**	**255**	**192**
1 1 1 1 1 1 1 1	1 1 1 1 1 1 1 1	1 1 1 1 1 1 1 1	1 1 0 0 0 0 0 0
			←主机部分→

图 6-11
广播地址计算

第二个子网对应的两位子网号部分为 "01"，把主机号置为全 1，得到广播地址 204.1.16.127。

6.2.4 网络前缀

子网掩码是用来确定一个 IP 地址中网络部分与主机部分，而子网掩码的表示通常是一种比较烦琐的方式。

网络前缀（Network Prefix）是表示子网掩码的另外一种方法，表示的是子网掩码中 1 的位数，使用斜杠表示法，即用符号 "/" 后面紧跟着 1 的位数。例如，子网掩码为 255.255.255.224，转换成二进制后有 27 个 1，因此，前缀长度为 27，表示为 "/27"。前缀和子网掩码都是用来说明一个网络地址中的网络部分，只是两种表示方法不同。表 6-5 所示为网络地址 192.168.0.0 不同前缀的子网掩码与前缀表示方式。

表 6-5　前缀表示方式

前缀表示方式	网络地址	子网掩码
192.168.0.0/24	192.168.0.0	255.255.255.0
192.168.0.0/25	192.168.0.0	255.255.255.128
192.168.0.0/26	192.168.0.0	255.255.255.192
192.168.0.0/27	192.168.0.0	255.255.255.224
192.168.0.0/28	192.168.0.0	255.255.255.240
192.168.0.0/29	192.168.0.0	255.255.255.248
192.168.0.0/30	192.168.0.0	255.255.255.252
192.168.0.0/31	192.168.0.0	255.255.255.254
192.168.0.0/32	192.168.0.0	255.255.255.255

6.3　变长子网掩码（VLSM）与无类别域间路由（CIDR）

划分子网在一定程度上缓解了 Internet 在发展中遇到的困难，但在其仍然面临 3 个必须尽早解决的问题：

① B 类地址在 1992 年已分配了近一半，很快就要全部分配完毕。

② Internet 主干网上的路由表中的项目数急剧增长（从几千个增长到几万个，截至 2014 年底 Internet 路由表条目已经达到 50 万条）。

③ 整个 IPv4 的地址空间最终将全部耗尽。

6.3.1　VLSM

变长子网掩码（Variable-Length Subnet Masks，VLSM）的出现是打破传统的以类（Class）为标准的地址划分方法，是为了缓解 IP 地址紧缺而产生的，它指明了在一个划分子网的网络中可以同时使用几个不同的子网掩码。

VLSM 计算和编址设计时一般按照以下步骤进行：

① 确定所需子网的数量。

② 确定每个子网所需的主机数量。

③ 根据主机数量与子网数量设计合适的编址方案。

在 VLSM 编址方案设计的时候有以下两个原则：

① 安排子网的时候一般情况按照子网中主机数目从大到小的顺序安排。

② 安排地址的时候要连续的安排，直到地址空间用尽（不跳用地址）。

微课 6-4
变长子网掩码
（VLSM）

【例题 6-3】 有一个小型公司，申请了一块网络地址空间 172.16.0.0/16，其网络拓扑结构如图 6-12 所示。区域 1 所在的网络被安排的地址空间是 172.16.12.0/22，路由器 CORE 直接相连两个局域网，容纳 200 个用户；路由器 F 连接 3 个以太网，分别用 1 个 24 口的 2960 交换机相连。请给区域 1 中的局域网设计合适的编址方案。

解： 对地址空间 172.16.12.0/22 分析见表 6-6。

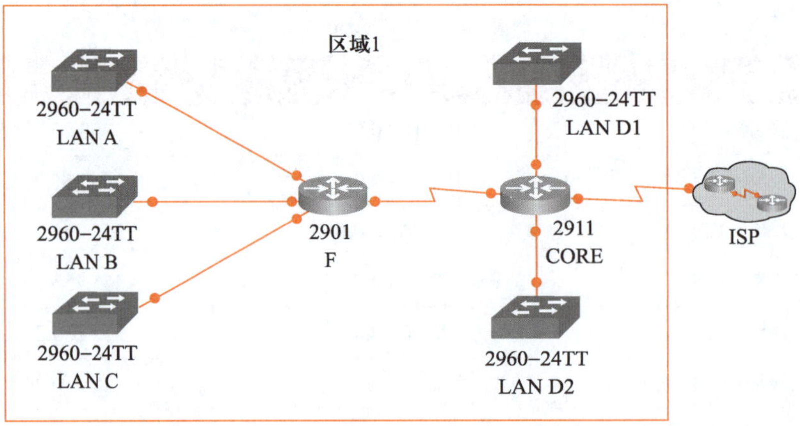

图 6–12
公司拓扑

表 6–6　地址空间分析

	子网划分地址空间：172.16.12.0/22		
	点分十进制	二进制	
	172.16.11.0	10101100.00010000.000010	11.00000000
地址空间范围	172.16.12.0	10101100.00010000.000011	00.00000000
	172.16.12.1	10101100.00010000.000011	00.00000001
	172.16.12.255	10101100.00010000.000011	00.11111111
	172.16.13.0	10101100.00010000.000011	01.00000000
	172.16.13.1	10101100.00010000.000011	01.00000001
	172.16.13.255	10101100.00010000.000011	01.11111111
	172.16.14.0	10101100.00010000.000011	10.00000000
	172.16.14.1	10101100.00010000.000011	10.00000001
	172.16.14.255	10101100.00010000.000011	10.11111111
	172.16.15.0	10101100.00010000.000011	11.00000000
	172.16.15.1	10101100.00010000.000011	11.00000001
	172.16.15.255	10101100.00010000.000011	11.11111111
	172.16.16.0	10101100.00010000.000100	00.00000000

路由器 CORE 直连两个局域网，容纳 200 台主机。根据 IP 地址的特点，这 200 台主机需要安排主机位为 8 位，即 $2^8-2=254$（安排 7 位主机位数目不够，安排 9 位则会造成地址空间浪费），对应的子网掩码是 255.255.255.0，所以对应地址空间中 172.16.12.0～172.16.13.255 之间的地址安排给 CORE 的两个局域网，两个网络地址分别为 172.16.12.0/24，172.16.13.0/24。

路由器 F 分别连接 1 个 24 口交换机，也就是说每个局域网最多容纳 24 台主机，所以对应的 IP 地址中主机位需要安排 5 位，即 $2^5-2=30$，对应的子网掩码是 255.255.255.224。在 VLSM 设计时，一般情况按照地址空间的顺序安排，以免最后导致混乱，所以紧跟着 172.16.13.0 后面的地址空间安排，在 172.16.14.0/24

码基础上划分，3 个以太网地址分别是 172.16.14.0/27，172.16.14.32/27 和 172.16.14.64/27，见表 6-7。

表6−7　3 个子网地址

点分十进制	二　进　制	
172.16.14.0	10101100.00010000.00001110.000	00000
172.16.14.32	10101100.00010000.00001110.001	00000
172.16.14.64	10101100.00010000.00001110.010	00000
	←————————网络前缀————————→	←主机域→

最终 5 个局域网的编址方案见表 6-8。

表6−8　编　址　方　案

局域网	网络地址	子网掩码
LAN D1	172.16.12.0	255.255.255.0
LAN D2	172.16.13.0	255.255.255.0
LAN A	172.16.14.0	255.255.255.224
LAN B	172.16.14.32	255.255.255.224
LAN C	172.16.14.64	255.255.255.224

6.3.2　CIDR

无类别域间路由（Classless Inter-Domain Routing，CIDR）消除了传统的 A 类、B 类和 C 类地址以及划分子网的概念，因而可以更加有效地分配 IPv4 的地址空间。

CIDR 使用各种长度的"网络前缀"来代替分类地址中的网络号和子网号，将网络前缀都相同的连续的 IP 地址组成"CIDR 地址块"，IP 地址从使用子网掩码的三级编址又回到了两级编址。

微课 6-5
无类别域间路由
（CIDR）

1. CIDR 地址块

例如，128.14.32.0/20 表示的地址块共有 $2^{12}-2$ 个地址（斜线后面的 20 是网络前缀的位数，所以主机号的位数是 12），地址块的起始地址是 128.14.32.0。

128.14.32.0/20 地址块的最小地址为 128.14.32.0，最大地址为 128.14.47.255，全 0 和全 1 的主机号地址一般不使用，如图 6-13 所示。

最小地址→	10000000	0000110	0010	0000	00000000
	10000000	0000110	0010	0000	00000001
	10000000	0000110	0010	0000	00000010
所有地址的20位前缀都是一样的	10000000	0000110	0010	0000	00000011
	⋮			⋮
	10000000	0000110	0010	1111	11111100
	10000000	0000110	0010	1111	11111101
	10000000	0000110	0010	1111	11111110
最大地址→	10000000	0000110	0010	1111	11111111

图 6-13
CIDR 地址块

【例题 6-4】 如果某企业申请到的地址块为 202.1.170.64/27，试问该地址块的第一个地址和最后一个地址是多少，共有多少个地址？

解：前缀长度是 27，表示地址的前 27 位是不变的，其余的 5 位全为 0 就是第一个地址，其余的 5 位全为 1 就是最后一个地址。最后的 5 位代表主机域，共有地址 2^5 个。当然，全 0 与全 1 代表网络地址与广播地址，是不能给设备安排的，其结果如图 6-14 所示。

	202	1	170		64			
第一个地址：	11001010	00000001	10101010	0 1 0	0	0	0	0 0
最后一个地址：	11001010	00000001	10101010	0 1 0	1	1	1	1 1
	网络前缀				主机域			
子网掩码：	11111111	11111111	11111111	1 1 1	0	0	0	0 0

图 6-14
计算结果

2. 路由聚合

一个 CIDR 地址块可以表示很多地址，这种地址的聚合常称为路由聚合，它使得路由表中的一个项目可以表示很多个（如上千个）原来传统分类地址的路由。

CIDR 不使用子网，但仍然使用"掩码"这一名词（但不叫作子网掩码），如对于/20 地址块，其掩码是 20 个连续的 1。斜线记法中的数字就是掩码中 1 的个数，如图 6-15 所示，路由器 core 接了 4 个局域网，其路由表中的条目应该有 4 条，通告给 border 路由器的也有 4 条，而这 4 条就可以汇聚成一条精简路由表。

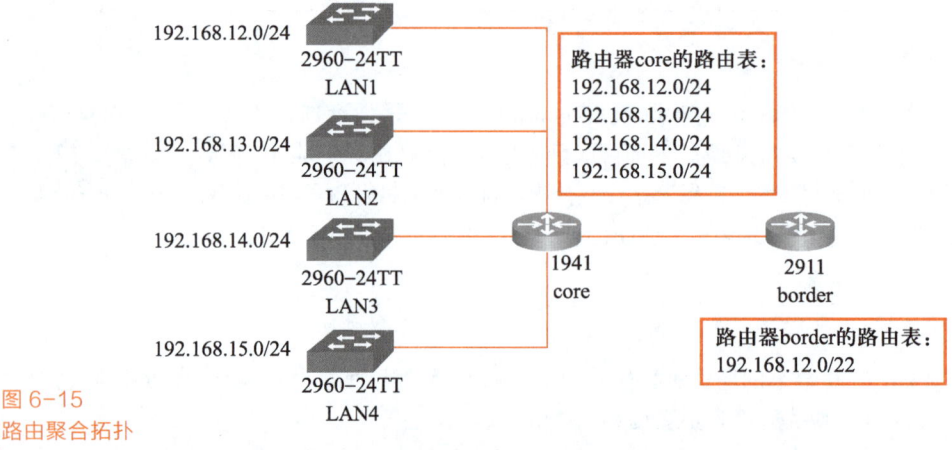

图 6-15
路由聚合拓扑

如图 6-16 所示，在地址汇聚中把网络地址转换成二进制位，找到最长匹配前缀（前面相同的位），后面的位以 0 补足，这样就得到了汇聚地址 192.168.12.0/22。

192.168.12.0	11000000.10101000.000011	00.00000000
192.168.13.0	11000000.10101000.000011	01.00000000
192.168.14.0	11000000.10101000.000011	10.00000000
192.168.15.0	11000000.10101000.000011	11.00000000
192.168.12.0	11000000.10101000.000011	00.00000000

图 6-16
地址汇聚

聚合地址：192.168.12.0/22

CIDR 可以减少网络数目，缩小路由选择表从而降低了路由器网络流量以及 CPU 和内存方面的开销，对网络进行编制时灵活性也更大。

 **任务实施**

1. 方案 A

本方案采用 A 类网络地址规划园区网络，A、B、C、D 这 4 个园区采用地址段分别为 10.1.0.0/16、10.2.0.0/16、10.3.0.0/16 和 10.4.0.0/16，地址方案规划见表 6-9。

表 6-9　方案 A 地址规划表

区域	地址规划	二级划分
园区网 A	10.1.0.0/16	10.1.0.0/24 10.1.1.0/24 10.1.2.0/24 …
园区网 B	10.2.0.0/16	10.2.0.0/24 10.2.1.0/24 10.2.2.0/24 …
园区网 C	10.3.0.0/16	10.3.0.0/24 10.3.1.0/24 10.3.2.0/24 …
园区网 D	10.4.0.0/16	10.4.0.0/24 10.4.1.0/24 10.4.2.0/24 …

规划方案 A 使用了 A 类网络地址 10.0.0.0/8，各园区采用/16 的一个大子网，这样园区内的网段可以根据网络的规模继续划分子网。

2. 方案 B

本方案采用 B 类地址来规划园区网络，A、B、C、D 这 4 个园区采用地址段分别为 172.16.0.0/16、172.17.0.0/16、172.18.0.0/16 和 172.19.0.0/16，具体网络地址规划见表 6-10。

表 6-10　方案 B 地址规划表

区域	地址规划	二级划分
园区网 A	172.16.0.0/16	172.16.0.0/24 172.16.1.0/24 172.16.2.0/24 …
园区网 B	172.17.0.0/16	172.17.0.0/24 172.17.1.0/24 172.17.2.0/24 …
园区网 C	172.18.0.0/16	172.18.0.0/24 172.18.1.0/24 172.18.2.0/24 …
园区网 D	172.19.0.0/16	172.19.0.0/24 172.19.1.0/24 172.19.2.0/24 …

方案 B 使用了 B 类 IP 地址，每个园区使用一个 B 类网络地址，园区内的网段根据其网络规模继续划分子网。

 任务拓展

子网划分能够有效使用 IP 地址从而避免地址的浪费，然而子网划分没有解决一个根本问题，即许多大型的企业或者网络机构需要 IP 地址的数量庞大，C 类地址无法满足其要求，而 B 类地址到目前为止已经分配完毕，因此又发展了超网技术。

超网（Supernetting）是一种用于从小地址类型产生大型网络的重要方法，如某企业需要规划网络，网络容量至少支持 10000 台主机，然而申请不到 B 类地址，就需要配置超网来满足需求。

理想的情况下，需要主机位数 14 位来支持 10000 台主机：

$$2^{14} = 16384 \geqslant 10000 \geqslant 2^{13} = 8192$$

C 类网的地址前缀与主机位数关系如图 6-17 所示。

前缀		主机位数	
11111111	11111111	1 1 0 0 0 0 0 0	0 0 0 0 0 0 0 0
255	255	192	0

图 6-17
前缀与主机位数

此子网掩码可以用于连续的 C 类地址，因此需要申请一组连续的 C 类网络，它们的前 18 位相同即可。与此子网掩码结合在一起，就得到了一个超网，如图 6-18 所示。

起始C类：	110×××××	×××××××	××000000	00000000
结束C类：	110×××××	×××××××	××111111	00000000

图 6-18
连续 C 类地址

可以看出第 3 个字节后 6 位提供 64 个 C 类地址，允许 64 × 254 = 16256 个不同的主机接入网络，因此只需要申请 64 个连续的 C 类地址，每个地址的前 18 个比特相同。

项目实训　深入理解 VLSM

如图 6-19 所示，网络公司给定了可扩展的 IP 地址空间 192.168.1.0/24，要求在此地址空间上划分 3 个子网，第 1 个子网有主机 100 台，第 2 个子网有主机 50 台，第 3 个子网有主机 10 台，请利用给定的地址空间划分。IP 地址安排规则为一个主机安排子网中的第一个 IP 地址，另一个主机安排子网中的最后一个 IP 地址。

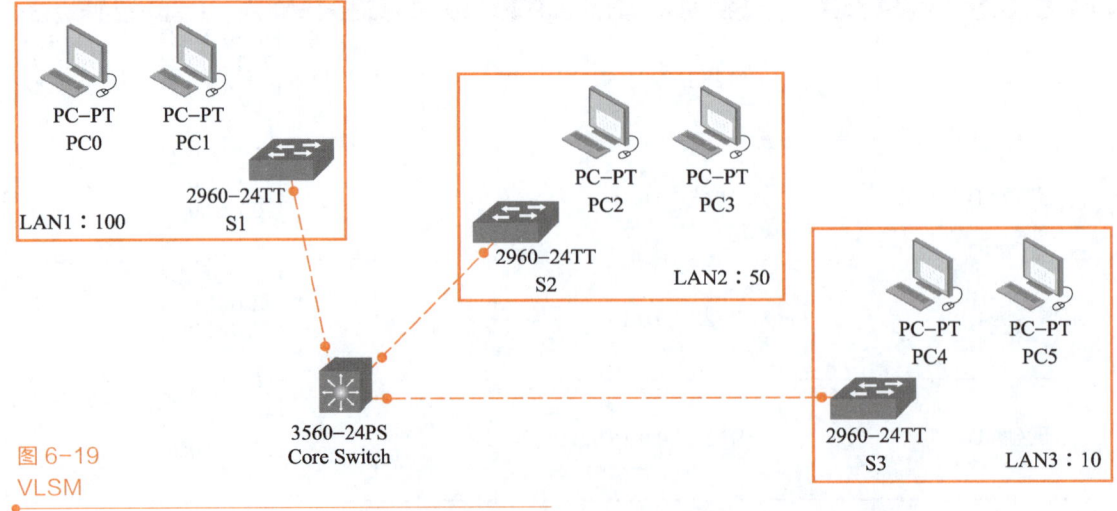

图 6-19
VLSM

【实训目的】

- 深入理解 IPv4 网络地址结构。
- 掌握 VLSM 的子网划分方法。

【实训内容】

- 根据网络需求分析制定地址规划方案。
- 掌握 VLSM 的计算方法。

任务 6-2　IPv6 地址子网划分

任务陈述

集团正在对其网络进行升级，其所有的业务都需要部署 IPv6 网络，以便之后能够快速对接核心骨干网络。因此，集团向 ISP 购买了 IPv6 网络地址，分配到的网络地址前缀是 2018:0088:AADD::/48。集团共有 5 个园区，每个园区中都部署了相应的业务，请制定一个初步的网络规划方案。

知识准备

微课 6-6
IPv6 子网划分

• 6.4　IPv6 子网划分

根据网络规模的差别，IPv6 地址的编址也有不同的方案。不过，IPv6 地址的基本子网划分还是非常简单明了的，大多数情况下要比 IPv4 网络的子网划分简单。

在进行 IPv6 子网划分之前，需要先理解两个基本概念，即子网 ID 和子网前缀（网络前缀），如图 6-20 所示。子网 ID（Subnet ID）是指 16 位的内容，用于分配子网；子网前缀（Subnet Prefix）则是指全局路由前缀与子网 ID 的编址位。

```
        48位            16位              64位
   ┌──────────────┬───────────┬──────────────────────┐
   │  全局路由前缀  │  子网ID    │       接口ID           │
   └──────────────┴───────────┴──────────────────────┘
   └────────────────────────┘
            子网前缀
```

图 6-20
子网前缀

一个 IPv6 网路通常是由 ISP 分配前 48 位的前缀，然后创建 16 位的子网 ID，这 16 位的取值范围是 0000～FFFF，能够创建 2^{16} 个子网。所以说，利用 16 位的子网 ID 进行子网划分是非常清晰的，见表 6-11。

表 6-11　16 位子网 ID 划分子网

全局路由前缀	子网 ID	接口 ID
/48 全局路由前缀 （由 ISP 分配）	0000	64 位
	0001	
	0002	
	…	
	FFFE	
	FFFF	

　　IPv6 的子网划分并不局限于 16 位的子网 ID，也可以借用接口 ID 中的位作为子网 ID。就像 IPv4 地址一样，如果希望增加子网数量或者减少每个子网中主机的数量，就必须从接口 ID 借位。但是这里需要注意的是，一般 16 位子网 ID 已经完全能够支持子网的数量，没有必要借用接口 ID 的位；如果借用，在 IPv6 的划分子网中也建议只在半字节边界划分子网。

　　如图 6-21 所示，将子网前缀/64 扩展 4 位（即半字节）到达/68，从而使得子网 ID 从 16 位增加到 20 位，增加了更多的子网。

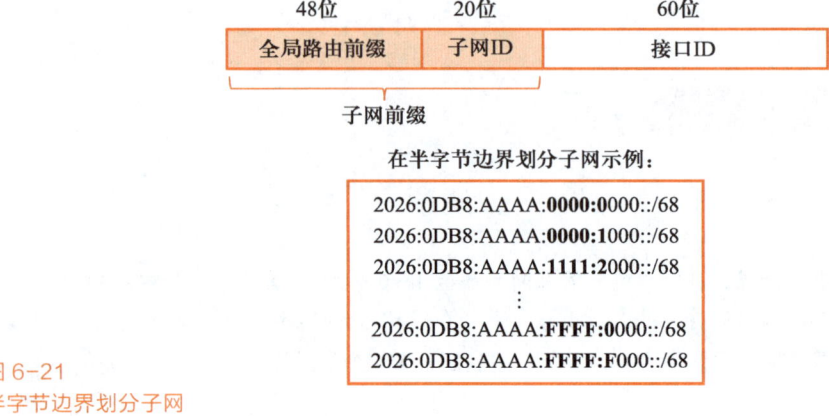

图 6-21
半字节边界划分子网

任务实施

　　由于 ISP 已经分配了全局路由前缀 2025:0088:AADD::/48，16 位的子网 ID 暂时还没有使用，所以本方案进行地址规划时主要使用 16 位的子网 ID 进行划分，初步规划方案见表 6-12。

表 6-12　IPv6 地址规划方案

区域	一级园区	二级部门	三级业务
园区 1	2025:0088:AADD:1000::/52	2025:0088:AADD:1x00::/56 （x=0～F）	2025:0088:AADD:1xy0::/60 （y=0～F）
园区 2	2025:0088:AADD:2000::/52	2025:0088:AADD:2x00::/56 （x=0～F）	2025:0088:AADD:2xy0::/60 （y=0～F）
园区 3	2025:0088:AADD:3000::/52	2025:0088:AADD:3x00::/56 （x=0～F）	2025:0088:AADD:3xy0::/60 （y=0～F）
园区 4	2025:0088:AADD:4000::/52	2025:0088:AADD:4x00::/56 （x=0～F）	2025:0088:AADD:4xy0::/60 （y=0～F）
园区 5	2025:0088:AADD:5000::/52	2025:0088:AADD:5x00::/56 （x=0～F）	2025:0088:AADD:5xy0::/60 （y=0～F）

　　规划方案使用了 16 位的子网 ID 进行规划，并且只在半字节边界进行划分。16 位的子网 ID 中，第 1 个半字节表示园区编号，第 2 个半字节用来标识部门，第 3 个半字节用来说明业务，最后一个半字节可以根据具体的网络结构进行划分。

任务拓展

　　虽然 IPv6 地址空间足够大，但是仍然有必要限制网络中接口 ID 的大小。一般情况下，在路由器与路由器的点对点链路连接中，推荐使用 127 位的 IPv6 前缀，这与 IPv4 使用 30 位的子网掩码相似。

在 IPv6 网络中，邻居发现协议（Neighber Discovery Protocol，NDP）会因为接口地址过多而遭遇耗尽攻击。由于 IPv6 拥有巨大的接口 ID 空间，因而攻击者可以通过成千上万个伪造的源 IPv6 地址向子网中的路由器或者其他网络终端设备发起攻击，从而消耗大量内存资源。根据发送的分组类型，接收端可能会响应大量的邻居请求分组，但却接收不到任何回应，这就等于 IPv4 网络中的 ARP 攻击一样。

 ## 项目实训　IPv6 扩展子网

ISP 已经给某信息技术有限公司分配了全局路由前缀 2026:0:1234:1000::/64，请使用子网 ID 中的 16 位进行子网规划，该公司至少需要规划 16 个子网。

【实训目的】

● 深入理解 IPv6 网络地址结构。

【实训内容】

● 根据网络需求分析制定地址规划方案。
● 在半字节内划分子网。

 ## 单元小结

随着网络设备性能的不断提升以及设备数量的大量扩充，IP 地址成为网络扩展的瓶颈，逐步废除 IP 地址的类别限制成为必然。IP 地址子网划分是通过子网掩码来进行的，子网掩码又称为网络掩码，用来指明一个 IP 地址的哪些位标识的是主机所在的子网，以及哪些位标识的是主机。通过了解 IP 地址和子网掩码的概念以及分类，可以更好地进行 IP 地址的子网划分。子网划分是网络规划和设计中的重要步骤，它可以帮助用户更好地管理和组织网络资源，提高网络的性能和安全性。

 ## 单元练习

文本：参考答案

一、选择题

1. IP 地址 222.100.66.1 的子网掩码是 255.255.255.0，则其所在的子网的广播地址是（　　　）。
   A. 222.100.66.254　　　　　　　　B. 222.100.66.193
   C. 222.100.66.255　　　　　　　　D. 222.100.66.255

2. 计算网络地址时，IP 地址与子网掩码做的是（　　　）运算。
   A. 逻辑"与"　　　B. 逻辑"或"　　　C. 逻辑"非"　　　　D. 异或

3. 网络地址为 192.168.0.0 的子网掩码是 255.255.255.224，则此网络被划分为（　　　）个子网。
   A. 4　　　　　　　B. 8　　　　　　　C. 16　　　　　　　D. 32

4. 11 位子网掩码的网络中可以包含（　　　）台主机。
   A. 8194　　　　　B. 8192　　　　　C. 8190　　　　　D. 8196

5. 网络管理员正在建立包含 20 台主机的小型网络，ISP 只分配了可路由的 IP 地址，则网络管理员可以使用（　　　）地址块。

A. 10.11.12.16/28　　　　　　　　　　　B. 172.16.255.128/27

C. 192.168.0.0/28　　　　　　　　　　　D. 209.165.202.128/27

6. 已知地址段 192.168.1.0/26，则按此分配 IP 地址，每个子网可以容纳（　　　）台主机。

A. 254　　　　　　B. 64　　　　　　C. 62　　　　　　D. 30

7. 下列属于网络 128.1.200.0/21 的地址是（　　　）。

A. 128.1.198.0　　　B. 128.1.206.0　　　C. 128.1.217.0　　　D. 128.1.224.0

8. IPv6 地址 2018:0DB8: ABCD::/48 中借用 8 位进行子网划分，则第 4 个子网地址是（　　　）。

A. 2018: 0DB8: ABCD:0011::/56　　　　B. 2018: 0DB8: ABCD:0300::/56

C. 2018: 0DB8: ABCD:0003::/56　　　　D. 2018: 0DB8: ABCD:3000::/56

二、填空题

1. 三级 IP 地址将一个 32 位的 IP 地址分为_____、_____和_____共 3 个部分。

2. 某网络管理员需要设置一个子网掩码，将地址 200.1.1.0/24 网段划分为 4 个子网，可以采用_____位的子网掩码进行划分，其子网掩码的点分十进制数值是_____。

3. 能够满足 500 台主机需求的子网掩码最多是_____位。

4. 对于一个 C 类的 IPv4 网络进行子网划分，如果子网掩码是 27 位，那么最多能够划分的子网数为_____个，每个子网能容纳的主机是_____台。

5. IPv6 地址中，一般使用子网 ID 进行子网划分，16 位的子网 ID 可以支持_____个子网。

三、简答题

1. 若有 4 条路由条目，分别为 172.20.12.0/24、172.20.13.0/24、172.20.14.0/24 和 172.20.15.0/24，试计算经过路由汇聚后的路由条目是什么。

2. 某 CIDR 地址块中的某个地址是 131.10.57.128/22，那么该地址块中的第一个地址是多少，最后一个地址是多少，该地址块共包含多少个地址？

3. 在某 IPv6 地址 2018:0DB8:AAAA::/48，此网络地址中如果利用子网 ID 部分的前 8 位来划分子网，可以划分多少个子网，第 3 个子网的地址是多少？

4. 有一个网络地址为 192.1.3.0/24，要在此网络中划分 12 个子网，试问：

① 需要多少位表示子网？

② 子网掩码的点分十进制数值是多少？

③ 每个子网地址是什么？

④ 每个子网能容纳多少台主机？

⑤ 整个网络能容纳多少台主机？

⑥ 第 2 个子网的广播地址是多少？

单元 **7**

局域网技术

🔍 学习目标

【知识目标】

- 了解局域网的基本概念。
- 了解局域网的技术特点。
- 掌握局域网 IEEE 802 模型。
- 掌握以太网介质访问控制技术。
- 掌握以太网的常用网络设备。
- 掌握无线局域网技术和无线 AP。

【技能目标】

- 能够使用网络模拟器组建和维护局域网。
- 能够选择正确的网络互联设备。
- 能够对简单的局域网故障进行排障。
- 能够组建和配置小型无线局域网。

【素养目标】

- 提高发现与解决问题的主观能动性，培养创新思维。
- 提高自主技术与品牌认知，激发爱国热情。
- 培养良好的工程规范意识和严谨的工作态度。

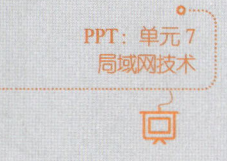

PPT：单元 7
局域网技术

📙 单元导读

　　本单元主要介绍局域网的概念和特点、IEEE 802 模型、以太网介质访问控制技术、以太网数据帧字段、常用的局域网组网设备、无线局域网的规划与配置。本单元学习内容和高等职业教育专科计算机网络技术专业教学标准的对应关系见表 7-1。

表 7-1　本单元学习内容和专业教学标准的对应关系

高等职业教育专科计算机网络技术专业教学标准				运用计算机网络知识和技能	
行业	岗位群	职业资格证书	对应竞赛	知识点	技能点
互联网和相关服务 软件和信息技术服务业	① 网络技术支持 ② 网络系统运维 ③ 网络系统集成 ④ 智能制造网络搭建与维护	① 网络系统建设与运维 ② 通信工程师 ③ 网络管理员 ④ 无线网络规划与实施 ⑤ 网络系统规划与部署	① 网络系统管理 ② 网络建设与运维 ③ 工业互联网集成与应用 ④ 工业网络智能控制与维护 ⑤ 信息安全管理与评估 ⑥ 华为 ICT 网络技术大赛	① 局域网概念和特点 ② IEEE 802 模型 ③ 介质访问控制技术 ④ 局域网设备 ⑤ 无线局域网技术	① 小型局域网搭建 ② 局域网设备互联运用 ③ 局域网故障排除 ④ 无线网络规划与配置

✏️ 引例描述

　　Svist 学院网络专业的小张同学在经过一段时间的网络理论知识学习后，想自己动手组建一个网络，他决定向蒋老师请教怎么样可以组建高效、可靠的局域网，组建一个局域网需要用到什么样的硬件设备与传输介质，局域网的组建技术原理又是什么。老师告诉他，应该先了解组网的实际环境，根据网络的安全性和稳定性进行详细的分析和设计；在硬件设备方面，则主要使用网线、交换机、路由器等设备，如图 7-1 所示。

德育小课堂
国产品牌 H3C
介绍

网络组建需要网线、交换机、路由器等设备，可以选用国产品牌，如华为、新华三等厂商的设备。

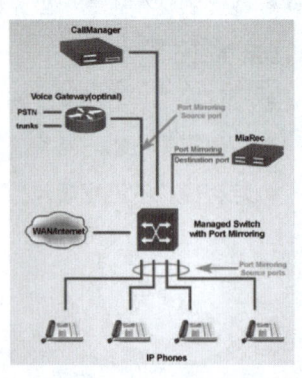

图 7-1
单元情境

任务 7-1　组建小型以太网

任务陈述

以太网是目前局域网中最通用的通信协议标准。本任务主要学习局域网的基本概念、局域网 IEEE 802 模型、以太网的传输介质、以太网的常用网络设备、无线局域网技术和无线 AP。

知识准备

7.1　局域网的基本概念

局域网主要是将一定区域内位置邻近的各种通信设备互联在一起所形成的网络，其覆盖范围有一定局限性，通常指大楼、办公室或者园区等。局域网的特点是：距离有限（一般为 10 m～10 km）、传输时延小、数据速率高、传输可靠。进行局域网组网时，要考虑所有信息点的可控性、高性能以及保证关键业务的 QoS 等，另外要预留网络扩展空间以满足将来可能出现的新需求及信息点量的增长和变化。因此，在组网设计中必须遵循以下技术原则：标准化、实用性、可扩展性、可维护性、高性能和高可靠性、实用性、易操作性。

7.1.1　局域网的分类

局域网可以从以下几个方面进行分类。
① 按拓扑结构分类：包括总线型、环形、树形和混合型等。
② 按传输介质分类：常见的传输介质有同轴电缆、双绞线、光缆等。
③ 按访问控制方式和分组结构分类：常见的有以太网（Ethernet）、令牌环网（Token Ring）、光纤分布式数据接口（FDDI）、异步传输模式（ATM）等。
④ 其他分类方法：按网络操作系统分类、按数据的传输速率分类、按信息的交换方式分类。

微课 7-1
局域网的分类

7.1.2　局域网的发展

1. 早期局域网

局域网最初是将多台计算机互联，其拓扑结构为总线型，如图 7-2 所示。由于总线型会导致多台计算机同时发送数据时产生冲突，因此采用了 CSMA/CD（载波监听多路访问/冲突检测）方法。以太网最初使用 10Base-5（粗缆）和 10Base-2（细缆）同轴电缆，其中 10Base-5 电缆可使信号在中继之前的传输距离达 500 m，10Base-2 电缆的传输距离为 185 m。

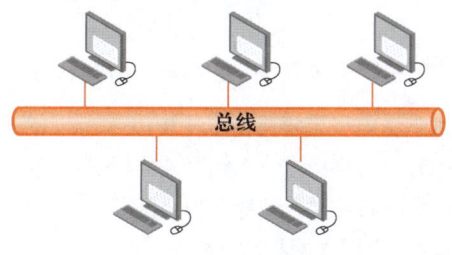

总线

图 7-2
总线型拓扑结构

2. 传统局域网

局域网经过快速的发展，其介质和拓扑结构都在发生变化。10Base-T 局域网使用集线器作为网段中心点的物理拓扑，如图 7-3 所示。从本质上讲，这种网络共享介质在逻辑上为总线型。集线器作为物理网段的中心设备集中所有连接，相当于一个端口收到数据会复制到其他端口，局域网内的所有网段都会接收该数据。

在共享介质环境中，网络设备上的带宽是共享的，节点共享介质自然就会出现介质争用问题。解决该问题同样使用上一代以太网采用的 CSMA/CD 的 MAC 方法。

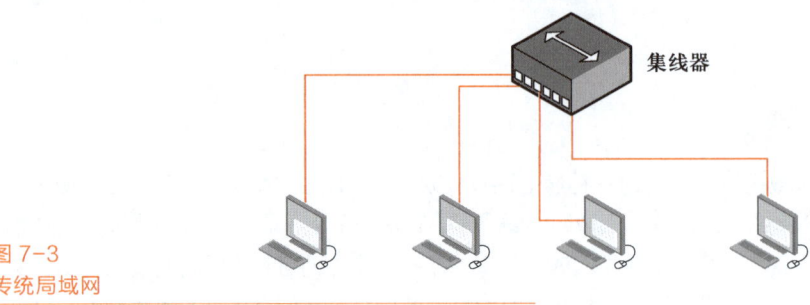

图 7-3
传统局域网

3. 现代局域网

随着网络数据需求的迅速增长，局域网的传输速率从 10 Mbit/s 到 100 Mbit/s，交换机的出现是现代局域网最主要的发展标志。交换机取代了集线器，使得局域网的性能得到很大提升。交换机可以隔离所有端口，帧可端口对端口发送，这样数据的发送得到了有效控制。交换机以及后来全双工通信的出现，使局域网的传输速率达到 1 Gbit/s。现代局域网使用物理星形拓扑结构和逻辑点对点拓扑，如图 7-4 所示。

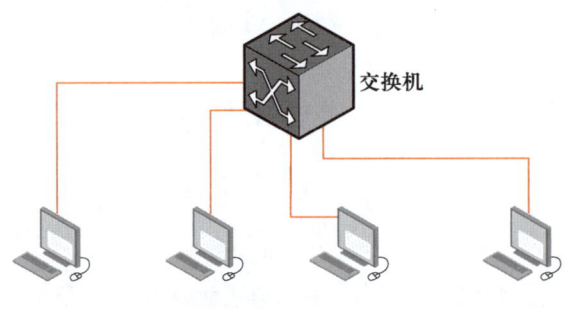

图 7-4
现代局域网

现代网络可满足人们对数据、语音、图像等大规模数据的传输需求，如吉比特局域网的出现可提供 1000 Mbit/s 以上的网络带宽。当然吉比特局域网的传输介质不一定完全取代电缆和交换机，但是使用光缆后，数据传输距离大幅延长。

●7.2   以太网的概念与 IEEE 802 标准

微课 7-2
以太网概述

以太网技术是由电子工程师协会（IEEE）标准描述的基带局域网规范，是现有局域网中最通用的通信协议标准，其他局域网标准如光纤数据式分布接口（FDDI）、令牌环等。以太网技术不断发展，其标准也经历了一系列的发展。

① 1980 年第一个以太网标准产生。

② 1985 年，本地和城域网的电子工程师协会（IEEE）标准委员会发布了 LAN

标准，这类标准以数字 802 开头，以太网标准是 IEEE 802.3。IEEE 802.3 兼容了 OSI 参考模型第一层以及第二层下半层（数据链路层的介质访问控制（MAC）子层）的需求，如图 7-5 所示为 IEEE 802 系列标准。

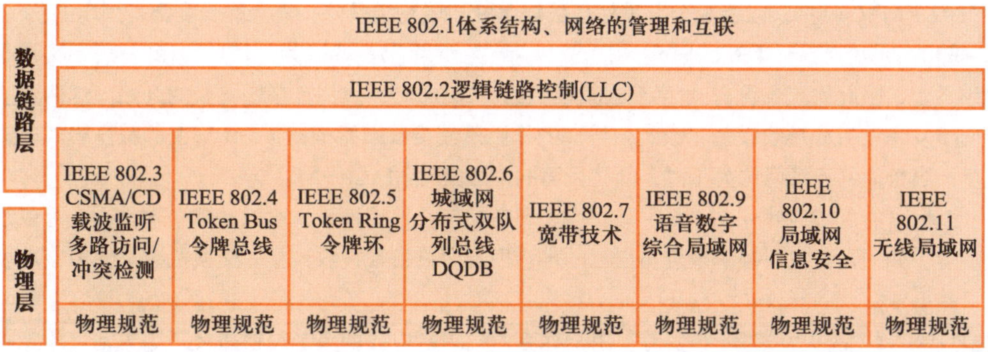

数据链路层	IEEE 802.1体系结构、网络的管理和互联							
	IEEE 802.2逻辑链路控制(LLC)							
	IEEE 802.3 CSMA/CD 载波监听多路访问/冲突检测	IEEE 802.4 Token Bus 令牌总线	IEEE 802.5 Token Ring 令牌环	IEEE 802.6 城域网 分布式双队列总线 DQDB	IEEE 802.7 宽带技术	IEEE 802.9 语音数字综合局域网	IEEE 802.10 局域网信息安全	IEEE 802.11 无线局域网
物理层	物理规范	物理规范	物理规范	物理规范	物理规范	物理规范	物理规范	物理规范

图 7-5 IEEE 802 标准系列

以太网自 20 世纪 70 年代产生以来，其传输速率从最初的 3 Mbit/s 发展到 100 Mbit/s，一直到现在已经可以达到 10 Gbit/s。现在的以太网技术已经可以作为城域网（MAN）和 WAN 标准。

7.2.1　以太网物理层与数据链路层

以太网是负责实现物理层和数据链路层的介质访问控制子层。IEEE 802.3 规定了包括物理层的连线、电信号和介质访问层协议的内容。

1. 逻辑链路控制子层

在 OSI 参考模型中，数据链路层包含逻辑链路控制（LLC）子层和介质访问控制（MAC）子层。局域网的底层提供数据报业务，但不保证数据的可靠传输。因此，LLC 运行在 MAC 之上。LLC 负责处理上层的网络软件和下层硬件之间的通信，向上统一了数据链路层的接口，从而屏蔽各种物理网络的实现细节。除此之外，LLC 还负责处理诸如差错控制、流量控制等问题。LLC 通过软件实现，其实现不受物理设备影响。因此，LLC 一般可以作为网卡的驱动程序软件，在介质与 MAC 之间传送数据的程序。

LLC 可以提供不确认的无连接服务、确认的无连接服务以及确认的面向连接服务这 3 种服务。

① 不确认的无连接服务：数据双方不建立连接，接收方也不要求应答，因此数据传送不保证正确。

② 确认的无连接服务：数据双方不建立连接，但接收方对收到的每一帧数据确认应答，因而保证数据链路层数据正确传送。

③ 确认的面向连接服务：在数据传输前双方需要连接，接收方必须对收到的帧进行错误检查、排序和应答，如果出错则要求数据重传，保证了链路层全部数据正确有序传递。

2. 介质访问控制子层

MAC 是数据链路层以太网子层的下半层，与 LLC 不同之处是 MAC 采用硬件方式实现其功能。

以太网 MAC 的主要功能有数据封装和介质访问控制。需要注意的是，MAC 与不同的物理层实现方法有关。

3. IEEE 802.3：CSMA/CD

总线型局域网由于共享传输介质会产生冲突，为了解决信道争用的问题，IEEE 802 标准组采用 IEEE 802.3 二进制指数退避和 CSMA/CD 标准。IEEE 802.3 在物理层配置方面是灵活多样的，IEEE 802.3 MAC 帧在 MAC 子层实体之间进行数据交换。如图 7-6 所示为 IEEE 802.3 MAC 帧格式。

前导码 (P)	帧起始符 (SFD)	目的地址 (DA)	源地址 (SA)	帧长度 (LLC)	数据	填充字符 (PAD)	帧校验序列 (FCS)

图 7-6
IEEE 802.3
MAC 帧格式

在 IEEE 802.3 MAC 帧中，以上 8 个字段除了数据字段和填充字段外，其余的长度都是固定的。

① 前导码和帧起始定界符（SFD）：前导码占 7 字节，每字节的模式为"10101010"，用于实现收发双方的时钟同步；帧起始定界符占 1 字节，其模式为"10101011"，用于指明一帧的开始。这两个字段主要用于同步发送设备和接收设备。帧的前导码的作用是使接收端能根据 1、0 交变的数据模式迅速实现数据同步，当检测到连续两位为 1 时，便将后面的信息交给 MAC 子层。

② 目的地址（DA）：该字段占 2～6 字节，用于确定帧是否发给地址，可以是单个地址，也可以是广播或组播地址。如果设备发现帧的地址与自己的地址匹配，设备就接收该帧。交换机也是使用该地址确定转发端口的。

③ 源地址（SA）：该字段占 2～6 字节，用于标志帧的源端口或网卡。交换机会将该类地址添加到设备查询表中。

④ 帧长度：该字段占 2 字节，用于定义帧的数据字段的准确长度。CSMA/CD 协议为了正常工作，需要利用一个最短帧长度。在需要的时候可在数据字段之后、FCS 帧校验序列之前以字节为单位添加填充字符，用于确认是否准确收到报文。

⑤ 数据和填充字符（PAD）：这两个字段总和为 46～1500 字节，包含来自较高层的封装数据，通常是指网络层的 PDU。所有帧必须至少包含 64 字节。如果数据包小，则帧要填充到 64 字节。

⑥ 帧校验序列（FCS）：该字段占 4 字节，使用 CRC 循环冗余检测校验码检测帧中的错误。发送端在帧的 FCS 字段包含 CRC 的结果，当接收设备准备接收帧时，将数据接收的帧内容生成 CRC，若计算匹配，则表示没发生错误；若计算结果不匹配，则表示发生了错误，帧将会被丢弃。

7.2.2 以太网 MAC 地址编址

微课 7-3
以太网编址

1. 以太网 MAC 地址

数据链路层编址主要确定接收的帧是发送给哪里节点的。每台设备用 MAC 地址进行标识，每个帧中包含目的 MAC 地址。在以太网中用唯一的 MAC 地址标识源和目的设备，MAC 编址将作为第二层的 PDU 进行填充。以太网 MAC 地址是 12 个十六进制数字的 48 位二进制值。IEEE 分配了一个 3 字节（24 位）的代码，称为组织唯一标识符（OUI）。一般来说，每一块网卡都有一个固定的 MAC 地址，该地址被存储在网卡的 ROM（只读存储器）中。需要注意的是，分配给网卡或其他以太网设备的所有 MAC 地址都必须使用厂商分配的 OUI 作为前 3 字节；OUI 相同的 MAC 地址以最后 3 个字节为唯一标识，它可以是厂商代码或者序列号。以太网 MAC 地址结构如图 7-7 所示。

组织唯一标识符OUI	厂商分配的(网卡、接口)
24位，6个十六进制数字	24位，6个十六进制数字
00-60-2F(Cisco)	特定设备

图 7-7
以太网 MAC 地址结构

2. 十六进制编址

MAC 地址是以十六进制来表示的，因此首先简单介绍一下十六进制：以 16 为基数，使用数字 0～9

和 A~F（表示 10~15），逢 16 进 1。可以使用一个十六进制数取代 4 位二进制数，由于 8 位二进制表示一字节，因此 00000000~11111111 的二进制数可表示为 00~FF 的十六进制数字，如二进制数 00011011 可以表示为十六进制数 1B。特别需要注意的是，若出现的两位都为数字，比如十六进制数 27，为了与十进制数区分，十六进制数的表示法以"0x"为前导，或在数字后面加上表示十六进制的符号 H。因此，上例中可以表示为 0x27 或 27H。

3. 查看 MAC 地址

要查看 MAC 地址，可以使用 ipconfig /all 或 ifconfig（在 Linux 中的查看地址命令）命令。如图 7-8 所示是在网络模拟器中查看计算机的物理地址信息，该命令在实际计算机操作中同样也可以使用。

```
Packet Tracer PC Command Line 1.0
PC>ipconfig /all

Physical Address.................: 0090.C0D.0A04
IP Address.......................: 192.168.1.1
Subnet Mask......................: 255.255.255.0
Default Gateway..................: 192.168.1.254
DNS Servers......................: 0.0.0.0
```

图 7-8
查看计算机
的物理地址

4. 以太网单播、组播和广播

单播 MAC 地址是帧从设备一对一发送时使用的唯一地址。如图 7-9 所示，源主机向 IP 地址为 192.168.1.10 的服务器请求网页。在发送帧中，为了传送和接收数据包，目的 IP 地址必须包含在 IP 数据报头中，响应的 MAC 地址也必须包含在以太网帧头中。两者相结合，数据才能正确传送到特定的目的主机。

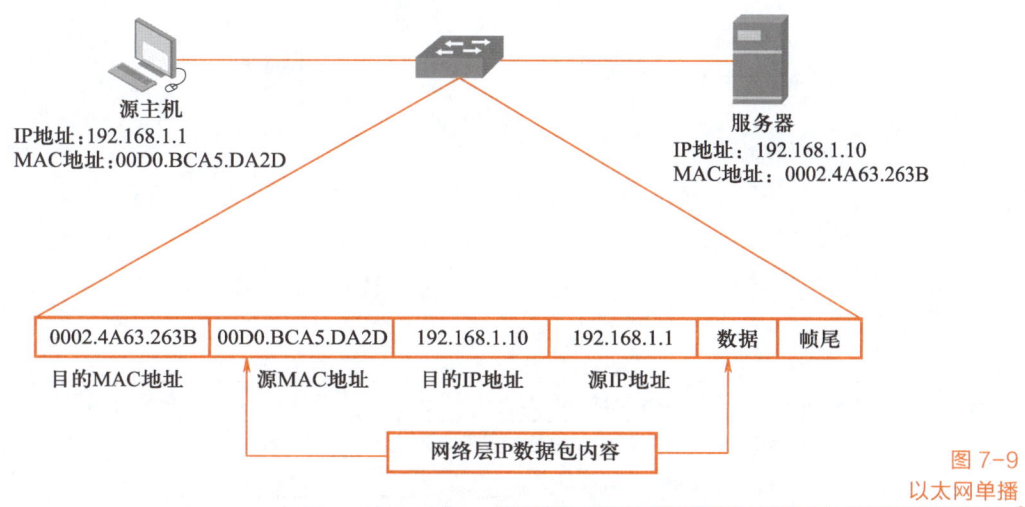

源主机
IP地址：192.168.1.1
MAC地址：00D0.BCA5.DA2D

服务器
IP地址：192.168.1.10
MAC地址：0002.4A63.263B

0002.4A63.263B	00D0.BCA5.DA2D	192.168.1.10	192.168.1.1	数据	帧尾
目的MAC地址	源MAC地址	目的IP地址	源IP地址		

网络层IP数据包内容

图 7-9
以太网单播

广播的目的是让所有节点接收和处理帧，数据链路层使用一个特殊的地址实现广播。在以太网中，广播 MAC 地址是 48 个 1，十六进制为 FF-FF-FF-FF-FF-FF。以太网广播如图 7-10 所示。

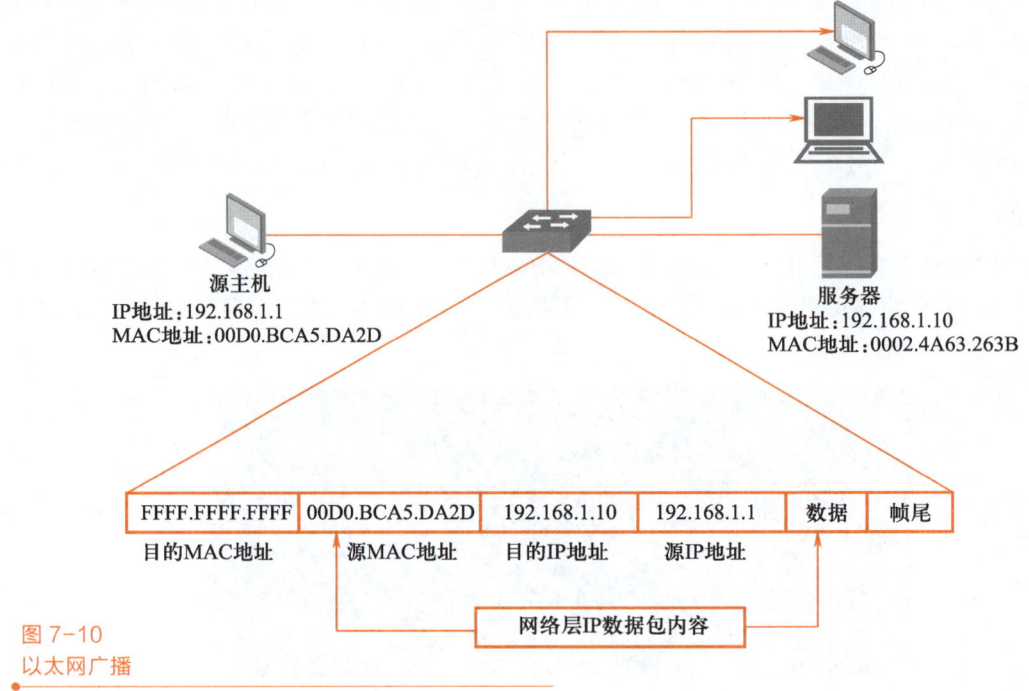

图 7-10
以太网广播

组播地址允许源主机向一组设备发送数据包，它既可以抑制由广播可能引起的资源浪费，又可以有效完成单点对多点的数据传播。组播地址是一个特殊的十六进制数以 01-00-5E 开头。将 IP 组播地址的低 24 位换算成以太网地址中剩余的 6 个十六进制数，作为组播 MAC 地址的结尾，剩余的位始终为 0。以太网组播如图 7-11 所示。

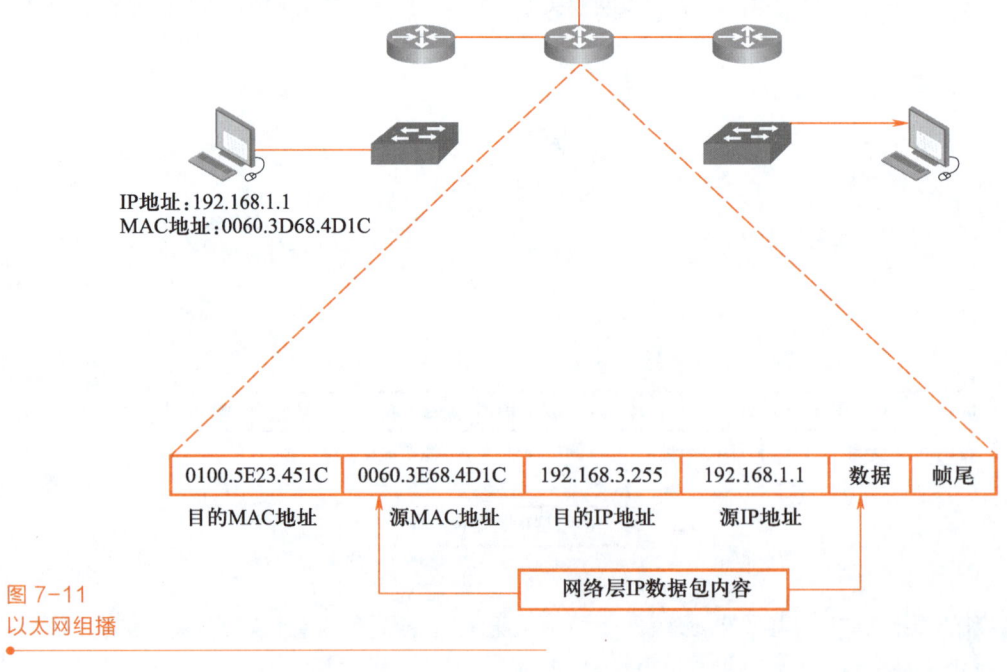

图 7-11
以太网组播

7.2.3 以太网介质访问控制

以太网中的 MAC 根据实现类型而不同。上文中提到的传统以太网使用共享介质解决冲突的方式是载波侦听多路访问 / 冲突检测（CSMA/CD）。当然在目前主流的以太网中，交换机解决了共享介质引起冲突的问题，因此这种网络就不需要 CSMA/CD 了。

1. CSMA/CD 工作过程

由于所有共享介质的设备在同样的介质上发送数据，因此以太网使用 CSMA/CD 检测和处理冲突，其中 CSMA 用来检测电缆上的电信号活动，CD 用来对网络节点边发送边监听，一旦监听到冲突就立刻停止发送，这样信道会空闲下来从而提高了信道利用率。因此，CSMA/CD 的工作过程可以分为以下 3 步。

① 监听发送：在 CSMA/CD 方法中，所有要发送的数据都必须在发送之前监听，若检测到信道有其他设备的信号，就会等待指定的时间再尝试发送；反之，一旦检测到信道为空，就立即发送。

② 冲突检测：如图 7-12 所示，若第一台设备 A 检测到相邻设备没有发送，会进行数据发送。若此时设备 C 也同时进行数据传递，两台设备的数据会坚持传播到产生信号相互碰撞而发生冲突，当然由于冲突原本传播的数据会造成损毁。因此在发送时，设备一直监听介质，由此来确定是否有冲突发生。

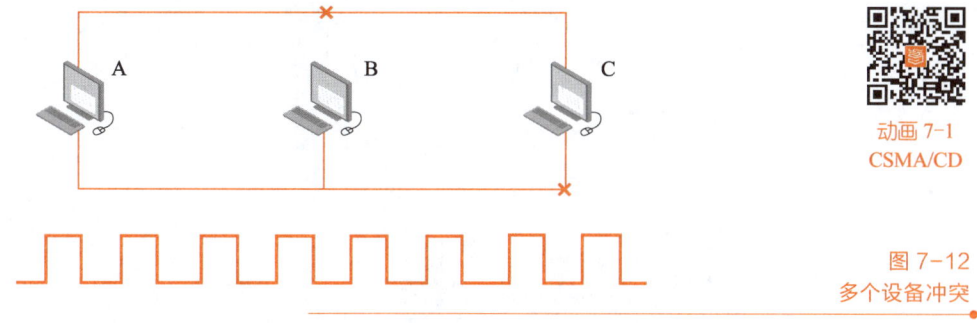

图 7-12
多个设备冲突

③ 遇拥塞而随机退避：拥塞信号是指当冲突发生之时，检测到冲突的发送设备将持续传输一个特定的信号，以此来保证网络上的所有设备检测到冲突，如图 7-13 所示。拥塞信号也通知其他设备已发生了冲突，以便其他冲突设备调用退避算法。该算法可以让所有设备在一段随机时间内停止发送，由此冲突消除介质恢复正常。

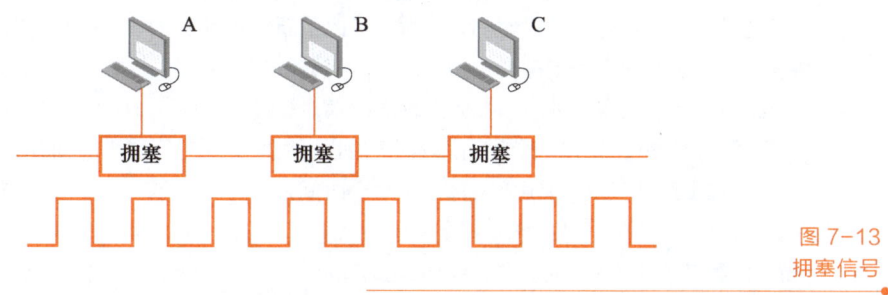

图 7-13
拥塞信号

2. 冲突域

当一个网段利用集线器连接时，由于集线器在物理层运行，只处理介质中的信号，因此集线器共享介质的拓扑中可能发生冲突。产生冲突的条件包括：越来越多的设备连接网络；设备对网络介质的访问越发频繁；设备之间的距离越来越长。由此可见，通过集线器访问公共介质的互联设备称为冲突域，也可以称为网段。集线器和中继器也可以使冲突域增长，如图 7-14 和图 7-15 所示。

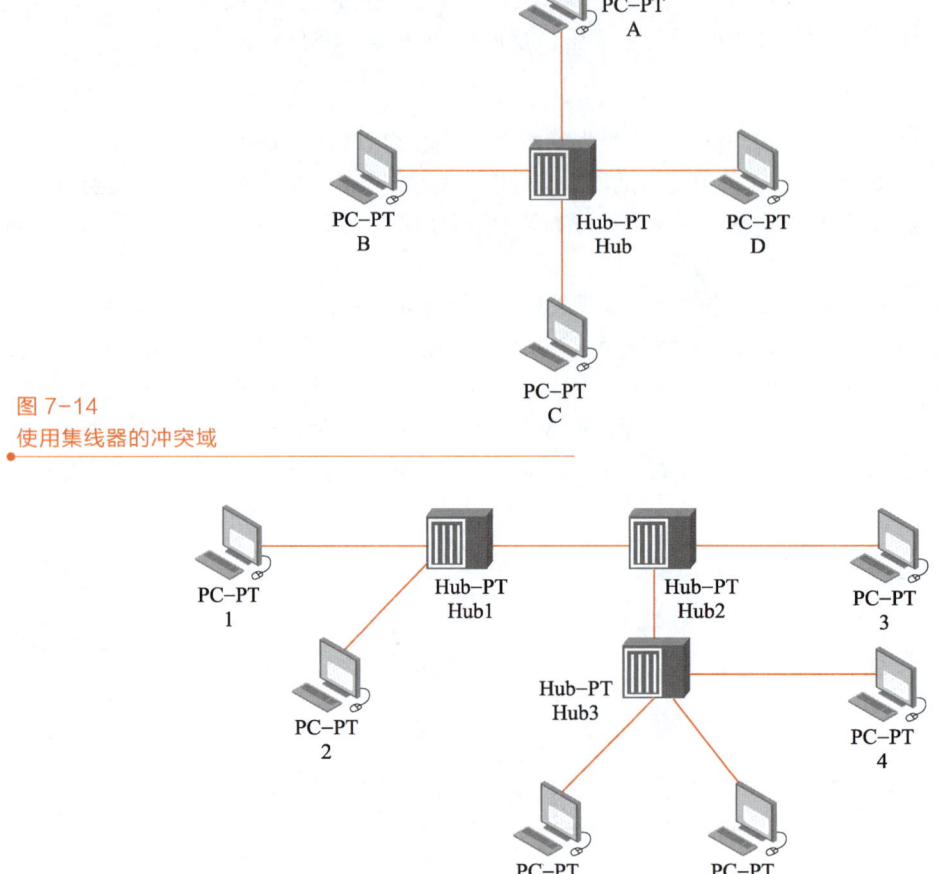

图 7-14
使用集线器的冲突域

图 7-15
使用集线器互联的扩展冲突域

3.　二进制指数退避算法

在 CSMA/CD 方法中，当冲突发生后，所有设备都停止发送信号，并且等待一个完整的时间间隙；发送有冲突的设备必须再等待一段时间，然后才可以重新发送冲突的帧。等待的时间会根据冲突的重复性逐渐增长，且等待时间不一定是确定的，它会伴随着长短的间隔，这样就避免了更多冲突。为了保证这种退避以维持稳定，采用二进制指数退避算法技术，其过程如图 7-16 所示。

① 对于每个数据帧，设置一个时间间隙（时隙），将冲突发生后的时间划分为长度为 2 t 的时隙。

② 当第一次发生冲突后，退避间隔取 1～L 个时间片中的一个随机数，各个站点等待 0 或 1 时隙再开始重传。

③ 当发生第二次冲突后，各个站点随机地选择等待 0、1、2 或 3 时隙再开始重传。

④ 当第 i 次冲突后，在 0～2^i-1 间随机选择一个等待的时隙数，再开始重传。

⑤ 设置一个最大重传次数，超过该次数，就不再重传，并报告错误。

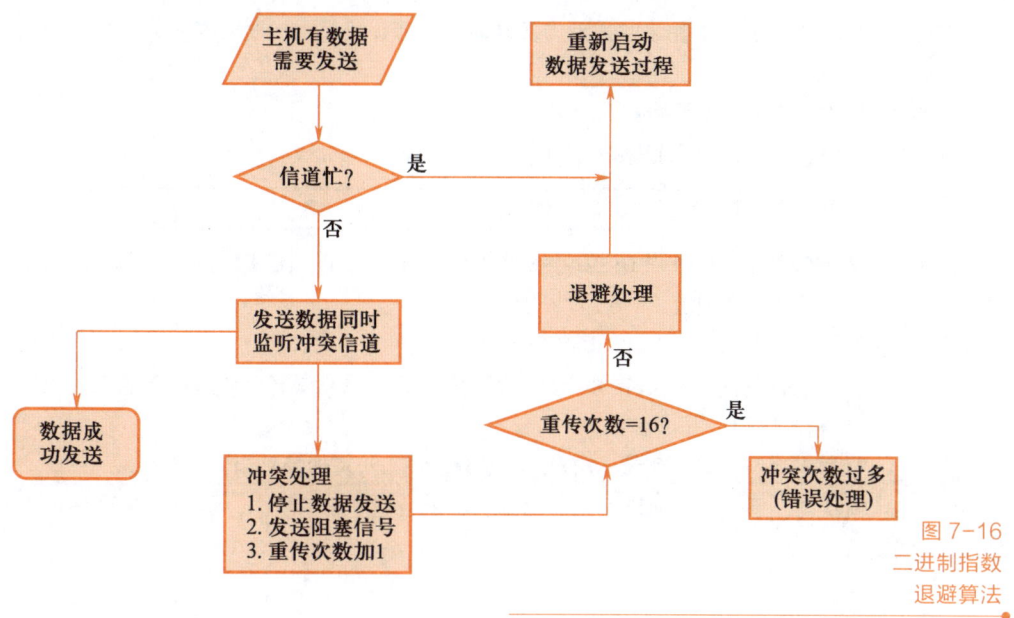

图 7-16
二进制指数
退避算法

实例：如果第二次发生碰撞。

$n = 2$

$k = \text{MIN}(2,10) = 2$

$R = \{0, 1, 2, 3\}$

时延 $= \{0, 51.2\ \mu s, 102.4\ \mu s, 153.6\ \mu s\}$，其中任取一值。

微课 7-5
交换以太网

7.2.4   高速以太网

随着网络的日益普及，网络数据流量激增，特别是当多个以太网互联时网络带宽负荷过重，从而使提高局域网传输速率的需求与日俱增。

1. 光纤分布式数据接口（FDDI）

光纤分布式数据接口（Fiber Distributed Data Interface，FDDI）环网是利用光纤作为传输介质的高性能令牌环网。FDDI 是利用光缆发送数字信号的一组协议，其逻辑拓扑是一个环形，以光缆作为传输介质，数据传输速率可达到 100 Mbit/s，采用 4B/5B 编码，要求信道介质的信号速率达到 125 MBaud（波特率，数据在介质上每秒钟发生信号变化的度量）。FDDI 是光纤数据在 200 km 内的局域网上传输的标准，该协议基于令牌环协议，不但可以支持长距离传输，而且还支持多用户。FDDI 使用基于 IEEE 802.5 令牌换标准的令牌传递协议，以及使用双环令牌传递网络拓扑结构，其中的双环表示发送数据和接收数据的方向相反。FDDI 与 IEEE 802 低速网之间可实现高带宽通用互联。

在 FDDI 的逻辑拓扑结构中，光纤上传输的数据单元称为 MAC 帧，如图 7-17 所示。

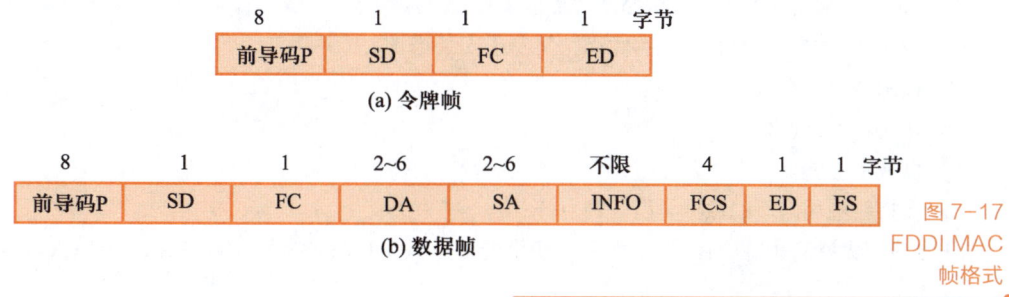

图 7-17
FDDI MAC
帧格式

① 前导码 P：帧首序列，用来收发双方实现时钟同步。帧起始站发出的前导码由 64 位的 16 个空闲符号组成。

② SD：帧首定界符，表示帧的开始，占 1 字节。

③ FC：帧控制（两个符号），格式如下：

C	L	F	F	Z	Z	Z	Z

其中，C 表明帧类型，L 表明 16 位或 48 位地址，FF 表明该帧是 LLC 帧还是 MAC 控制帧。

④ DA：目的端 MAC 地址。

⑤ SA：源端 MAC 地址。

⑥ INFO：信息，包括 LLC 数据和与操作有关的信息，最大帧不超过 4 500 字节。

⑦ FCS：帧检验序列，占 4 字节

⑧ ED：帧尾定界符。对于令牌，ED 的长度为 8 位，对其他帧则为 4 位。

⑨ FS：帧状态，用于返回地址识别、数据差错及数据复制等状态，每个状态用一个 4 位的 MAC 控制符号来表示。

2. 快速以太网

快速以太网可以满足日益增长的网络数据流量带宽需求，其规定了以太网传输速率必须高于 100 Mbit/s。它使用 IEEE 802.3 的新标准及不同的编码要求来实现更高的数据传输速率。快速以太网通常使用的传输介质为双绞线铜缆或光缆，但仍基于 CSMA/CD 技术，因此当网络负载较重时其传输效率会降低，但是现在可以使用交换技术来弥补。

目前流行的 100 Mbit/s 快速以太网标准分为 100Base-TX（使用 5 类以上 UTP 铜缆或两股光缆）、100Base-FX（使用光缆）、100Base-T4（使用 3，4，5 类无屏蔽双绞线或屏蔽双绞线）3 个子类。

3. 千兆位以太网

随着多媒体技术、移动终端技术及桌面视频技术等的不断发展，用户对局域网的带宽提出了更高的要求。千兆位以太网以原有以太网帧格式为基础，最大帧长为 1518 字节，最小帧为 46 字节，同样使用 CSMA/CD 技术，只是在底层将数据速率提高到了 1 000 Mbit/s（1 Gbit/s）。千兆位以太网主要使用全双工和半双工两种介质访问控制方法。千兆位以太网的数据传输速率是快速以太网的 10 倍，并可以在楼层内、楼内和园区内的网络上采用，因为它可以支持多种连接媒体和大范围的连接距离。特别地，千兆位以太网可以在下列 4 种媒介上运行。

① 单模光纤：最大连接距离至少为 5 km。

② 多模光纤：最大连接距离至少为 550 m。

③ 平衡、屏蔽铜缆：最大连接距离至少为 25 m。

④ 5 类线：最大连接距离至少为 100 m。

千兆位以太网主要有以下几个技术优点。

① 既保证了以太网原有经典的优点，又易于安装维护。

② 技术过渡平滑。

③ 网络可靠性能高。

④ 低成本扩展。

⑤ 支持新应用与新的数据类型等特点。

千兆位以太网有 1000Base-T 以太网、使用光缆的 1000Base-SX 和 1000Base-LX 以太网等几种。

4. 万兆位以太网

万兆位以太网仍保留了以太网帧的原有格式，但通过不同的编码方式将传输速率提升到了 10 Gbit/s。万兆位以太网设计用于以全双工模式只在点到点（交换）链路上运行，该标准引入了新的 64B/66B 编码方案，使传输速率接近 10 Gbit/s。万兆以太网包括 10GBase-X、10GBase-R 和 10GBase-W 等几种，目前仅限于光纤接口传输。

7.3　局域网网络设备

7.3.1　网卡

微课 7-6
局域网网络设备

网卡的全称是网络适配器或网络接口控制器（NIC），是主要用于设备终端连接到计算机网络以进行通信的计算机硬件。网卡的地址是 MAC 地址，因此属于 OSI 参考模型的物理层。网卡作为一种 I/O 接口卡插在主板的扩展槽上，用户可以通过线缆或无线方式将其与网络相互连接。 每一个网卡都有一个被称为 MAC 地址的独一无二的 48 位串行号，它被写在卡上的一块 ROM 中。网卡通常按传输速率、总线类型、所支持的传输介质来分类，如按照网络技术的不同可以分为以太网卡、令牌环网卡、FDDI 网卡等。其中，局域网中普遍使用的以太网卡可提供 10 Mbit/s 至 1 GMbit/s 的多种传输速率。按传输介质的不同，可以将网卡分为双绞线网卡、粗缆或者细缆网卡、光纤网卡以及无线网卡等。

网卡的 3 种主要功能如下。

① 数据的封装与解封：发送时将上一层传递下来的数据加上首部和尾部，成为以太网帧；接收时将以太网帧剥去首部和尾部，然后递交到上一层。

② 链路管理：主要是 CSMA/CD 协议的实现。

③ 编码与译码：基带数据编码方式的实现，即曼彻斯特编码与译码。

7.3.2　集线器

传统的以太网利用集线器连接节点，但采用这种方式，在一个局域网内只能同时有且仅有一个客户端发送数据，其他客户端若要发送数据，必须等待一段时间。现在的局域网中已经很少使用集线器，除了一些小型的或带宽要求较低的网络。使用集线器的以太网存在如下几个问题：

① 缺乏可扩展性，设备可以共享的带宽有限。

② 延时增长。

③ 网络故障增多。

④ 冲突增多。

动画 7-2
交换机的概念

7.3.3　交换机

交换机现在已成为大多数网络的基本组成部分。以太网交换机工作于 OSI 参考模型的第二层（即数据链路层），是一种基于 MAC 地址识别、实现以太网数据帧转发的网络设备，其所支持的协议仍然是 IEEE 802.3。交换机能同时连通许多对端口，使每一对相互通信的主机都能像独占通信媒体那样进行无冲突地传输数据。交换机的每个端口都代表一个单独的网段（冲突域），因此该端口连接的节点可以享有完全的介质带宽。这里需要说明的是，本章介绍的以太网交换机是指传输速率在 100 Mbit/s 以下的交换机。

1. 交换机直连节点

交换机直连网络如图 7-18 所示，所有节点直接连接到交换机的网段中。根据交换机的特点，每台主机独占端口，网络的吞吐量和性能会大幅提升。交换机提高性能的主要原因有以下几个。

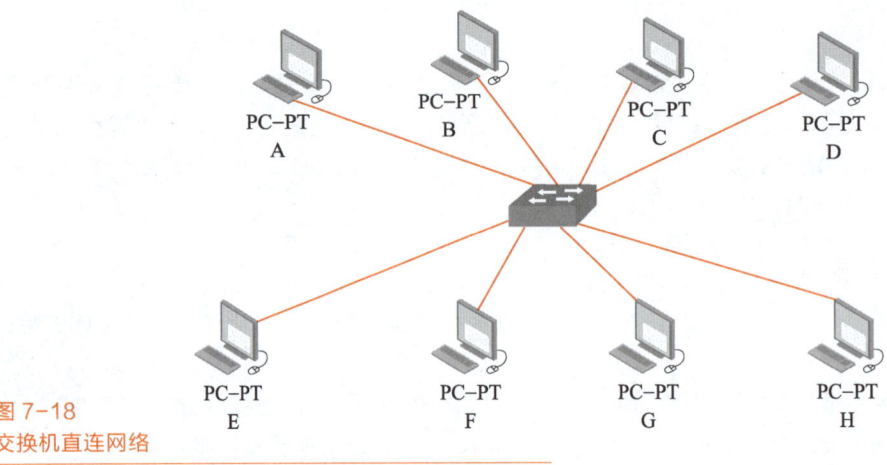

图 7-18
交换机直连网络

① 专用带宽：每台设备与交换机之间都有一个专用的点到点连接。例如，如图 7-18 所示 8 个节点的百兆 LAN，所有节点的平均带宽为 100 Mbit/s。

② 无冲突：交换机的点对点方式消除了设备之间的介质竞争，节点之间不会发生任何冲突，交换机的吞吐量远胜于传统网络。

③ 全双工操作：交换机使网络运行于全双工以太网环境中，设备与交换机之间无冲突，发送速率有效提升一倍。例如，如果网络速度为 100 Mbit/s，则节点在以 100 Mbit/s 发送数据的同时，又能以同样的速度接收数据。

2. 选择性转发

以太网交换机选择性地将一帧转发到接收端口。这一选择性地转发过程在点和点之间建立起临时的连接，每个发送数据的节点都可以独占所有带宽。

在交换以太网中，交换机是以物理地址来识别端口的，因此目的 MAC 地址用于完成点对点连接，接收节点用它来判断帧是否发给自己，交换机也用目的 MAC 地址确定帧应从哪个接口转发。在全双工模式下运行的任何节点都可以随时发送帧，因为局域网交换机会缓冲收到的帧，等到适当的端口空闲再转发给节点，这个过程称为"存储转发"。通过该过程，交换机可以接收完整的帧，检查帧校验序列（FCS）是否有错误，然后将帧转发到合适的目的端口。

交换机在端口上接收计算机发送过来的数据帧，根据帧头的目的 MAC 地址查找 MAC 地址表，然后将该数据帧从对应端口上转发出去，从而实现数据交换。交换机中存在 MAC 地址表，该表将目的 MAC 地址与需要连接的端口进行映射。当接收到一帧时，交换机将匹配帧头中的 MAC 地址与 MAC 表中的地址列表。一旦匹配到，与表中的 MAC 地址配对的端口号将用作帧的发送端口。

如图 7-19 所示，帧从主机 A 发送到主机 B。主机 A 发送帧的目的地址含有 1B 的帧。交换机接收此帧并检查确定 1B 连在交换机的哪个端口上。若已匹配，交换机会从端口 5 发送给主机 B，其他端口不会收到该帧。

MAC地址	端口
1A	1
1B	5
1C	10

主机A　　主机B　　主机C

图 7-19
MAC 地址的转发

3. 交换机的工作原理

以太网交换机的工作过程大致分为"学习、记忆、接收、查表、转发"5 步："学习"可以了解到每个端口上所连接设备的 MAC 地址；将 MAC 地址与端口编号的对应关系"记忆"在内存中，生成 MAC 地址表；从一个端口"接收"到数据帧后，在 MAC 地址表中"查表"，查找与帧头中目的 MAC 地址相对应的端口编号；最后，将数据帧从查到的端口上"转发"出去。

4. 交换机的操作

以太网交换机采用学习、时间戳过期、泛洪、选择性转发、过滤等操作来实现其功能。

（1）学习

MAC 表中映射了 MAC 地址与交换机相应端口。"学习"使交换机在运行期间可以动态获取这些映射。一旦帧进入交换机，交换机便会检查源 MAC 地址，通过查询过程识别该条 MAC 地址信息是新的还是已经存在地址表中。若是新地址，交换机将使用源 MAC 地址在 MAC 表中新建一个条目，然后匹配目的端口的 MAC 地址，并使用此映射将帧转发到该节点。

（2）时间戳过期

交换机"学习"的 MAC 表中的条目具有时间戳，用于从 MAC 表中删除旧的记录。当表中新建一条记录后，就会使用其时间戳作为起始值开始递减。当值计数到 0 时，记录会自动识别为过期，并从 MAC 表中删除。

（3）泛洪

交换机若发现学习到的目的端口无法匹配 MAC 表中记录，此时记录会被广播发送给所有端口，该过程称为"泛洪"。

（4）选择性转发

选择性转发是检查帧的目的 MAC 地址后将帧从记录表中的端口转发出去的过程，这也是交换机最核心的功能。

（5）过滤

交换机不是对所有帧都会转发，除了不会转发没有记录的帧外，还会丢弃损坏的帧。若帧没有通过 CRC 检查，交换机就会直接将其丢弃，这样做也保证了帧转发的安全性。

7.3.4　路由器

路由是指为每个到达网关接口的数据包做出转发决定的过程。路由器（Router）通过路由表决定数据包要转发到的目的网络，因此路由器需要有到目的网络的路由条目。

微课 7-7
路由器和路由表

在路由的过程中，转发策略尤为重要，该策略称为路由选择（Routing）。如果在路由器上目的网络的路由条目不存在，数据包就会被转发到默认网关。如果没有默认网关，则数据包就会被丢弃。路由器中转发数据包所依据的路由条目就组成了路由器的路由表。

路由器工作在 TCP/IP 模型的网络层，属于网络互联层设备。路由器的基本功能包括连接网络、隔离广播、路由选择和数据转发。

1. 路由表的工作原理

路由器的工作主要包括以下 3 个方面。

动画 7-3
路由器的概念

① 连接网络：路由器支持各种局域网和广域网接口，主要实现局域网和广域网互联；

② 数据处理：包括数据分组过滤、分组转发、优先级、复用、加密、压缩和防火墙等功能；

③ 网络管理：路由器提供包括路由器配置管理、性能管理、容错管理和流量控制等功能。

2. 路由器的其他功能

路由器最初的设计主要是实现通过维护路由表进行路由选择和数据转发，而随着网络安全问题越来越被重视，现在的路由器还增加了网络安全方面的功能，如访问控制列表（ACL）、网络地址转换（NAT）等。

（1）访问控制列表

访问控制列表（Access Control List，ACL）是一种基于包过滤的流控制技术。通过 ACL 可以把源地址、目的地址及端口号作为数据包检查的基本条件，并可以规定符合条件的数据包是否允许通过。ACL 通常应用在企业的出口控制中，可以有效部署企业网络访问策略。很多企业已经开始使用 ACL 来控制对局域网内部资源的访问能力，以此来保障网络的安全性。

（2）网络地址转换

网络地址转换（Network Address Translation，NAT）是为缓解 IP 地址分配紧张的问题而设计的一种技术。企业网络内部可以使用私有地址，一旦需要与外部网络通信时，路由器可以提供网络地址转换，实现与如 Internet 的公网连接。

任务实施

在以太网中有多种组网方式，其中对等网是最常见也是最基本的一种。对等网是指规模比较小、一般由几十台以内的计算机构成的局域网，根据构成数量的不同，可以分为由两台、三台或三台以上的计算机构成的对等网。在对等网中，各终端构成一个工作组，因此在组建对等网时需要对工作组进行配置。对等网各主机之间可以分享网络资源。对等网结构简单、网络成本低，网络建设和维护易于实现，网络组建方式灵活，可选用的传输介质较多。

1. 对等网组建步骤

① 对等网拓扑连接。根据任务拓扑，选择合适的网络介质，连接终端与交换机，交换机相互连接。
② 网络连通性测试。按网络层单元内容，查看设备之间是否正常通信。

2. 对等网拓扑结构

组建由两台计算机构成的对等网，使用交换机连接，网络拓扑结构如图 7-20 所示。

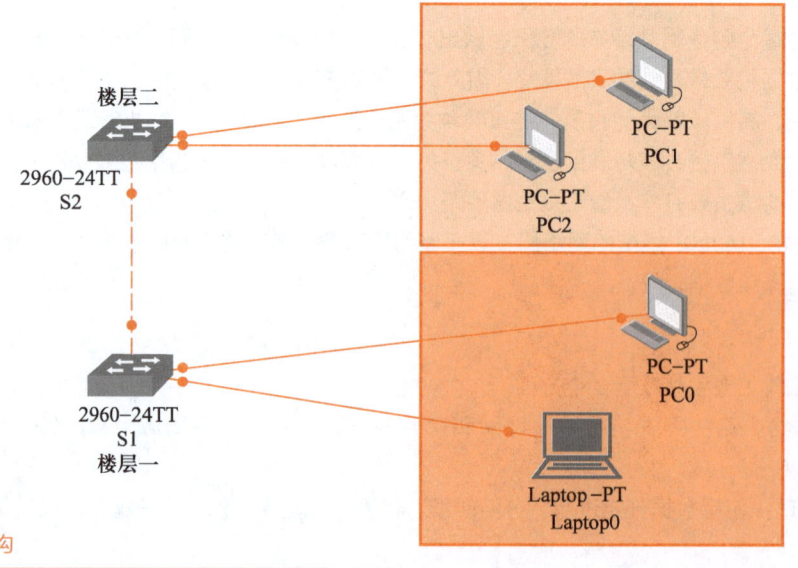

图 7-20
对等网拓扑结构

176

3. 对等网搭建

首先搭建一楼以太网。选择直通线两条，分别把两台计算机与交换机连接起来。在设备工具栏中选择网络终端大类，然后在右侧网络终端设备中选择第一个 PC（计算机）和第二个 Laptop（便携式计算机），两个设备名字分别为 PC0 和 Laptop0，如图 7-21 所示。再选择网络设备大类，在左侧的最后一排选择网络设备类别，本任务中选择第二个交换机，然后在右侧选择第一个型号 2960，如图 7-22 所示。

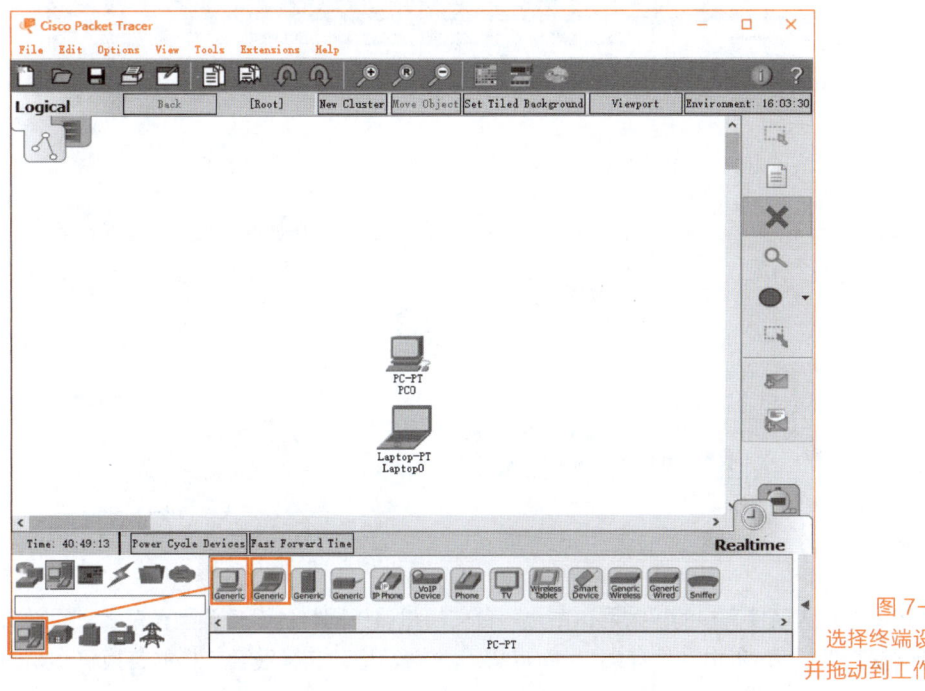

图 7-21
选择终端设备
并拖动到工作区

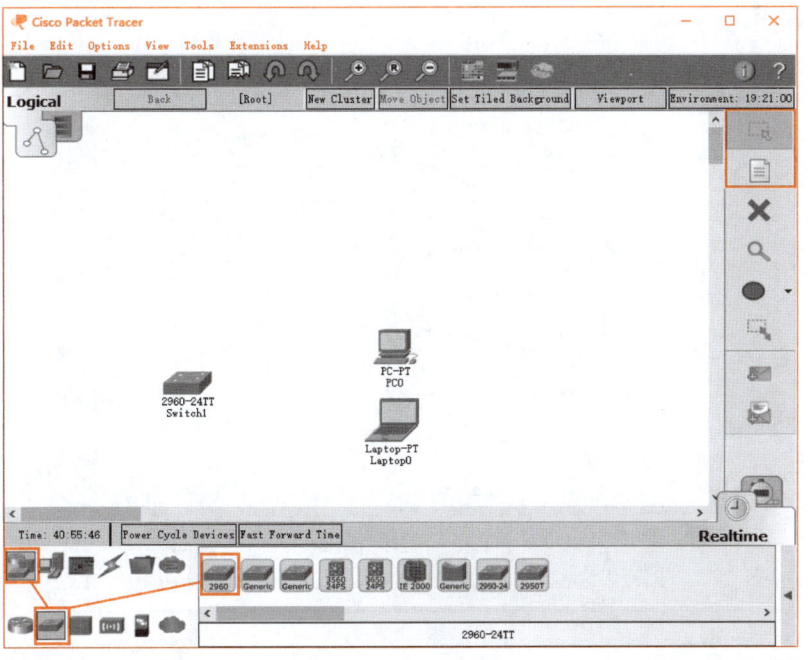

图 7-22
选择交换机并
拖动到工作区

在设备栏中选择连接线，将交换机和终端进行设备连接。由于交换机和终端属于两个不同的设备类别，因此需要选择直通线。右击交换机，选择端口 FastEthernet0/1，拖动直通线至 PC0，再右击 PC0，选择端口 FastEthernet0/1；使用同样的方法连接交换机与 Laptop0，交换机端口使用 FastEthernet0/2，如图 7-23 所示。

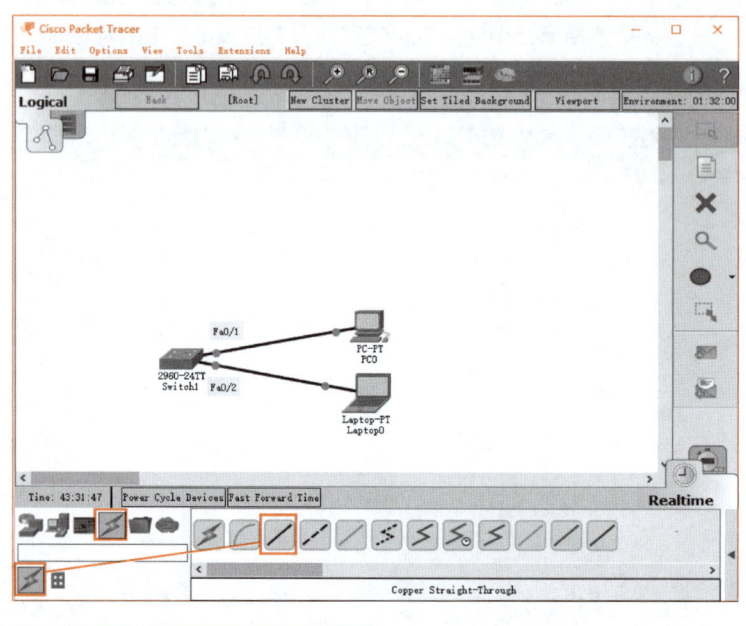

图 7-23
选择连接线
连接设备

按以上方法连接二楼的以太网，由于两台交换机属于同样的设备类型，二者之间需要使用交叉线。右击一楼交换机 Switch1，选择端口 FastEthernet0/3，拖动交叉线至二楼的交换机 Switch2，选择端口 FastEthernet0/3，如图 7-24 所示。

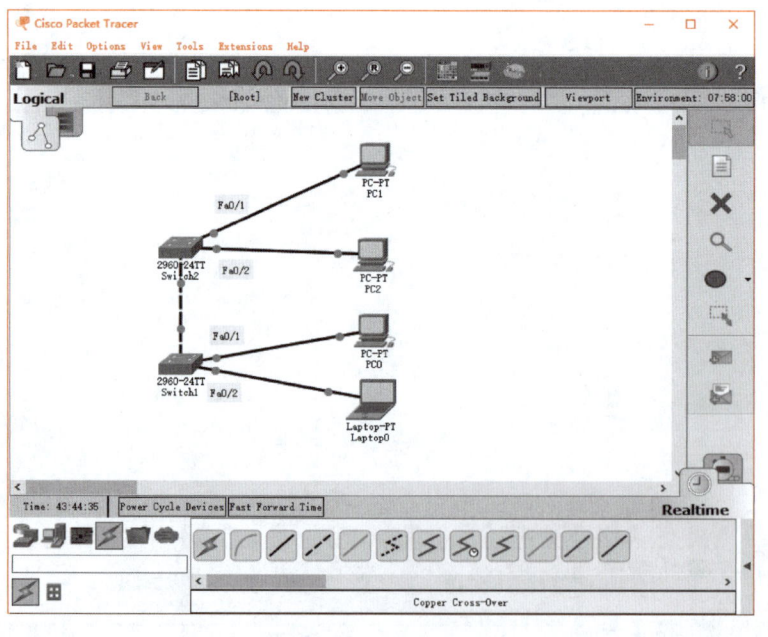

图 7-24
连接交换机

使用右侧面板第 2 项"Place Note"注释交换机，注释完成后，可以选择第 1 项"Select"调整注释放置的位置。本任务根据拓扑在 Switch0 和 Switch1 的下方分别注释"楼层一"和"楼层二"。或者可以注释完"楼层一",按住 Ctrl 键并拖动鼠标复制注释,再双击复制完成的注释,将"楼层一"修改为"楼层二",如图 7-25 所示。

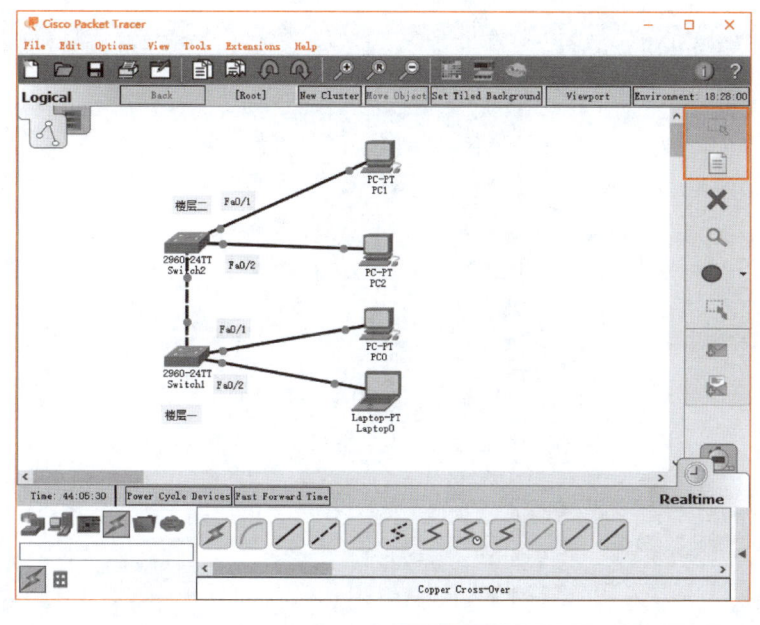

图 7-25
交换机注释

使用右侧面板第 4 项"Palette Dialog"(调色板对话框)填充工作区。观察拓扑图,需要在工作区相应位置画矩形框,区别楼层一和楼层二的以太网络。单击下拉框,该下拉框包括绘制矩形、圆形、线形和不规则形状填充色,如图 7-26 所示。本任务中选择绘制矩形,选择右上角的线框,单击"Select Outline Color"按钮,设置为"黑色",填充色默认为不填充(No Fill),将其改成填充背景(Fill Color),再单击右侧的"Select Fill Color"按钮打开填充色面板,选择右侧第 2 列第 3 个蓝色,该颜色的色板编码为 #aaffff,如图 7-27 所示。

图 7-26
调色板对话框选择

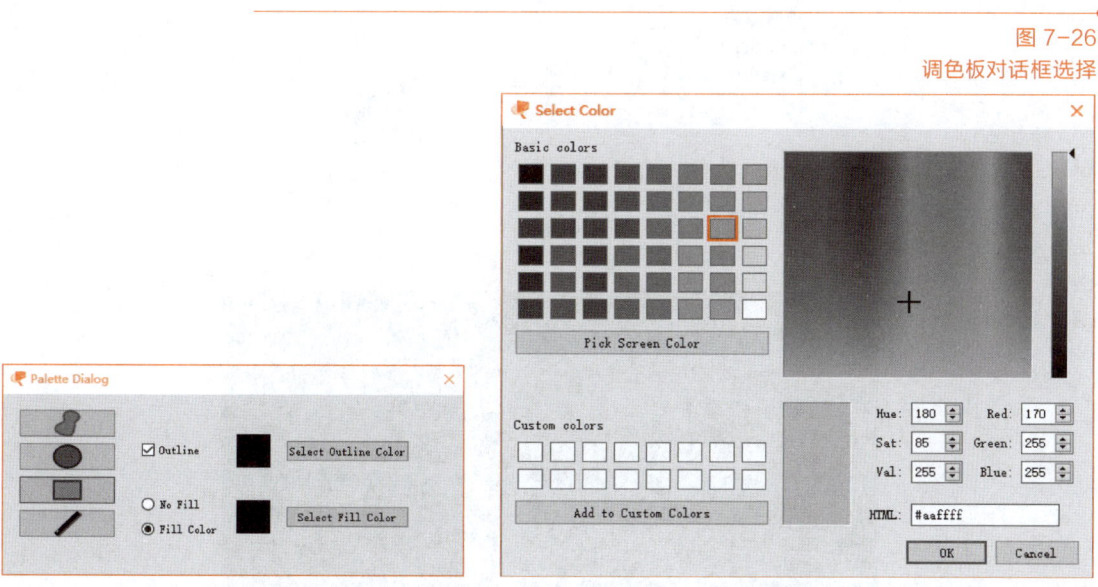

图 7-27
调色板颜色选择

绘制蓝色对话框放置在楼层二，同时选择调色板蓝色下方的黄色填充矩形对话框放置在楼层一，如图 7-28 所示。

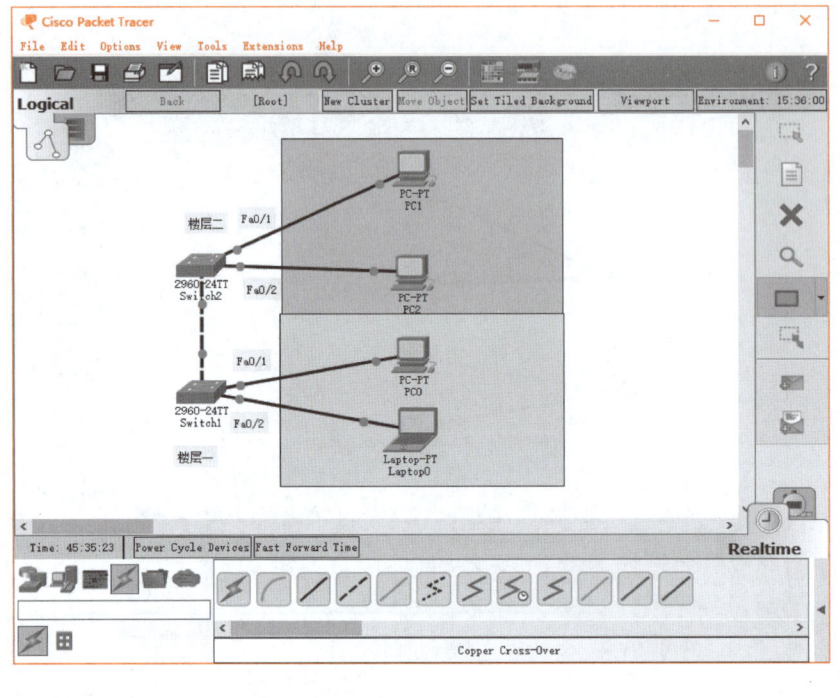

图 7-28
矩形框填充
工作区

给 PC0 和 Laptop0 配置 IP 地址，如图 7-29 所示。测试从 192.168.1.1 到 192.168.1.2 的连通性，验证成功的结果如图 7-30 所示。若 ping 不通，应检查网线的连接和 IP 地址的配置等情况。

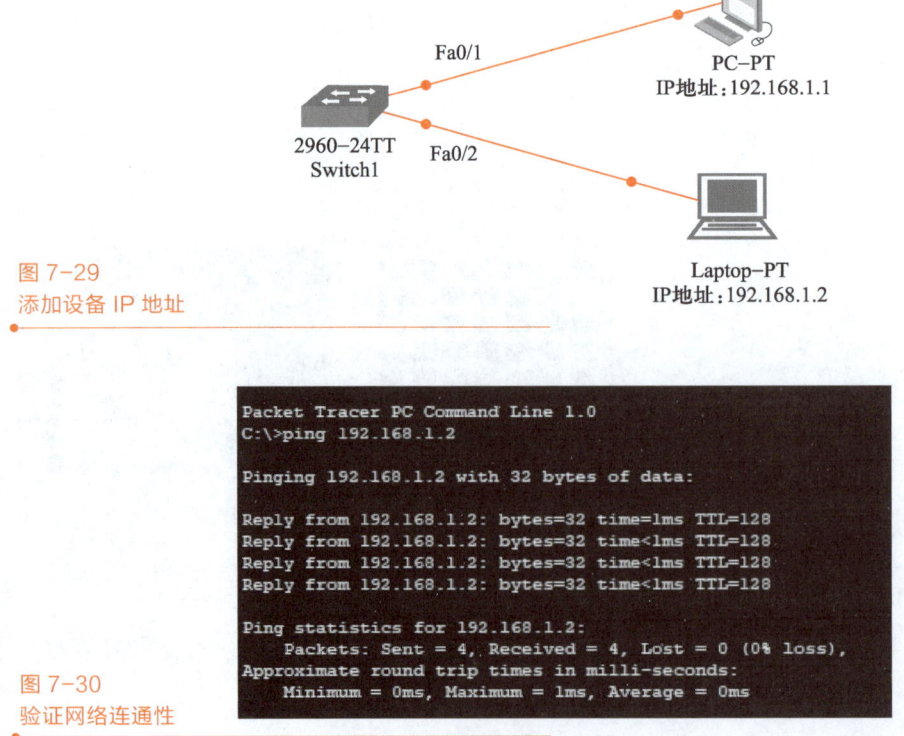

图 7-29
添加设备 IP 地址

```
Packet Tracer PC Command Line 1.0
C:\>ping 192.168.1.2

Pinging 192.168.1.2 with 32 bytes of data:

Reply from 192.168.1.2: bytes=32 time=1ms TTL=128
Reply from 192.168.1.2: bytes=32 time<1ms TTL=128
Reply from 192.168.1.2: bytes=32 time<1ms TTL=128
Reply from 192.168.1.2: bytes=32 time<1ms TTL=128

Ping statistics for 192.168.1.2:
    Packets: Sent = 4, Received = 4, Lost = 0 (0% loss),
Approximate round trip times in milli-seconds:
    Minimum = 0ms, Maximum = 1ms, Average = 0ms
```

图 7-30
验证网络连通性

 **任务拓展**

虚拟局域网（Virtual LAN，VLAN）主要是通过交换和路由设备在网络的物理拓扑结构上建立的逻辑网络。可以说，VLAN 是一组逻辑上的设备和用户，这些设备和用户并不受物理位置的限制，可以根据功能、部门和应用等因素将它们组织起来，实现相互之间的通信，就好像它们在同一个网段中一样。VLAN 相当于一个二层广播域，或者也可以视为由不同路由器实现对广播数据进行抑制的解决方案。在 VLAN 中，对广播数据的抑制由交换机完成。与传统的局域网技术相比较，VLAN 技术更加灵活，它具有以下优点：减少网络设备的移动、添加和修改的管理开销；可以控制广播活动；可提高网络的安全性。

1. 组建 VLAN

VLAN 是建立在物理网络基础上的一种逻辑子网，通过交换机设备来完成逻辑子网划分。但是当需要多个 VLAN 间进行相互通信时，需要路由支持，这时就需要增加路由设备。要实现路由功能，既可以采用路由器，也可以采用三层交换机来完成，同时还严格限制了用户数量。

VLAN 的交换技术包括端口交换（Port Switch）、帧交换（Frame Switch）、信元交换（Cell Switch）3 种方式。如图 7-31 所示为 VLAN 示意图。

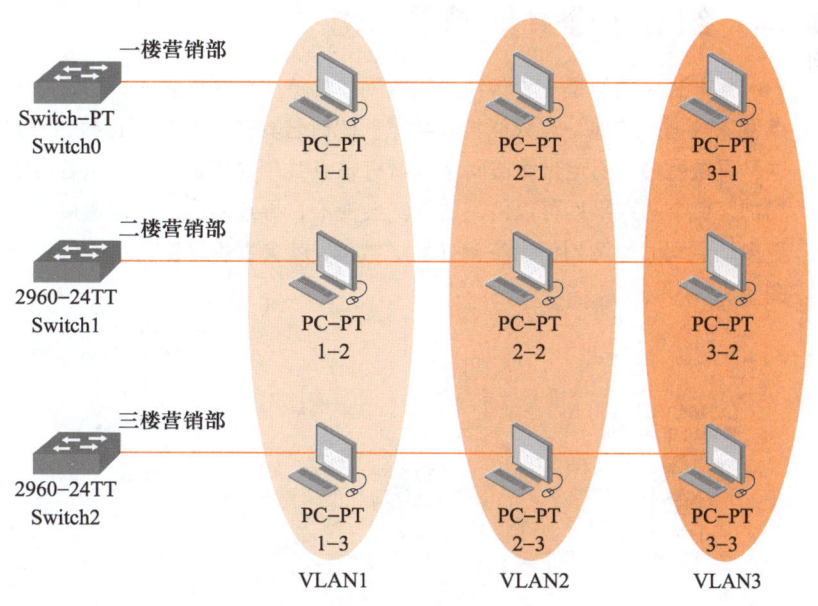

图 7-31
VLAN 示意图

2. VLAN 的基本配置

基于端口的 VLAN 在实现上具体可以分为两个步骤：首先启用 VLAN（用 VLAN ID 标识），然后将交换机端口指定到相应的 VLAN 下。具体的配置命令如下。

（1）划分 VLAN 命令

命令格式：vlan vlan-id

该命令必须在全局配置模式下，是进入 VLAN 配置模式的命令。例如，创建 VLAN20，执行如下命令：

```
Switch>enable
Switch#configure terminal
```

```
Enter configuration commands, one per line.    End with CNTL/Z.
Switch(config)#vlan 20
Switch(config-vlan)#
```

（2）删除 VLAN 命令

命令格式：no vlan vlan-id

需要注意的是，VLAN 中有包含默认条目 VLAN1，它不允许被删除。

（3）将端口指定到 VLAN 命令

命令格式：switchport access vlan vlan-id

同样，使用 no 选项可以将该端口指派到默认的 VLAN 中，命令格式为 no switchport access vlan。若输入一个新的 VLAN ID，则交换机会创建一个 VLAN，并将该端口设置为该 VLAN 的成员；若输入的是已经存在的 VLAN ID，则增加 VLAN 的成员端口。

例如，将交换机的 Fa0/2 端口指定到 VLAN 20，执行如下命令：

```
Switch(config)#interface fastEthernet 0/2
Switch(config-if)#switchport access vlan 20
```

项目实训　组建小型共享式以太网

操作视频 7-1
冲突域

共享式局域网是一种传统的以太网，其特点是在任意时刻，网络中只能有一个站点发送数据，其他站点只能接收数据；此时若其他站点想发送数据，只能退避等待。这种局域网中，固定带宽被网络上所有站点共享并随机占用。随着网络中的站点数量增加，每个站点平均可以使用的带宽会变窄，导致网络的响应速度减慢。如果两个或更多站点同时检测到信道空闲并发送数据，就会发生冲突。本项目实训的网络拓扑如图 7-32 所示。

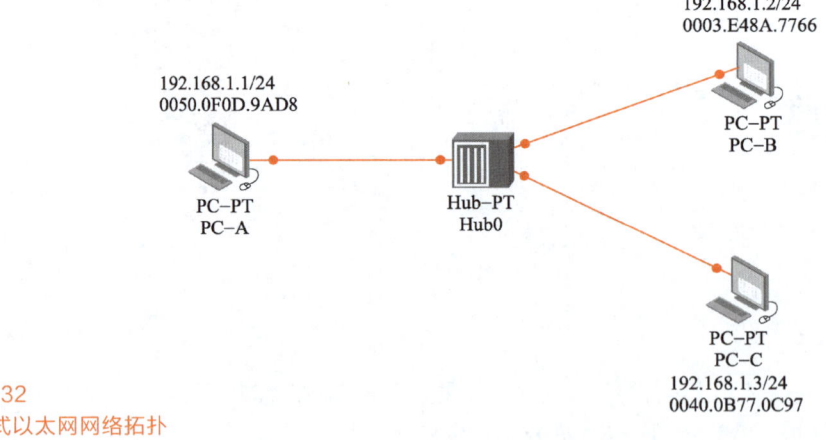

图 7-32
共享式以太网网络拓扑

【实训目的】

● 掌握使用常见的网络互联设备组件共享网络的方法。
● 掌握集线器组建冲突域的方法。
● 掌握共享网络实现数据冲突测试的方法。

【实训内容】

● 按拓扑图在模拟器中搭建网络拓扑。

● 配置终端计算机的 IP 地址。

● 模拟器切换到模拟模式，从 A 发送一个数据包给 B，同时从 C 发送一个数据包给 B，查看数据包冲突情况，如图 7-33 和图 7-34 所示。

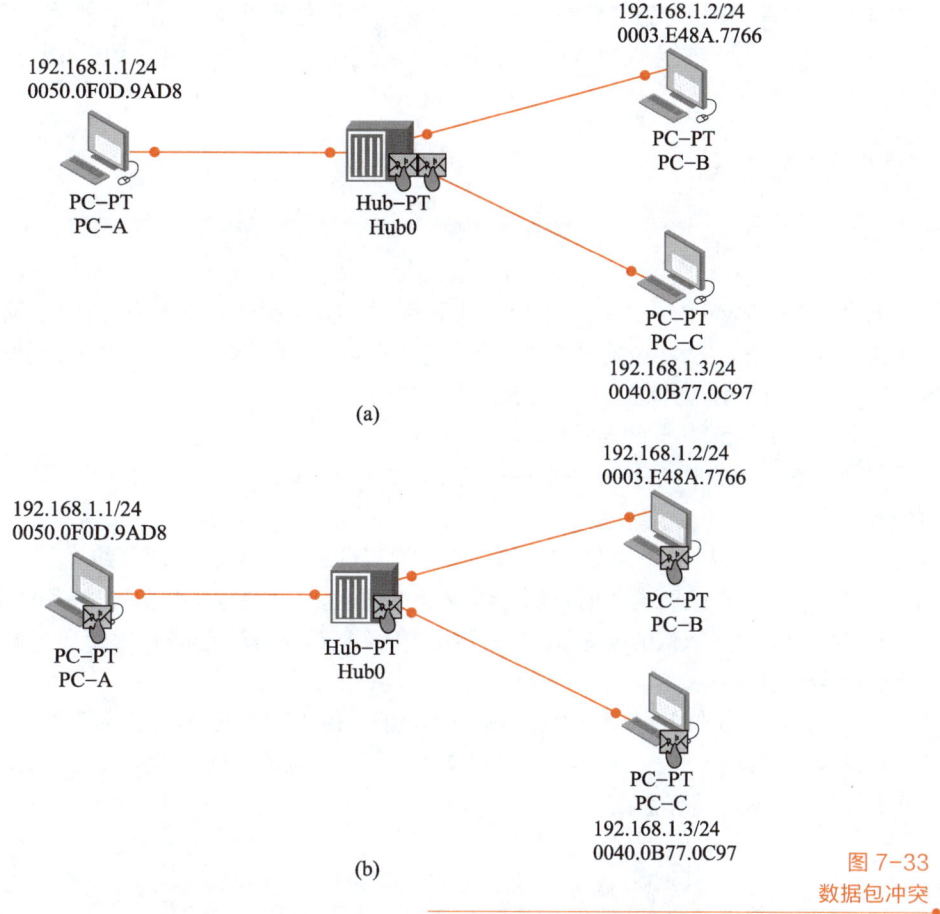

图 7-33
数据包冲突

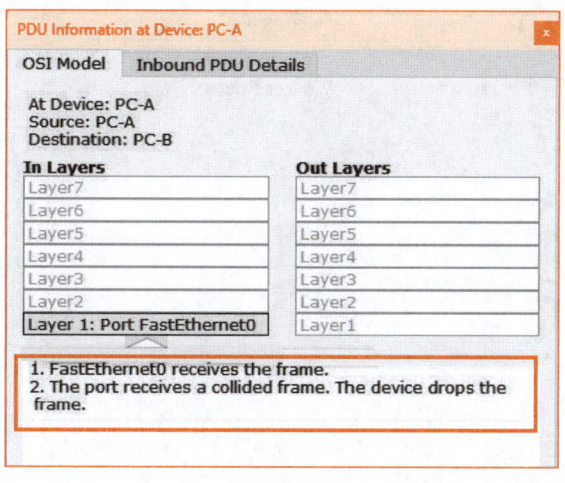

图 7-34
冲突帧信息

183

任务 7-2　配置无线局域网

 **任务陈述**

局域网的传输介质有双绞线、铜轴电缆和光缆等，但有线传输介质普遍存在维护成本高、覆盖范围狭窄等问题，而且随着移动终端设备的使用越发普及，日趋成熟的无线通信技术越来越受到用户的欢迎，无线局域网也随之诞生。无线局域网主要使用 IEEE 802.11 无线接入协议、蓝牙或红外等技术。

 知识准备

7.4　无线局域网概述

无线局域网（Wireless LAN，WLAN）是利用无线通信技术在局部范围内建立的网络，它是计算机网络技术与无线通信技术相结合的产物，以无线多址信道作为传输媒介，提供有线局域网（LAN）的所有功能，为用户随时、随地提供无线宽带接入服务。

与有线局域网相比，无线局域网存在以下优点：

① 易安装。一般来说只需要安装一个或多个接入点（Access Point，AP）设备，便可实现无线局域网的有效覆盖。

② 使用灵活。只要在有效信号范围内，站点可以在任何位置接入无线网络。

③ 节约成本。无线局域网可以避免因需要大量预设接入点造成花费过大、使用率低下的问题。

④ 易扩展。既可以保证小型局域网的构建，又可以组成拥有大量站点的大型局域网，并且具有用户不受地域限制的特点。

但同时，无线局域网也存在着数据传输速率较低、有时会存在信号盲区等问题。

近几年，无线局域网发展迅猛，已经在商场、公司、学校、医院等各种场合广泛应用。如图 7-35 所示为无线局域网拓扑示意图。

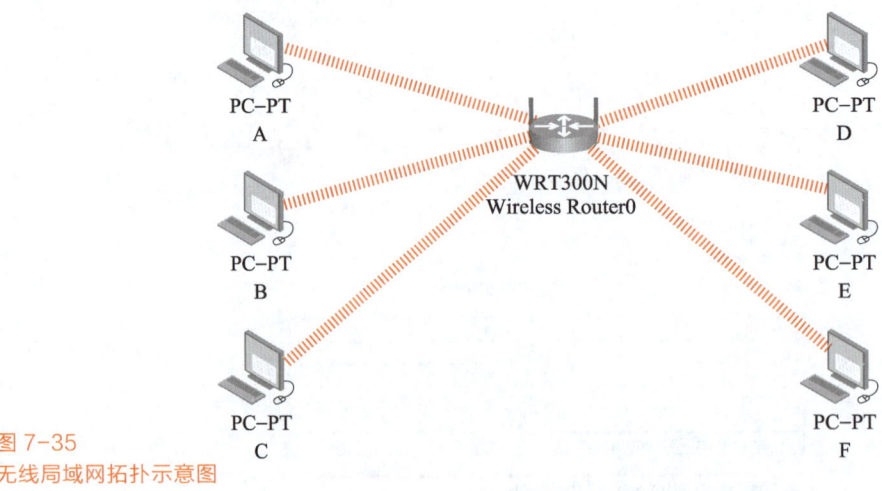

图 7-35
无线局域网拓扑示意图

7.4.1　无线局域网构建

无线局域网由无线网卡、无线 AP、计算机和相关设备组成。

① 无线网卡：无线网卡的作用和有线网卡的作用基本相同，它作为无线局域网的接口，能够实现无线局域网中各个终端之间的连接与通信。

② 无线 AP：AP 是 Access Point（接入点）的简称，无线 AP 就是无线局域网的接入点，也称为无线网关设备。

③ 无线天线：当设备之间相隔距离较远时，随着信号衰弱，传输速率会明显下降导致无法正常通信，使用无线天线可以帮助对所接收或发送的信号进行增强。

7.4.2　IEEE 802.11 系列标准

IEEE 802.11 是 IEEE 颁布的无线网络标准，是早期无线局域网标准之一，该标准定义了物理层和介质访问控制（MAC）协议的规范。IEEE 802.11 协议标准的接入速率有 1 Mbit/s 和 2 Mbit/s。

无线局域网 MAC 协议提供的服务有安全服务、MAC 服务数据单元（MSDU）重新排序服务和数据服务。

与 IEEE 802.3 一样，IEEE 802.11 也是在一个共享介质上支持多个用户共享资源。IEEE 802.3 采用 CSMA/CD 方法，而无线局域网使用 CSMA/CA（载波监听多路访问／冲突防止）协议解决共享资源问题。该协议利用确认信号来避免冲突，也就是说，只有客户端接收到网络资源上返回的确认信号后，才确认送出的数据已经达到目的地。CSMA/CA 采用能量检测（ED）、载波检测（CS）、能量载波混合检测三种检测信道空闲的方式。

IEEE 802.11 标准在 1997 年被提出后，接着在 1999 年 9 月又提出了 IEEE 802.11a 和 IEEE 802.11b 两个标准，2003 年又提出 IEEE 802.11g 标准。IEEE 802.11 系列标准见表 7-2。

表 7-2　IEEE 802.11 系列标准

发布日期	标准	频率/GHz	距离	最大数据速率/Mbit/s	业务
1997	IEEE 802.11	2.4	100 m	2	数据
1999	IEEE 802.11a	5	5～10 km	51	数据、图像
1999	IEEE 802.11b	2.4	100～300 m	11	数据、图像
2003	IEEE 802.11g	2.4	5～10 km	54	数据、图像、语音
2009	IEEE 802.11n	2.4、5	5～10 km	54、108，提高达 350，甚至高达 475	数据、图像、语音

7.5　无线 AP 与无线路由器

7.5.1　无线 AP

无线 AP 有时也称为无线访问节点、会话点或存取桥接器，它不仅包含单纯的无线接入设备，也同样是无线路由器（含无线网关、无线网桥）等各类无线网络设备的统称。

无线 AP 主要覆盖距离范围为几十米至几百米，一般用于大楼内部、校园内部或园区网络。部分无线 AP 也可以用于远距离传送，如有的可以达到 30 km 左右，主要技术为 IEEE 802.11 系列。大多数无线 AP 还带有接入点客户端模式（AP Client），可以和其他 AP 进行无线连接，延展网络的覆盖范围。

微课 7-8
无线 AP 与
无线路由器

无线 AP 的作用有以下几点：

① 无线 AP 一般是无线局域网的中心点，它给拥有无线网卡的终端设备提供无线局域网络信号。

② 给局域网提供长距离连接，从而实现延伸网络范围的目的。

7.5.2   无线路由器

无线路由器（Wireless Router）被视为一个转发器，它将宽带信号通过天线转发给附近的无线网络设备，如便携式计算机、带有无线上网功能的手机和平板设备等。无线路由器一般都支持专线 xDSL、Cable、动态 xDSL、PPTP 共 4 种接入方式，此外还具有其他一些网络管理功能，如 DHCP 服务、NAT 防火墙、MAC 地址过滤等。

无线路由器一般能支持 20 个以下的用户，随着其信号范围越来越广，如今部分路由器的信号范围已可覆盖几千米。如图 7-36 所示为无线路由器示例。

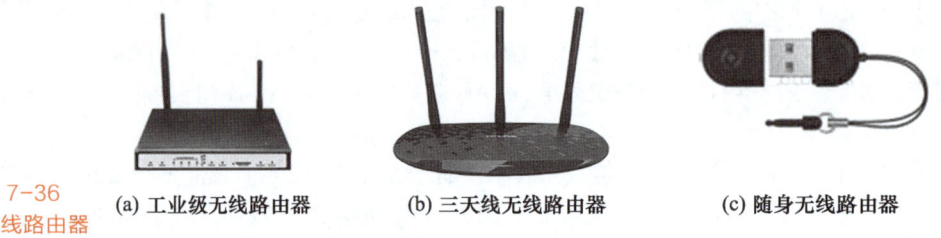

图 7-36
无线路由器

(a) 工业级无线路由器   (b) 三天线无线路由器   (c) 随身无线路由器

无线路由器的基本参数如下。

① 服务集标识（Service Set Identifier，SSID）。一个无线局域网可以分为几个需要不同身份验证的子网络，每个子网络都需要独立的身份验证，只有通过身份验证的用户才可以进入相应的子网络，未被授权的用户则无法进入。SSID 号、信道、频段带宽可以选择默认状态，如图 7-37 所示。简单来说，SSID 是用户给自己的无线网络所取的名字。无线路由器一般都会提供"允许 SSID 广播"功能，如果不想让无线网络被别人通过 SSID 名称搜索到，建议禁止 SSID 广播。

图 7-37
无线局域网
基本设置

② 无线网络安全接入（Wi-Fi Protected Access，WPA）。无线参数中可以选择开启安全设置，如图 7-38 所示。WPA 加密方式目前有 4 种认证方式：WPA、WPA-PSK（预先共享密钥 Wi-Fi 保护访问）、WPA2 和 WPA2-PSK。其中，WPA2 是 WPA 的增强型版本，与后者相比，WPA2 新增了支持 AES 的加密方式。这几种加密方式采用的加密算法有 AES（Advanced Encryption Standard 高级加密算法）和 TKIP（Temporal Key Integrity Protocol 临时密钥完整性协议）两种。

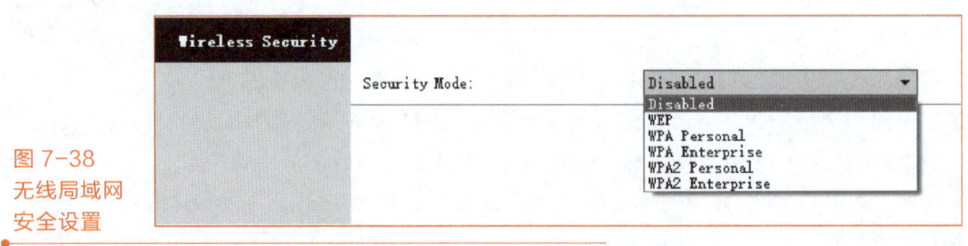

图 7-38
无线局域网
安全设置

无线 AP 与无线路由器的区别有以下几点。

① 功能不同：无线 AP 将有线网络转换成无线网络；无线路由器是一个带路由功能的 AP，当接入有线宽带后，通过路由器可实现自动拨号，通过无线功能建立独立的无线网络。

② 应用不同：无线 AP 应用于大量节点，需要覆盖大面积网络范围；无线路由器普遍应用于家庭等覆盖面积有限的场所。

③ 连接方式不同：无线 AP 需要利用交换机或路由器等作为中介；无线路由器可以直接和有线宽带相连接，实现无线网络覆盖。

任务实施

无线路由器的使用越来越频繁，本任务以 PT 网络模拟器模拟无线路由器（型号为 Linksys-WRT300N Wireless Router）工作为例组建无线局域网，网络拓扑如图 7-39 所示。

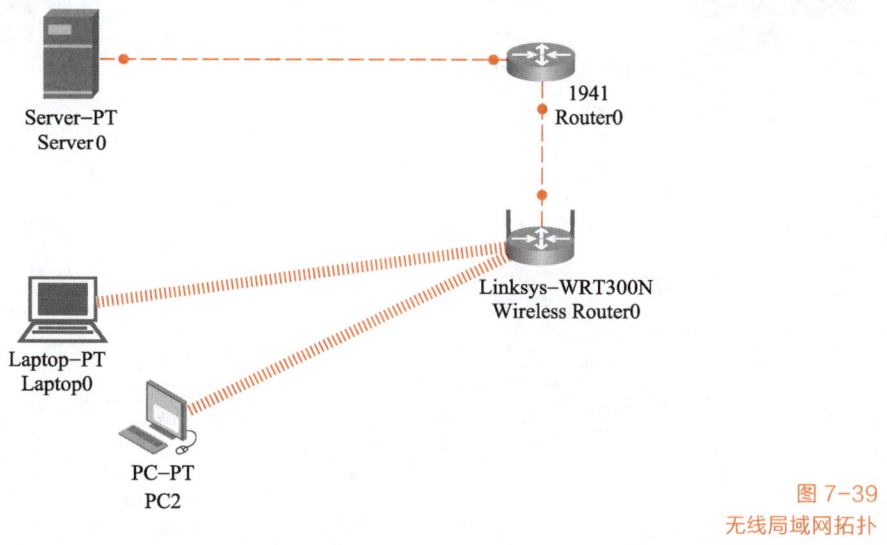

图 7-39
无线局域网拓扑

1. 配置无线路由器 WRT300N

新建空白工作区，首先在网络设备大类中选择无线设备并拖动至空白工作区，如图 7-40 所示。

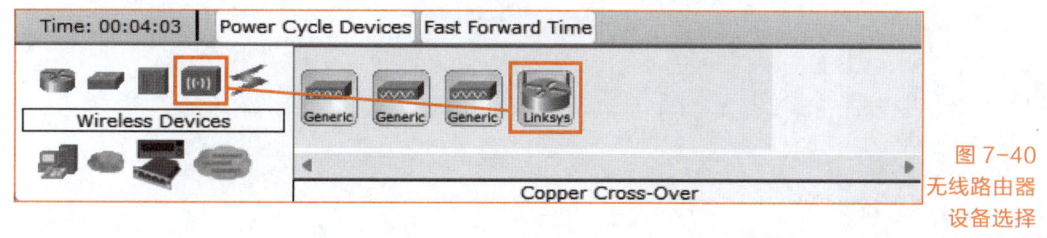

图 7-40
无线路由器
设备选择

无线路由器基本配置界面中，IP 地址设置分为 DHCP（自动获取 IP 地址）、静态配置和 PPPoE 3 种类型，该界面要求配置无线路由器的 IP 地址、局域网起始 IP 地址和最大用户接入数。如图 7-41 所示，本任务中路由器的地址默认设置为 192.168.0.1。无线路由器的无线配置安全认证界面如图 7-42 所示。

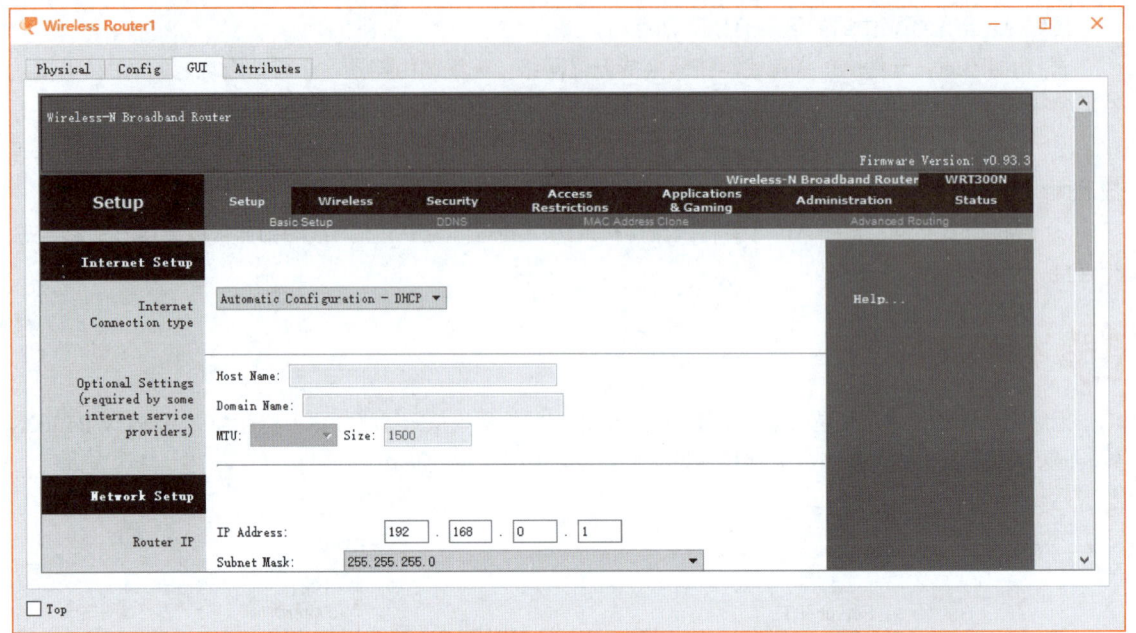

图 7-41
无线路由器基本设置界面

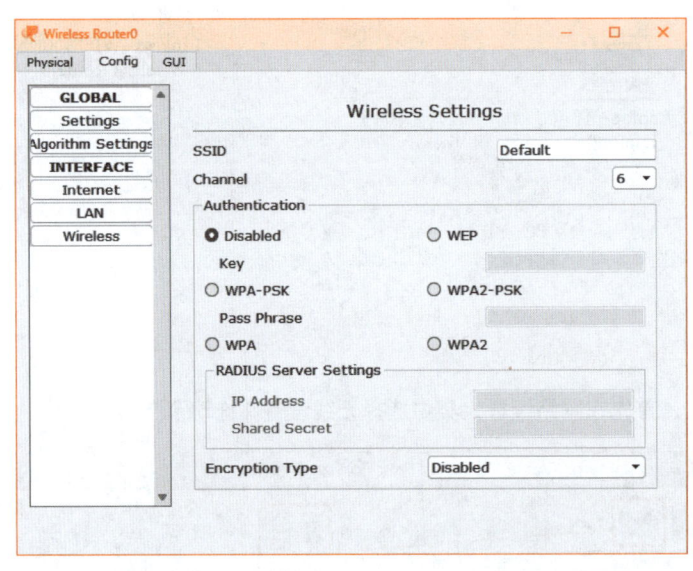

图 7-42
无线路由器的无线
配置安全认证界面

2. 配置网络终端

添加无线网卡至计算机。拖动一台 PC 至工作区并单击，打开其配置页。选择 Physical 标签页，如图 7-43 所示。在右侧 "Physical Device View"（物理设备视图）单击 "Zoom In"（放大）按钮，下拉滚动条，单击计算机电源按钮将其关闭，注意必须关闭按钮才能添加无线网卡。

下拉滚动条找到计算机网卡，如图 7-44 所示。向左拖动计算机网卡到 MODULES（设备模块）处。找到 MODULES（设备模块）列第 2 个 WMP300N 无线网卡，将其拖动替换有线网卡，然后重新打开计算机电源，如图 7-45 所示。

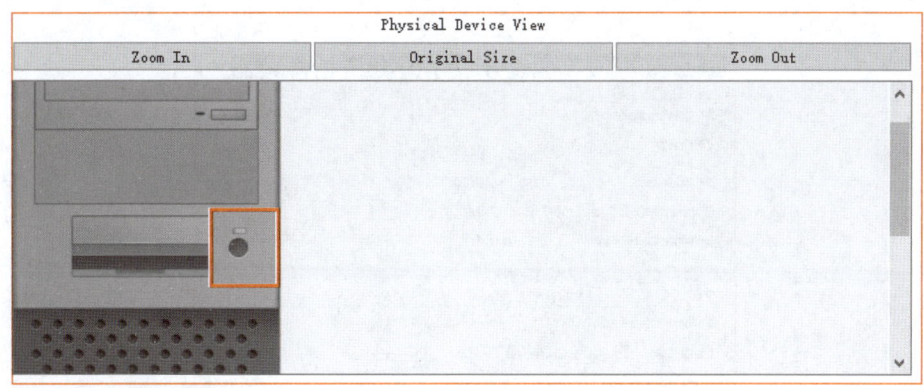

图 7-43
关闭计算机电源

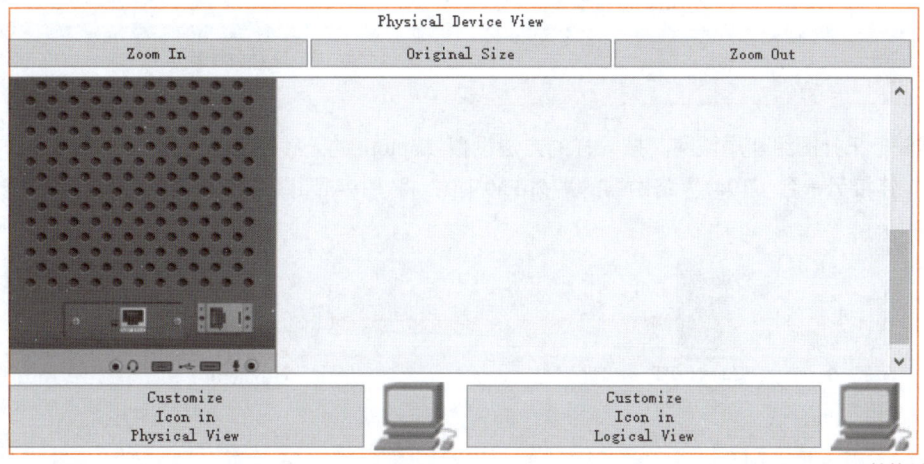

图 7-44
替换计算机网卡

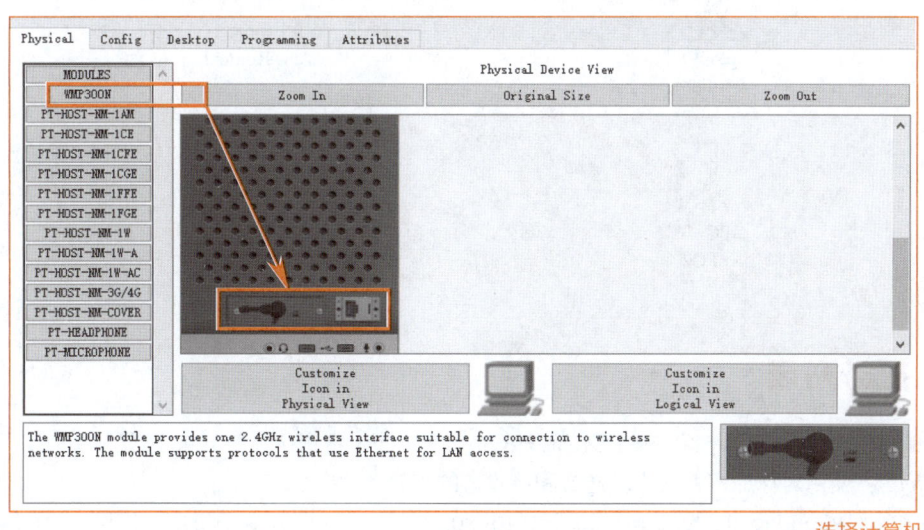

图 7-45
选择计算机无线网卡

切换 "Physical" 标签至 "Desktop"，将 IP 地址从静态（Static）修改成自动获取（DHCP），如图 7-46 所示。

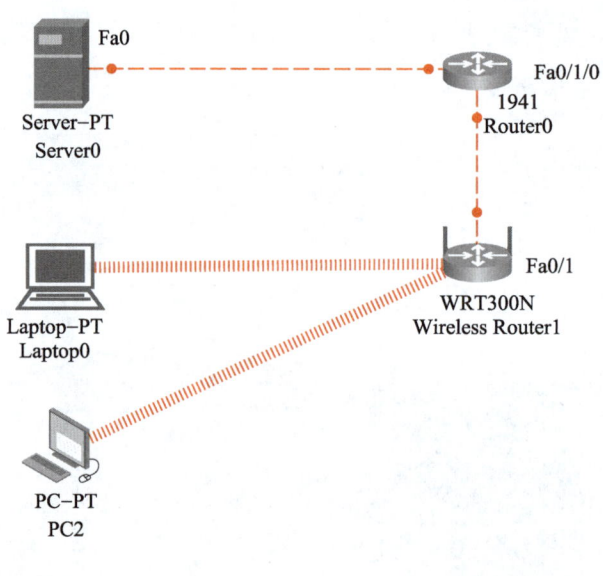

图 7-46
DHCP 地址获取

　　根据任务拓扑图组建局域网。按同样的方法设置 Laptop 的无线网卡，依照拓扑图的端口将无线路由器 Fa0/1 连接另一台 "1941" 路由器的端口 Fa0/1/0，将 "1941" 路由器按端口所示连接服务器 Fa0，如图 7-47 所示。

图 7-47
无线局域网组建

 任务拓展

　　无线路由配置页面中有一个主要技术参数 Authentication（密钥认证方式），其选项说明如下。

　　① WEP：使用对称加密算法（发送方和接收方的密钥一致）。

　　② WPA（Wi-Fi Procted Access）：基于 IEEE 802.11i 协议制定的安全机制，使用 TKIP（临时密钥完整性协议）。考虑到不同的用户需求，WPA 规定了企业（Enterprise）和个人（Personal）两种模式。WPA 和 WPA2 无线接入都支持 PSK（Preshared Key，预共享密钥）认证，无线客户端接入无线网络前，需要配置和 AP 设备相同的预共享密钥，如果密钥相同，PSK 接入认证成功；如果密钥不同，PSK 接入认证失败。

项目实训　无线网络安全配置

【实训目的】

- 熟练掌握无线局域网的组建。
- 理解无线接入点（AP）的原理和 SSID 服务标识的意义。
- 掌握认证加密方式接入的无线接入点（AP）。

【实训内容】

- 根据本节任务的拓扑部署实验网络并对网络设备进行配置。
- 配置无线路由器的 SSID 和加密认证连接。
- 验证无线连接并针对实验网络进行分析和理解。

 单元小结

通过本单元的学习，主要掌握局域网的基本技术概念，包括以太网 IEEE 802 模型、介质访问控制方法、传输介质的技术特点、局域网组网硬件的设备、无线局域网的组建和模式等。学习使用无线路由器构建无线局域网是网络专业学生必须掌握的基本技能之一。通过本单元实训掌握利用网络模拟器配置无认证、无加密方式的无线接入点（AP）基本配置。

单元练习

文本：参考答案

一、选择题

1. 以太网 MAC 子层的 PDU 称为（　　　）。

   A. 数据段　　　　　　　B. 数据包　　　　　　　C. 帧　　　　　　　　D. 位

2. IEEE 802.3 指定的以太网帧的长度范围是（　　　）。

   A. 64～1518 字节　　　　　　　　　　B. 64～1522 字节
   C. 32～1518 字节　　　　　　　　　　D. 32～1522 字节

3. （　　　）标准规范了计算机网卡的以太网 MAC 子层的功能。

   A. IEEE 802.2　　　　　　　　　　　B. IEEE 802.3
   C. IEEE 802.5　　　　　　　　　　　D. IEEE 802.11

4. 交换机接口连接的作用是（　　　）。

   A. 隔离广播

   B. 分割冲突域

   C. 使用交换机的 MAC 地址作为目的地址

   D. 交换机的每个接口重新生成比特

5. 以太网总线上发生数据冲突时，将会（　　　）。

   A. 使用 CRC 值来修复数据帧

   B. 所有设备都停止传输，等段时间后再试

   C. MAC 地址较小的设备停止传输，让 MAC 地址较大的设备先传输

   D. MAC 子层优先传输 MAC 地址较小的帧

6. 以太网中一台设备发送数据到另一台目的设备所采用的传播方式是（　　）。
    A. 单播　　　　　　　　B. 广播　　　　　　　　C. 组播　　　　　　　　D. 以上都不是

7. 以太网中的（　　）字段用于错误检测。
    A. 前导码　　　　　　　　　　　　　　　B. 类型
    C. 目的 MAC 地址　　　　　　　　　　　D. 帧校验序列

8. 以太网 MAC 地址有（　　）位。
    A. 12　　　　　　　　B. 32　　　　　　　　C. 48　　　　　　　　D. 256

9. 下列功能不属于数据封装功能的是（　　）。
    A. 帧定界　　　　　　　B. 编址　　　　　　　C. 错误检测　　　　　　D. 端口号

10. 高速以太网更容易产生噪声的原因是（　　）。
    A. 更多冲突　　　　　　　　　　　　　　B. 更短的传输时间
    C. 全双工运行　　　　　　　　　　　　　D. UTP 取代光纤

11. 广播以太网帧将（　　）地址用作目的地址。
    A. 0.0.0.0　　　　　　　　　　　　　　B. 255.255.255.255
    C. FF-FF-FF-FF-FF-FF　　　　　　　　D. 0C-FA-94-24-EF-00

二、填空题

1. _____是数据链路层以太网子层的下半层，由硬件实现。

2. 当前局域网使用最常见的网络设备是_____和_____。

3. MAC 地址总共有_____个二进制位。

4. 交换机的操作有学习、时间戳过期、_____、_____和_____。

5. 组建无线网络需要使用_____或_____。

6. 以太网 MAC 子层主要有两项职责：_____和_____。

7. 交换机收到广播帧后，将源信息输入到其_____中，再将帧_____到所有端口，但_____这个帧的端口除外。

8. 以太网广播帧的目的地址是_____。

三、简答题

1. 请描述两个数据链路层子层并说明其各自功能。

2. 请描述什么是以太网冲突域。

3. 计算机网络中的设备为什么要同时拥有 IP 地址和 MAC 地址？如果只使用 MAC 地址通信会有什么问题？

4. 请描述 FDDI 的概念，FDDI 采用什么编码，以及该编码有什么特点。

单元 8

传输层协议与端口

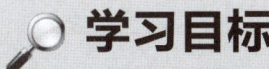

学习目标

【知识目标】

- 熟悉 OSI 参考模型中传输层的功能。
- 掌握传输控制协议（TCP）。
- 掌握用户数据包协议（UDP）。
- 熟悉 TCP 与 UDP 报文结构及其字段含义。

【技能目标】

- 能够分析 TCP 三次握手过程。
- 掌握 TCP 与 UDP 端口分析。

【素养目标】

- 培养分析问题、解决问题的能力。
- 培养严谨细致、精益求精的大国工匠精神。

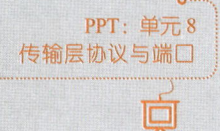

PPT：单元 8
传输层协议与端口

单元导读

本单元主要介绍 OSI 参考模型中传输层的作用和功能，传输控制协议（TCP）和用户数据包协议（UDP）以及两个协议的报文结构。本单元学习内容和高等职业教育专科计算机网络技术专业教学标准的对应关系见表 8-1。

表 8-1　本单元学习内容和专业教学标准的对应关系

高等职业教育专科计算机网络技术专业教学标准				运用计算机网络知识和技能	
行业	岗位群	职业资格证书	对应竞赛	知识点	技能点
互联网和相关服务 软件和信息技术服务业	① 网络技术支持 ② 网络系统运维 ③ 网络系统集成	① 网络系统建设与运维 ② 网络安全运维 ③ 网络管理员 ④ 网络系统规划与部署	① 网络系统管理 ② 网络建设与运维 ③ 工业互联网智能控制与维护 ④ 信息安全管理与评估 ⑤ 华为 ICT 网络技术大赛	① 传输层概念和功能 ② 传输控制协议（TCP） ③ 用户数据包协议（UDP） ④ TCP 报文结构 ⑤ UDP 报文结构	① TCP 三次握手过程 ② TCP 端口分析 ③ UDP 端口分析

引例描述

作为网络工程师在公司实习的小陈同学，经常需要解决各种网络问题。这天，她碰到一个棘手的问题，一名员工的计算机出现故障，能够使用 QQ 等聊天工具进行即时通信，但是无法正常打开浏览器浏览网页。

经过严谨细致的分析，她判断计算机连接的网络没有问题，因为能够使用 QQ 进行通信，网络层能够提供连通性服务，所以问题可能出在应用程序或端口等方面。于是她向蒋老师咨询，如果计算机应用程序出了问题，应该怎么解决，如图 8-1 所示。

拓展阅读
传输层端口
案例

传输层实现了不同终端应用程序之间的通信，端口则是区分不同应用的关键。

图 8-1
单元情境

194

任务 识别 TCP 和 UDP 端口

任务陈述

传输层在 OSI 参考模型中为应用层提供通信所需的保障，实现运行在不同终端设备上的应用程序之间的通信。传输层中的协议 TCP 和 UDP 通过不同的端口号识别不同的应用服务。本任务通过客户端访问服务器的服务，来观察不同协议所使用不同的端口以及数据封装格式。

微课 8-1
TCP 和 UDP

知识准备

●8.1 传输层服务

传输层位于网络层和应用层之间，是整个网络层次结构的核心，为上层提供可靠的数据传输服务。如图 8-2 所示，网络层是通信子网的最高层，对外提供"尽力而为"的交付服务，但无法保证服务的可靠性，而在网络层之上的传输层正好可以解决这一问题。

微课 8-2
传输层服务

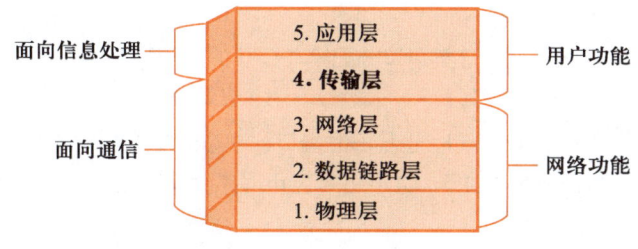

图 8-2
传输层地位

8.1.1 分段和重组

传输层的主要职责是向上层（应用层）提供可靠的传输服务，每台主机可同时运行多个应用进程。传输层在两台主机之间跟踪独立的进程间通信。

应用程序交给传输层的报文可能比较大，尤其是对于像音频和视频之类的信息。如果传输层一次交付一个完整的报文，会给网络带宽造成不小的压力，而且最终成功交付的概率也不高。因此，传输层会把应用层的报文拆分成更小的分段，给每个分段添加报头信息后交由网络层传输。

由于每个分段报文可能会经过不同的网络传输路径，因而到达目的端的顺序可能和原始发送顺序不同。通过在分段报文的报文头中添加编号信息，目的端可对分段报文进行排序，然后交付给上层相应的应用程序。如图 8-3 所示为数据报分段的示意图。

应用层数据		

传输层数据分段	分段1	分段2	分段3

TCP和UDP数据段	报头	分段

图 8-3
传输层分段

8.1.2　端口寻址

传输层为主机中的进程提供可靠的数据传输服务，但是一个主机可以同时运行很多进程，那么传输层如何知道从哪个进程接收数据以及将数据交付给哪个进程呢？尤其是当主机同时运行多个同一类进程时，例如同时打开两个即时聊天软件或者浏览器，传输层需要某种机制唯一地标识某个进程。虽然每个进程在操作系统中都有唯一的进程号，但是进程的创建和撤销是动态的，通信的一方无法准确获知另一方的进程信息。另外，如果通信的一方只需要知道对方提供了哪些服务，而不必关心对方通过哪个进程实现这些服务，那么这样就可以简化传输层的设计。

解决这个问题的方法就是使用端口。端口的作用就是让应用层的各种应用进程都能将其数据通过端口向下交付给传输层，以及让传输层知道应当将其报文段中的数据向上通过端口交付给应用层相应的进程。引入端口的概念后，两个进程之间的通信不仅需要知道对方的 IP 地址，还需要知道对方的端口号，而进程和端口号的对应关系由操作系统来维护。

为了区分网络应用程序，传输层将给应用程序提供端口，端口用一个 16 位的端口号进行标识，每个进程会被分配一个唯一的端口号，有效的端口号为 0～65535。端口号只具有本地意义，即端口只是为了标识本地计算机的各个进程，在 Internet 中不同计算机的相同端口号是没有联系的。

端口有以下 3 种类型。

① 公认端口（端口号 0～1023）：也称为熟知端口，分配给最重要的 TCP/IP 应用，如 HTTP、SMTP、POP3 等。

② 已注册端口（端口号 1024～49151）：这类端口分配给非公认的应用程序，使用时要按规定的手续登记，以防止重复。

③ 动态或私有端口（端口号 49152～65535）：也称临时端口，动态分配给客户端应用。

表 8-2～表 8-4 分别列出了传输层协议 TCP 和 UDP 各种应用程序的默认或常见端口号。

表 8-2　公 认 端 口

端口号	应用程序	协议
20	文件传输协议（FTP）数据	TCP
21	文件传输协议（FTP）控制	TCP
23	Telnet	TCP
25	简单邮件传输协议（SMTP）	TCP
80	超文本传输协议（HTTP）	TCP
110	邮局协议 3（POP3）	TCP

表 8-3　已注册端口

端口号	应用程序	协议
1812	RADIUS 身份验证	UDP
4000	QQ	UDP
2000	信令连接控制协议（SCCP，用于 VoIP 语音）	UDP

表 8-4 TCP/UDP 常用端口

端口号	应用程序	端口类型
53	DNS	公认 TCP/UDP 端口
161	简单网络管理协议（SNMP）	公认 TCP/UDP 端口
531	AOL 即时通信，IRC	公认 TCP/UDP 端口

8.1.3 流量控制及错误恢复

网络资源是有限的，当传输层发现网络资源过载时，就会利用某些传输层协议要求通信双方减小数据流量，以匹配发送方的发送速率和接收方的接收速率。当出现报文丢失等传输错误时，传输层能够通过重传保证所有数据的正确性和完整性。

8.2 传输控制协议（TCP）

传输控制协议（Transmission Control Protocol，TCP）是 TCP/IP 体系结构中面向连接的传输层协议，用于管理多个应用程序的通信，为应用程序提供可靠的全双工数据通信。

微课 8-3
可靠通信——
TCP

8.2.1 TCP 的段结构

TCP 的段结构如图 8-4 所示，下面简单介绍其中的关键字段。

① 源端口：16 位，表示发送方进程端口。

② 目的端口：16 位，表示接收方进程端口。

③ 序列号：32 位。TCP 会对字节进行编号，如某数据段包括 2000 字节，若首字节编号为 0，则下一个数据段首字节的序列号为 0+2000=2000。

④ 确认号：32 位，期望对方发送的下一个数据段的首字节序号，表示该序号之前的字节都已正确接收。

微课 8-4
TCP 的段结构

源端口						目的端口	
序列号							
确认号							
报头长度	保留	U R G	A C K	P S H	P S T	S Y N	F I N	窗口大小
校验和						紧急指针	
选项(长度可变)							

图 8-4
TCP 的
段结构

⑤ 报头长度：4 位，指出 TCP 报文段的首部长度，随可选项的长度而变化。

⑥ 代码位：6 位，该字段包含对其他字段的说明或本报文段的性质，常用代码位的意义如下。

● URG：紧急位。当此位设置为 1 时，表明此报文段中含有发送端应用进程标出的紧急数据，同时用"紧急指针"字段指出紧急数据的末字节。TCP 必须通知接收方的应用进程"紧急数据"，并将"紧急指针"传送给应用进程。

● ACK：确认字段。在 TCP 连接建立后所有的报文段都必须把 ACK 标志位置为 1，而且只有 ACK 标志位为 1 时，确认号字段才有效。

● PSH：推送功能。在进行 Telnet 或 Rlogin 等交互模式的连接时，该标志位总是置为 1，表示数据将尽快交于应用处理。

- RST：重置连接。用于复位相应的 TCP 连接，当通信过程中出现严重错误时，通信双方的任意一方发送 RST 位设置为 1 的报文段用于终止连接。

- SYN：同步标志。用于在 TCP 建立连接时同步序号。在 TCP 连接建立请求报文和连接接受报文中，SYN 置为 1。

- FIN：终止标志。发送方通过发送 FIN 为 1 的报文段说明数据发送已经结束，请求释放连接。

8.2.2　TCP 连接管理

动画 8-1
TCP 三次握手

TCP 是面向连接的传输层协议。通信双方在发送数据之前必须先建立 TCP 连接，在数据发送结束后还要释放连接。下面详细介绍 TCP 连接建立和释放的过程。

1. TCP 连接的建立

TCP 连接的建立过程被形象地称为"三次握手"，因为通信双方在建立连接时需要发送三个报文，如图 8-5 所示。

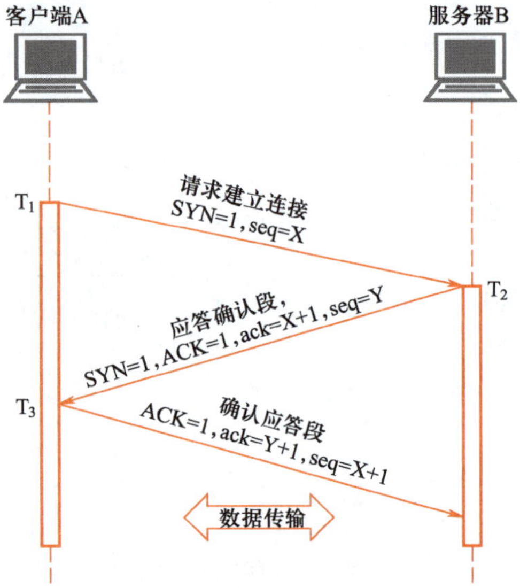

在图 8-5 中，把主动发起连接建立请求的一方 A 称为"客户端"，把接收连接建立请求的一方 B 称为"服务器"。

在 T_1 时刻，A 向 B 发送 SYN=1 的请求报文段，请求建立 TCP 连接，报文段的序号为 X。按照 TCP 的规定，这个请求报文段不能携带任何实际的数据，但是必须消耗掉一个序号。

在 T_2 时刻，B 对于 A 的连接请求发送确认报文段，确认序号值为 $X+1$，确认报文段本身的序号值为 Y。

在 T_3 时刻，A 对于 B 的确认报文段也发出确认报文，即"再确认"报文。ACK 置为 1，确认号为 B 的序号 $Y+1$，确认报文自身的序号为 $X+1$（因为第一个请求建立连接报文已经消耗掉一个序号）。

三次握手机制通过请求、确认、再确认 3 个报文确保 TCP 连接成功建立，接下来 A、B 可以分别向对方发送和从对方接收数据。

为了清楚了解 TCP 的三次握手过程，搭建如图 8-6 所示的 TCP 实验拓扑。

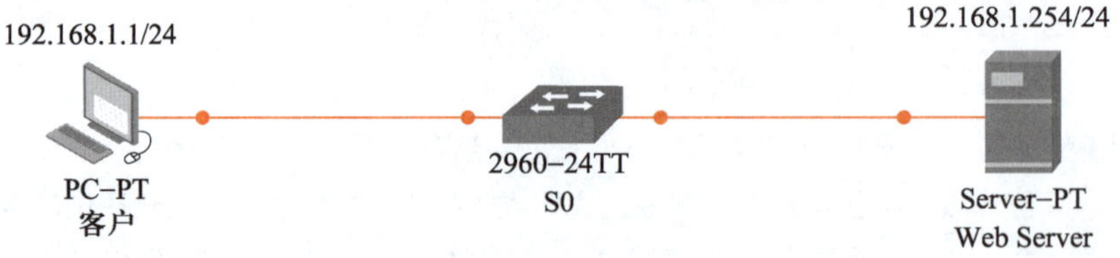

客户端A　　　　　　　　**服务器B**

T_1
请求建立连接
SYN=1, seq=X

T_2

应答确认段，
SYN=1, ACK=1, ack=X+1, seq=Y

T_3
确认应答段
ACK=1, ack=Y+1, seq=X+1

数据传输

图 8-5
TCP 连接建立

192.168.1.1/24　　　　　　　　　　　　　　　　192.168.1.254/24

图 8-6
TCP 连接建立
实验拓扑

PC–PT
客户

2960-24TT
S0

Server–PT
Web Server

配置好基本信息，将模拟器切换到模拟模式。打开客户端 Web Browser，输入"192.168.1.254"，观察报文发送过程。因为 HTTP 服务是基于 TCP 的，所以当请求访问网页时会先建立 TCP 连接，如图 8-7 所示为客户端发送的 TCP 连接建立请求报文。

从报文段中可以看出，HTTP 服务使用 TCP 端口号 80，报文序号为 0，确认序号也是 0，SYN

同步标志位置为 1。如图 8-8 所示为服务器发送的确认报文段。

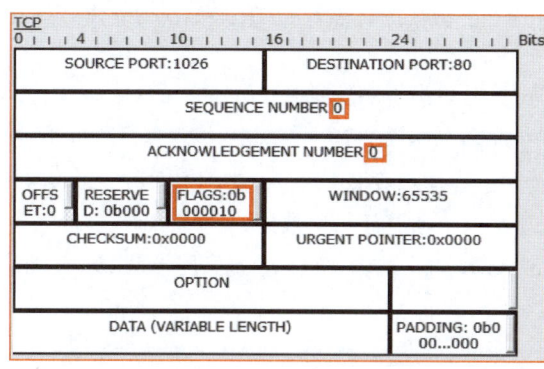
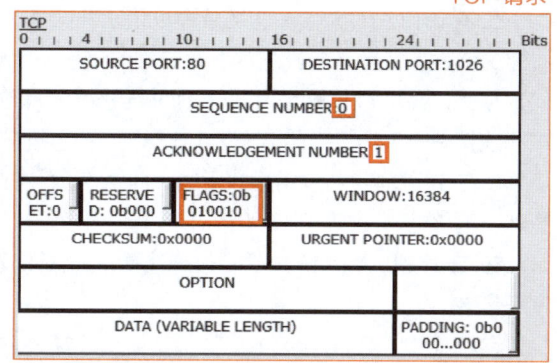

图 8-7
TCP 请求

图 8-8
TCP 响应

从 TCP 响应报文中看出，服务器的确认报文段序号为 0，确认序号为 1，同时将 SYN 和 ACK 两个标志位置为 1。如图 8-9 所示为客户端的再确认报文。

由于客户端的连接建立请求报文已消耗掉一个序号，因此这个再确认报文的序号为 1，确认号为 1，ACK 标志位置为 1。

2. TCP 连接的释放

在数据传输结束后，通信双方都可以发出释放连接的请求。TCP 采用"文雅"的方式释放连接，即 TCP 连接的释放是在两个方向上分别释放连接，每个方向上连接的释放只终止本方向的数据传输。

当一个方向的连接释放后，TCP 的连接就处于"半连接"或"半关闭"状态。当两个方向的连接都释放后，TCP 连接才完全释放。如图 8-10 所示为 TCP 连接的释放过程。

图 8-9
TCP 确认

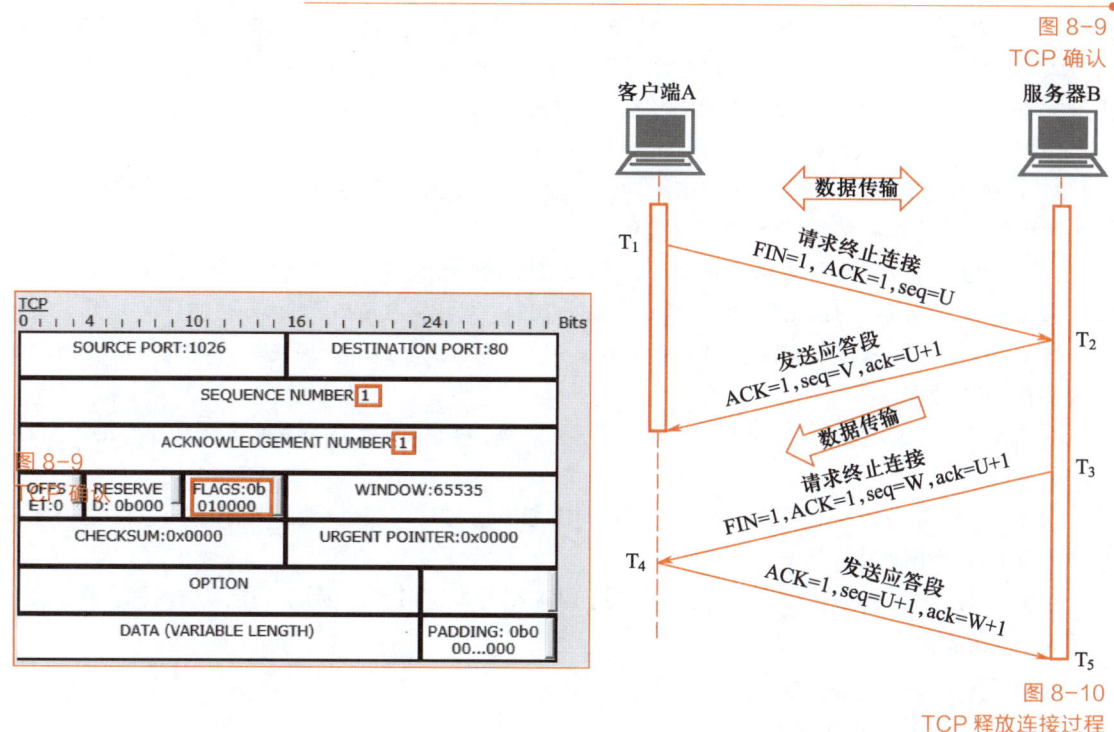

图 8-10
TCP 释放连接过程

在 T_1 时刻，A 收到应用层的通知，向 B 发送 FIN 为 1 的连接释放报文段，报文段的序号为 U，它是之前 A 已发送的所有数据的最后一个字节的序号加 1。按照 TCP 的规定，这个 FIN 报文段要消耗一个序号。

在 T_2 时刻，B 收到 A 的连接释放请求并向 A 发出确认，确认序号是 $U+1$。B 的确认报文序号是 V，同样的，它是之前 B 已发送的所有数据的最后一字节的序号加 1。

至此，从 A 到 B 这个方向的 TCP 连接已经释放，A 不能再向 B 发送报文。但从 B 到 A 这个方向的 TCP 连接并未关闭，因此 B 仍然可以向 A 发送报文。这时的 TCP 连接处于半关闭状态。

B 在 T_3 时刻收到应用层的通知，向 A 发送 FIN 为 1 的连接释放报文段。注意到这个报文段的序号是 W，而 W 不一定等于 V，因为 B 可能在半关闭状态下又向 A 发送了一些数据。

在 T_4 时刻，A 收到 B 的释放连接请求并向 B 发送 ACK 为 1 的确认报文，报文序号是 $U+1$，确认序号是 $W+1$。

在 T_5 时刻，B 收到 A 的确认报文，释放掉 A 这个方向的 TCP 连接。

8.2.3　TCP 数据传输机制

1.　TCP 滑动窗口

TCP 采用滑动窗口控制管理数据队列发送，发送数据方不需要在应用层开始发送数据时就立刻发送数据，可以等待数据累积到一定数量后一并发送；接收方同样也可以等待接收的数据达到一定数量后一起发送确认。

所谓滑动窗口，顾名思义就是指接收窗口的大小可以随着已经接收的数据量动态变化。在 TCP 会话中，窗口大小是动态协商的。滑动窗口是一种数据流控制机制，允许发送方在向接收方发送一定数量的数据之后接收一个确认报文。TCP 允许发送方在停止并等待确认前可以连续发送多个分组。由于发送方不需要在每次发送一个分组后停下来等待确认，因此这种机制可以加快数据的传输。

滑动窗口协议的基本原理就是在任何时刻，发送方都能发送连续的数据段，称为发送窗口；同时，接收方也可以连续接收多个数据段，称为接收窗口。发送窗口和接收窗口的序号的上下界不一定要一样，甚至大小也可以不同。不同的滑动窗口协议的窗口大小一般也不同。发送方窗口内的序号代表了那些已经被发送但是还没有被确认的帧，或者是那些可以被发送的帧。

如图 8-11 所示，假定数据接收方有 1 KB 的缓冲区。

在 T_1 时刻，发送方的应用层有 1 KB 的数据要发送，发送方将数据段的起始序号设为 0（这个起始序号在 TCP 连接建立时由通信双方协商确定）。

在 T_2 时刻，接收方收到发送方的数据段后并不立刻提交给应用层，而是先放到接收缓冲区中。接收方通知发送方缓冲区还有 1 KB 空闲，确认号 ack=1024，可用接收窗口大小 win=1024。

在 T_3 时刻，若发送方应用层有 2 KB 的数据发送，但接收方的缓冲空闲只有 1 KB 空间，因此发送方先发送 1 KB 数据。

在 T_4 时刻，接收方完成数据接收后发现缓冲区被占满，接收方向发送方发确认段。此时，ack=2048、win=0。

在 T_5 时刻，接收方向应用层提交处理好的 1 KB 数据，缓冲区随之释放 1 KB，并通知发送方现在接收方有 1 KB 空闲缓冲区。

在 T_6 时刻，发送方将刚才剩下的尚未发送的 1 KB 数据发送出去。数据达到接收方后再次将接收方的接收缓冲区填满。

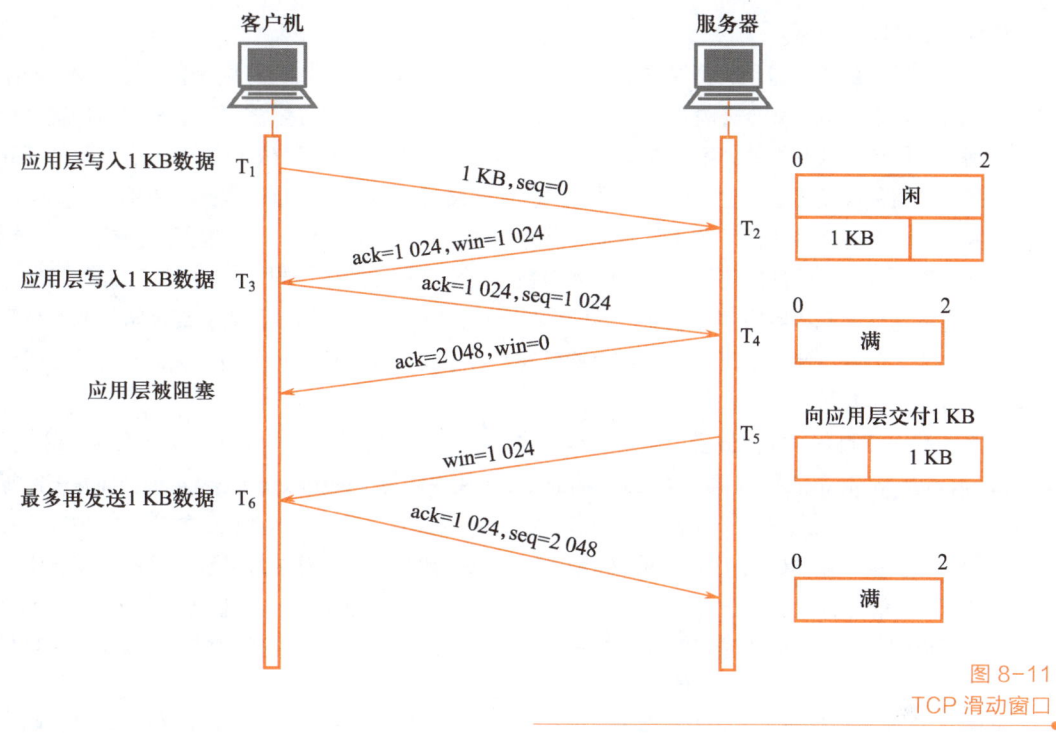

图 8-11
TCP 滑动窗口

2. TCP 重传策略

TCP 通过重传机制管理数据段发送过程中可能出现的丢失现象，如图 8-12 所示为可能需要重传的几种情况。

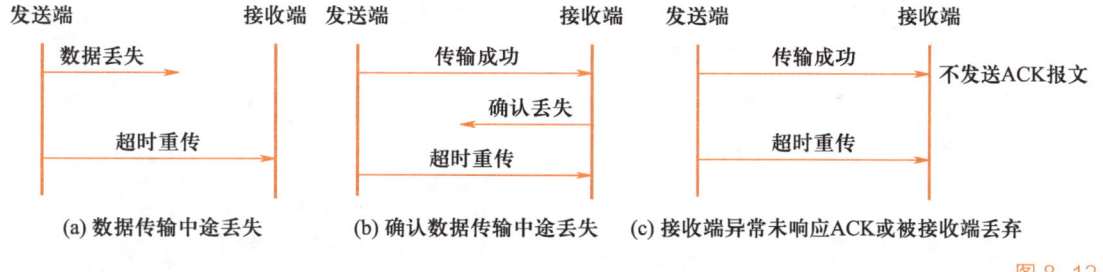

图 8-12
TCP 数据段丢失重传

重传机制的核心是设立重传定时器。该定时器在发送方开始发送数据时启动，如果在定时器超时前收到确认数据段，定时器将被关闭，否则就重传数据段。

重传机制的关键是对定时器的设定。影响超时重传机制效率的一个关键参数是重传超时时间（Retransmission TimeOut，RTO），该值设置得过大或过小都会对协议造成不利影响。如果 RTO 设置过大，将会使发送端经过较长时间的等待才能发现报文段丢失，降低了连接数据传输的吞吐量；若 RTO 设置过小，发送端尽管可以很快检测出报文段的丢失，但也可能将一些延迟大的报文段误认为成丢失，造成不必要的重传，浪费网络资源。

3. TCP 拥塞控制

无论网络设计得多么优秀，网络资源都可能被耗尽。网络资源一般包括网络带宽、网络节点的缓存或处理器等。在某一时刻，如果某种资源的可用部分无法满足网络用户对该资源的需求，那么网络性能就会变坏，造成网络拥塞。

出现网络拥塞的原因是网络资源不够用，但这并不意味着增加相应的资源就能够彻底解决网络拥塞问题。例如，如果网络中某个路由器的缓存比较小，导致大量到达的分组被丢弃。那么增加这个路由器的缓存后，在这个节点发生的分组丢弃得以解决。但是如果该路由器下游的网络节点的处理性能并没有提高，那么分组丢弃还是会发生，只不过从当前路由器转移到后续的节点。因此，简单地提高某个节点的性能并不能解决网络拥塞，只有让网络各节点的处理性能达到均衡状态，才能解决问题。

由此可见，网络拥塞的解决是个全局性的问题，这也是它和流量控制最大的区别。流量控制着眼于让发送方的发送速率和接收方的接收速率匹配，只是两个端点之间的流量问题；而拥塞控制则是要解决整个网络的流量问题，使进入网络的流量能够得到及时处理，减少超时和分组丢失，最终提高网络的吞吐量。

网络拥塞的控制方法要比流量控制复杂得多，常见的拥塞控制算法有慢开始（Slow-start）、拥塞避免（Congestion Avoidance）、快重传（Fast Retransmit）和快恢复（Fast Recovery）4 种。拥塞控制算法经常通过降低发送方的发送速率来实现，这一点是和流量控制相似的。具体地说，发送方维护一个称为发送窗口的状态变量，并根据这个变量的值确定可以发送的数据量。当发送方发现网络中出现分组丢失或超时的情况时，就适当减少发送窗口的大小，降低发送速率。接收方维护一个称为接收窗口的状态变量，表示当前可以继续接收的数据量。接收方向发送方发送的确认报文中包括接收窗口的大小，并且根据实际的接收能力动态改变接收窗口的值。

如图 8-13 所示，接收方发现分组丢失，就把接收窗口的值从 2000 改为 1000。经过一段时间后分组丢失的现象得到缓解，接收方开始慢慢增加接收窗口的值。如果之后又出现数据丢失，就重复这个过程。在 TCP 连接的整个生命周期中，窗口大小的动态增减是持续的。

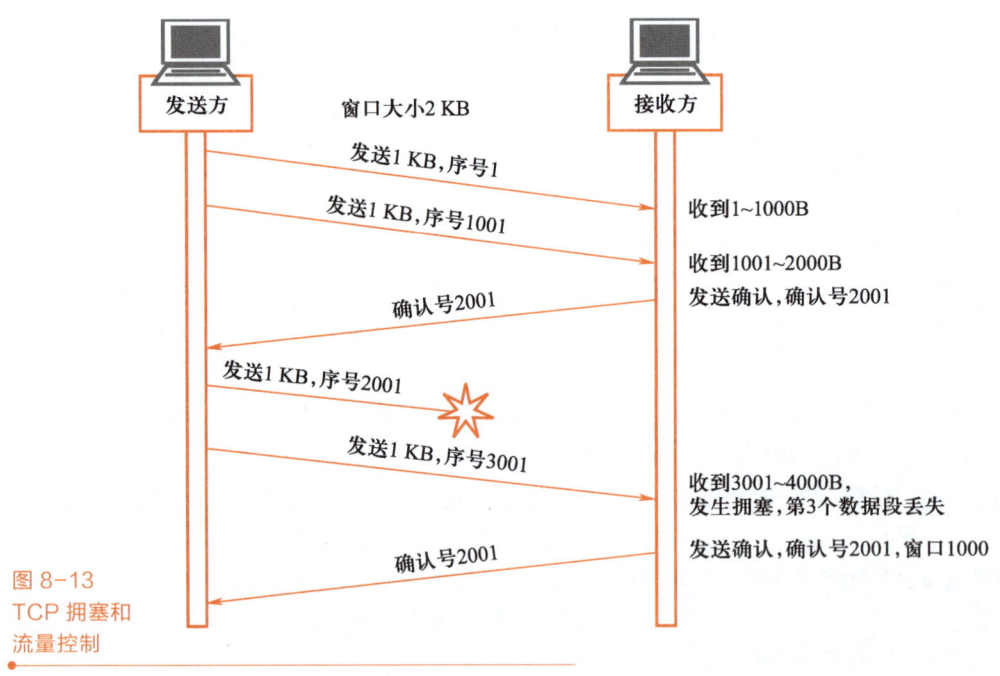

图 8-13
TCP 拥塞和
流量控制

8.3　用户数据报协议（UDP）

用户数据报协议（User Datagram Protocol，UDP）是一种无连接的传输层协议，提供面向事务的简单不可靠的数据传送服务。UDP 采用"尽力而为"的交付方式传送数据报，不保证数据的完整性和正确性。

8.3.1　UDP 服务模型

UDP 主要有以下几个特征：

① 传输数据前不需要建立连接，应用进程可以直接发送数据报，减少了建立和释放连接的开销。

② 不对数据报进行检查与修改。

③ 发送方发送数据后不需要等待对方确认。

④ 效率高，实效性好。

根据以上特征，UDP 数据报在发送过程中可能会出现丢失、乱序等情况，因此主要应用于传送数量较少或者无须应答的应用中。例如，像 DNS 这样的应用，如果发送方收不到应答就再次发出请求，因此不需要传输层协议来保证可靠性。

8.3.2　UDP 的段结构

UDP 是无连接的，其报文段与 TCP 相比少了很多字段。UDP 报文段由首部和数据两部分组成。UDP 的首部只有 8 字节，共 4 个字段，格式如图 8-14 所示。

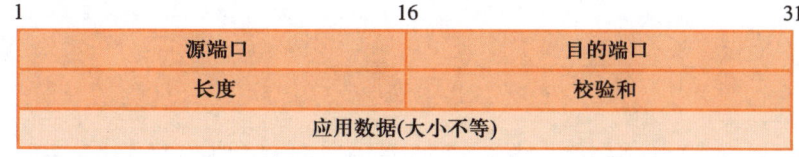

图 8-14
UDP 数据报格式

各字段含义如下。

① 源端口：16 位，表示发送方端口号。

② 目的端口：16 位，表示接收方端口号。

③ 长度：16 位，表示包括 UDP 头在内的数据段的总长度。

④ 校验和：16 位，该字段可选，不用时可置为 0。

8.3.3　UDP 的客户端进程和服务器进程

UDP 使用客户端/服务器（Client/Server，C/S）模式通信，由客户端应用程序向服务器进程请求服务。UDP 客户端进程从可用端口中随机挑选一个端口号作为会话的源端口，而目的端口通常是分配给服务器进程的公认端口或已注册端口。当服务器 UDP 从某个端口收到数据报时，它就将数据发送到该端口所对应的服务器程序。

UDP 数据报源端口是客户端随机挑选的，目的端口使用公认端口或已注册端口。这种设计可以提高安全性，因为如果源端口的选择方式有很强的规律性或者很容易预测，那么网络入侵者就可以通过尝试最可能使用的端口号访问客户端，影响客户端的正常通信。

任务实施

之前介绍了 TCP 连接建立时所采用的三次握手机制并通过网络模拟器实验模拟了三次握手时的关键报文。接下来通过网络模拟器实验模拟 TCP 连接释放时所经历的过程并观察报文的详细内容。

本任务使用如图 8-15 所示的网络拓扑，客户机和服务器的配置也相同。配置好基本信息后，将模拟器切换到模拟模式，打开客户机的 Web 浏览器，输入 Web 服务器 IP 地址"192.168.1.254"，观察 Web 服务结束之后的 4 个 TCP 报文。

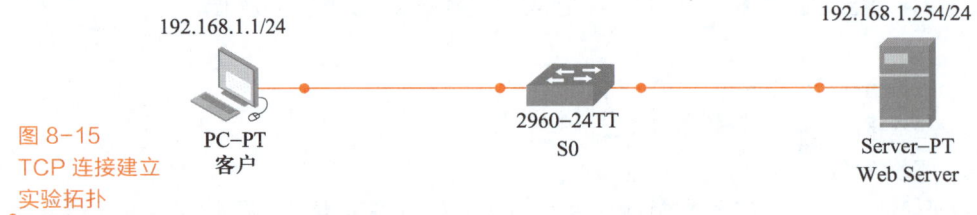

图 8-15
TCP 连接建立
实验拓扑

客户机和 Web 服务器之间的数据传输结束后，双方都可释放连接。现在客户机先向 Web 服务器发送连接释放报文段，主动关闭 TCP 连接。这个报文段的首部中，终止控制位 FIN 和 ACK 控制位为 1，序号是 103（即客户机之前已传送过的数据的最后一字节的序号加 1），确认序号是 472。报文段的内容如图 8-16 所示。

Web 服务器收到连接释放报文段后立即发出确认报文段，确认序号是 104，而这个确认报文段本身的序号是 472，ACK 控制位是 1。确认报文段的内容如图 8-17 所示。

图 8-16
客户机连接释放请求报文

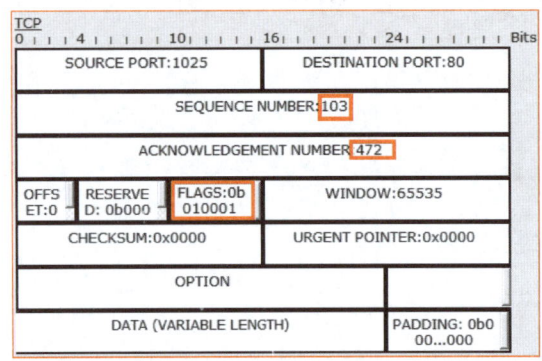

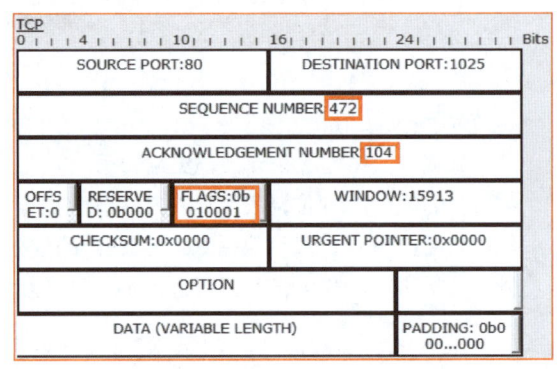

图 8-17
服务器确认报文段

这时的 TCP 连接处于半关闭状态，也就是说，从客户机到 Web 服务器这个方向的连接已经断开，但是从 Web 服务器到客户机这个方向的连接是正常的。因此，Web 服务器仍可正常向客户机发送数据，客户机也要正常处理。

如果现在 Web 服务器没有数据需要向客户机发送，它就向客户机发送一个连接释放报文段。这个报文段的终止控制位 FIN 和 ACK 控制位都置为 1，确认序号是 104，报文段本身的序号是 472。报文段具体内容如图 8-18 所示。

客户机收到 Web 服务器的连接释放报文段后，也要对此发出确认报文段。在确认报文段中将 ACK 控制位置为 1，确认序号是 472，报文段本身的序号是 104。确认报文段的具体内容如图 8-19 所示。

图 8-18
服务器连接释放请求报文

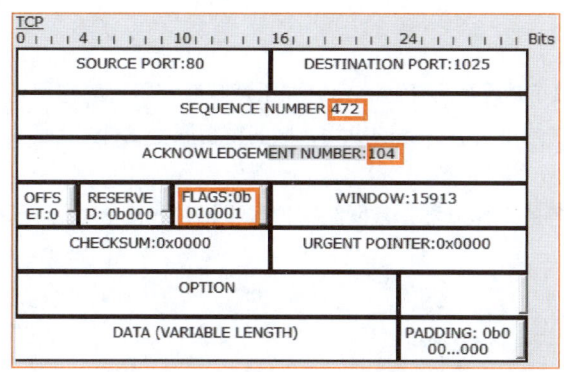

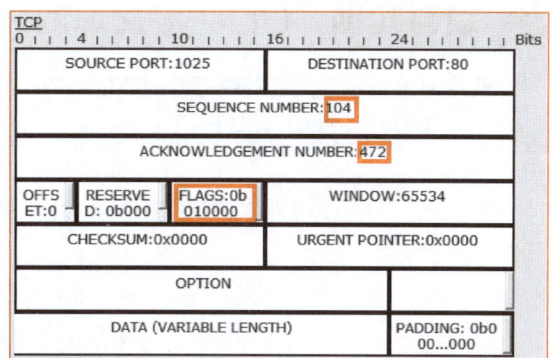

图 8-19
客户机确认报文段

如果说 TCP 连接的建立过程是三次握手，那么就可以把 TCP 连接的释放过程看作四次握手。在 TCP 连接的释放过程中，通信双方要来回交换 4 个报文，其原因就在于 TCP 支持全双工的通信方式，通信双方必须在两个方向上分别释放连接，只有两个方向的连接都正常释放，这个 TCP 连接才算真正释放。

 ## 任务拓展

1. TCP 的主要特点

① TCP 是面向连接的协议。面向连接的意思是说使用 TCP 的通信双方在真正发送数据之前必须先建立连接，发送完数据之后还要释放已经建立的连接。

② TCP 是点对点的协议。TCP 连接只支持两个端点之间的通信，不支持组播和广播。

③ TCP 是可靠的协议。TCP 通过停止等待、滑动窗口、超时自动重传、流量控制和拥塞控制等一系列机制，确保通信双方能够无差错地传输数据，数据不会丢失也不会重复，而且可以按序到达接收方。

④ TCP 是全双工的协议。TCP 支持全双工的通信方式，因此通信双方能够同时向对方发送数据并从对方接收数据。

⑤ TCP 是面向字节的协议。TCP 把数据段看成是一串连续的字节流进行编号并发送，而不管字节流的真实含义是什么。

2. UDP 的主要特点

① UDP 是无连接的协议。和 TCP 不同，使用 UDP 的通信双方在真正发送数据之前不需要先建立连接，可以直接发送数据。

② UDP 是不可靠的协议。UDP 提供的传输服务只是"尽力而为"的，数据可能会丢失或重复，到达接收方的顺序也是不确定的。

③ UDP 是面向报文的。UDP 本身不会对数据进行分段，一次交付一个完整的报文，因此即使应用层交给 UDP 的报文很长，UDP 也是原样发送。

④ UDP 支持交互式通信。除了传统的点对点通信外，UDP 还支持一对多、多对一和多对多的通信方式。

 项目实训　UDP 报文观测

虽然 TCP 支持面向连接的可靠的通信服务，而 UDP 是不可靠的，但这并不意味着在所有的应用场景中 TCP 都优于 UDP。事实上，UDP 在如今的互联网中仍有广泛的应用，域名解析服务 DNS 就是其中之一。

为了深入了解 UDP 报文段的结构以及 DNS 服务的工作流程，在网络模拟器中搭建如图 8-20 所示拓扑并完成实验。

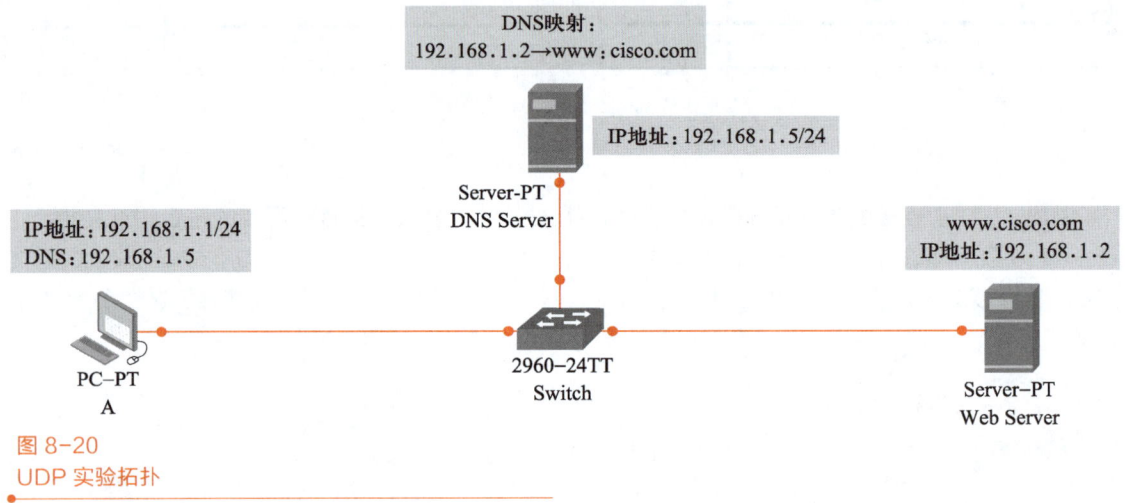

图 8-20
UDP 实验拓扑

【实训目的】

- 理解 DNS 服务的工作原理。
- 理解 UDP 报文段的结构。
- 掌握在网络模拟器中模拟 DNS 服务的方法。

【实训内容】

- 在网络模拟器中搭建简单网络拓扑。
- 在 DNS 服务器中添加 DNS 映射。
- 观察 UDP 数据报的具体内容。

 单元小结

在 OSI 参考模型中，传输层的作用是接受网络层所提供的连通性服务，并且为应用层通信提供所需保障，从而实现运行在不同终端设备上的应用程序之间的通信。传输控制协议（TCP）能够对自己实施连接控制，是可靠的传输层协议；用户数据包协议（UDP）提供无连接的通信服务，是一种不可靠的传输层协议。

单元练习

文本：参考答案

一、选择题

1. 传输层的作用是（　　　）。
   A. 提供两台网络设备之间的通信
   B. 提供两台终端设备之间的通信
   C. 提供两台终端设备上应用程序之间的通信
   D. 提供两台终端设备上应用程序之间的通信，并保障通信质量和安全

2. TCP 与 UDP 使用（　　）对通过网络的不同会话进行跟踪。
   A. 端口号　　　　　B. IP 地址　　　　　C. MAC 地址　　　　　D. 序列号

3. 公认端口号的范围是（　　　）。
   A. 1024～49151　　　B. 49251～65535　　C. 0～1023　　　　　D. 超过 65535

4. 实现不可靠传输的传输层协议是（　　　）。
   A. TCP　　　　　　B. UDP　　　　　　C. IP　　　　　　D. ARP

5. TCP 的主要功能是（　　　）。
   A. 进行数据分组　　　　　　　　　B. 保证可靠传输
   C. 确定数据传输路径　　　　　　　D. 提高传输速度

6. 下列因素中，决定运行 TCP/IP 的主机在收到确认之前可以发送多少数据的是（　　　）。
   A. 分段大小　　　　B. 传输速率　　　C. 带宽　　　　　　D. 窗口大小

7. DNS 的默认端口号是（　　　）。
   A. 1025　　　　　　B. 53　　　　　　C. 110　　　　　　D. 143

8. 下列关于 UDP 的描述中，错误的是（　　　）。
   A. UDP 使用端口号区分进程
   B. UDP 是可靠传输
   C. UDP 传输数据之前会建立 UDP 连接
   D. UDP 可以控制发送方发送数据的速率

二、填空题

1. 一些专门分配给最常用的应用端口称为_____。
2. TCP 建立连接的过程被形象地称为_____。
3. TCP 支持通信双方同时发送和接收数据，这种通信方式称为_____。
4. 简单文件传输协议（TFTP）在传输层采用_____协议。

三、简答题

1. 简述 TCP 和 UDP 有什么不同之处。
2. TCP 的连接建立和释放分别采用几次握手？请简述其过程。

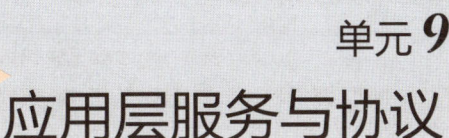

单元 **9**

应用层服务与协议

学习目标

【知识目标】

● 了解应用层提供的服务。

● 理解应用层协议与应用程序的交互过程。

● 理解 DNS 协议的功能和工作原理。

● 理解 HTTP 的工作原理。

● 理解 FTP 的工作原理。

● 理解 DHCP 的工作原理。

【技能目标】

● 能够熟练使用应用层的各种服务。

● 能够设置并应用 DNS 服务。

● 能够使用 IIS 进行 Web 站点的管理。

● 能够使用 FTP 进行文件传输。

● 能够使用 DHCP 给主机动态分配地址。

【素养目标】

● 坚持问题导向，提升技术创新能力。

● 提高岗位责任心，培养工厂行业法律法规意识。

● 培养网络安全意识和科学严谨的工作态度。

PPT：单元 9
应用层服务与协议

单元导读

本单元主要介绍 OSI 参考模型中应用层的作用和功能，应用层协议与应用程序交互过程，DNS、HTTP、FTP、DHCP 等应用层协议的工作原理。本单元学习内容和高等职业教育专科计算机网络技术专业教学标准的对应关系见表 9-1。

表 9-1　本单元学习内容和专业教学标准的对应关系

高等职业教育专科计算机网络技术专业教学标准				运用计算机网络知识和技能	
行业	岗位群	职业资格证书	对应竞赛	知识点	技能点
互联网和相关服务 软件和信息技术服务业	① 网络技术支持 ② 网络系统运维 ③ 网络系统集成 ④ 网络管理与维护 ⑤ 网络产品服务与营销	① 网络系统建设与运维 ② 网络安全运维 ③ 网络管理员 ④ 网络系统规划与部署	① 网络系统管理 ② 网络建设与运维 ③ 云计算应用 ④ 工业网络智能控制与维护 ⑤ 信息安全管理与评估 ⑥ 华为 ICT 网络技术大赛	① 应用层概念和功能 ② 应用程序和协议 ③ DNS 协议 ④ HTTP ⑤ FTP ⑥ DHCP	① 应用层服务应用 ② DNS 服务解析域名 ③ IIS 管理 Web 站点 ④ FTP 传输文件 ⑤ DHCP 动态配置 IP 地址

引例描述

小陈同学所在公司的网络已经初步组建完成，公司的各项业务也逐步开展，现在需要将公司网络接入 Internet，并且加强公司的网络安全防护能力，如图 9-1 所示。小陈同学向蒋老师请教，局域网接入 Internet 需要什么技术，网络安全需要采取哪些措施，公司又需要哪些设备呢？Internet 可以提供许多服务，如收发电子邮件、在线聊天、搜索资料等，那么公司需要选择其中的哪些具体服务呢？

德育小课堂
网络安全案例

连接Internet，提供应用服务，首先需要了解应用层的协议。

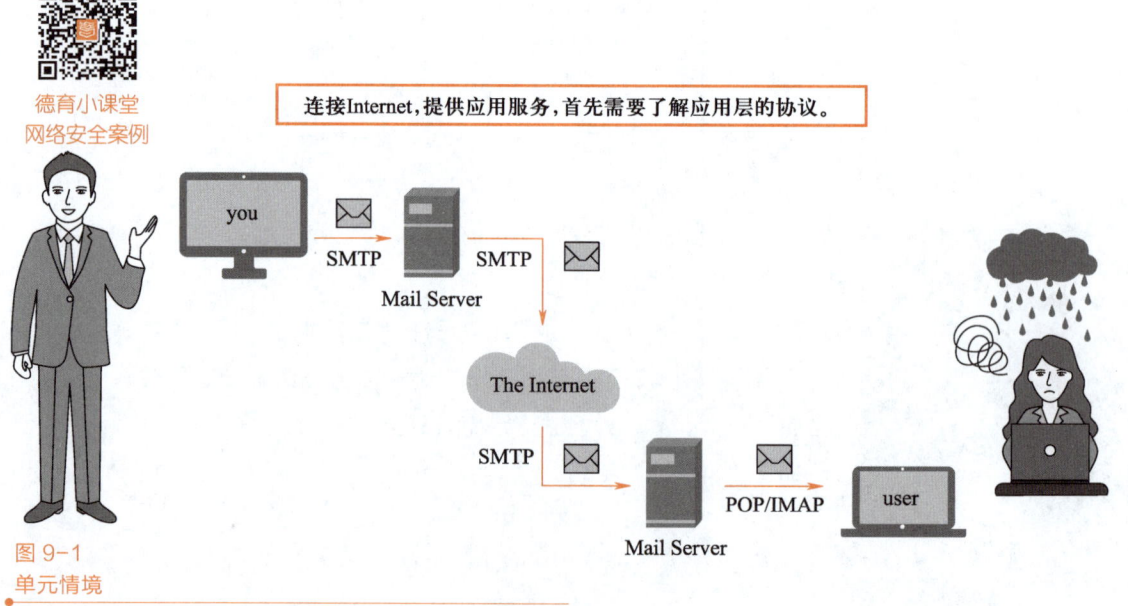

图 9-1
单元情境

任务 9-1　熟悉基础应用服务

任务陈述

　　通过本任务，主要掌握应用层的功能，理解 TCP/IP 应用层如何为终端用户提供网络服务；熟练掌握浏览器的使用和收发电子邮件的方法；掌握常见的 TCP/IP 应用程序的功能，包括 HTTP、DNS、DHCP等，理解这些服务的工作过程；掌握 Web 网站的创建和配置，使用 DNS 实现对域名的解析，以及 DHCP自动分配 IP 地址给网络中终端设备的方法。

知识准备

●9.1　应用层基础

　　应用层位于 OSI 参考模型的最顶层，提供各种应用程序与下层网络的接口，并通过下层网络传递信息。PC 端所安装的应用程序，一般情况下只要和用户相关的，基本都属于应用层的范畴。早期 OSI 参考模型的上 3 层（会话层、表示层与应用层）与 TCP/IP模型中的应用层功能基本对应，大多数应用程序也都包含在这 3 层中。如图 9-2所示为 OSI 参考模型与 TCP/IP 模型的对应关系。

微课 9-1
应用层介绍

OSI参考模型		TCP/IP模型
应用层	应用层对应关系	应用层
表示层		
会话层		
传输层	负责数据传输	传输层
网络层		网络层
数据链路层		网络接口层
物理层		

图 9-2
OSI 参考模型
与 TCP/IP 模型
对应关系

　　在 OSI 参考模型与 TCP/IP 模型中，应用层的相关软件实现了上层应用与底层数据的对接。当打开任何一个应用程序时，就启动了一个应用进程，载入设备的内存。例如，打开任务管理器，如图 9-3 所示，所有的应用程序都以进程的方式显示在里面。

●9.2　网络服务模式

　　当利用便携式计算机、平板电脑（PAD）、手机等设备上网或者访问其他信息时，实际上都是从别的服务器上下载资源，再把资源读取到本地的内存中加以访问，这就是网络服务。常见的网络服务模式有以下 3 种：

微课 9-2
网络服务模式

　　① 客户端/服务器（Client/Server，C/S）模式。
　　② 对等网络（Peer-to-Peer，P2P）模式。
　　③ 浏览器/服务器（Browser/Server，B/S）模式。

名称	状态	4% CPU	15% 内存	0% 磁盘	0% 网络
应用 (4)					
> 📊 任务管理器		0.3%	0.2%	0 MB/秒	0 Mbps
> 🎨 画图		0%	0.3%	0 MB/秒	0 Mbps
> 📁 Windows 资源管理器 (3)		0.2%	2.7%	0 MB/秒	0 Mbps
> 📄 Microsoft Word		0.3%	0.5%	0 MB/秒	0 Mbps
后台进程 (117)					
📋 位置通知		0%	0.1%	0 MB/秒	0 Mbps
📋 腾讯QQ辅助进程 (32 位)		0%	0.1%	0 MB/秒	0 Mbps
🐧 腾讯QQ (32 位)		0.1%	0.5%	0 MB/秒	0 Mbps
📄 苏打办公中心 (32 位)		0%	0.1%	0 MB/秒	0 Mbps
📄 苏打办公 (32 位)		0%	0.1%	0 MB/秒	0 Mbps
📄 苏打办公 (32 位)		0%	0.1%	0 MB/秒	0 Mbps
> ✉ 搜索		0%	0%	0 MB/秒	0 Mbps
📝 搜狗输入法 云计算代理 (32 位)		0%	0.1%	0 MB/秒	0 Mbps
📝 搜狗输入法 工具 (32 位)		0%	0.1%	0 MB/秒	0 Mbps
📝 搜狗输入法 Metro代理程序 (32 位)		0%	0.1%	0 MB/秒	0 Mbps
📺 日历主程序 (32 位)		0%	0.1%	0 MB/秒	0 Mbps
> 📺 开始 (2)		0%	0.2%	0 MB/秒	0 Mbps

图 9-3
任务管理器

9.2.1 客户端/服务器

传统的网络服务基本上都是基于客户端/服务器(Client/Server, C/S)模式，如 Telnet、WWW、E-Mail、FTP 等，如图 9-4 所示。

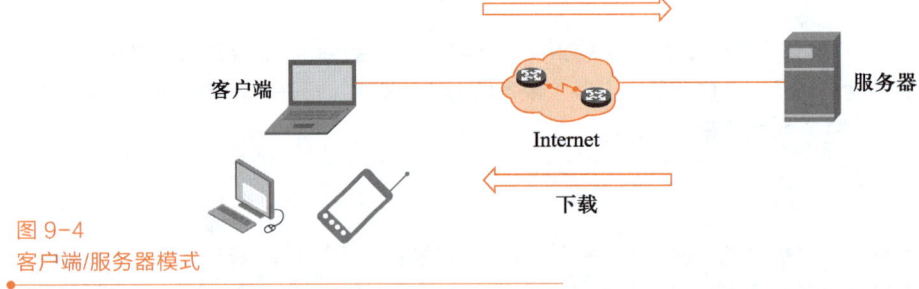

图 9-4
客户端/服务器模式

在此模式中，请求信息的设备称为客户端，而响应请求的设备称为服务器。客户端与服务器进程都位于应用层，客户端首先发送请求信息给服务器，服务器通过发送数据流来响应客户端。除了数据传输外，客户端与服务器之间还需要控制信息来控制整个过程。

服务器通常是指为多个客户端系统提供信息共享的计算机。服务器可以存储文档、数据库、图片、网页信息、音频与视频文件等数据，并将它们发送到请求数据的客户端。

在客户端与服务器的数据交互中，由客户端发送数据给服务器的过程称为"上传"，由服务器发送数据给客户端的过程称为"下载"。

9.2.2　对等网络模式

对等网络（Peer-to-Peer，P2P）模式又称为点对点网络模式，在该模型中端系统主机既充当客户端又充当服务器。两台计算机直接通过网络互联，它们共享资源可以不借用服务器，每台接入的设备都可以作为服务器，也可以作为客户端。如图 9-5 所示，两台计算机连接成一个典型的点对点网络。

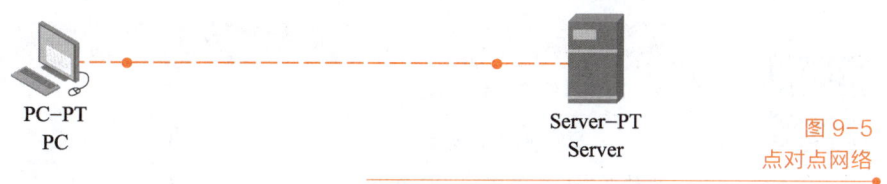

PC-PT
PC

Server-PT
Server

图 9-5
点对点网络

P2P 应用广泛，网络上很多服务都可以归为这种类型，常见的有迅雷、BitComet、比特精灵等。P2P 应用常应用于以下几个方面。

① 文件共享：P2P 文件共享平台，如 VeryCD，允许用户直接与其他用户共享大文件，如电影、音乐或软件，无须经过中央服务器。

② 网络电话：P2P 技术也被用于网络电话，如 Skype，让人们进行音频和视频通话，通话数据直接在参与者之间传输，而不是通过中央服务器。

③ 在线游戏：多人在线游戏使用 P2P 技术，让玩家之间直接交互，以减少时延和提高游戏性能。

④ 区块链与加密货币：例如数字货币使用 P2P 网络进行全球交易，不需要中央权威或中介机构。

9.2.3　浏览器/服务器模式

浏览器/服务器（Browser/Server，B/S）模式是在 Web 中广泛应用的一种网络结构模式，如 Web 浏览器就是客户端最主要的应用软件。这种模式统一了客户端，将系统功能实现的核心部分集中到服务器上，简化了系统的开发、维护和使用。客户端中只要安装一个浏览器，如 Microsoft Edge、360 浏览器或者 Chrome 等，服务器安装 SQL Server、MySQL、openGauss 等数据库，浏览器通过 Web Server 同数据库进行数据交互。

B/S 模式通常由以下 3 层架构部署实施。

① 客户端表示层：由 Web 浏览器组成，它不存放任何应用程序。

② 应用服务器层：由一台或多台服务器（Web 服务器也位于这一层）组成，处理应用中的所有事务逻辑、对数据库的访问等工作。该层具有良好的可扩展性，可以随着应用的需要任意增加服务器的数量。

③ 数据中心层：由数据库系统组成，用于存放业务数据。

9.2.4　其他服务模式

从网络服务的架构角度来看，还有以下一些模式。

① 单体架构：传统的应用架构，将所有的功能都集中在一个单独的服务器上。

② 微服务架构：将应用拆分成若干小的服务，每个服务都是独立的，可以单独部署和扩展。

③ 服务器端渲染：在服务器端渲染出 HTML 页面，然后再返回给客户端。

④ 前后端分离：前端和后端进行分离开发，前端通过 API 调用后端服务。

⑤ 云服务：将应用部署在云服务平台上，可以动态扩展和缩容。

9.3　应用层协议及服务

微课 9-3
电子邮件

微课 9-4
远程登录

　　应用层涉及的协议与服务多种多样，而在人们的日常生活中常用的协议与服务只有几种。表 9-2 列举了一些日常工作中涉及的应用层协议及与之对应的传输层端口号。

表 9-2　应用层常见服务

应用层协议	传输层协议	端口号
超文本传输协议（HTTP）	TCP	80
域名系统（DNS）	UDP	53
动态主机配置协议（DHCP）	UDP	67
简单邮件传输协议（SMTP）	TCP	25
邮局协议（POP）	UDP	110
文件传输协议（FTP）	TCP	21 和 20
简单文件传输协议（TFTP）	UDP	69
远程登录协议（Telnet）	TCP	23

任务实施

　　搜索引擎是运用一定的数学策略在互联网中搜集信息，在对信息进行组织和处理后，为用户提供检索服务并将相关的检索信息展示给用户的系统。

　　1）利用 Microsoft Edge、Chrome 或者 360 浏览器等，在地址栏中输入百度官网地址，搜索"应用层协议"，选择"应用层协议"网页内容再复制到 Word 文档，并保存为 yyc.docx，如图 9-6 所示。

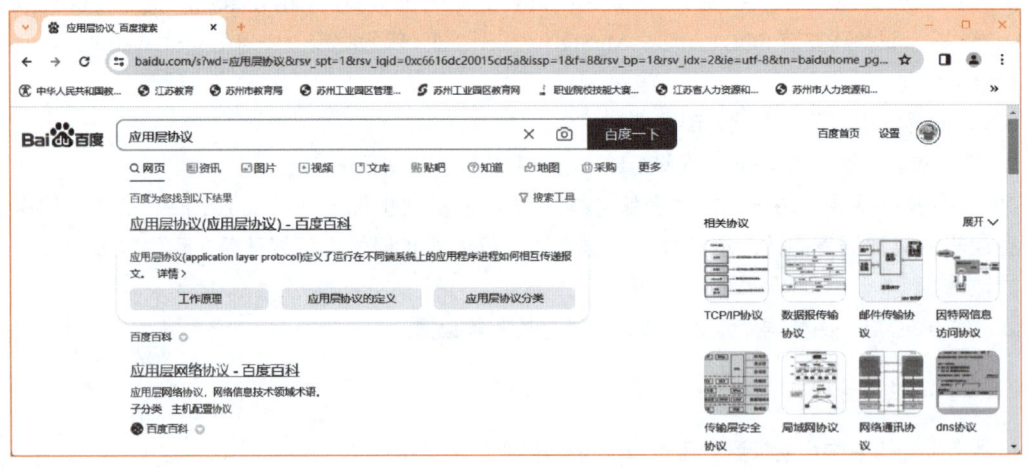

图 9-6
"百度"搜索引擎

　　2）打开 Microsoft Office Word 或者 WPS 文字，将"应用层协议"的概念复制到空白文档中，并保存为 yyc.docx，如图 9-7 所示。

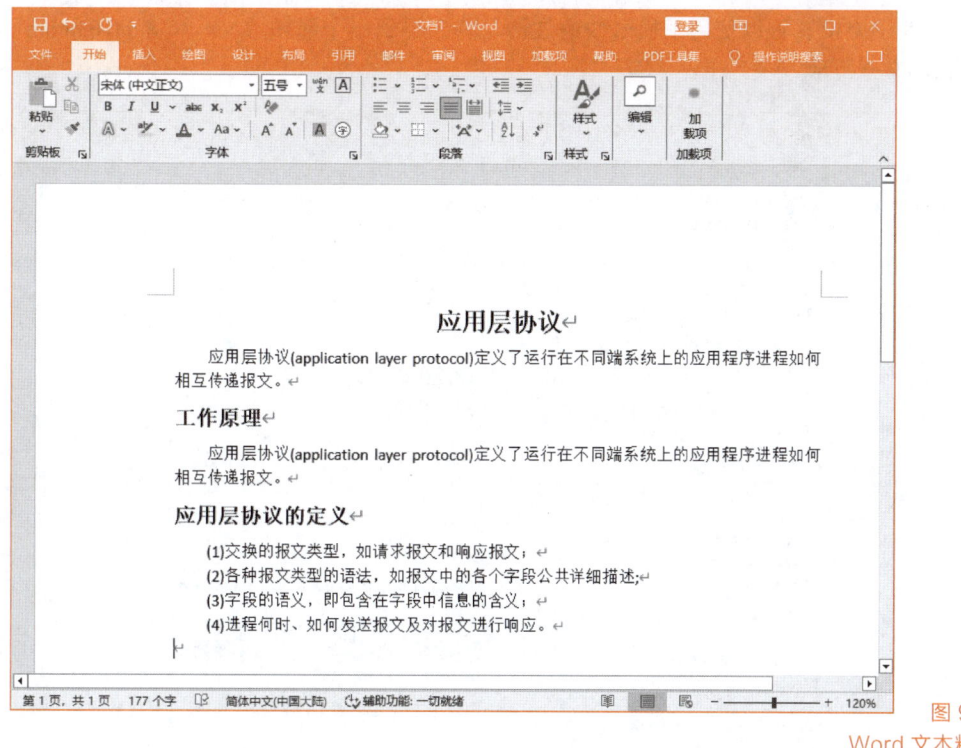

图 9-7
Word 文本粘贴

3）登录网易或 126 邮箱，然后发一份邮件给其他人。邮件主题：学习应用层协议概念，附件贴上 yyc.docx 文件。

① 在浏览器中输入网易邮箱官网地址，打开邮箱首页。如果之前没有邮箱，需要先注册新账号，如图 9-8 所示。

图 9-8
网易邮箱首页

② 为了方便，可以使用手机号快速注册，将会得到一个形如"××××@163.com"的邮箱账号，如图 9-9 所示。

图 9-9
"手机注册"邮箱页面

③ 注册账号后返回主界面，输入用户名和密码，通过验证登录邮箱。单击"写信"按钮，新建邮件，如图 9-10 所示。

图 9-10
登录邮箱页面

216

④ 输入要发送的邮箱地址、邮件主题及邮件内容，如图 9-11 所示，单击"添加附件"按钮，选择 yyc.docx 文件的位置，单击"确定"按钮，再单击"发送"按钮，如图 9-12 所示。

图 9-11
"写"邮件页面

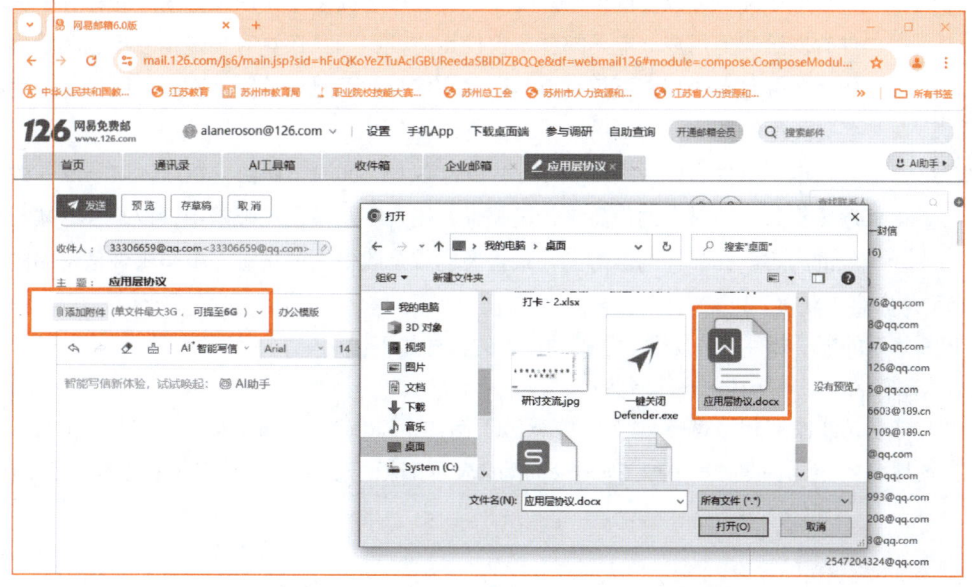

图 9-12
邮件附件"上传"页面

⑤ 单击"发送"按钮后，新邮件发送成功，如图 9-13 所示。

图 9-13
发送邮件页面

任务拓展

1. 电子邮件（E-mail）

操作视频 9-1
电子邮件
（E-Mail）

拓展阅读
电子邮件案例

电子邮件（E-mail）是 Internet 中使用得最多、最受用户欢迎的一种应用。电子邮件把邮件发送到 ISP 的邮件服务器，并放在其中的收信人邮箱中，收信人可随时上网到 ISP 的邮件服务器中读取。

电子邮件可以在两个用户间交互，也可以向多个用户发送同一封邮件，或者将邮件转发给其他用户。电子邮件不仅使用方便，而且还具有传递信息迅速和费用低廉的优点，并且电子邮件不仅可以传送文字信息，而且还可附上声音、图像、应用程序等各种类型的文件。

电子邮件由信封（Envelope）和内容（Content）两部分组成，电子邮件的传输程序根据邮件信封上的信息来传送邮件，用户在从自己的邮箱中读取邮件时才能见到邮件的内容。在邮件的信封上，最重要的就是收信人的地址，电子邮件信封中的相关信息可以自动从内容中获得。

TCP/IP 体系的电子邮件系统规定电子邮件地址的格式如下：

收信人邮箱名@邮箱所在主机的域名

其中，符号@读作"at"，表示"在"的意思。例如，jiang123@siso.edu.cn，其中 jiang123 这个用户名在该域名的范围内是唯一的，@siso.edu.cn 表示邮箱所在主机的域名，在全世界范围内也是唯一的。

2. 简单邮件传输协议（SMTP）

简单邮件传输协议（Simple Mail Transfer Protocol，SMTP）是一个简单的基于文本的电子邮件传输协议，是 Internet 中用于邮件服务器之间交换邮件的协议。SMTP 所规定的就是在两个相互通信的 SMTP 进程之间应如何交换信息。由于 SMTP 使用客户端/服务器模式，因此负责发送邮件的 SMTP 进程就是

SMTP 客户，而负责接收邮件的 SMTP 进程就是 SMTP 服务器。SMTP 规定了 14 条命令和 21 种应答信息。每条命令由 4 个字母组成，而每一种应答信息一般只有一行信息，由一个 3 位数字的代码开始，后面附上（也可不附）很简单的文字说明。

SMTP 通信要经过以下 3 个阶段。

① 建立连接：连接是在发送主机的 SMTP 客户端和接收主机的 SMTP 服务器之间建立的，即 SMTP 不使用中间的邮件服务器。

② 传送邮件。

③ 释放连接：邮件发送完毕后，SMTP 应释放 TCP 连接。

3. 邮件读取协议 POP3 和 IMAP

邮局协议（Post Office Protocol，POP）是一个非常简单但功能有限的邮件读取协议，现在使用的是它的第 3 个版本，即 POP3。POP3 是目前与 SMTP 相结合最常用的电子邮件服务协议，它为邮件系统提供了一种接收邮件的方式，使用户可以直接将邮件下载到本地计算机中，在自己的客户端阅读。

POP 也使用客户端/服务器的工作模式，在接收邮件的用户计算机中必须运行 POP 客户程序，而在用户所连接的 ISP 的邮件服务器中则运行 POP 服务器程序。

Internet 信息访问协议（Internet Message Access Protocol，IMAP）也是按客户服务器模式工作的，现在较新的版本是 IMAP4。用户在自己的计算机上就可以操纵 ISP 的邮件服务器的邮箱，就像在本地操纵一样，因此 IMAP 是一个连机协议，当用户计算机中的 IMAP 客户程序打开 IMAP 服务器的邮箱时，就可看到邮件的首部，若需要打开某个邮件，则该邮件才传到用户的计算机上。

IMAP 最大的优点就是用户可以在不同的地方使用不同的计算机，随时上网阅读和处理自己的邮件。此外，IMAP 还允许收信人只读取邮件中的某一部分。例如，收到一个带有视频附件（此文件可能很大）的邮件，为了节省时间，可以先下载邮件的正文部分，待以后有时间再读取或下载这个很大的附件。

IMAP 的缺点是，如果用户没有将邮件复制到自己的计算机中，则邮件一直存放在 IMAP 服务器中，因此用户需要经常与 IMAP 服务器建立连接。

项目实训 1　掌握 Outlook 的使用

【实训目的】

- 理解应用层的工作原理。
- 熟练掌握电子邮件的收发。
- 掌握利用 Outlook 添加电子邮件账户的方法。

【实训内容】

- 配置 Outlook 2019，添加电子邮件账户。
- 测试 Outlook 2019，收发邮件。

① 向 Outlook 2019 中添加电子邮件账户。启动 Outlook 2019，在对话框中输入电子邮箱地址将

Outlook 设置为连接到该邮件账户，如图 9-14 所示。

    ② 设置账户信息，注意本步取决于 Outlook 的版本信息。单击"连接"按钮，输入电子邮箱账户的密码，并单击"链接"按钮，如图 9-15 所示。

图 9-14
Outlook 2019 添加账户

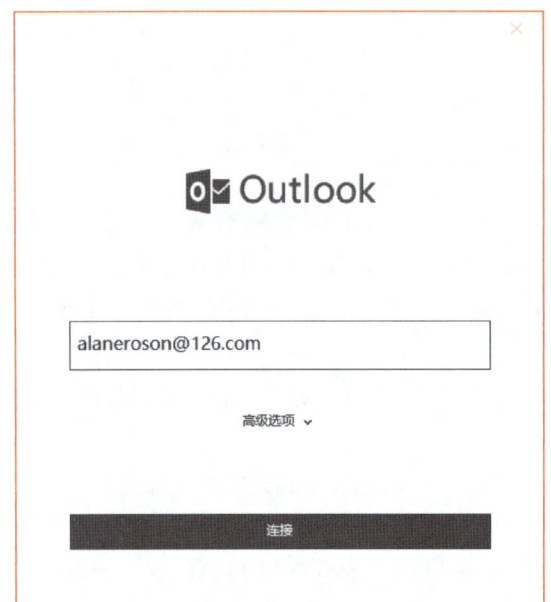

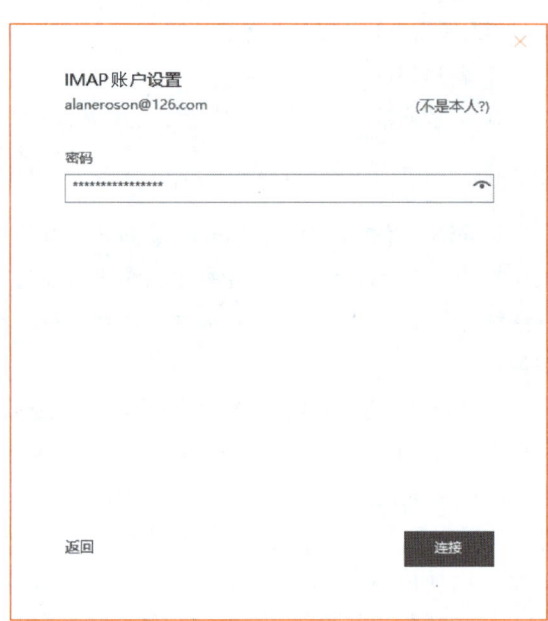

图 9-15
Outlook 2019 添加账户

    ③ 通过用户名和密码验证后，单击"已完成"按钮，如图 9-16 所示。

图 9-16
添加账户成功

④ 添加账户成功后，Outlook 工作界面如图 9-17 所示。

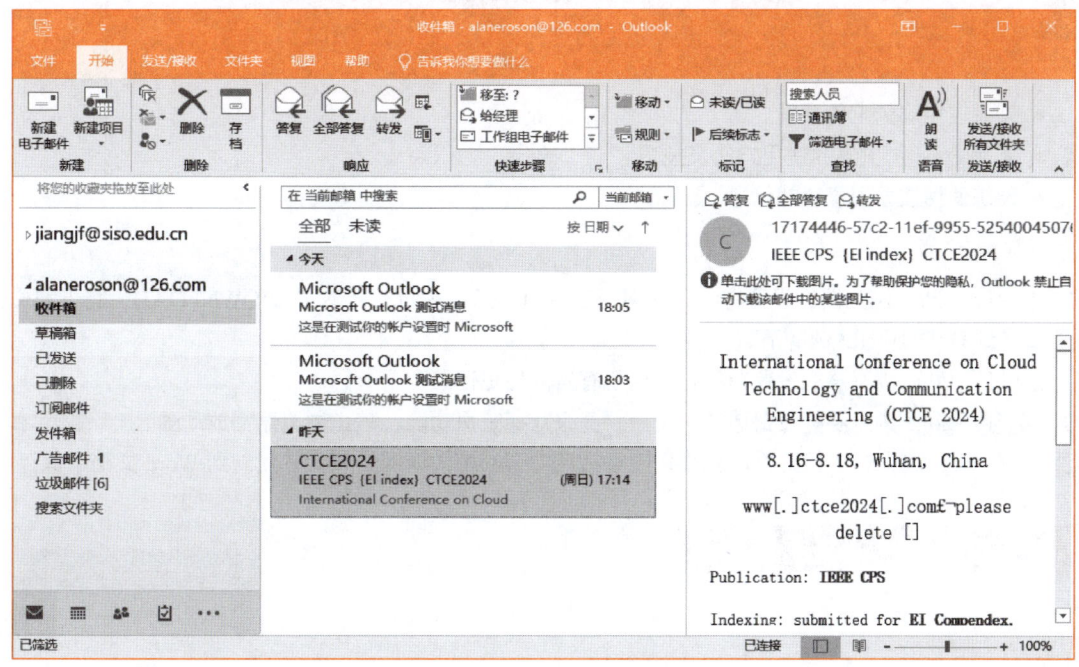

图 9-17
Outlook 工作界面

⑤ 单击左上角的"新建电子邮件"按钮，进入邮件编辑状态，如图 9-18 所示，即可编辑并发送邮件。

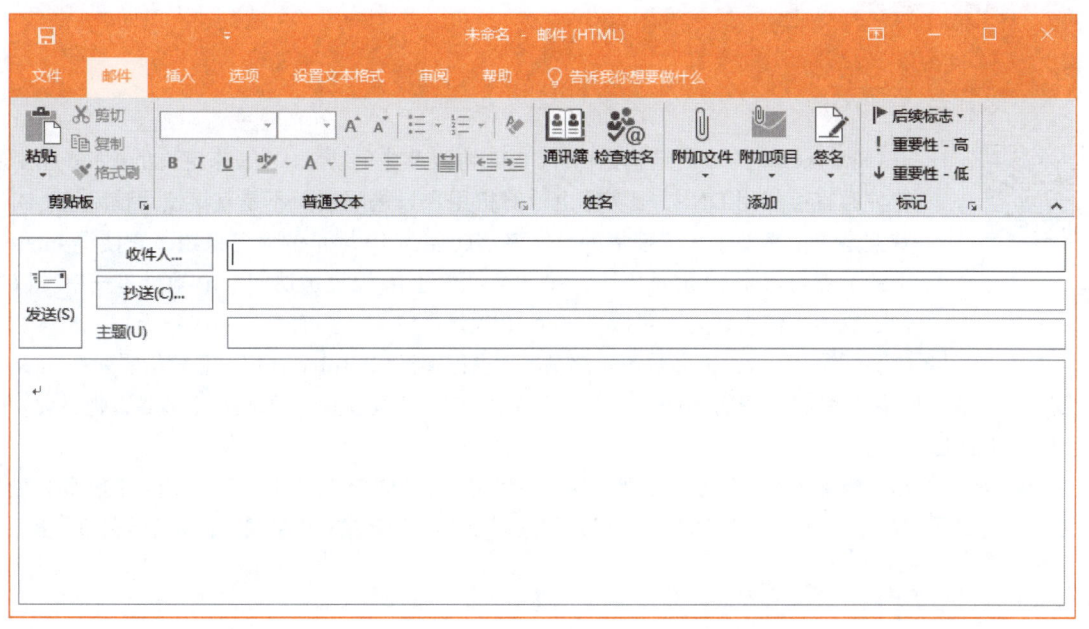

图 9-18
编辑电子邮件

项目实训 2　Edge 浏览器与搜索引擎的使用

【实训目的】

- 理解应用层的工作原理。
- 掌握 Edge 浏览器的使用方法及技巧。
- 熟练使用搜索引擎查找信息。

【实训内容】

① 打开 Edge 浏览器的设置选项，设置百度首页为默认主页。新建 D:\DOWNLOAD，将下载文件设置目录到 D:\DOWNLOAD 下面。

② 打开 Edge 浏览器的设置选项，清除所有当前历史记录。

③ 打开 Edge 浏览器的设置选项，使用"高级"标签页功能，禁止浏览器播放动画。

④ 在 Edge 浏览器中打开百度首页，搜索指定内容的相关新闻信息，并复制到 Word 文档中保存。

任务 9-2　实现域名解析服务

任务陈述

域名系统（Domain Name System，DNS）能够提供域名和 IP 地址的解析服务，在 TCP/IP 网络中有着非常重要的地位。域名的作用主要是方便用户记忆网址，域名解析就是域名到 IP 地址的转换过程，该工作由 DNS 服务器完成。本任务主要讨论 DNS 域名解析服务的工作原理，了解域名解析服务的作用，学习 DNS 服务器的搭建和相关配置，并实现域名解析服务。

知识准备

9.4　域名系统（DNS）

微课 9-5
域名系统
（DNS）

Internet 中的域名结构是由 TCP/IP 协议族中的协议 DNS 来定义的。许多应用层软件会直接使用 DNS，但实际上计算机用户只是间接而不是直接使用该系统。DNS 其实是一个将便于人们使用的机器名字转换为 IP 地址的命名系统，它使得 Internet 上的节点可以用 IP 地址标识，并且可以通过 IP 地址被访问。IP 地址是一串难以记忆的数字，使用域名则可以将一个 IP 地址关联到一组有意义的字符上去。

DNS 采用客户端/服务器模式，大多数域名都在本地进行解析（Resolve），仅少量解析需要在 Internet 上进行，这大大提高了系统的效率。由于 DNS 是分布式系统，即使单台计算机出了故障，也不会妨碍整个 DNS 的正常运行。

Internet 采用层次结构的命名树作为主机的名字，并使用分布式的 DNS，即主机名到域名的解析是由若干域名服务器程序完成的，域名服务器程序在专设的节点上运行，运行该程序的机器就称为域名服务器。

9.4.1　Internet 的域名结构

任何一个连接在 Internet 上的主机或路由器，都有一个唯一的层次结构的名字，即域名。对于每一级域名长度的限制是 63 个字符，域名总长度则不能超过 253 个字符。域名的结构由若干分量组成，各分量之间用点隔开，如图 9-19 所示。

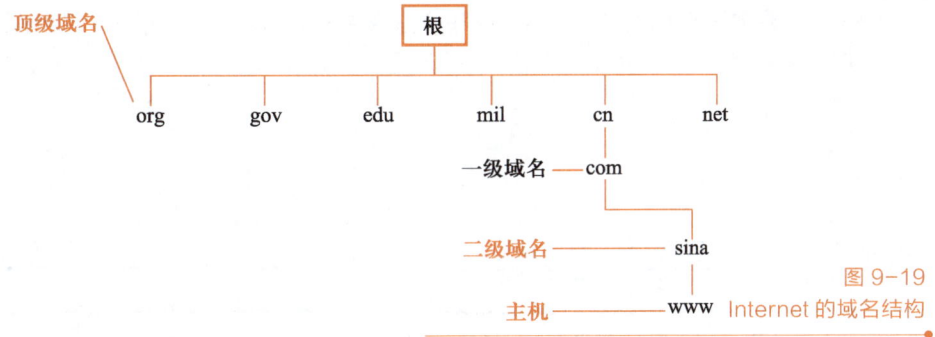

图 9-19　Internet 的域名结构

顶级域名分为 3 类：一是国家和地区顶级域名（Country Code Top-Level Domains，ccTLDs），目前主要国家和地区都按照 ISO 3166 规定的国家及地区代码分配了顶级域名，如中国是 cn，美国是 us 等；二是国际顶级域名（Generic Top-Level Domains，gTLDs），如表示教育的 edu、表示网络提供商的 net、表示非营利性组织的 org 等；三是新顶级域名（New gTLD），如代表"高端"的 top、代表"红色"的 red 等。常见的国际通用域名见表 9-3。

表 9-3　常见顶级域名

顶级域名	分配情况	顶级域名	分配情况
cn	中国	aero	用于航空运输企业
us	美国	biz	用于公司和企业
com	公司企业	coop	用于合作团体
net	网络服务机构	info	主要用于信息服务
org	非营利性组织	museum	用于博物馆
edu	教育机构	name	用于个人
gov	政府部门	pro	用于会计、律师和医师等自由职业者

微课 9-6
DNS 的工作过程

动画 9-1
DNS 的工作过程

9.4.2　DNS 的工作过程

为了理解 HTTP 与 DNS 的工作原理，在网络模拟器中搭建拓扑，如图 9-20 所示。

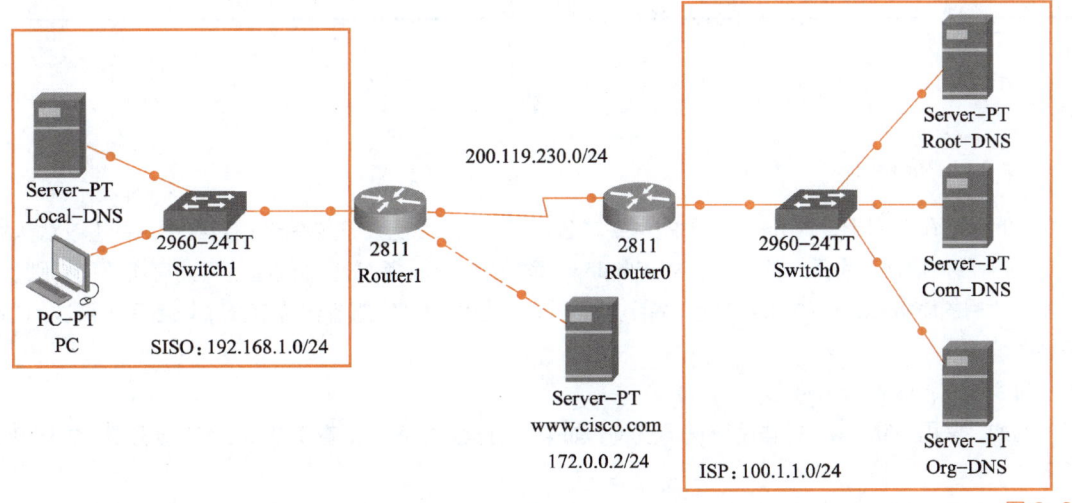

图 9-20
HTTP 与 DNS 工作拓扑

主机 PC 想要访问 Cisco 官网，在主机的浏览器中输入官网域名，首先主机会找到本地域名服务器 Local-DNS 进行解析，而 DNS 工作时在传输层是基于 UDP 运行的，端口号为 53，其 UDP 与 DNS 查询报文如图 9-21 和图 9-22 所示。

图 9-21
DNS 中的 UDP 报文

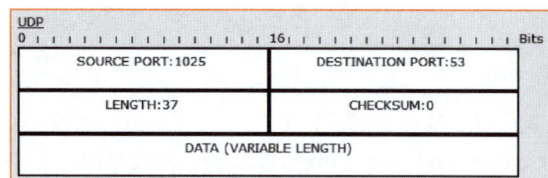

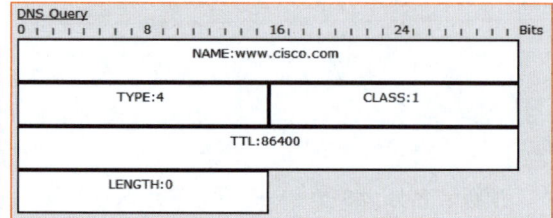

图 9-22
DNS 查询报文

从上图中可以看出，本地域名服务器 Local-DNS 无法解析域名，所以域名服务器把查询发往根域名服务器 Root-DNS，根域名服务器再发往授权域名服务器 Com-DNS 解析，最后把结果发往主机。

当解析完域名后就由 HTTP 申请网页文件，而 HTTP 在传输层是基于 TCP 的（TCP 三次握手过程不再介绍，在前面传输层已经详细说明过），端口号为 80，其 TCP 与 HTTP 请求报文如图 9-23 和图 9-24 所示。

图 9-23
HTTP 中的 TCP 报文

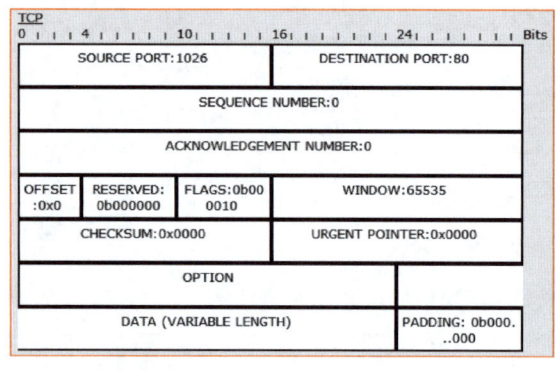

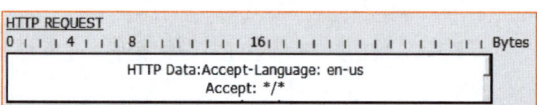

图 9-24
HTTP 请求报文

9.4.3　nslookup 命令

nslookup 命令用于查询 Internet 中的网络域名信息，该命令会发送域名查询包给指定的（或默认的）DNS 服务器，根据使用系统的不同，如 Windows 系统和 Linux 系统返回的值就可能有所不同，默认值可能是使用的服务提供商的本地 DNS 名字服务器、一些中间名字服务器或者整个域名系统层次的根服务器系统。

命令格式：nslookup 域名

例如，使用 Windows 操作系统进行查询，如果没有指定域名，则查询默认 DNS 服务器，如图 9-25 所示。

指定查询百度官网域名，如图 9-26 所示，打开命令行窗口，输入"nslookup www.baidu.com"，显示结果是 DNS 服务器 www.a.shifen.com，域名地址是 36.155.132.76 和 36.155.132.3，这是因为百度搜索引擎数据量非常大，因此通常会做很多台负载均衡，最后一行为域名的别名。

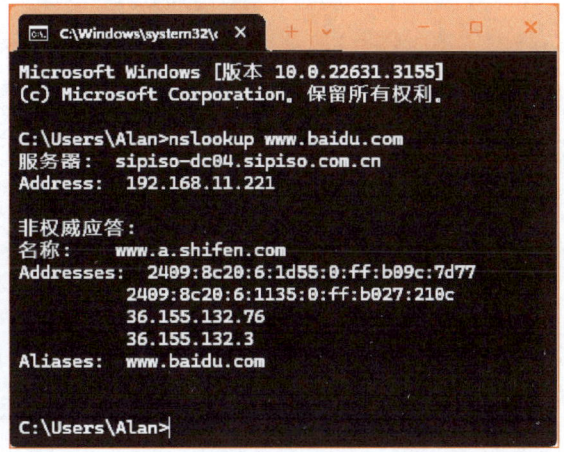

图 9-25
本地 DNS 服务器查询

图 9-26
百度域名服务器

任务实施

　　域名解析实验拓扑如图 9-27 所示，根据拓扑图信息给所有设备配置 IP 地址。当 PC0 要访问指定域名的时候，它向指向的 DNS 服务器发出请求，PC0 指向的 DNS 服务器会查询主机的 DNS 数据库，发现该域名映射的 IP 地址存储在主机的数据库中，就回复 PC0，PC0 能成功找到该服务位置并访问。

操作视频 9-2
HTTP+DNS

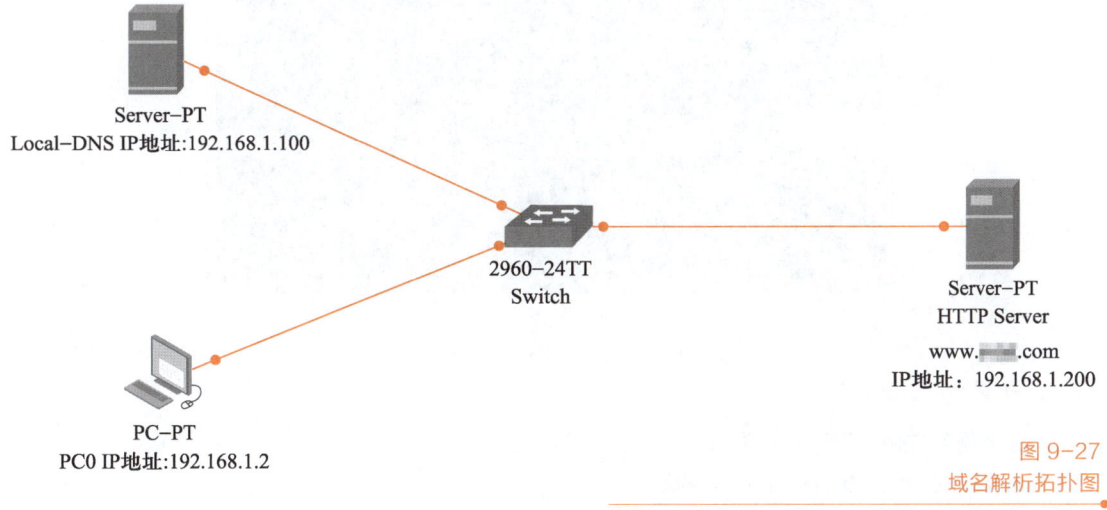

图 9-27
域名解析拓扑图

1. 配置基本信息

　　PC0 的基本配置如图 9-28 所示，其中 Default Gateway（网关）的 IP 地址可以忽略。特别需要注意的是，DNS Server 的信息需要设定为 Local-DNS 的 IP 地址，DNS 和 HTTP 服务器的 IP 地址请按拓扑信息配置。

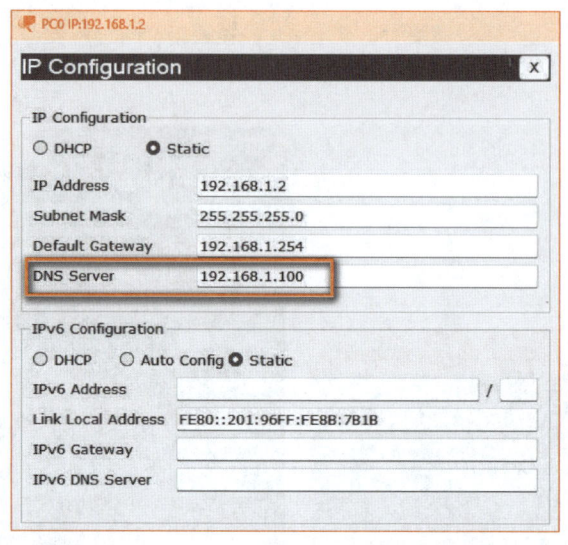

图 9-28
PC0 的 IP 地址
信息配置

配置完成之后，使用 PC0 可以 ping 通 HTTP 服务器，打开命令行窗口，输入 "ping 192.168.1.200"，测试网络的连通性，如图 9-29 所示。

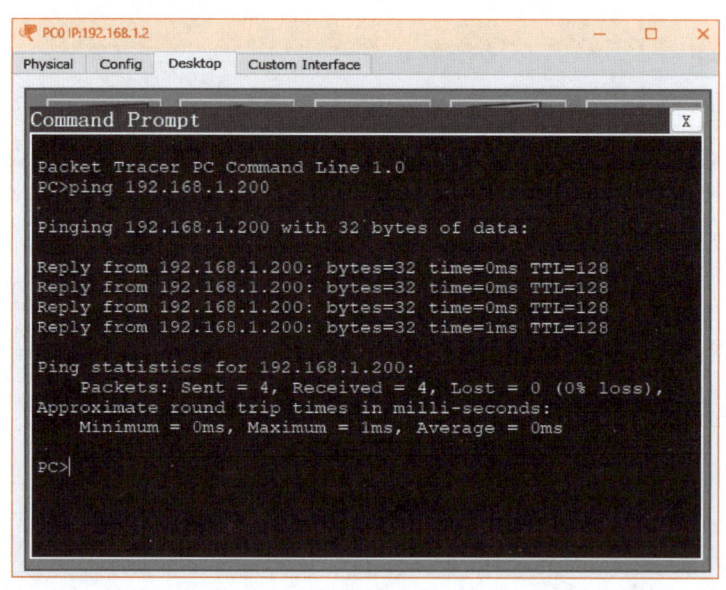

图 9-29
PC0 与 HTTP
服务器连通性测试

2. 配置 Local-DNS 服务

DNS 数据库常用解析记录名称如下。

① A Record：域名指向一个 IPv4 的地址。

② NS：域名解析服务器记录，用于子域名指定某台地址解析。

③ SOA：起始授权机构记录，简单来说，就是所有 NS 域名中的主服务器。

④ CNAME：指向域名服务器的别名，如果将域名指向一个别名，则实现与被指向域名相同的访问

效果。

　　单击 DNS 标签页，首先将 DNS 服务器由 Off 切换到 On，使其正常开始工作。本任务中将添加一条指定域名的解析记录，首先"Type"（类型）选择为"A Record"，在"Name"（名称）文本框中填写所指定的域名，在下行"Address"（地址）栏中填写"192.168.1.200"，单击"Add"按钮。如果要修改记录，按需要修改后单击"Save"按钮。如果要删除一条记录，单击"Remove"按钮删除即可，如图 9-30 所示。

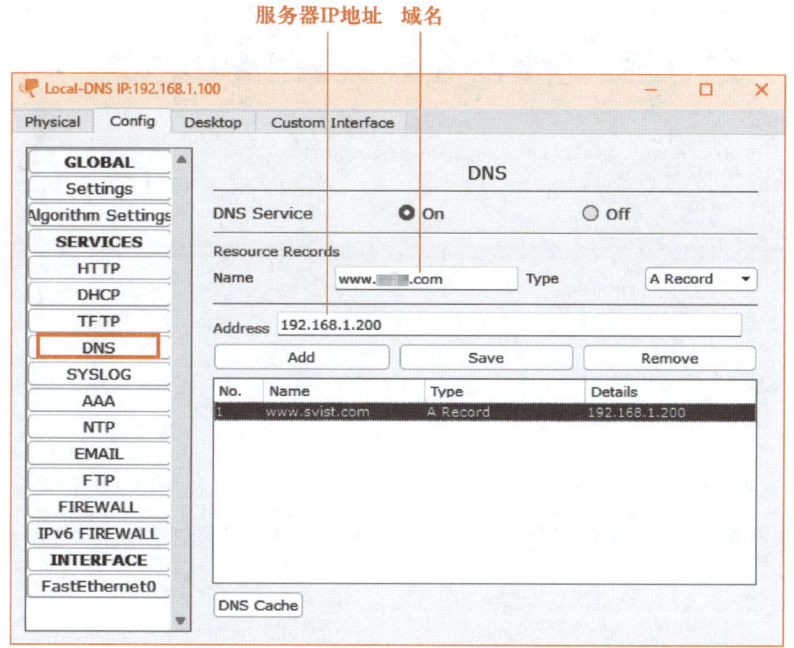

图 9-30
配置 Local-DNS

3. 测试 DNS 服务

　　PC0 解析指定域名后，查看 DNS 服务器回复结果。首先使用 nslookup 命令，然后输入域名，如图 9-31 所示。

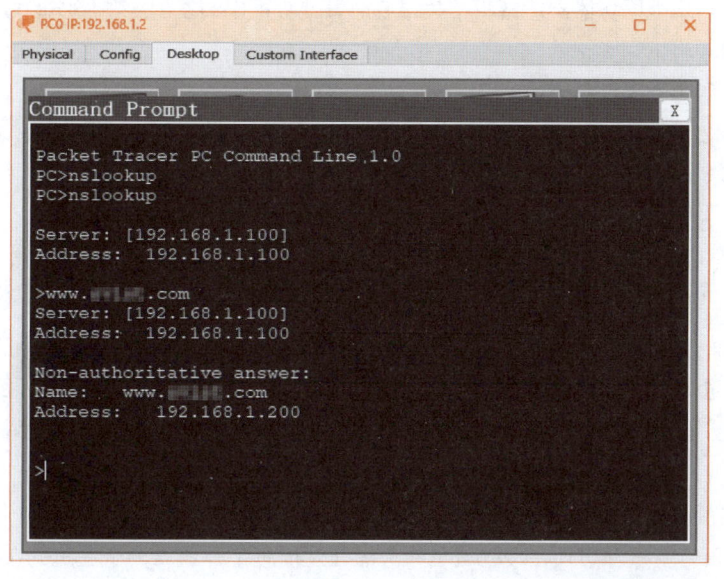

图 9-31
使用 nslookup
命令查看结果

　　图中显示 PC0 指向的 DNS 服务器是 192.168.1.100，PC0 尝试解析指定域名，DNS 数据库存储了该条记录，返回服务器 IP 地址 192.168.1.200。图中显示的 Non-authoritative answer 表示非权威应答，一般出现在 DNS 结果查询是递归迭代方式的查询。

　　在 PC0 中打开浏览器，输入域名访问网站查看结果，如图 9-32 所示。

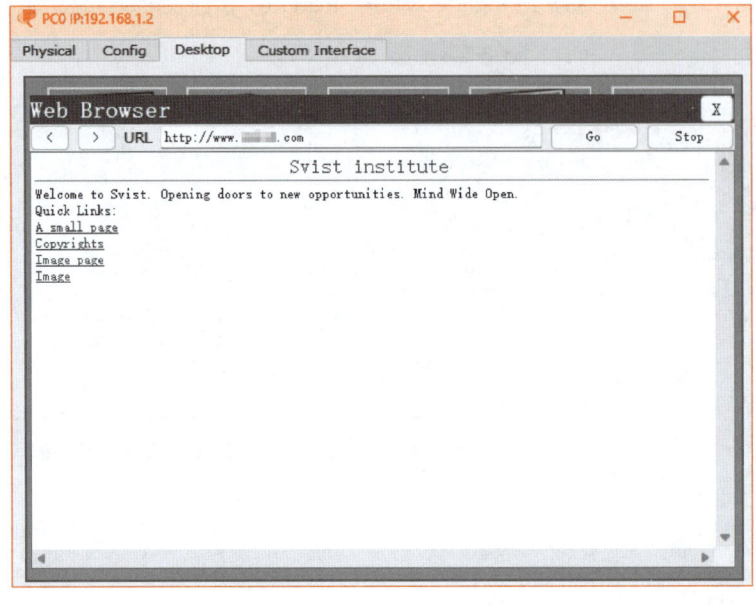

图 9-32
通过域名
解析网站

 任务拓展

　　在 Internet 中只能识别 IP 地址，不能识别人们所熟知的域名，因此需要一种机制在通信时能够将域名转换成 IP 地址。域名服务器（DNS Server）完成域名与 IP 地址的转换过程就是域名解析。在 Internet 中，域名服务器解析域名是按域名层次执行的，每个域名服务器不仅能够进行域名解析，还能够与其他域名服务器相连，当本地服务器不能解析相关域名时，就会把申请发到上一层次的域名服务器解析。域名服务器共有以下 3 种不同类型。

　　（1）本地域名服务器（Local Name Server）

　　Internet 的任何域名空间的子域里面都有一个本地域名服务器，保存了子域的域名与 IP 地址的对应关系。当主机需要域名解析时，首先把请求发送到本地域名服务器进行解析。

　　（2）根域服务器（Root Name Server）

　　目前，在 Internet 中有几十个根域名服务器，当一个本地域名服务器不能解析某个域名时，它就以 DNS 客户的身份向某个根域名服务器查询。

　　如果根域名服务器没有所查询的域名信息，但它一定知道被查询主机名字映射的授权域名服务器的 IP 地址。通常，根域名服务器用来管辖顶级域，它并不直接对顶级域下面所属的域名进行转换，但它一定能够找到下面的所有二级域名或域名服务器，然后逐级向下解析，直到查询到所请求的域名。

　　（3）授权域名服务器（Authoritative Name Server）

　　Internet 中的每台主机都必须在授权域名服务器处注册登记，通常一个主机的授权域名服务器就是它的本地 ISP 的一个域名服务器。在 Internet 中，有许多域名服务器同时充当本地域名服务器和授权域名服务器。

项目实训   深入理解 DNS 工作过程

【实训目的】

- 理解 DNS 系统的工作原理。
- 熟悉 DNS 服务器的工作过程。
- 理解 DNS 缓存的作用。

【实训内容】

- 深入理解 DNS 递归解析的过程。
- 设置本地 DNS、根 DNS 和二级 DNS 服务器。
- 测试 PC0 访问指定域名能否正常解析。

在 DNS 系统中，NS（Name Server）记录是域名服务器记录，用来指定该域名由哪个 DNS 服务器来进行解析。本实训拓扑如图 9-33 所示。

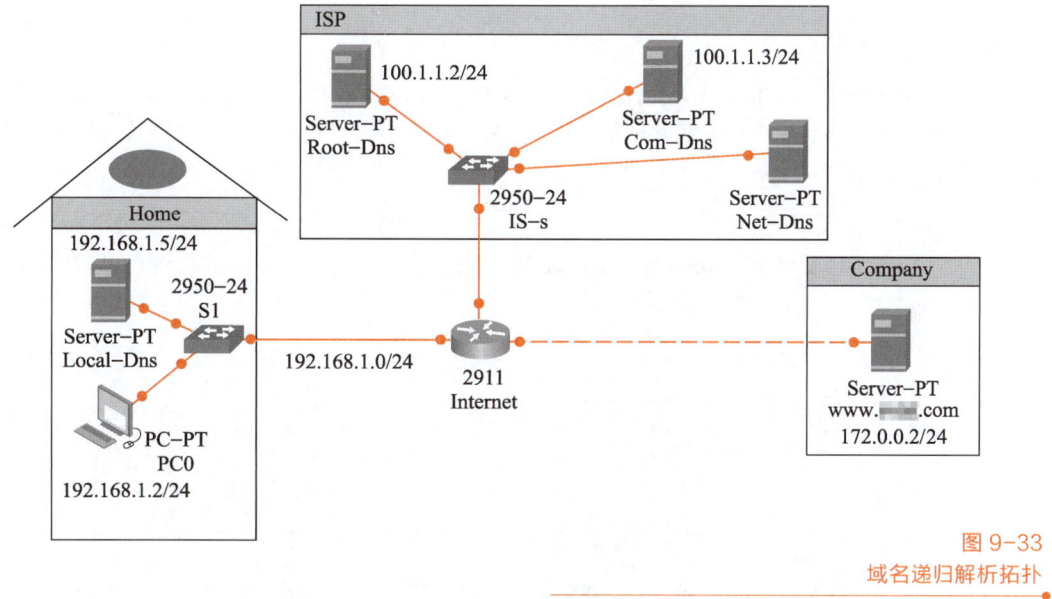

图 9-33
域名递归解析拓扑

1. Local-Dns 设置

在 Local-Dns 服务器的 DNS 标签页中，将 DNS 服务从 Off 切换到 On。在 "Type" 下拉框中选择 NS，在 "Name" 文本框中填写 "."，"Address" 指定为 root_dns，单击 "Add" 按钮添加记录。另外再添加一条配置记录，"Type" 选择 A Record，"Name" 为 root_dns，地址为根 DNS 服务器的 IP 地址，其中 "." 通常表示根服务器，本实训中根服务器的 IP 地址为 100.1.1.2，如图 9-34 所示。

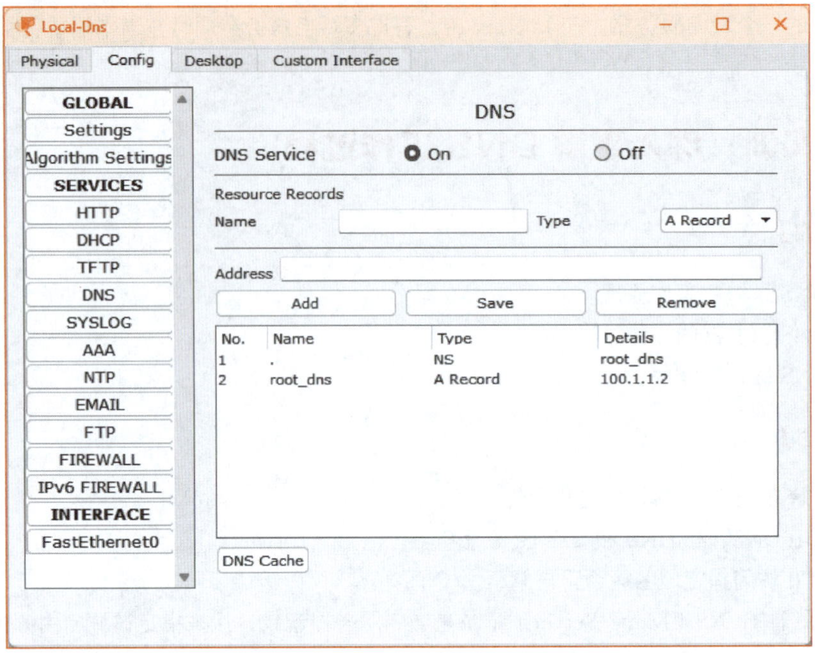

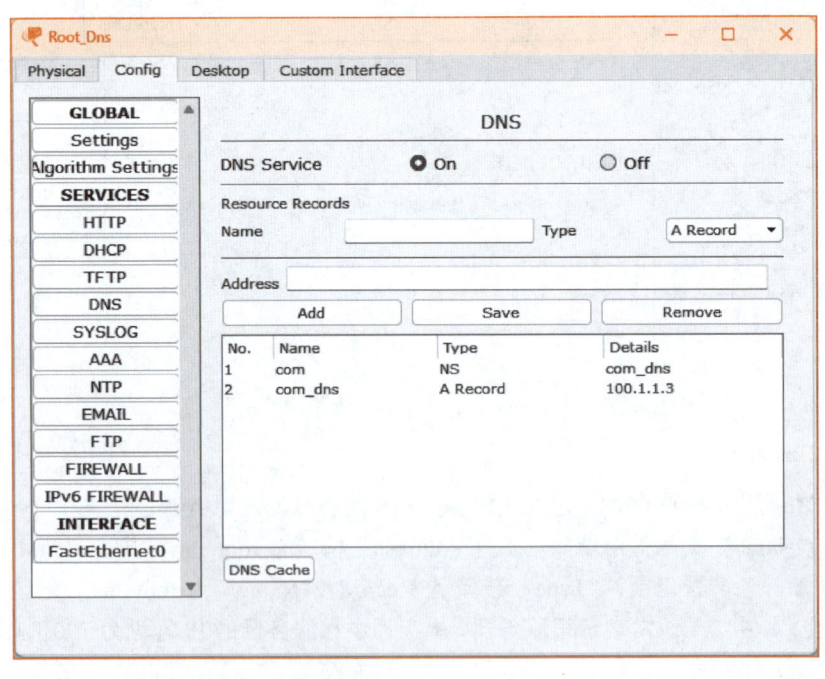

图 9-34
Local-DNS 配置

2. ISP DNS 设置

配置 Root_Dns 服务器和二级 DNS 服务器 Com_Dns 的信息，如图 9-35 和图 9-36 所示。

设置顶级域名 com 的所有域名解析都由 Com_Dns 服务器负责，Com_Dns 服务器配置指定域名的具体解析地址，同时设置别名。

图 9-35
Root_Dns
服务器配置

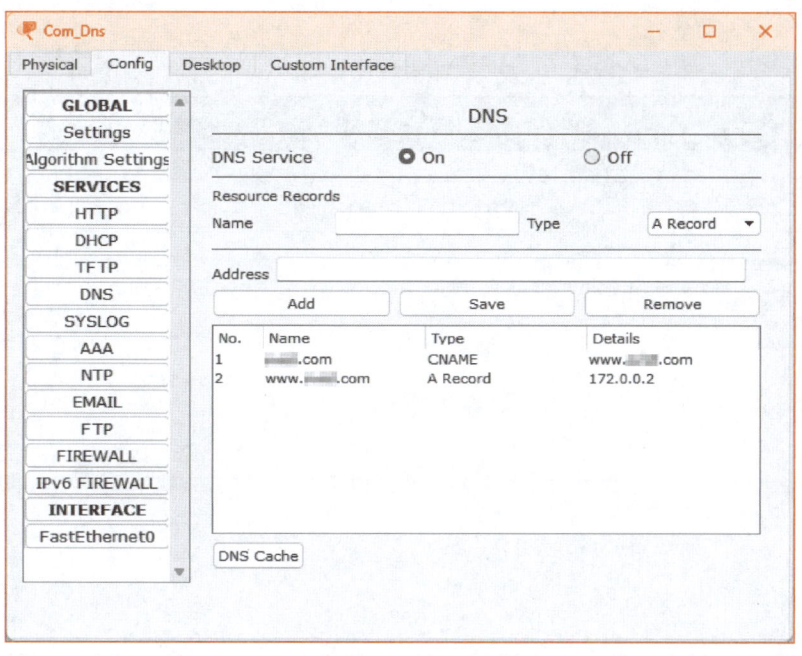

图 9-36
Com_Dns
服务器配置

3.　验证测试

PC0 打开命令行窗口解析指定域名，解析结果显示 IP 地址是 172.0.0.2，如图 9-37 所示。打开浏览器访问网站，结果如图 9-38 所示。

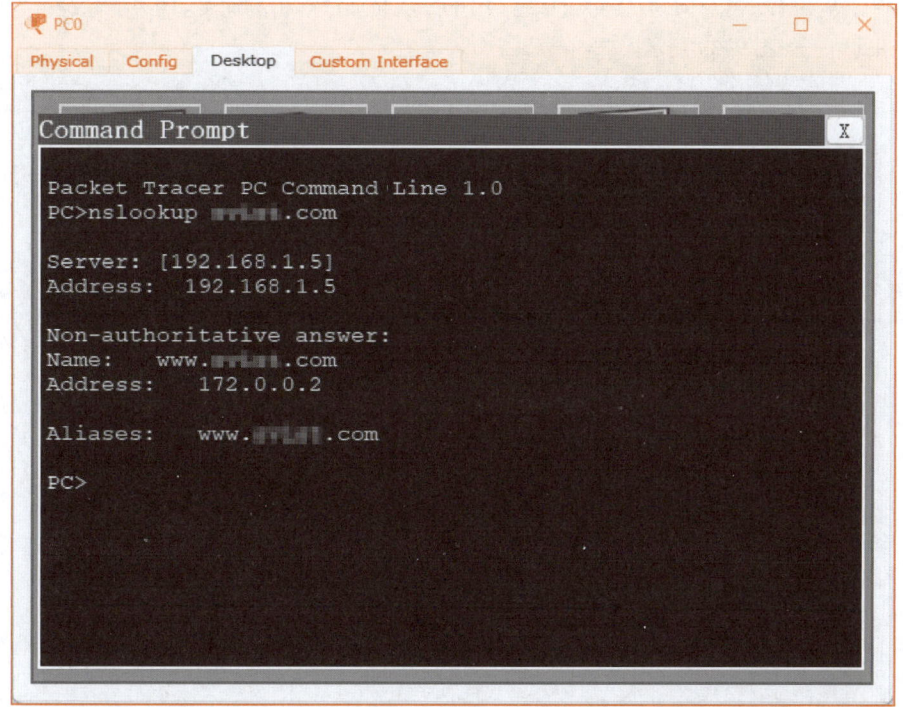

图 9-37
PC0 解析域名结果

231

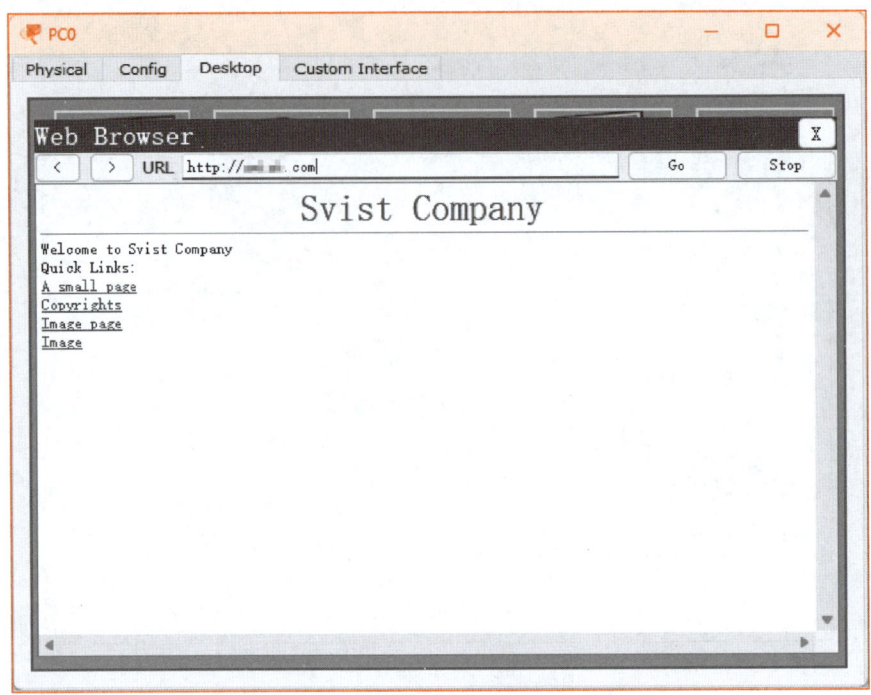

图 9-38
PC0 访问网站

4. 查看 Local-Dns 的缓存

在 DNS 设置页单击左下角的"DNS Cache"按钮,该缓存表示当第一次查询该域名时,解析记录会记录在缓存中,等下一次再查询,直接可以从缓存访问,从而加快解析的速度。如果清除缓存,单击"Clear Cache"按钮即可,如图 9-39 所示。

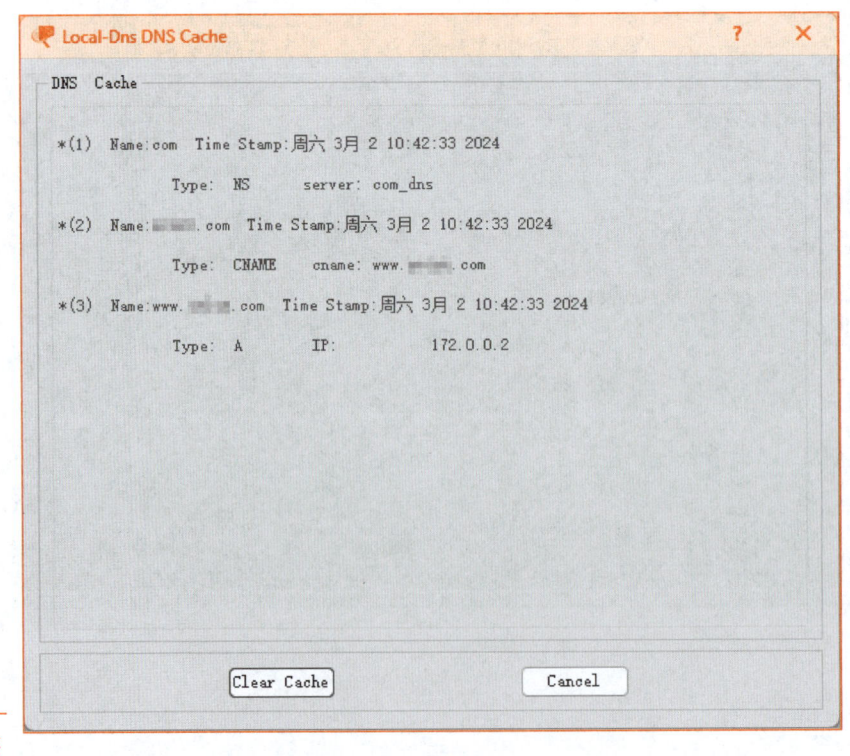

图 9-39
查看 Local-
Dns 的缓存

任务 9-3　创建与管理 Web 站点

任务陈述

本任务主要学习 WWW 的概念和工作过程，理解 HTTP 的基本格式，掌握 Web 站点的创建、发布与配置方法，掌握虚拟目录的配置以及身份验证的配置方法，了解 FTP 服务器的功能，学会创建与配置 FTP 站点。

知识准备

●9.5　万维网

万维网（World Wide Web，WWW）是一个大规模、联机式的信息储藏所，并非某种特殊网络，其采用链接的方法使用户能非常方便地从 Internet 中的一个站点访问另一个站点，从而主动地按需获取丰富的信息。

微课 9-7
认识 Web 服务

9.5.1　超媒体与超文本

万维网是分布式超媒体（Hypermedia）系统，它是超文本（Hypertext）系统的扩充。一个超文本由多个信息源链接成，利用一个链接可使用户找到另一个文档，这些文档可以位于任何一个连接到 Internet 的超文本系统中。可以说，超文本是万维网的基础。

超媒体与超文本的区别是文档内容不同。超文本文档仅包含文本信息，而超媒体文档还包含其他表示方式的信息，如图形、图像、声音和动画等。

9.5.2　万维网的工作方式

万维网以客户端/服务器方式工作，浏览器就是在用户计算机上的万维网客户端程序，万维网文档所驻留的计算机运行服务器程序，因此该计算机也称为万维网服务器。客户端程序向服务器程序发出请求，服务器程序向客户端程序送回其所要的万维网文档。在一个客户端程序主窗口上显示出的万维网文档称为页面（Page）。

微课 9-8
万维网（WWW）

万维网在工作时以下几个关键点。

① 使用统一资源定位符（Uniform Resource Locator，URL）来标识万维网上的各种文档，使每一个文档在整个 Internet 的范围内具有唯一的标识符 URL。URL 的一般形式是<URL 的访问方式>://<主机>:<端口>/<路径>。

② 在万维网客户端程序与万维网服务器程序之间进行交互所使用的协议是超文本传送协议（HyperText Transfer Protocol，HTTP）。HTTP 是一个应用层协议，它使用 TCP 连接进行可靠传送，也是在万维网中能够可靠交换文件（包括文本、声音、图像等各种多媒体文件）的重要基础。

③ 使用超文本标记语言（HyperText Markup Language，HTML）设计页面，方便用户访问 Internet 上的任何一个万维网页面，并且能够在自己的计算机屏幕上将这些页面显示出来。如图 9-40 所示为万维网的工作过程。

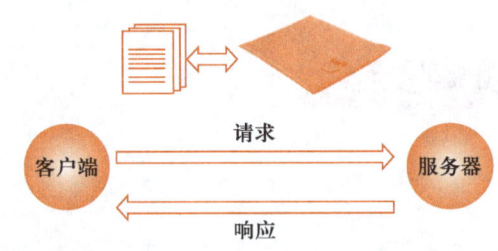

动画 9-2
HTTP 的
工作原理

图 9-40
万维网的工作过程

●9.6　超文本传输协议（HTTP）

超文本传输协议（HyperText Transfer Protocol，HTTP）是一个属于应用层的面向对象的协议。它于 1990 年提出，经过多年的使用与发展，不断完善和扩展。目前在万维网中主要使用的是 HTTP/1.1，HTTP/2.0 和 HTTP/3.0 也在普及与发展中。

HTTP 的主要特点可概括如下。

① 支持客户/服务器模式。

② 简单快速：客户向服务器请求服务时，需传输请求方法和路径。常用的请求方法有 GET、HEAD 和 POST 3 种。

③ 灵活：HTTP 允许传输任意类型的数据对象，正在传输的类型由 Content-Type 加以标记。

④ 无连接：无连接的含义是限制每次连接只处理一个请求，服务器处理完客户的请求并收到客户的应答后，即断开连接。

动画 9-3
HTTP 泛洪
攻击

⑤ 无状态：HTTP 是无状态协议，即协议对于事务处理没有记忆能力。

9.6.1　URL 基本格式

URL 是指互联网中资源的位置和访问互联网的一种简洁表示，是互联网中标准资源的地址。URL 包含了用于查找某个资源的信息，其格式如下：

http://host[":" 端口][绝对定位地址]

① http：表示要通过 HTTP 来定位网络资源。

② host：表示互联网有效 IP 地址，其中服务器本地访问为 localhost。

③ 端口：默认为空，端口号为 80。

④ 绝对定位地址：指定请求资源的 URL。

例如，当用户在浏览器中输入 www.baidu.com，URL 将自动翻译成http://www.baidu.com。

9.6.2　HTTP 报文格式

微课 9-9
HTTP 报文
格式

HTTP 报文分请求报文和响应报文两种格式，其中请求报文（Request Message）指从 Web 客户端向 Web 服务器方向发送的 HTTP 报文；响应报文（Response Message）则相反，是从服务器发送至客户端的报文，如图 9-41 所示。

HTTP 报文由以下 3 部分组成。

① 起始行：报文的首行，在请求报文中表示要做什么，在响应报文中表示服务器响应的情况，如响应成功或失败。

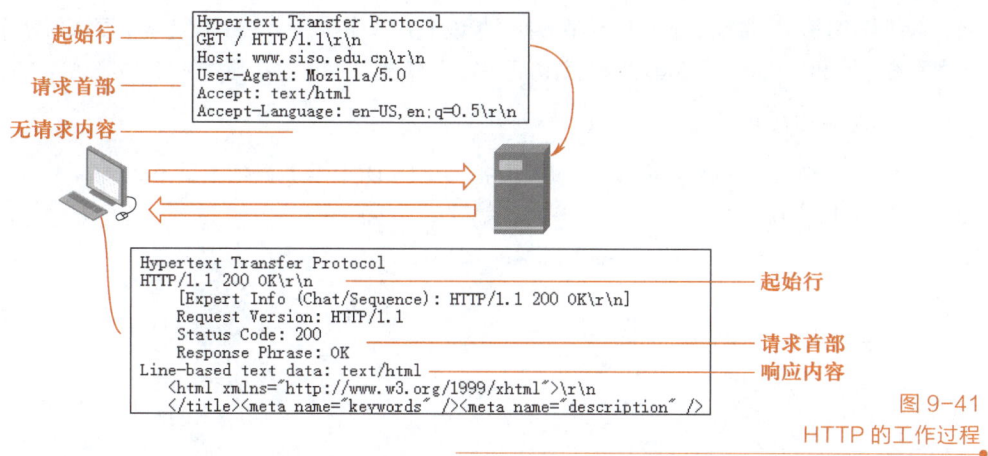

图 9-41
HTTP 的工作过程

② 首部地址：起始行之后含有 0 或多个首部字段，每个首部字段含一个名字和一个值，名字与值之间以冒号 "："隔开。

③ 主体：请求主体中包含要发送给服务器的内容；响应主体则包含要返回给客户端的数据。

9.7 文件传输协议（FTP）

文件传输协议（File Transfer Protocol，FTP）是 Internet 中使用最为广泛的文件传输协议之一。FTP 提供交互式的访问，允许客户指明文件的类型与格式，并允许文件具有存取权限。FTP 允许 Internet 中的用户将一台计算机中的文件传输到另一台计算机，几乎所有类型的文件，包括文本文件、可执行文件、音频与视频文件、数据压缩文件等，都可以使用 FTP 传输。

FTP 只提供文件传输的一些基本的服务，它使用 TCP 可靠的运输服务。FTP 的主要功能是减少或消除在不同操作系统下处理文件的不兼容性。

微课 9-10
文件传输

FTP 使用客户端/服务器模式，一个 FTP 服务器进程可同时为多个客户端进程提供服务。FTP 的服务器进程由两大部分组成，一个主进程，负责接收新的请求；另外是若干从属进程，负责处理单个请求。

FTP 支持主动（PORT）模式和被动（PASV）模式两种。

（1）主动模式

主进程主要负责打开端口（端口号为 21），使客户端进程能够与服务器建立连接，并等待客户端进程发出连接请求。当客户端进程向服务器进程发出连接请求时，就需要找到端口号 21，同时还要告诉服务器进程自己的另一个端口号，用于建立数据传输连接，然后服务器进程利用端口号 20 与客户端进程所提供的端口号建立数据传输连接。

（2）被动模式

服务器连接方式与主动模式类似，在数据传输的时候当服务器收到被动命令后，会打开一个临时端口（1023~65535），并通知客户端在这个端口上传送数据的请求。客户端连接 FTP 服务器此端口，然后 FTP 服务器将通过这个端口传送数据。

任务实施

本任务要利用 Internet 服务器创建 Web 站点。前面介绍过，Web 站点主要是浏览器/服务器（Browser/Server，B/S）模式，这是在 Web 中广泛应用的一种网络结构模式，Web 浏览器是客户端最主要的应用软件。

本任务将使用网络模拟器搭建网络拓扑，架设 HTTP 服务器和 FTP 服务器，要求对两个服务器进行正确配置，使 PCA 能够通过指定的域名访问 Web 服务器，并通过指定的 FTP 域名访问 FTP 服务器。

1. 创建 Web 拓扑图

如图 9-42 所示，PCA 配置地址是 192.168.1.3/24，DNS 服务器地址是 192.168.1.1/24，Web 站点地址是 192.168.1.2/24。

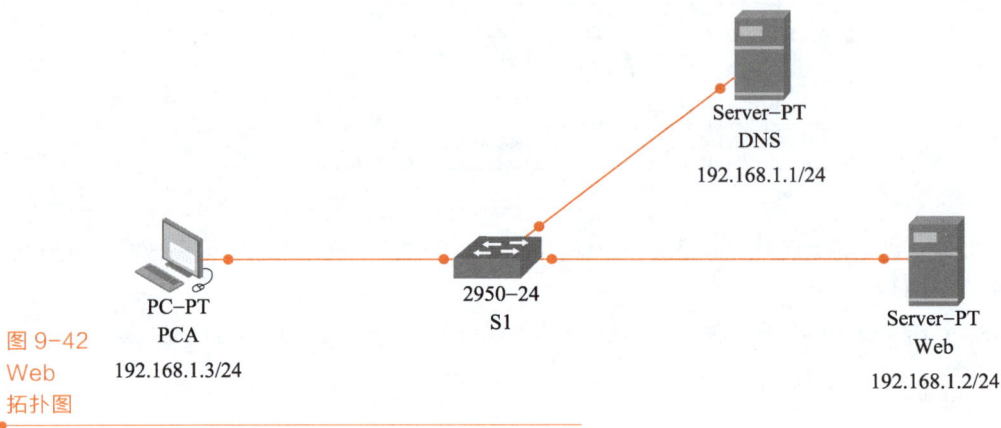

图 9-42
Web
拓扑图

2. 配置 DNS 服务器

DNS 服务器的作用是域名与 IP 地址的解析，详细配置过程请参照任务 9-2。DNS 服务器的地址是 192.168.1.1/24，在 DNS 服务器中添加两条记录，如图 9-43 所示。Web 服务器解析服务器地址是 192.168.1.2。

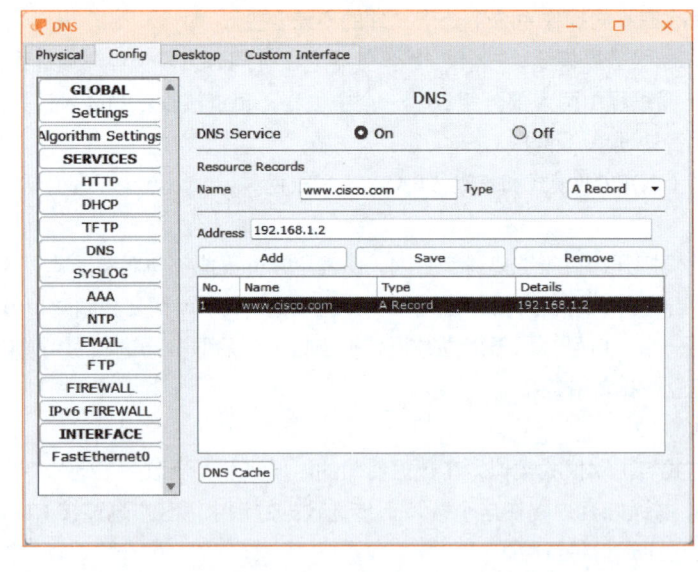

图 9-43
配置 DNS
服务器

3. 配置 Web 服务器

单击 "Config" 选项卡，将 HTTP 服务的 Off 切换至 On，保证启动 Web 服务。这里的 HTTP 是指具有安全套接字的服务，同样切换该服务为启动模式。注意在网络模拟器 6.0 版本中，Web 服务默认已经开启。

HTTP 服务器中可以由用户新建或删除文件来管理网页，如 index.html 页面，选中该页面，可以编辑其 HTML 的内容。单击进入 HTML 页面会发现本页面是其他所有页面的首页。

4. 访问网页

通过 PCA 访问指定域名。打开 PCA 的"Desktop"标签页，选择"Web Browser"（浏览器）功能，在 PCA 浏览器中输入指定域名，如图 9-44 所示。

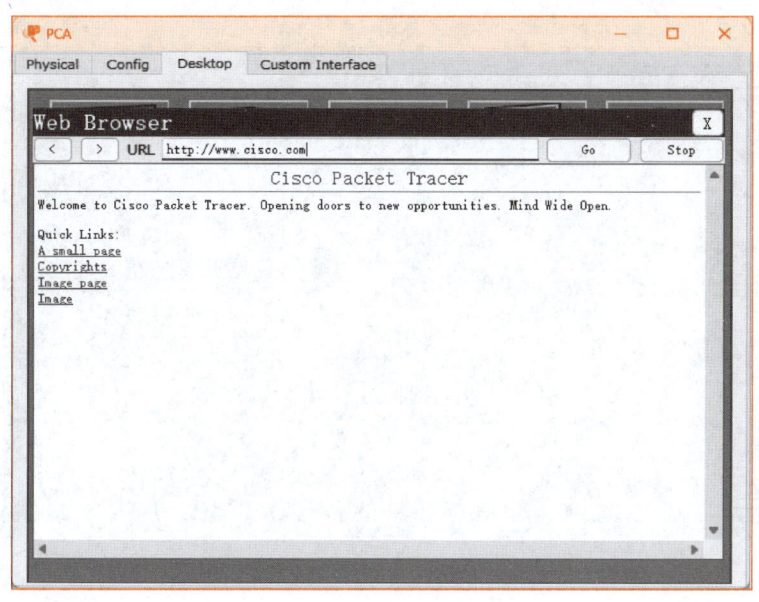

图 9-44
打开指定
域名的页面

5. 添加 FTP 站点

选择 FTP 标签，启动 FTP 服务，将"Service"中的 Off 切换到 On。系统默认 FTP 用户是 cisco，密码也是 cisco，该用户的权限为最大的"RWDNL"，表示可以读（Read）、编辑（Write）、删除（Delete）、改名（Rename）和显示（List），如图 9-45 所示。中间下侧窗格"File"表示 FTP 服务器上的文件，添加用户名 Jiang，密码为 svist01，单击"Add"按钮添加 FTP 用户，该用户的权限为读和写。

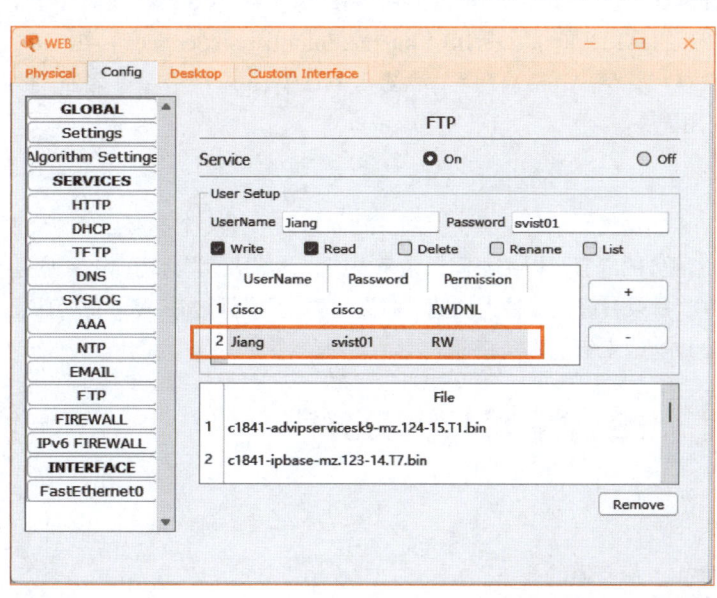

图 9-45
添加 FTP
站点

6. 访问 FTP 站点

在 PCA 中打开命令行窗口（Command Prompt），输入"ftp 192.168.1.1"，连接 FTP 服务器，通过用户名 cisco、密码 cisco 登录服务器。使用 Dir 命令可以显示当前服务器的所有文件，如图 9-46 所示。

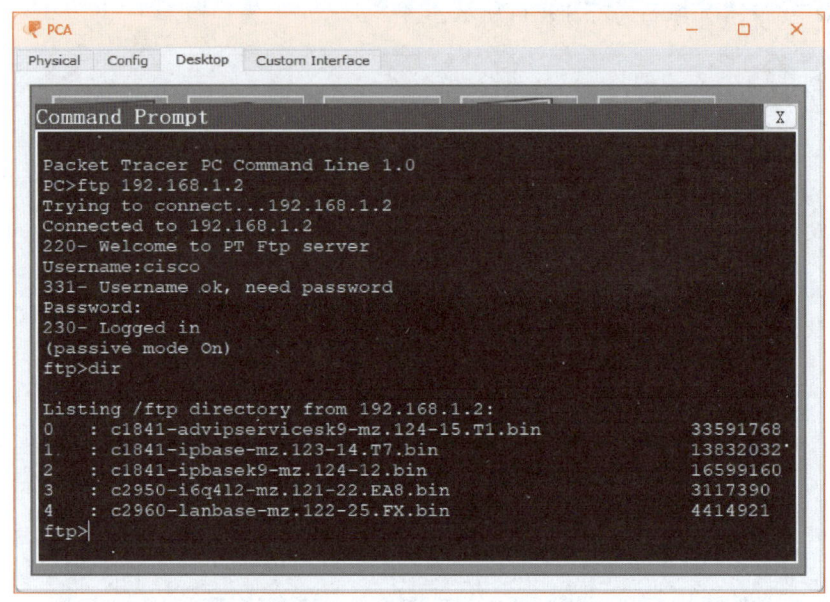

图 9-46
最大权限用户访问 FTP 服务器

用户 cisco 拥有 FTP 服务器的最大权限，可以通过 rename、delete 等命令进行各种文件操作。

任务拓展

1. Web 应用程序

Web 应用程序是通过在应用程序池（Application Pool）中运行并利用 HTTP 向用户提供信息服务的软件程序。一旦创建 Web 应用程序，该程序的名称将成为网站 URL 的一部分，用户可以通过 Web 浏览器发出针对该 URL 的 HTTP 请求。在 IIS（Internet Information Services）中，每个网站必须拥有至少一个 Web 应用程序，称为"根 Web 应用程序"或"默认 Web 应用程序"。除此之外，网站还可以包含一个或多个 Web 应用程序。

2. Web 虚拟目录

虚拟目录是指站点物理路径下的文件夹。同一站点可以创建多个虚拟目录，分别存放不同内容的文件。简单来说，Web 服务的内容可以由不同目录来发布，这样大大增加了 Web 服务的安全性。

网站指定的 URL 目录就好比一棵大树的"根"。虚拟目录通过在 Web 站点设置，映射到"根"目录中去，但是物理上没有改变它的真实路径。

项目实训　IIS 与 FTP 服务搭建

【实训目的】

● 掌握 IIS 搭建 Web 服务器的方法。

- 理解 Web 站点和 FTP 的工作原理。
- 掌握创建和配置 Web 站点、FTP 站点的方法。

【实训内容】

- 在 PT 模拟器环境中利用 IIS 创建 Web。
- 根据拓扑图 9-47 所示，添加 DNS 服务器地址 192.168.1.1/24，Web 和 FTP 服务器地址为 192.168.1.2/24，默认网关地址为 192.168.1.254/24。

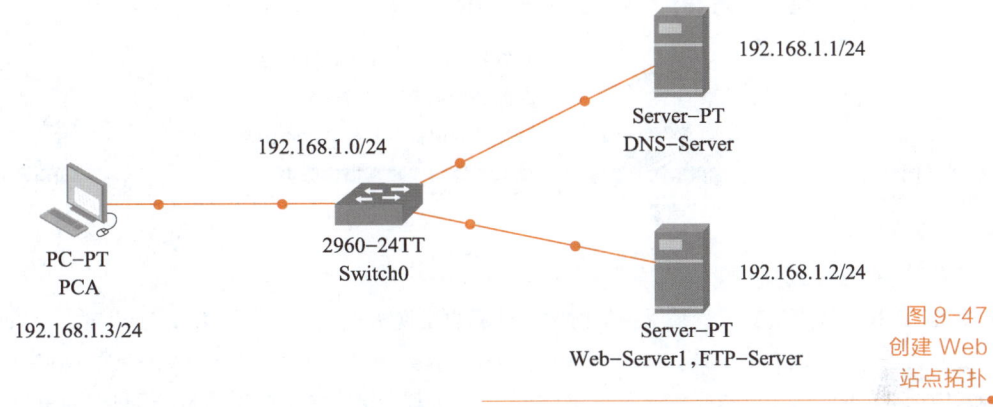

192.168.1.0/24

PC-PT
PCA

192.168.1.3/24

2960-24TT
Switch0

Server-PT
DNS-Server

192.168.1.1/24

Server-PT
Web-Server1，FTP-Server

192.168.1.2/24

图 9-47
创建 Web
站点拓扑

- 配置 DNS 域名服务器 Web 和 FTP 的域名解析。
- 对 Web 站点进行基本设置，新建 fileA，显示 "fileA is creating..."，将它连接到 index.html 主页。
- 测试 PCA 是否可以通过配置的域名访问。
- 新建 FTP 用户 userA，密码 userA123，用户权限为只读。通过 PCA 利用 userA 用户登录，查看服务器内容。

任务 9-4　使用 DHCP 服务提供动态 IPv4 地址

任务陈述

　　DHCP 允许计算机在连接到网络时自动获取 IP 地址和其他网络配置信息，如子网掩码、默认网关和 DNS 服务器等，这样可以使网络管理员更容易管理和配置网络，同时也使得用户能够更方便地接入网络。本任务通过架设 DHCP 服务器，学习 DHCP 如何动态地给客户端分配 IP 地址的。

知识准备

9.8　动态主机配置协议（DHCP）

　　动态主机配置协议（DHCP）提供了即插即用联网（Plug-And-Play Networking）的机制。这种机制允许一台计算机加入新的网络时自动获取 IP 地址而不用人手工设置。通过 DHCP 服务，网络中的设备可以从 DHCP 服务器获取 IP 地址和其他信息，该协议将自动分配 IP 地址、子网掩码、默认网关、DNS 服务器地址等参数。

　　在大型企业的网络中，DHCP 是分配 IP 地址的首选方法，否则庞大的网络靠人手工分配地址既耗时间又容易出错。DHCP 分配的地址并不是永久的，而是在一段时间内租借给主机。如果主机关闭或者离开网络，该地址就可以返回地址池中给其他的用户使用，这一点特别适用于现在的移动办公用户。

9.8.1　DHCP 服务的工作过程

为了便于理解 DHCP 的工作过程，在网络模拟器中搭建拓扑，如图 9-48 所示。需要 IP 地址的主机在启动时就向 DHCP 服务器广播发送 DHCP Discovery（发现报文），这时该主机就成为 DHCP 客户。

1. 客户端在网络中搜索服务器
2. 服务器响应客户端服务
3. 客户端向目标服务器发出请求
4. 服务器向客户端提供服务

图 9-48
DHCP 工作过程

（1）客户端发送报文搜索服务器——DHCP Discovery

当 DHCP 客户端首次登录网络的时候，计算机发现本机上没有任何 IP 地址设定，使以广播方式发送 DHCP Discovery 来寻找 DHCP 服务器，即向 255.255.255.255 发送特定的广播信息。网络上每一台安装了 TCP/IP 的主机都会接收这个广播信息，但只有 DHCP 服务器才会做出响应。利用 PT 模拟器观察 DHCP Discovery。首先客户端发送 DHCP Discovery，源 IP 地址为 0.0.0.0，目的 IP 地址为 255.255.255.255，使用 PT 观察报文格式，如图 9-49 所示。DHCP 在传输层是基于 UDP 工作的，目标端口号为 67，如图 9-50 所示。客户端发送搜索服务器报文，如图 9-51 所示。

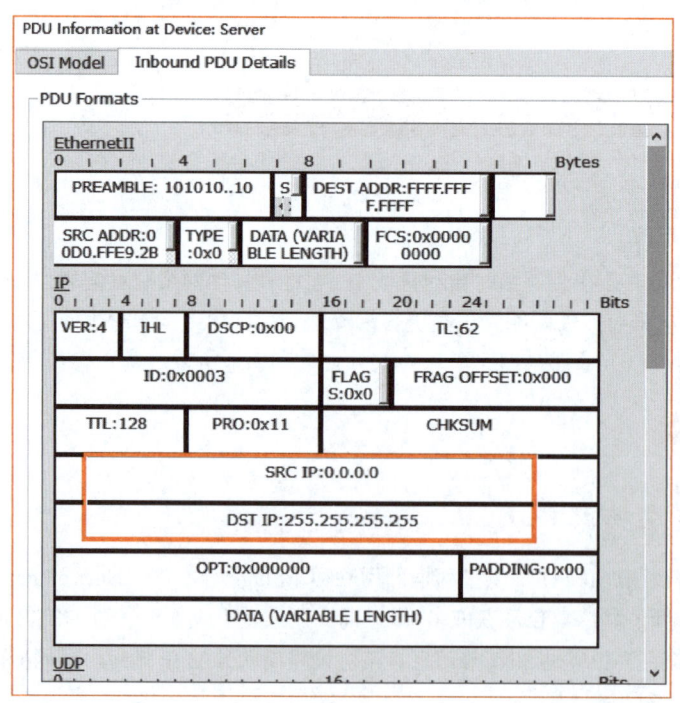

图 9-49
DHCP Discovery
IP 数据包

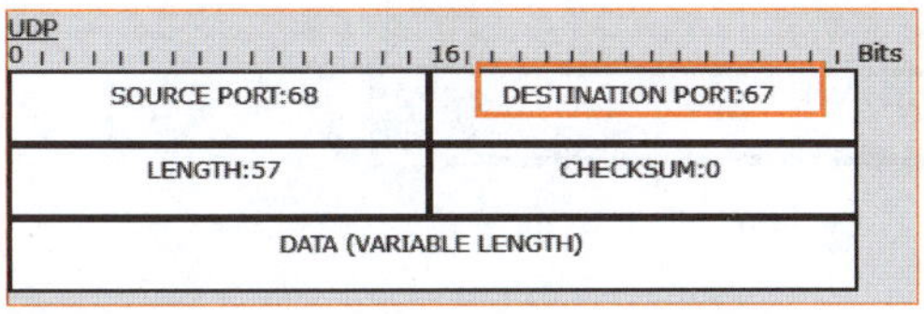

图 9-50
DHCP UDP 数据段

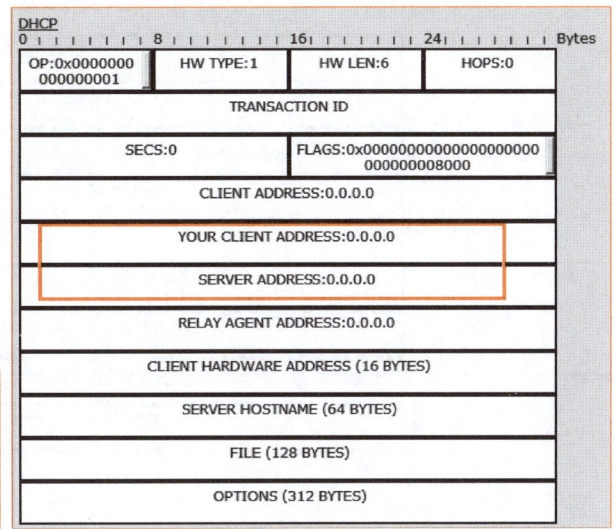

图 9-51
DHCP Discovery

（2）发现的 DHCP 服务器响应请求——DHCP Offer

本地网络上所有主机都能收到客户端发送的广播报文 DHCP Discovery，但只有 DHCP 服务器才回答此报文。DHCP 服务器先在其数据库中查找该计算机的配置信息，若找到，则返回找到的信息；若找不到，则从服务器的 IP 地址池（Address Pool）中取一个地址分配给该计算机（在分配之前 DHCP 服务器首先会发送 ARP 广播信息查看网内是否有用户已经用了此 IP 地址），如图 9-52 所示。DHCP 服务器的回答报文叫作 DHCP Offer（提供报文），服务器地址为 192.168.1.1，目的 IP 地址为 255.255.255.255，DHCP 的服务器分配到客户端的地址为 192.168.1.2，如图 9-53 所示。

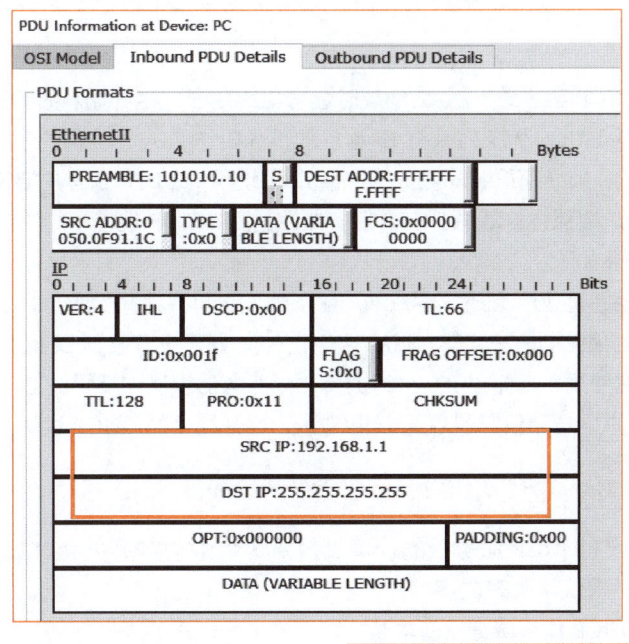

图 9-52
DHCP Offer IP 数据包

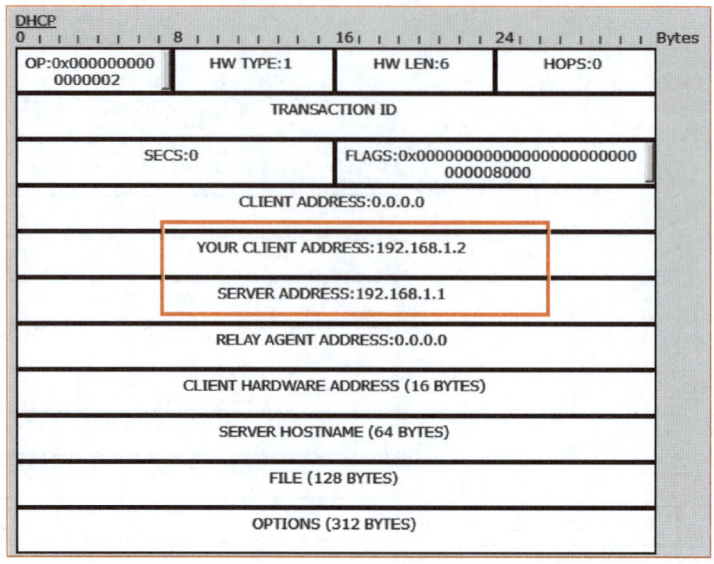

图 9-53
DHCP Offer

（3）客户端请求 DHCP 提供的 IP 地址——DHCP Request

如果网络上有多台 DHCP 服务器，客户端可能收到多条 DHCP Offer，此时 DHCP 客户端只接收第一个收到的 DHCP Offer，然后它就以广播方式回答一个 DHCP Request（请求报文），该信息中包含向它所选定的 DHCP 服务器请求 IP 地址的内容。与 DHCP Discovery 一样，DHCP Request 也是广播信息，目的 IP 地址为 255.255.255.255，源地址为 0.0.0.0（因为此时客户端还没有 IP 地址，所以源地址是 0）。DHCP Request 的格式与 DHCP Discovery 一致。

（4）DHCP 服务器确认所提供的 IP 地址——DHCP ACK

当 DHCP 服务器收到 DHCP 客户端回答的 DHCP Request 之后，它便向 DHCP 客户端发送一个包含它所提供的 IP 地址和其他设置的 DHCP ACK（确认报文），告诉 DHCP 客户端可以使用它所提供的 IP 地址。DHCP ACK 的格式与 DHCP Offer 一致。

9.8.2　DHCP 租约

DHCP 服务器向 DHCP 客户端出租 IP 地址时会有租约期限，租约期满后 DHCP 服务器便会收回出租的 IP 地址。客户端从 DHCP 服务器获得 IP 地址的过程叫作 DHCP 的租约过程。如果 DHCP 客户端需要延长其 IP 地址租约，则必须重新向服务器申请 IP 地址租约。DHCP 客户端启动时和 IP 地址租约期限过一半时，DHCP 客户端都会自动向 DHCP 服务器发送更新其 IP 地址租约的信息。

续租的工作流程描述如下：

① 通常在使用租期超过 50%之时，客户端向服务器发送单播报文 DHCP Request 续延租期。

② 当收到服务器的报文 DHCP ACK 则认为续租成功。如果没有收到 DHCP ACK，则客户端可以继续使用当前 IP 地址。在使用租期超过 87.5%时刻处，向服务器发送广播报文 DHCP Request 续延租期。在使用租期到期时，客户端自动放弃使用这个 IP 地址，并开始新的 DHCP 过程。

微课 9-12
DHCP 作用域
参数介绍

9.8.3　DHCP 作用域参数介绍

担任 DHCP 服务器的计算机需要安装 TCP/IP，并为其设置静态 IP 地址、子网掩码、默认网关等内容。

DHCP 作用域常用基本参数如下。

① 作用域名称：确保局域网内所有地址都能分配到一个 IP 地址，首先要创建一个作用域。

② 地址分发范围（地址池）：确定 DHCP 地址池范围，其中可以排除如网关地址、DNS 地址。

③ 保留：确保某客户端永远得到同一个 IP 地址。

④ 租约时间：默认将客户端获取的 IP 地址使用期限限制为 8 天。

任务实施

本任务通过配置 DHCP 服务器，使得 PCA 和 PCB 可以自动获取 IP 地址，网络拓扑如图 9-54 所示。

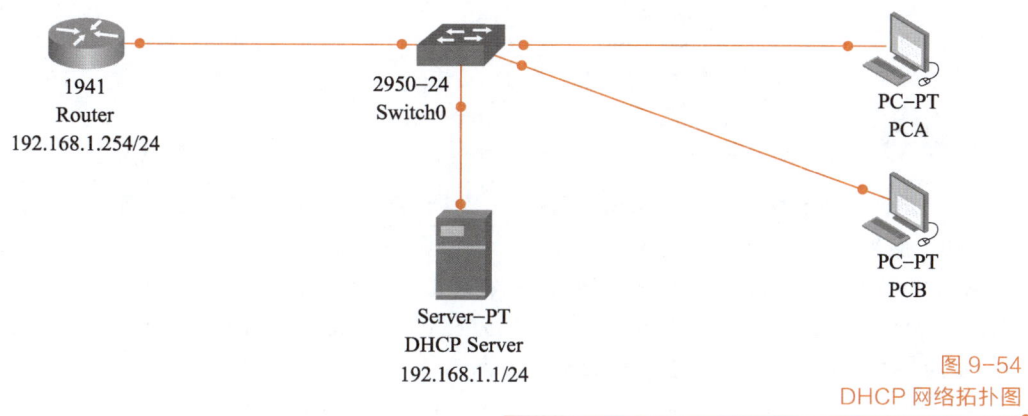

图 9-54
DHCP 网络拓扑图

1. 局域网关配置

手工配置静态网关地址，将 Router（路由器）作为局域网的网关，接口配置网关地址为 192.168.1.254/24，如图 9-55 所示。

操作视频 9-3
动态主机配置
协议（DHCP）

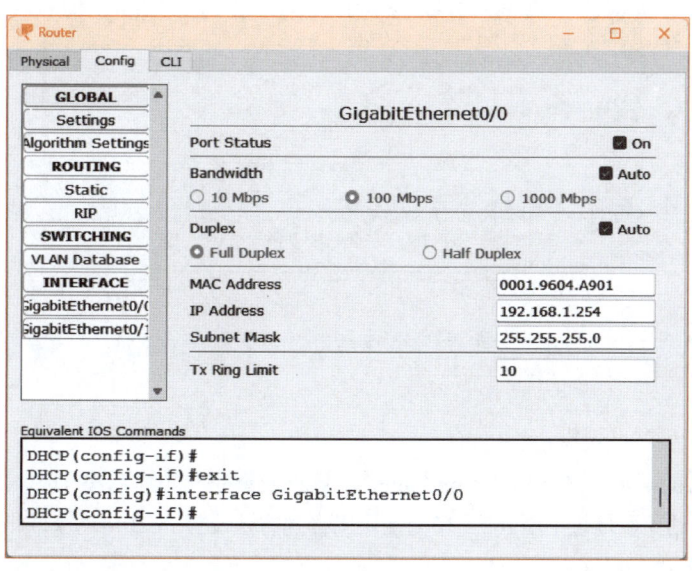

图 9-55
设置 Router 地址

2. 设置 DHCP 服务器

服务器自身 IP 地址设定为 192.168.1.1/24，默认网关为 192.168.1.254（路由器接口地址），DNS 地址为 61.177.7.1，如图 9-56 所示。

243

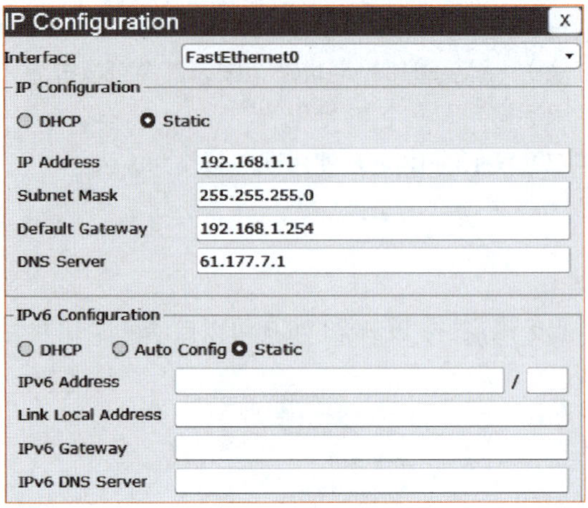

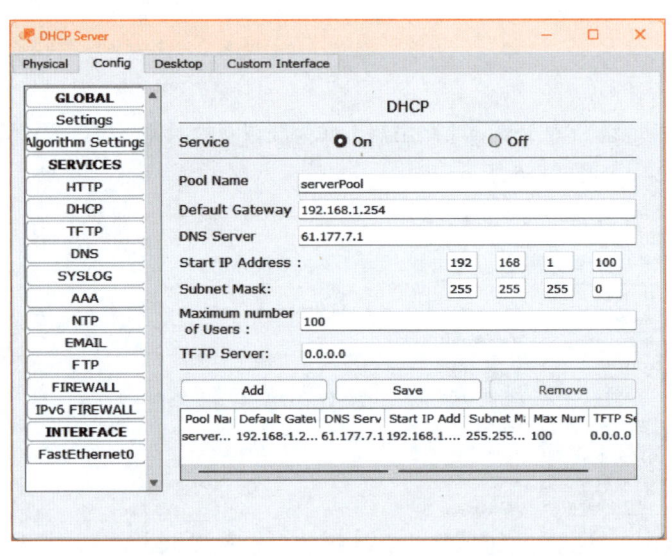

图 9-56
设置 Router 地址

单击 DHCP Server 服务器的"Config"选项卡，选择"DHCP"项，将 DHCP 服务从 Off 切换到 On，打开 DHCP 服务器。设定 DHCP 服务器的"Pool Name"项，ServerPool 是默认域名无须更改。输入 Default Gateway（默认网关）为 192.168.1.254，DNS Server 地址为 61.177.7.1，Start IP Address（起始地址）为 192.168.1.100，Subnet Mask（子网掩码）为 255.255.255.0，Maximum Number of Users（最大用户数）为 100，最后单击"Save"按钮修改保存，如图 9-57 所示。

图 9-57
设置 DHCP
服务器

3. PCA 和 PCB 自动获取地址

单击 PCA 的"Desktop"选项卡，将 IP Configuration 地址配置的 Static（静态）地址配置切换至 DHCP 动态地址配置。PCA 自动获取地址 192.168.1.100。使用同样的方法设置 PCB 自动获取地址 192.168.1.101，如图 9-58 和图 9-59 所示。

将模拟器从实际（Realtime）模式切换到模拟模式，观察 DHCP 报文工作情况。单击 PT 右下角的"Edit Filters"按钮，仅选择 DHCP 和 ARP 观察。根据报文工作情况，可以看出 DHCP 的工作分为：DHCP 服务器搜索发现、DHCP 服务器响应、地址申请和地址确认 4 个阶段，如图 9-60 所示。这个过程中，ARP 会通知其他设备某地址被分配，并防止发生冲突。

图 9-58
PCA 自动获取地址

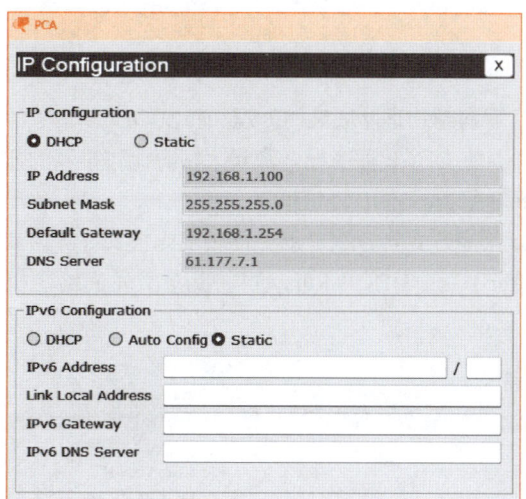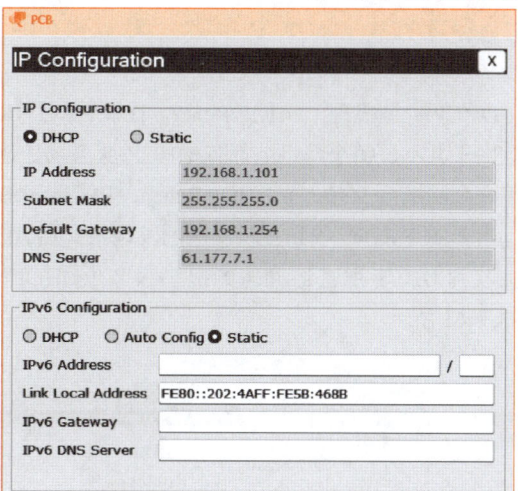

图 9-59
PCB 自动获取地址

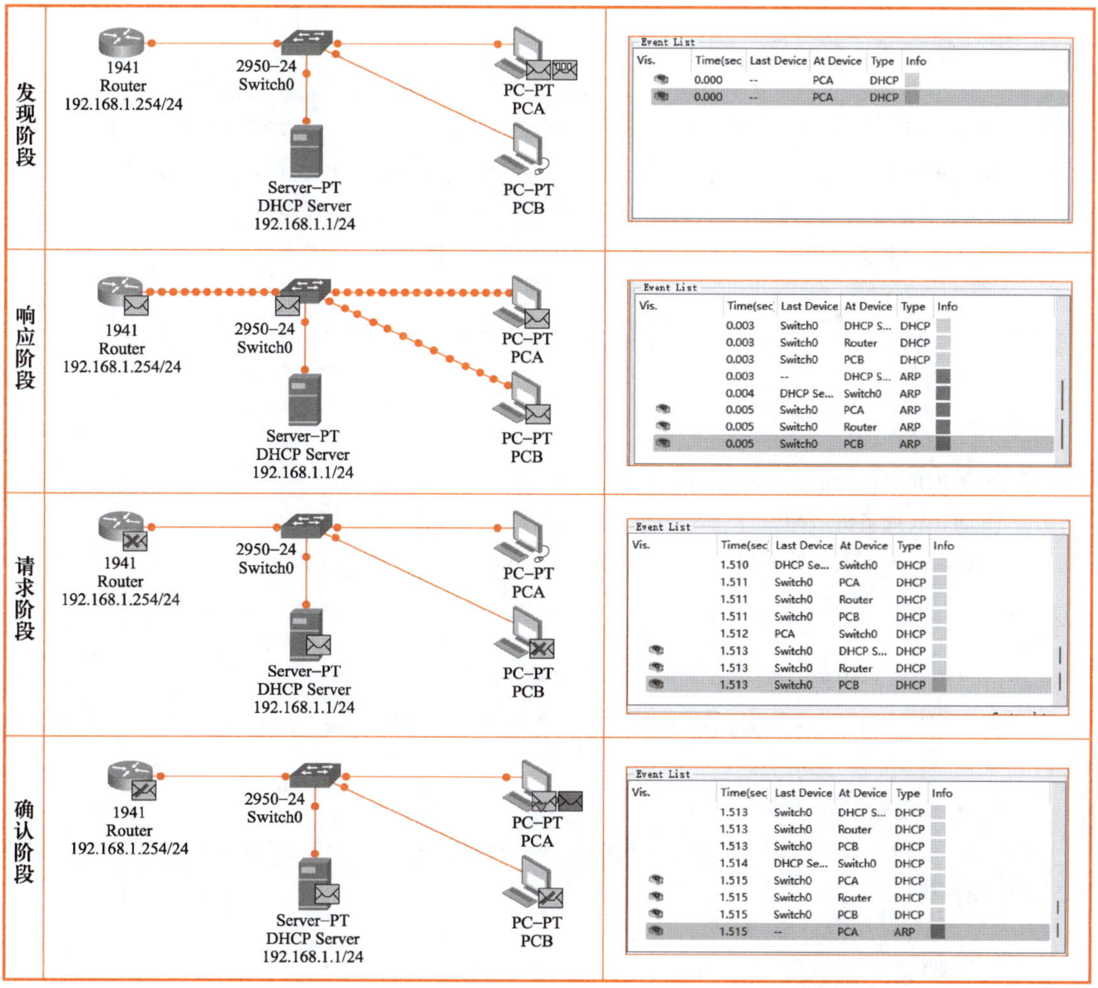

图 9-60
DHCP 工作过程

任务拓展

1. DHCP 中继代理

DHCP 中继代理（DHCP Relay，DHCPR）可以实现跨越物理网段之间处理和转发 DHCP 信息的功能。由于并不是每个网络上都有 DHCP 服务器，这样会使 DHCP 服务器的数量太多。比较推荐的方式是每一个网络至少有一个 DHCP Relay，它配置了 DHCP 服务器的 IP 地址信息。

当 DHCP Relay 收到主机发送的发现报文后，就以单播方式向 DHCP 服务器转发此报文并等待其回答。收到 DHCP 服务器回答的提供报文（DHCP Offer）后，DHCP Relay 再将此报文发回给主机，如图 9-61 所示。

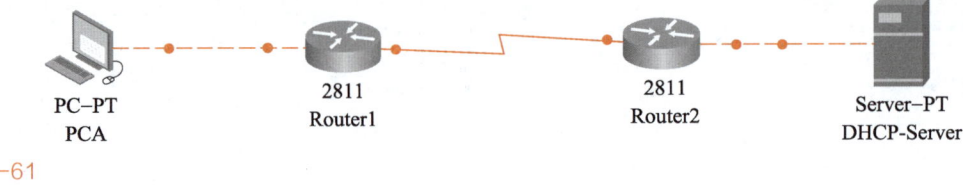

PC-PT   2811   2811   Server-PT
PCA   Router1   Router2   DHCP-Server

图 9-61
DHCP 中继代理拓扑

2. DHCP Relay 的工作过程

① 当 DHCP 客户端启动并进行 DHCP 初始化时，它会在本地网络广播配置请求报文。

② 如果本地网络存在 DHCP 服务器，则可以直接进行 DHCP 配置，不需要设置 DHCP Relay。

③ 如果本地网络不存在 DHCP 服务器，则与本地网络相连的具有 DHCP Relay 功能的网络设备收到该广播报文后，将进行适当处理并转发给指定的其他网络上的 DHCP 服务器。

④ DHCP 客户端通过指向的 DHCP 服务器请求获取地址报文。

项目实训　多地址池 DHCP 服务器搭建

【实训目的】

● 理解 DHCP 服务器的工作原理。

● 熟悉 DHCP 服务器的配置。

● 掌握多地址池 DHCP 服务器的搭建与配置方法。

【实训内容】

● 根据拓扑图，配置各设备的 IP 地址。

● 启用并配置 DHCP 服务器，根据拓扑图设置网关、域名服务器、起始 IP 地址、最大用户数等参数。

● 所有 PC 动态获取 IP 地址。

网络拓扑如图 9-62 所示，部门共有 3 个局域网，网络地址安排分别为 192.168.1.0/24、192.168.10.0/24 和 192.168.20.0/24。

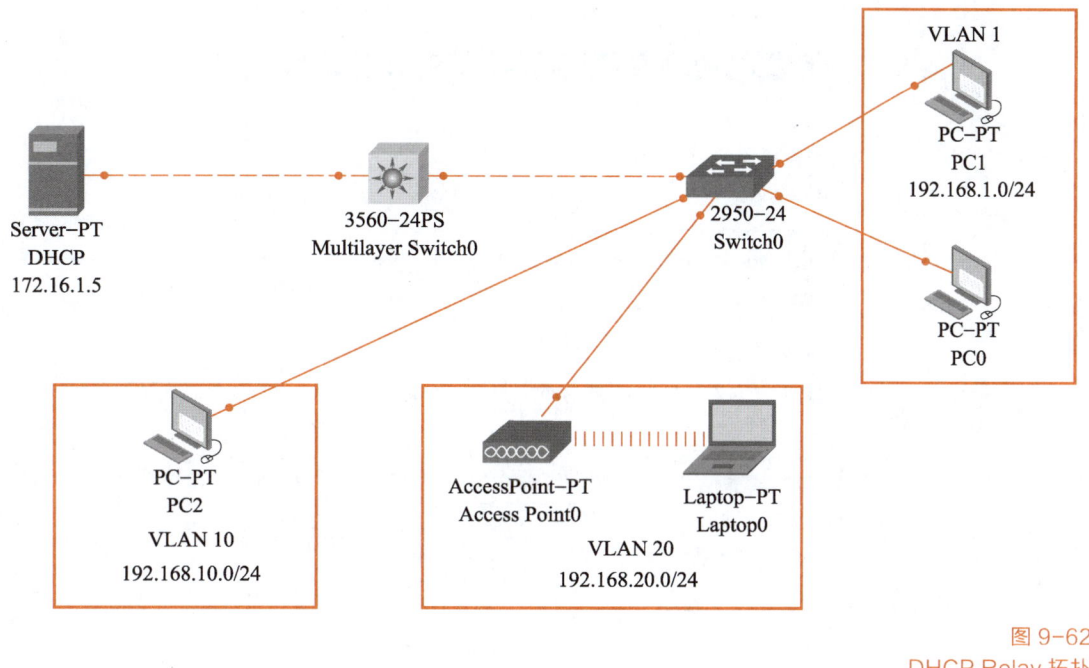

图 9-62
DHCP Relay 拓扑

配置并开启 DHCP 服务器，按照拓扑图要求添加 3 个 DHCP 地址池，如图 9-63 所示。

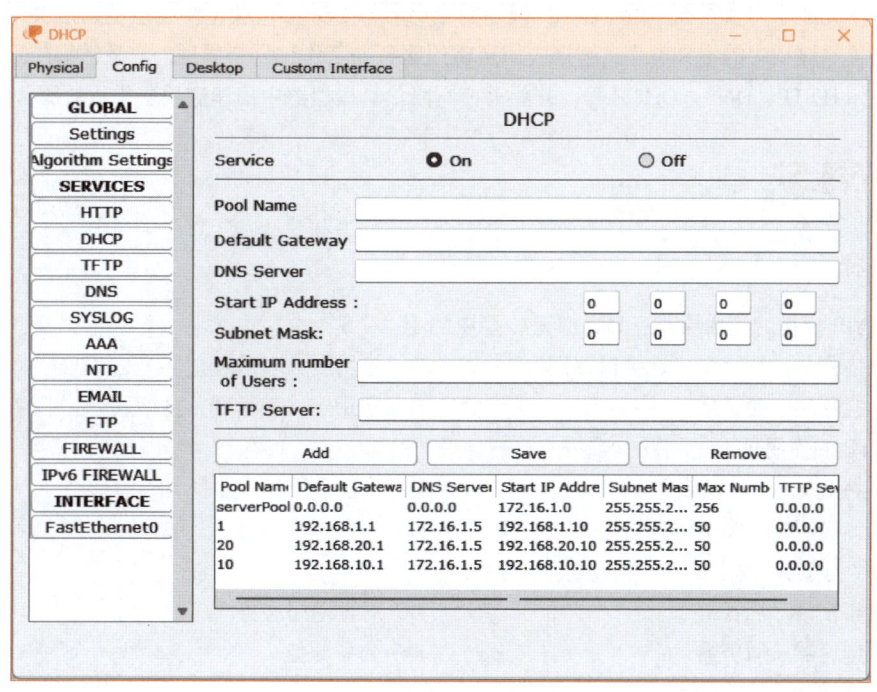

图 9-63
服务器 DHCP 配置

测试 Laptop0 自动获取地址，如图 9-64 所示，可以看出 Laptop0 自动从 DHCP 服务器中获取地址 192.168.20.12。

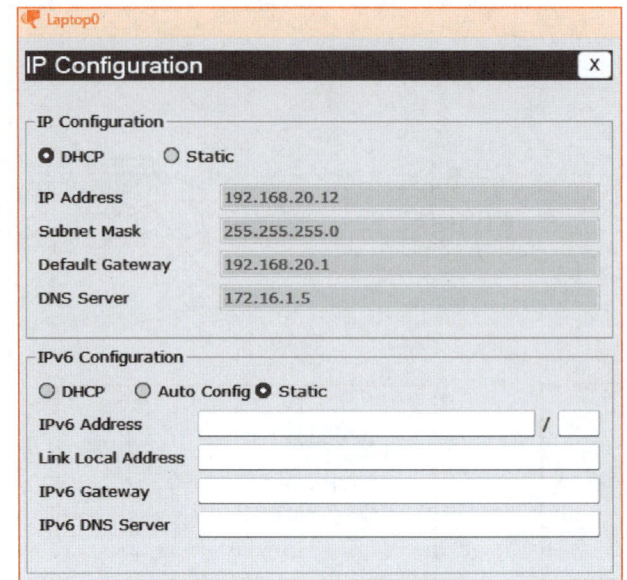

图 9-64
Laptop0 自动
获取地址

 单元小结

　　通过本单元的学习，主要了解 TCP/IP 模型的应用层与 OSI 参考模型中各层的对应关系，了解应用层各种服务工作过程中的报文类型，掌握应用层常用服务的工作过程与原理，熟悉常用应用层服务的搭建和配置，如 HTTP、DNS、DHCP 等，并能够在网络仿真模拟器中搭建应用层常见的服务。

 单元练习

文本：参考答案

 一、选择题

1. TCP/IP 模型的应用层对应 OSI 参考模型中的（　　　）。

　　A. 应用层、网络层、数据链路层　　　　　　B. 应用层、表示层

　　C. 应用层、会话层　　　　　　　　　　　　D. 应用层、表示层、会话层

2. HTTP 的作用是（　　　）。

　　A. 将 Internet 名称转换成 IP 地址　　　　　B. 提供远程访问服务

　　C. 传送组成 WWW 网页的文件　　　　　　D. 传送邮件消息

3. 应用程序 QQ 属于（　　　）模式。

　　A. 客户端 / 服务器　　　　　　　　　　　　B. 对等网络服务

　　C. 浏览器 / 服务器　　　　　　　　　　　　D. 公司服务

4. 简单邮件传输协议（SMTP）使用的端口号是（　　　）。

　　A. TCP/UDP 端口 23　　　　　　　　　　　B. TCP 端口 80

　　C. DUP 端口 110　　　　　　　　　　　　　D. TCP 端口 25

5. 远程登录使用的协议是（　　　）。

　　A. SNMP　　　　　　　B. IMAP　　　　　　C. TFTP　　　　　　D. Telnet

6. DNS 解析参数中 A Record 的功能是（　　　）。

A. 域名指向一个 IPv4 地址   B. 子域名指定某台地址解析

C. 起始授权机构记录   D. 指向域名服务器的别名

7. Microsoft Edge 是目前最常用的浏览器软件之一，它的主要功能之一是浏览（　　　）。

     A. 网页文件   B. 文本文件   C. 多媒体视频   D. 图像文件

8. 邮局协议（POP）使用的端口号是（　　　）。

     A. TCP/UDP 端口 23   B. TCP 端口 80

     C. DUP 端口 110   D. TCP 端口 25

9. WWW 的超链接中定位信息所在位置，使用的是（　　　）。

     A. 超文本（Hypertext）   B. 统一资源定位器（URL）

     C. 超媒体技术（HyperMedia）   D. 超文本标记语言（HTML）

10. DHCP 能够为网络上的客户端（　　　）。

     A. 提供视频会议服务   B. 播放视频文件

     C. 获取 IP 地址   D. 上网冲浪

11. Internet 用户的电子邮件地址格式必须是（　　　）。

     A. 用户名@单位网络名   B. 单位网络名@用户名

     C. 用户名@邮件服务器域名   D. 邮件服务器域名@用户名

12. 下列域名中，不是顶级域名的是（　　　）。

     A. edu   B. org   C. sohu   D. com

13. 下列符合 URL 命名规范的是（　　　）。

     A. ftp:\\www.abc.edu.cn

     B. www://www.abc.com

     C. http://www.abc.edu.cn:80/index.htm

     D. ftp.abc.com:8080/login.aspx

14. DHCP Discovery 是（　　　）。

     A. 客户端发送的 DHCP 发现报文

     B. 客户端发送的 DHCP 响应报文

     C. 客户端发送的 DHCP 请求报文

     D. 客户端发送的 DHCP 确认报文

15. DHCP Relay 的功能是（　　　）。

     A. 可以实现跨越物理网段之间处理和转发 DHCP 信息的功能

     B. 可以实现跨越物理网段之间处理 DHCP 信息，但不转发

     C. 无法实现跨越物理网段之间处理和转发 DHCP 信息

     D. 可以实现跨越虚拟网段之间处理和转发 DHCP 信息

二、填空题

1. 常见的网络服务模式有_____、_____和_____3 种。

2. 应用层中超文本传输协议（HTTP）使用的端口号是_____。

3. URL 是指每一个文档在整个 Internet 的范围中具有_____的标识符。

4. 域名系统（DNS）的作用是_____。

5. 域名服务器主要有_____、_____和_____3 种不同类型。

6. SMTP 的中文名称是_____协议，POP 3 的中文名称是_____协议。

7. FTP 服务器主进程主要使用端口_____建立连接，服务器使用_____端口发送数据给客户端。

8. FTP 支持_____和_____两种模式。

9. 远程登录服务协议（Telnet）使用的端口号是_____。

10. DNS 是一个分布式数据库系统，它的 3 个组成部分是地址转换请求程序、域名空间和_____。

11. 在 HTTP 中用_____标识被操作的资源。

12. OSI 参考模型中的_____层、_____层和_____层对应 TCP/IP 模型的应用层。

13. 电子邮件用户和服务器通常使用_____、_____和_____3 种主要的协议来处理电子邮件。

14. DHCP 服务器的作用是_____。

15. DHCP 中继可以实现跨物理网段_____和_____DHCP 信息。

三、简答题

1. 请说明域名解析过程及域名服务器的类型。

2. 请说明 HTTP 的工作原理。

3. 请说明 FTP 服务器主动模式的工作过程。

4. 请简单说明 DHCP 的工作过程及工作中发送的数据报类型。

5. 请说明 DHCP Relay 的工作过程。

6. 试列出 5 种以上应用层的服务器协议并说明其基本功能，以及在传输层的端口号分别是多少。

单元 **10**

配置网络操作系统

学习目标

【知识目标】

- 了解互联网操作系统（Internetwork Operating System，IOS）的用途。
- 掌握如何访问互联网操作系统来配置网络设备。
- 掌握互联网操作系统软件的命令结构。
- 掌握互联网操作系统的基础配置命令。

【技能目标】

- 能够熟练登录网络设备的命令行 CLI。
- 能够使用 CLI 配置网络设备的主机名等信息。
- 能够使用 CLI 查验网络设备的各项配置信息。
- 能够使用 IOS 命令限制对设备配置的访问。
- 能够使用 IOS 命令保存运行配置。

【素养目标】

- 提升集体意识和团队合作能力。
- 培养安全生产和责任意识。
- 提升 ICT 专业技术水平，培养新时代大国工匠精神。

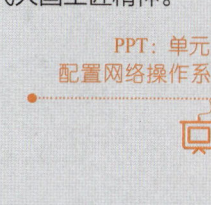

PPT：单元 10
配置网络操作系统

单元导读

　　本单元主要介绍互联网操作系统、网络设备的配置与管理、互联网操作系统的配置命令和命令结构。本单元学习内容和高等职业教育专科计算机网络技术专业教学标准的对应关系见表 10-1。

表 10-1　本单元学习内容和专业教学标准的对应关系

| 高等职业教育专科计算机网络技术专业教学标准 | | | | 运用计算机网络知识和技能 | |
行业	岗位群	职业资格证书	对应竞赛	知识点	技能点
互联网和相关服务 软件和信息技术服务业	① 网络技术支持 ② 网络系统运维 ③ 网络系统集成 ④ 网络设备配置与安全 ⑤ 智能网络设备装调与维护	① 网络系统建设与运维 ② 网络管理员 ③ 无线网络规划与实施 ④ 网络系统规划与部署	① 网络系统管理 ② 网络建设与运维 ③ 云计算应用 ④ 5G 组网与运维 ⑤ 物联网应用开发 ⑥ 工业互联网集成与应用 ⑦ 工业网络智能控制与维护 ⑧ 信息安全管理与评估 ⑨ 华为 ICT 网络技术大赛	① 互联网操作系统 ② 网络设备 ③ 网络设备配置命令结构 ④ 网络设备配置命令	① 访问网络设备 CLI ② 使用 CLI 配置网络设备主机名等信息 ③ 网络设备配置信息查验 ④ 网络设备访问控制 ⑤ 网络设备配置命令的保存

引例描述

　　Svist 学院的云网融合实训室最近采购了一批新的路由器和交换机，目前准备验收项目设备。实训室负责人张老师从网络技术专业的学生中挑选了 4 位同学来帮忙测试，安排其中两位同学负责测试路由器能否正常工作，另外两位同学被安排测试交换机能否正常启动，如图 10-1 所示。

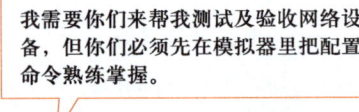

我需要你们来帮我测试及验收网络设备，但你们必须先在模拟器里把配置命令熟练掌握。

图 10-1
单元情境

为了区别模拟器和真实设备之间的差别，老师要求学生分成两个步骤进行测试：

① 在网络模拟器中进行设备的基础配置训练。

② 在实训室通过计算机连接网络设备进行命令测试。

任务　网络设备基础配置

任务陈述

全新的网络设备是没有任何配置信息的，要使其能够正常工作，需要先进行基本信息的配置，包括设备名称、安全密码、远程访问密码等。

本任务主要了解 IOS 软件的命令结构，掌握 CLI 配置的基本命令。

知识准备

● 10.1　网络设备

路由器（Router）和交换机（Switch）是目前连接 Internet 或局域网的主要网络设备，它们是互联网的枢纽，应用广泛，且厂商和产品多样。本节主要介绍这两种网络设备的结构、启动过程、命令行以及基本配置。

10.1.1　路由器

路由器可以看作是一台小型的计算机，和常用的个人计算机一样，其基本的硬件包括 CPU、RAM、ROM 和 Flash 等，所不同的是路由器有基本的网络连接接口：WAN 接口和 LAN 接口。除了基本的硬件外，路由器也有自身的操作系统（IOS）。

微课 10-1
路由器及其
启动过程

路由器的各个部件及其基本功能如下。

① CPU（中央处理器）：执行操作系统指令，主要负责路由的计算。

② RAM（随机存储器）：又称内存，存储 CPU 执行的指令和数据，包括操作系统、运行配置文件（Running Configuration File）、IP 路由表、ARP 缓存、数据包缓存等。

③ ROM（只读存储器）：存放诊断软件和引导程序，还可以存放精简版的 IOS。

④ Flash（闪存）：用于存放 IOS。

⑤ Interfaces（接口）：连接广域网和局域网。

10.1.2　路由器的启动过程

路由器的启动过程主要有以下几个阶段：

① POST（加电自检）。

② 加载 Bootstrap 程序。

③ 查找操作系统（IOS）。

④ 加载操作系统。

⑤ 查找启动配置文件（Startup Configuration File）。

⑥ 加载启动配置文件。

如图 10-2 所示为路由器启动的主要过程。

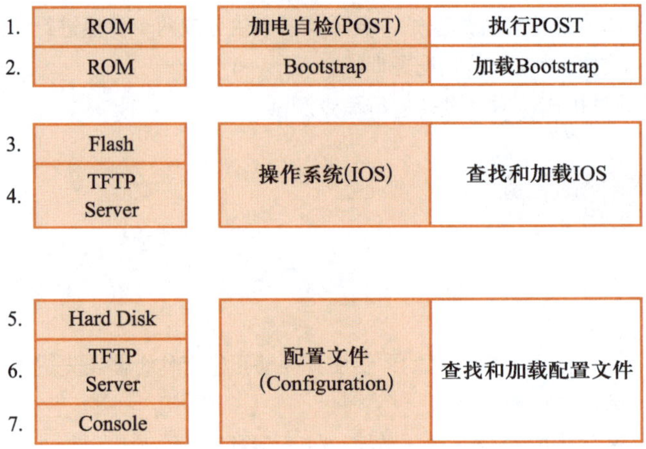

1.	ROM	加电自检(POST)	执行POST
2.	ROM	Bootstrap	加载Bootstrap
3.	Flash	操作系统(IOS)	查找和加载IOS
4.	TFTP Server		
5.	Hard Disk	配置文件 (Configuration)	查找和加载配置文件
6.	TFTP Server		
7.	Console		

图 10-2
路由器启动过程

10.1.3 交换机

交换机是目前局域网中最常见的网络设备，它工作在 TCP/IP 模型的第二层——数据链路层，根据接收到的数据帧中的目的 MAC 地址进行数据的转发与过滤。交换机是局域网的纽带，广泛服务于各种行业的内部网络。

交换机是局域网的主要部署设备，起到分割冲突域、数据帧转发与过滤等功能。交换机与路由器的硬件配置基本相似，包含 CPU、RAM、Flash 等模块，网络连接接口按照速率分为十兆、百兆、千兆和万兆。交换机型号众多，如华为 S5000 系列，适合小型远程办公机构；AR6000 系列，适合小型企业和分支机构。无论何种型号的交换机，其主要功能都只有两个：维护 MAC 地址表；根据接收到的数据帧进行转发。

交换机使用下面 3 种方法来进行网络端口间的数据交换。

① 存储转发：只有当交换机接收完一个完整数据帧并进行 CRC 校验成功后才进行转发的模式，如果 CRC 校验失败则丢弃数据帧。这种模式可以保证每个转发的数据帧是无差错的，但是相应的代价是增加了传输过程中的时延。相比其他两种转发模式，这种模式转发的数据帧越多，传输的时延越大。

② 直通转发：也称作快速转发，是指当交换机接收数据帧时，一旦接收到完整的目的 MAC 地址后就立刻进行转发数据帧的模式，即接收数据帧和转发数据帧同时进行。这种模式的一个特点就是转发速率快，但是和存储转发相比较，由于没有接收完整数据帧并进行 CRC 校验，可能造成将一些错误帧转发给目的设备而浪费网络中的带宽资源。相比其他两种转发模式，这种模式转发的速率提高了，但准确性降低了。

③ 免分片转发：也称为无碎片转发，是指交换机接收数据帧时，一旦检测到数据帧不是冲突帧就进行转发的模式。冲突帧是指在以太网中由于网络中的冲突导致的残帧或破损帧，这类数据帧的共同特点是小于 64 字节。这种转发模式的实质是一旦接收到的数据帧大于 64 字节就进行转发，转发的速率和准确性介于存储转发和直通转发之间，所以有些书中也用混合转发描述这种模式。

10.1.4 交换机的启动过程

交换机的启动过程主要有以下几个阶段：

① POST（加电自检）。

② 运行启动加载器软件。

③ 启动加载器执行低级 CPU 初始化。

④ 启动加载器初始化闪存文件系统。

⑤ 启动加载器定位并加载默认 IOS 软件映像到内存，而且将交换机的控制权交给 IOS。

为了查找适当的 IOS 映像，交换机会进行以下步骤：

① 尝试通过使用 BOOT 环境变量中的信息自动启动。

② 如果没有设置此变量，则对整个闪存文件系统进行彻底搜索，并加载第一个可执行文件。

③ IOS 使用在配置文件（存储在硬盘）中找到的 IOS 命令初始化接口（注意：boot system 命令可用于设置 BOOT 环境变量）。

10.2　IOS 简介

连接到 Internet 的所有终端和网络设备都需要使用操作系统来支持硬件的运行。用户终端设备包括智能手机、平板电脑、台式机和便携式计算机等。网络设备是指用于网络传输数据的设备，包括路由器、交换机、防火墙和网关等。网络设备所使用的操作系统就称为网络操作系统（IOS）。

IOS 是实现网络互联的复杂操作系统，是一个与硬件分离的软件体系结构，随着网络技术的不断发展，IOS 也可动态地升级。

10.2.1　IOS 的存储位置

IOS 的文件本身只有几兆或者几十兆大小，它存放在被称为闪存（Flash）的永久存储区域中。Flash 可提供非易失性存储，也就是说其中存放的文件不会因为断电而消失，同时这些文件是可以更改和覆盖的。

在网络设备启动的时候，引导程序找到 IOS 并且加载到内存（RAM）中。设备工作时，IOS 从 RAM 中运行，但 RAM 中的内容断电后会丢失，因此 RAM 被称为易失性存储器。

10.2.2　IOS 的功能

路由器和交换机能够执行各种功能，以支持网络设备正常运行。IOS 主要支持以下功能：

① 提供网络安全保障。

② 各类接口的 IP 编址。

③ 设定接口参数优化物理连接。

④ 启用路由。

⑤ 支持网络服务质量（QoS）技术。

⑥ 支持网络管理技术。

⑦ 帧交换和数据包转发。

10.3　网络设备的访问方式

网络设备可以通过多种方式访问 CLI 环境，常见的方法有以下几种。

（1）通过控制台（Console）访问

控制台（Console）端口是一种管理端口，可以通过该端口对网络设备进行访问配置。如图 10-3 所示是路由器的各个端口，通过控制台访问路由器需要一条 Console 线缆，如图 10-4 所示，一端（COM 接头）连接到计算机的 COM 接口，另一端连接到路由器的 Console 接口；目前市场上也有一头是 USB 或者 Type-C 接头、另一头是 RJ-45 接头的 Console 配置线缆。

微课 10-2
网络设备的
访问方式

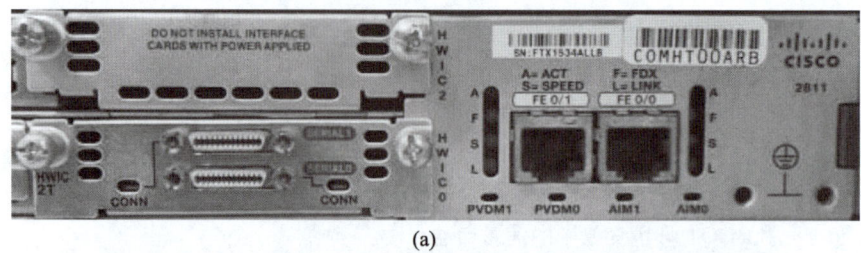

(a)

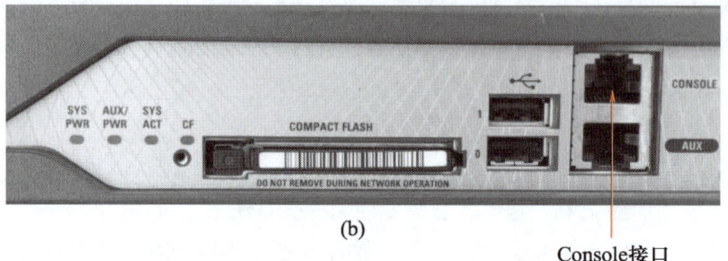

(b)

图 10-3
路由器端口

Console接口

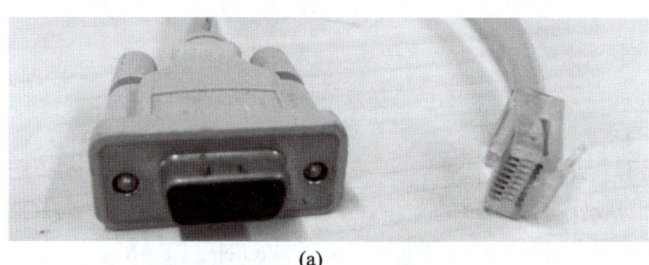

(a)

图 10-4
Console 线缆

(b)

（2）通过 Telnet 访问

Telnet 是通过虚拟连接在网络中建立远程设备的 CLI 会话方式。利用 Telnet 建立远程会话需要事先在设备上配置远程登录线路，并且给设备的接口配置 IPv4 地址，这样用户能够从 Telnet 客户端输入命令远程连接设备。

（3）通过 SSH 访问

安全外壳（SSH）协议提供与 Telnet 相同的远程登录功能，其不同之处在于，Telnet 远程登录时，连接通信过程中的信息是不加密的，而 SSH 协议提供了更加严格的身份验证——采取加密手段，这样可以使得用户 ID、密码等信息在传输过程中保持私密。

（4）通过 AUX 访问

AUX（路由器辅助端口）的连接方式是通过调制解调器进行拨号连接。

10.3.1 终端仿真程序

访问网络设备需要借助软件来实现，目前有一些终端仿真程序可以通过控制台端口串行连接，或者远程登录进行网络设备连接，主要包括以下几个。如图 10-5 所示为 SecureCRT 的会话界面。

① PuTTY。

② Tera Term。

③ SecureCRT。

④ 超级终端。

⑤ OS X 终端。

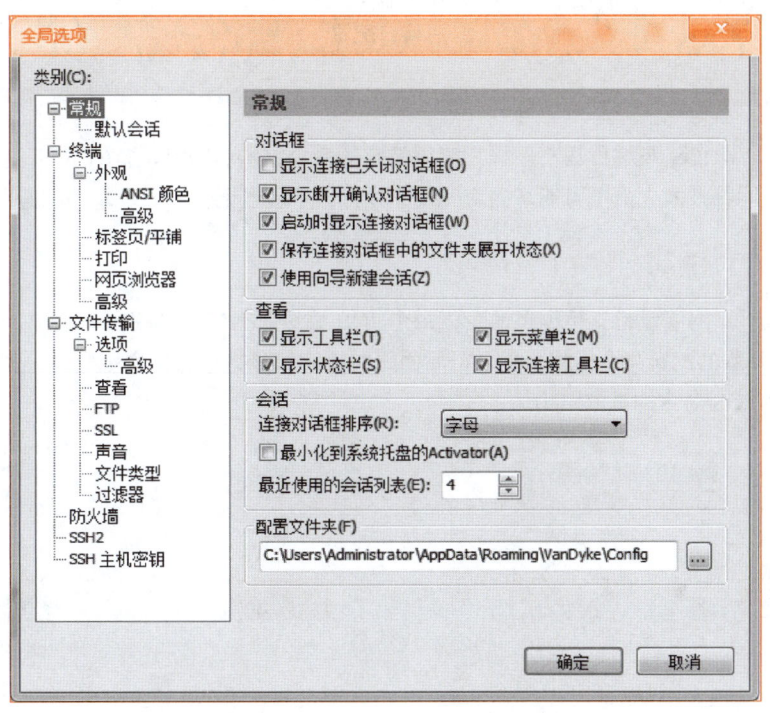

图 10-5
SecureCRT
会话界面

10.4 IOS 操作模式

IOS 是一种模式化的操作系统，每个模式有各自的工作领域。路由器和交换机的 IOS 模式非常类似，对于这些模式，CLI（Command-line Interface，命令行接口）采用了层次结构。

按照分层的顺序，IOS 的模式顺序如下。

① 用户执行（用户 EXEC）模式（Router>）：路由器名字后面是一个 ">" 符号，仅允许一些基本的查看类型 IOS 命令。

② 特权执行（特权 EXEC）模式（Router#）：路由器名字后面是一个 "#" 号，允许登录到特权模式执行访问 IOS 的命令，特权模式还可以对路由器的配置进行保存。

③ 全局配置模式[Router（config）#]：路由器后面有单词 config，此模式下可以执行路由器的各种配置。

④ 其他配置模式：在路由器全局配置模式下可以进入其他各个高级配置模式或子模式。

表 10-2 列出了 IOS 的主要配置模式。

表 10-2　IOS 主要配置模式

配置模式	描述	提示符
用户执行模式	基本的信息查看 远程访问	Router>
特权执行模式	详细信息查看 调试与测试 文件处理 远程访问	Router#
全局配置模式	全局配置	Router(config)#
其他配置模式	特定服务配置 接口配置	Router(config-mode)#

10.5　IOS 命令

微课 10-3
IOS 命令

IOS 与编程语言一样，使用特定的命令结构。网络设备的 IOS 支持几万条命令，网络技术人员不可能掌握每一条命令，但是应当记住一些基本的配置命令和命令结构。

10.5.1　IOS 命令结构

网络设备支持很多命令，每个 IOS 命令都有特定的格式和语法，并且只能在相应的模式下执行。基本的配置命令格式为提示符后面跟关键字和参数，有些命令包含一些关键字和参数，如图 10-6 所示为 IOS 命令的基本结构。

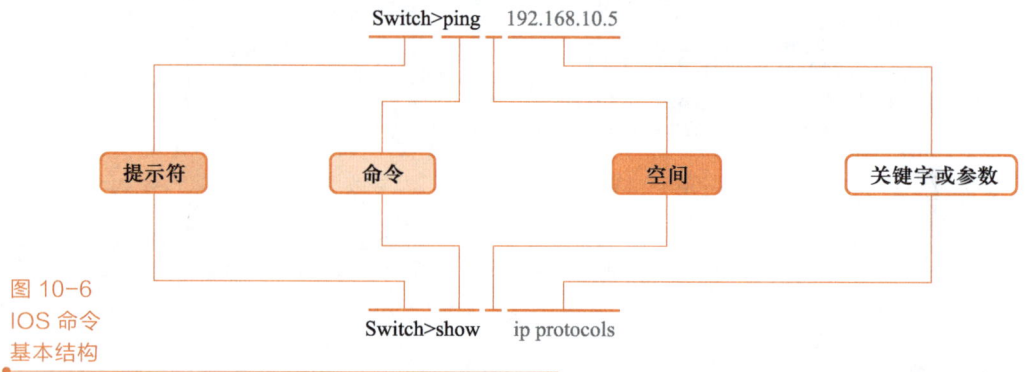

图 10-6
IOS 命令
基本结构

命令是不区分大小写的，命令后接一个或多个关键字和参数，输入关键字和参数在内的完整命令后，按 Enter 键即可执行命令。

10.5.2　IOS 基本配置命令解析

1. 用户 EXEC 模式和特权 EXEC 模式转换

Router>**enable**
Router#

说明：在用户 EXEC 模式下面输入 enable，按 Enter 键后直接进入特权 EXEC 模式。

Router#**exit/disable**
Router>

说明：在特权 EXEC 模式下输入 exit 或者 disable 命令可以退出到用户 EXEC 模式。

2. 进入全局配置模式

> Router#**configure terminal**
> Router(config)#

说明：在特权 EXEC 模式下输入命令 configure terminal 进入全局配置模式，输入 exit 退出到上一层次模式。

3. 配置用户名

> Router(config)# **hostname** *name*

说明：给网络设备配置时，第一步就是配置设备的名称，主机名会显示在 CLI 提示符中，可用于设备之间的各种身份验证。如果没有配置设备名称，IOS 将使用出厂时的默认设备名称，IOS 路由器的默认名称是 Router，IOS 交换机的默认名称是 Switch。

IOS 设备配置名称时有以下规则：

① 必须以字母开头。

② 不能包含空格。

③ 以字母或数字结尾。

④ 只能使用字母、数字和连接符。

⑤ 不能超过 64 字节。

> Router(config)# **no hostname**

说明：可以使用 no hostname 命令将设备名称恢复为默认值。

4. 特权 EXEC 模式密码

> Router(config)#**enable secret** *password*

说明：配置进入特权模式的密码，早期使用 enable password 命令设置密码，但是没有安全性能，所以此命令基本不再使用。enable secret 命令安全性能更高，因为使用它配置的密码是加密的。

5. 远程登录信息配置

Telnet 是通过虚拟连接在网络中建立远程设备的 CLI 会话方式。利用 Telnet 建立远程会话需要事先在设备上配置远程登录线路，并且给设备的接口配置 IP 地址，这样用户能够从 Telnet 客户端通过输入命令远程连接设备。

> Router (config)# **line vty** *first-line* [*last-line*]

说明：进入 Line 配置模式，VTY 表示远程登录。

> Router (config-line)# **password** *password*

说明：指定远程登录密码。

> Router (config-line)# **transport input** {**all** | **ssh** | **telnet** | **none**}

说明：配置相应线路下通信协议，默认情况下是允许所有的协议。

> Router (config-line)# **access-class** {*access-list-number* | *access-list-name*} {**in** | **out**}

说明：配置相应 Line 下的访问控制列表，可以精确控制设备的访问用户。

> Router (config-line)# **login local**

说明：启用本地登录进程，这样登录的时候需要配置本地数据库的账号与密码。

> Router (config)# **username** *user-name* **password** *password*

说明：配置本地用户信息。

6. 控制台信息配置

> Router (config)# **line console 0**

说明：进入 Line 配置模式，0 表示第一个控制台接口（唯一一个）。

> Router (config-line)# **password** *password*

说明：指定控制台线路的密码。

> Router (config-line)# **login local**

说明：启用本地登录进程，这样登录的时候提示控制台用户输入密码，之后才可以访问 CLI。

> Router (config-line)# **exec-timeout** *miniutes seconds*

说明：设置控制台 EXEC 会话超时时间，用"exec-timeout 0 0"命令设置控制台永不超时，默认情况是 10 分钟，即系统无操作登录状态 10 分钟后退出。

> Router (config-line)# **logging synchronous**

说明：开启日志同步，可以阻止控制台信息来打断当前的输入，从而使输入信息显得更为简单易读。

7. 加密显示的密码

> Router(config)#**service password-encryption**

说明：将所有的密码加密，在显示配置文件的时候将密码显示为密文，此命令只作用于在配置文件中能显示的密码。

8. 标语信息

> Router(config)#**banner motd #** *message* **#**

说明：命令执行后，系统将向访问设备的所有用户显示该标语。

9. 禁止域名解析

> Router(config)#**no ip domain-lookup**

说明：在 CLI 下输入 1 个网络设备不能识别的命令，它会默认通过 DNS 来进行解析（它认为是主机名），其缺点是要花费额外的时间等待 DNS 解析完，可以在全局配置模式下使用 no ip domain-lookup 命令关闭它。

10. 接口配置

> Router (config)# **interface** *interface-type interface-number*

说明：创建接口，进入指定的接口，目前接口的类型较多，主要有 FastEthernet、gigabitethernet、serial、loopback 等，交换机有 VLAN 虚拟接口。

> Router (config–if)# **ip address** *ip-address subnet-mask*

说明：配置接口的 IP 地址。

> Router (config–if)# **description** *interface-description*

说明：配置接口描述。

> Router (config–if)# **bandwidth** *kilobits*

说明：配置接口带宽值，需要注意单位。

11.　设备信息保存与删除

> Router#**copy running-config startup-config**

说明：把当前设备的运行配置保存到启动配置文件中，此文件的保存位置是 NVRAM，下一次重启设备后系统能够加载保存的配置信息，也可以用 wirte 命令保存信息，两者效果一样。

> Router#**erase startup-config**

说明：清除网络设备的启动配置文件，注意此命令无法清除交换机的 VLAN 信息，因为交换机的 VLAN 信息保存在 vlan.dat 文件中，此文件的保存位置则是 Flash。

任务实施

1.　在网络模拟器中创建拓扑并连接线缆

打开模拟器，添加 1 台 PC、1 台 2811 路由器和 1 台二层交换机，如图 10-7 所示。

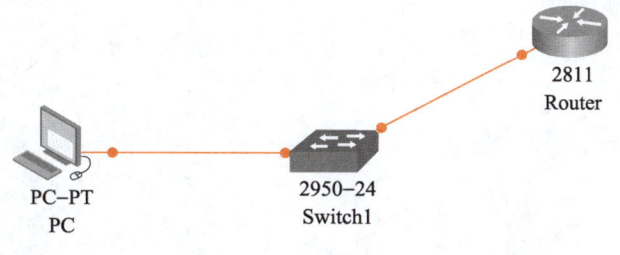

图 10-7
设备配置准备

初次访问网络设备需要使用 Console 线缆连接路由器和 PC。单击网络模拟器左下角的"Connections"图标按钮，选择连接线缆中的 Console 线缆，如图 10-8 所示。

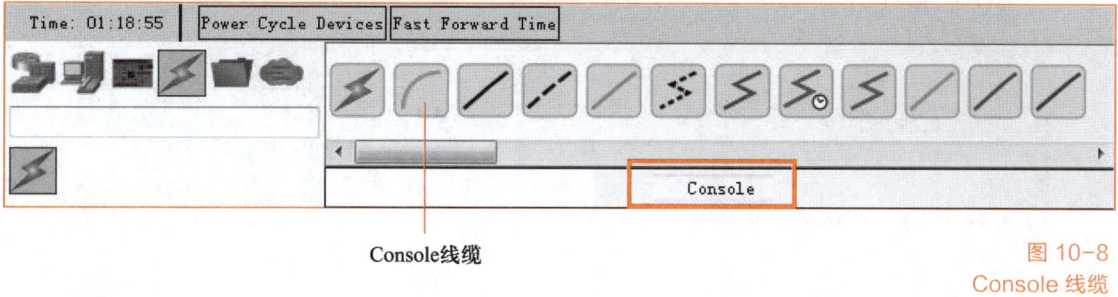

Console线缆

图 10-8
Console 线缆

Console 线缆的一端连接 PC 的通信接口（Com 接口，RS 232），如图 10-9 所示。

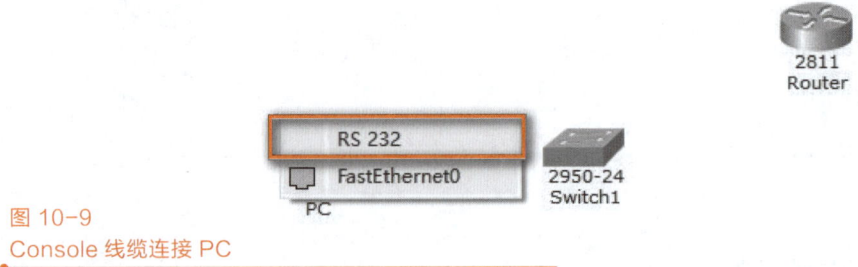

图 10-9
Console 线缆连接 PC

Console 线缆的另一端连接 2811 路由器的 Console 接口，如图 10-10 所示。

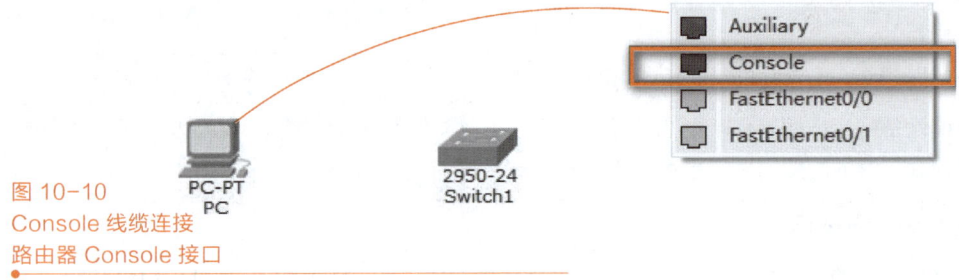

图 10-10
Console 线缆连接
路由器 Console 接口

2. 通过终端软件访问设备

通过配置 PC 的终端模拟软件 Terminal 来完成设备的访问，如图 10-11 所示。

图 10-11
PC 终端软件 Terminal

通过配置串口通信参数，其中波特率默认为 9600 bit/s，数据位是 8，无奇偶校验，停止位是 1，无流量控制。设置完毕单击"OK"按钮，再按 Enter 键进入网络设备 CLI 界面，如图 10-12 和图 10-13 所示。

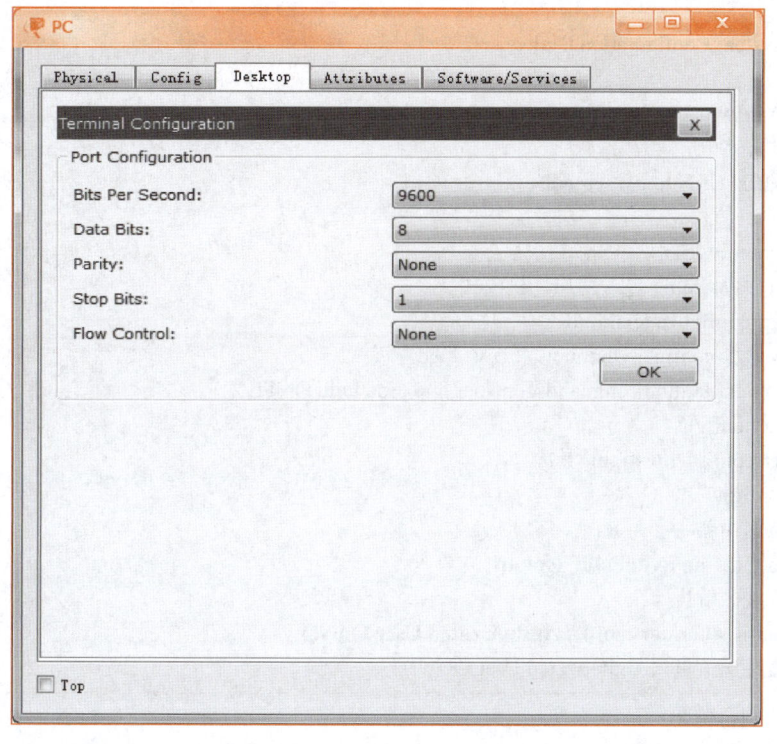

图 10-12
配置终端

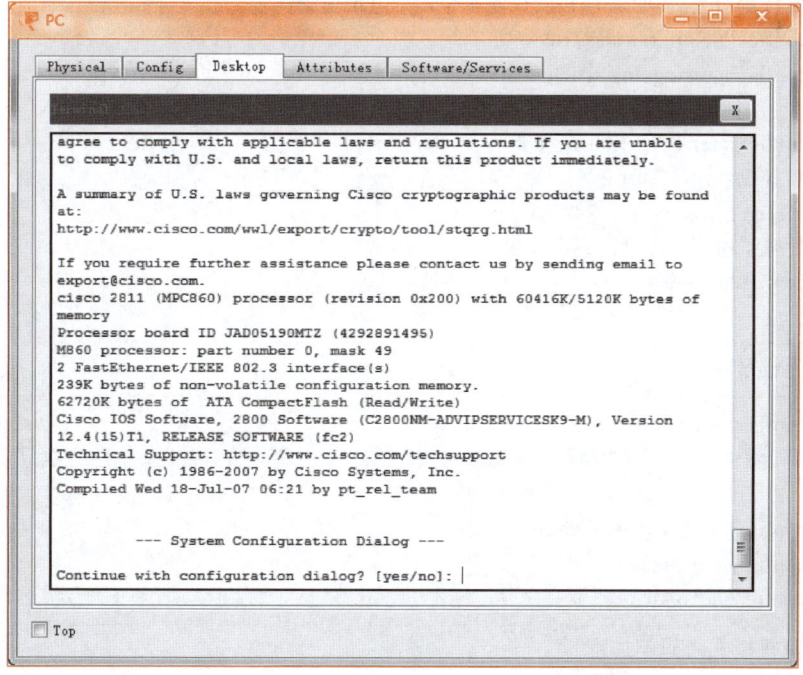

图 10-13
CLI 访问界面

3. 基本配置命令

路由器开机后，如果是新设备，会出现如下提示信息，询问是否要初始化配置，注意此处必须输入"no"，进入路由器控制台。

```
--- System Configuration Dialog ---

Continue with configuration dialog? [yes/no]: no

Press RETURN to get started!

Router>enable
//输入命令 enable 进入用户特权模式
Router#configure terminal
//输入命令 configure terminal 进入全局配置模式
Enter configuration commands, one per line. End with CNTL/Z.
Router(config)#
Router(config)#hostname R1
R1(config)#
//配置路由器名字为 R1
R1(config)# no ip domain-lookup
//禁止域名解析
R1(config)#banner motd # Authorized User Only!#
//配置标识信息 "Authorized User Only!"
```

（1）配置控制台信息

```
R1(config)#line console 0
//配置控制台密码，0 表示每次只能 1 个用户登录控制台
R1(config-line)#password cisco
R1(config-line)#logging synchronous
//控制台消息回显
R1(config-line)#exec-timeout 0 0
//配置控制台永不超时
R1(config-line)#login
//启用登录进程，否则密码不生效
R1(config-line)#exit
//退到上一层模式
```

（2）配置远程登录信息

```
R1(config)#line vty 0 4
//配置远程登录密码，"0 4"表示每次可以允许 5 个用户远程登录设备，路由器可以支持 0～988 个
虚拟终端
R1(config-line)#password cisco
R1(config-line)#login
R1(config-line)#exit
```

（3）配置特权模式密码与加密

```
R1(config)#enable password cisco123
```

//配置特权模式密码，此密码不加密
R1(config)#**enable secret cisco**
//配置特权模式密码，此密码加密，当两个特权模式密码都配置时，enable secret 密码生效
R1(config)#**service password-encryption**
//把所有密码加密，默认情况下远程登录密码，控制台密码等都是以明文形式存储的

（4）配置接口信息

R1(config)#**interface fastEthernet 0/0**
//进入接口，并配置 IP 地址和子网掩码
R1(config-if)#**ip address 192.168.1.1 255.255.255.0**
R1(config-if)#**description Link to LAN**
//接口描述"Link to LAN"
R1(config-if)#**no shutdown**
//路由器接口默认情况下是关闭的，需要手动开启
R1(config)#**interface loopback 0**
%LINK-5-CHANGED: Interface Loopback0, changed state to up
%LINEPROTO-5-UPDOWN: Line protocol on Interface Loopback0, changed state to up
//环回接口创建后自动开启，环回接口比较稳定，适合于之后的各种协议工作
R1(config-if)#**ip address 10.10.10.10 255.255.255.255**
R1(config-if)#**end**
//无论当前属于何种模式，使用 end 命令可以退到特权模式

（5）保存配置

R1#**copy running-config startup-config**
Destination filename [startup-config]?
Building configuration...
[OK]
R1#

（6）验证路由器版本信息

R1#**show version**
Cisco IOS Software, 2800 Software (C2800NM-ADVIPSERVICESK9-M), Version 12.4(15)T1,
RELEASE SOFTWARE (fc2)
//Cisco IOS 的版本
Technical Support: http://www.cisco.com/techsupport
Copyright (c) 1986-2007 by Cisco Systems, Inc.
Compiled Wed 18-Jul-07 06:21 by pt_rel_team

ROM: System Bootstrap, Version 12.1(3r)T2, RELEASE SOFTWARE (fc1)
//ROM 的版本信息
Copyright (c) 2000 by cisco Systems, Inc.

System returned to ROM by power-on
System image file is "c2800nm-advipservicesk9-mz.124-15.T1.bin"
//Cisco IOS 文件
cisco 2811 (MPC860) processor (revision 0x200) with 60416K/5120K bytes of memory
//RAM 的大小
Processor board ID JAD05190MTZ (4292891495)

```
//处理器信息
M860 processor: part number 0, mask 49
2 FastEthernet/IEEE 802.3 interface(s)
//两个快速以太网接口
239K bytes of NVRAM.
//NVRAM 存储器的大小
62720K bytes of processor board System flash (Read/Write)
//Flash 的大小
Configuration register is 0x2102
//启动配置寄存器
R1#
```

（7）查看当前路由器的配置信息

```
R1#show running-config
Building configuration...

Current configuration : 849 bytes

version 12.4
no service timestamps log datetime msec
no service timestamps debug datetime msec
service password-encryption

hostname R1

enable secret 5 $1$mERr$hx5rVt7rPNoS4wqbXKX7m0
enable password 7 0822455D0A16544541
no ip cef
no ipv6 cef
no ip domain-lookup

spanning-tree mode pvst

interface Loopback0
ip address 10.10.10.10 255.255.255.255

interface FastEthernet0/0
description Link to LAN
ip address 192.168.1.1 255.255.255.0
duplex auto
speed auto

interface FastEthernet0/1
no ip address
duplex auto
speed auto
shutdown

interface Vlan1
no ip address
```

```
                    shutdown

                    ip classless

                    ip flow-export version 9

                    line con 0
                    exec-timeout 0 0
                    password 7 0822455D0A16
                    logging synchronous
                    login

                    line aux 0

                    line vty 0 4
                    password 7 0822455D0A16
                    login

                    end
                    //路由器的当前配置信息，运行时保存在 RAM 中
```

（8）查看路由器的启动配置文件

```
                    R1#show startup-config
                    Using 849 bytes

                    version 12.4
                    no service timestamps log datetime msec
                    no service timestamps debug datetime msec
                    service password-encryption

                    hostname R1

                    enable secret 5 $1$mERr$hx5rVt7rPNoS4wqbXKX7m0
                    enable password 7 0822455D0A16544541

                    no ip cef
                    no ipv6 cef

                    --More--
                    //路由器的启动配置文件，保存在 NVRAM 中，网络设备配置文件一般保存在 Flash 中
```

4. 配置 PC 的 IP 地址与验证 Telnet

（1）配置 PC 的 IP 地址

要用 PC 来验证 Telnet 功能，首先需要给 PC 配置 IP 地址。单击 PC 的"Desktop"选项卡，在"IP Configuration"项中配置其 IP 地址为 192.168.1.100/24，如图 10-14 所示。

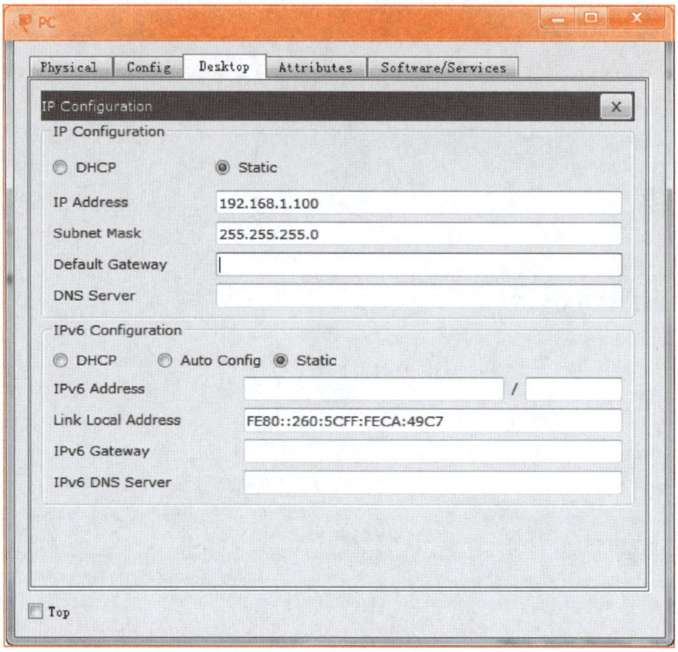

图 10-14
PC 的 IP 地址

（2）验证 Telnet

Telnet 远程登录之前，需要测试 PC 与路由器之间的连通性。单击 PC 桌面的 "Command Prompt" 选项，进入 DOS 命令行窗口，执行 ping 命令，如图 10-15 所示。

以上结果表明，PC 与路由器之间是互通的。下面通过 PC 来远程登录路由器，输入命令 telnet 192.168.1.1，如图 10-16 所示。

图 10-15
连通性测试结果

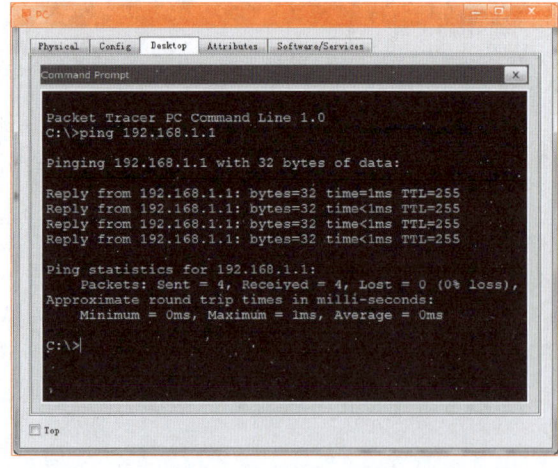

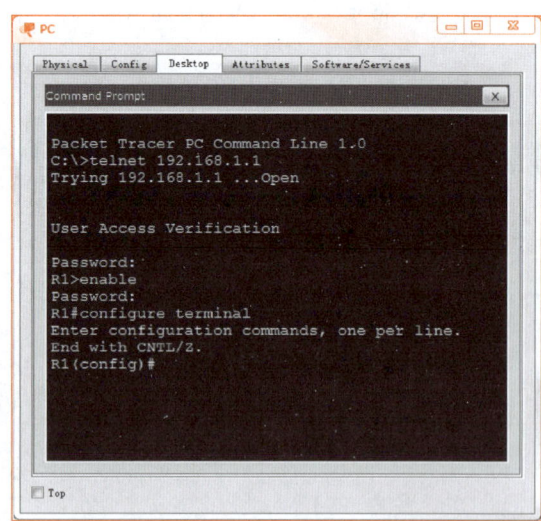

图 10-16
PC 成功 Telnet 到路由器

以上输出表明，PC 可以远程登录到路由器，实现远程接入。

268

 **任务拓展**

1. 配置命令规范

本书中所出现的命令语法遵循的规范与 IOS 命令手册使用的规范相同。命令手册中对于语法规范描述如下。

① 粗体：表示命令关键字，在实际输入与输出时，可以由用户手动输入（如 **enable**）。

② 斜体：表示由用户输入的具体参数。

③ 竖线（|）：用于分割可选的命令。

④ 方括号（[]）：表示可选项。

⑤ 大括号（{}）：表示必选项。

⑥ 方括号中的大括号（[{}]）：表示必须在任意可选项中选择一项。

2. CLI 命令提示信息帮助

需要输入命令的前后相关的命令时，可以在任何提示符后面输入问号"？"，系统会立即响应，显示可以输入的后续命令。例如，在用户 EXEC 模式"Switch>"后面输入"？"，系统将提示可以输入如下命令。

```
Switch>?
Exec commands:
    connect         Open a terminal connection
    disable         Turn off privileged commands
    disconnect      Disconnect an existing network connection
    enable          Turn on privileged commands
    exit            Exit from the EXEC
    logout          Exit from the EXEC
    ping            Send echo messages
    resume          Resume an active network connection
    show            Show running system information
    telnet          Open a telnet connection
    terminal        Set terminal line parameters
    traceroute      Trace route to destination
```

3. 命令语法提示

配置命令时，如果输入了错误的命令，系统将会有相关的提示信息，Cisco IOS 一般只提示错误的反馈，主要包括命令不完整、命令不明确以及命令不正确 3 类错误，见表 10-3。

表 10-3 命令语法提示

提示信息	含义	举例
% Ambiguous command: "ma"	输入了不明确的配置命令，IOS 无法识别	Switch(config)#ma % Ambiguous command: "ma"
% Incomplete command.	输入了不完整的命令，缺少相关的后续关键字或参数	Switch(config-if)#ip address 192.168.1.1 % Incomplete command.
% Invalid input detected at '^' marker.	输入了错误的命令，错误发生在逻辑提示符号"^"处	Switch(config)#hostmane R1 ^ % Invalid input detected at '^' marker.

4. 命令快捷键

IOS 提供了快捷键，可以简化配置命令，提高配置效率。表 10-4 所示为大部分 CLI 快捷键。

表 10-4　CLI 快捷键

快捷键	含义
Tab	补全已输入一部分的命令
Backspace	删除光标左边的一个命令字符
Ctrl+D	删除光标所在位置的命令字符
Ctrl+K	删除光标处到行尾的所有字符
Ctrl+X	删除光标处到行首的所有字符
Ctrl+A	将光标移动到首行
Ctrl+E	将光标移动到首尾
Ctrl+C/Ctrl+Z	结束当前的配置模式，返回到特权 EXEC 模式
Crtl+Shift+6	中断命令，用于终止 DNS 解析、ping 和 traceroute 操作
Ctrl+Insert	"复制" 快捷键
Shift+Insert	"粘贴" 快捷键

项目实训 1　网络设备密码恢复

　　Svist 学院的网络实训室承担了网络专业的基础课程和核心课程。在网络专业学生完成网络设备配置实验的时候，发现有少数交换机和路由器已经设置了密码，从而影响了本节课的实验。这是因为上一节课的学生也配置了交换机和路由器的密码并保存了设备的配置信息，但是课程结束时忘记把配置文件删除，导致后面上课的学生无法进入网络设备的 CLI。老师在上课之前，要求学生首先学习网络设备密码恢复的方法，需要把设备原来配置的密码删除，然后再开始新的实验（**注意**：在网络模拟器中尚不支持交换机的密码恢复功能，因为模拟器中的交换机没有 "Mode" 按钮，也无法物理断电重启，所以交换机的实验只能基于真实设备来完成）。

【实训目的】

● 理解网络设备配置文件保存的位置和特点。
● 掌握网络设备密码恢复的方法。

【实训内容】

● 检查网络设备的访问情况。
● 恢复未知的路由器密码。
● 恢复未知的交换机密码。

项目实训 2　网络设备配置文件与 IOS 管理

　　网络设备的配置文件和 IOS 是两个非常重要的文件。作为网络管理员，应该养成良好的习惯，设备配置完成之后一定要及时做好备份工作，最好保存到当前设备中，再保存一份到远端主机，这样如果设备出现问题，可以及时进行恢复和还原。

【实训目的】

- 理解网络设备 IOS 的存储特点。
- 掌握网络设备的启动特点。
- 掌握 TFTP 服务器的使用。

【实训内容】

- 备份网络设备的启动配置文件。
- 备份路由器的 IOS。
- 备份交换机的 IOS。
- 还原路由器的 IOS。

 ## 单元小结

IOS 是支持各种网络设备运行的操作系统软件，设备的各项功能是通过网络管理员对设备进行配置实现的。

一般情况下，IOS 通过命令行（CLI）进行网络访问。CLI 可以通过控制台端口、远程登录等方式进行访问。一旦连接到 CLI，网络管理员就可以对网络设备的配置进行更改。

IOS 网络设备具有统一的命令结构，支持很多命令的输入，它们的初始配置步骤基本相同，包括设置名称、限制访问、保存信息等。

 ## 单元练习

文本：参考答案

一、选择题

1. IOS 的中文名称是（　　）。
   A. 网络设备　　　　　　　　　　　B. 网络设备配置命令
   C. 网络设备操作系统　　　　　　　D. 国际标准体系

2. 网络设备可以通过（　　）进行初始化配置。
   A. AUX 端口　　　B. SSH　　　　C. 控制台端口　　　D. Web 页面

3. 在 CLI 中输入的命令应该以（　　）开始。
   A. 参数　　　　　　B. 空格　　　　C. 关键字　　　　D. 数字

4. 下列命令中，能够测试网络设备端到端的连通性的是（　　）。
   A. Ping 127.0.0.2　　　　　　　　B. Show connection
   C. Ping 10.10.10.1　　　　　　　 D. Show ip interface brief

5. 网络设备启动时，初始的配置文件存放在（　　）中。
   A. Flash　　　　　B. RAM　　　　C. ROM　　　　　D. NVRAM

6. 为了防止未经授权的用户远程访问网络设备，可以采取的措施是（　　）。
   A. 配置 IP 地址　　　　　　　　　B. 配置控制台密码
   C. 配置特权模式密码　　　　　　　D. 配置 VTY 密码

7. IOS 一般存放于（　　）中。

  A. 随机存储器   B. 启动配置文件   C. 闪存   D. 只读存储器

 8. 在网络设备上输入命令"Router（config）#hostname SVIST-2018-11"时，CLI 将显示的内容是（   ）。

  A. Router(config)#   B. % Invalid input detected

  C. SVIST-2018(config)#   D. SVIST-2018-11(config)#

 9. 下列命令中，可以对设备的配置信息进行保存的是（   ）。

  A. Switch(config)# copy running-config startup-config

  B. Switch(config)# copy startup-config running-config

  C. Switch#wr

  D. Switch#save

 10. 下列命令中，能够从 CLI 的其他高级模式直接退到特权模式的是（   ）。

  A. Disable   B. Exit   C. End   D. Quit

二、简答题

 1. 什么是 IOS？IOS 的功能有哪些？

 2. 请简述网络设备路由器的启动过程。

 3. 请列出网络设备路由器的存储部件，并说明每个存储部件的作用。

参考文献

[1] 胡亮，徐高潮，张宗升，等. 计算机网络[M]. 北京：高等教育出版社，2024.

[2] 杨云江，王佳尧. 计算机网络基础[M]. 4 版. 北京：清华大学出版社，2023.

[3] 杨云，胡海波. 计算机网络技术基础[M]. 4 版. 北京：人民邮电出版社，2021.

[4] 叶礼兵，王永学. 计算机网络技术基础[M]. 北京：人民邮电出版社，2024.

读者意见反馈

为收集对教材的意见建议,进一步完善教材编写并做好服务工作,读者可将对本教材的意见建议通过如下渠道反馈至我社。

咨询电话   400-810-0598

反馈邮箱   gjdzfwb@pub.hep.cn

通信地址   北京市朝阳区惠新东街 4 号富盛大厦 1 座

　　　　　高等教育出版社总编辑办公室

邮政编码   100029

资源服务提示

授课教师如需获得本书配套的 PPT 课件、课程标准、授课计划、实验案例、课后习题答案等教学资源,请登录"高等教育出版社产品信息检索系统"(xuanshu.hep.com.cn)搜索下载,首次使用本系统的用户,请先进行注册并完成教师资格认证。